新编 实用工具速查手册

简光沂 主编

中国电力出版社
CHINA ELECTRIC POWER PRESS

内 容 提 要

本书以现行国家标准和行业标准为依据，经精心筛选、归纳整理，系统扼要地介绍了各类常用工具，尤其是五金工具的品种、规格、性能和用途。主要内容包括常用资料、常用手工工具、钳工工具、管工工具、电工工具和仪表、测量工具、切削工具、土木工具、喷焊喷涂及油漆粉刷工具、电动工具、气动工具、液压工具、焊割工具和器具、消防工具和器具、起重工具和器具、润滑工具、园艺工具等，共17章。

本书内容完善、实用性强、查阅便捷，可供各行业与工具相关专业的工程技术人员，制造、维修人员，供销采购人员以及广大工具用户使用；此外还可作为相关专业技术工人培训上岗、资格考核的参考书；对大中专院校相关专业师生亦有参考价值。

图书在版编目（CIP）数据

新编实用工具速查手册/简光沂主编. —北京：中国电力出版社，2016.10

ISBN 978-7-5123-9087-4

Ⅰ. ①新… Ⅱ. ①简… Ⅲ. ①工具-手册 Ⅳ. ①TB4-62

中国版本图书馆CIP数据核字（2016）第055473号

中国电力出版社出版、发行

（北京市东城区北京站西街19号 100005 http：//www.cepp.sgcc.com.cn）

北京市同江印刷厂印刷

各地新华书店经售

*

2016年10月第一版 2016年10月北京第一次印刷

850毫米×1168毫米 32开本 15印张 365千字

印数0001-2000册 定价**39.00**元

前　言

随着我国经济建设的持续、稳健发展，科学技术的不断进步，工具，尤其是五金工具已成为各行各业生产和日常生活中不可缺少的物资。随着五金工具的应用越来越广，品种、规格日益增加，性能要求不断提高，与之相关的标准和资料不断更新换代。为适应这种新情况，满足广大用户的要求，作者编写了这本《新编实用工具速查手册》。

本书的特色：一是内容完善，所选用的资料数据经精心归纳整理，严格筛选自现行国家标准和行业标准；二是实用性强，科学系统地介绍了各类工具的品种、规格、性能和用途；三是查阅便捷，以图形、表格与简明扼要的文字表述相结合的形式编写，使读者查阅方便迅速、一目了然。

本书可供各行业与工具相关专业的工程技术人员，制造、维修人员，供销采购人员以及广大工具用户使用；此外还可作为相关专业技术工人培训上岗、资格考核的参考书；对大中专院校相关专业师生亦有参考价值。

本书由简光沂主编，焦粤龙审校，参加编写的人员有王仲南、张志正、周黔生、简朴、马玉娥、袁红等。在编写过程中还得到一些专家和单位的支持，在此向他们衷心致谢。

工具产品的品种、规格繁多，新技术、新产品、新标准不断更新换代、层出不穷，本手册仅以有限篇幅实难将所有内容涵盖。加之编者水平所限，书中疏漏之处在所难免，敬请广大读者批评指正。

编　者

2016 年 6 月

目　录

第十七章　园艺工具 ………………………………………… 445

第一章 常用资料

一、常用字母及标准代号

1. 汉语拼音字母与英语字母

大写	小写	字母名称		大写	小写	字母名称		大写	小写	字母名称	
		汉语	英语			汉语	英语			汉语	英语
A	a	啊	欸	J	j	基	知矣	S	s	思	爱思
B	b	玻	毕	K	k	科	剋	T	t	特	梯
C	c	雌	西	L	l	勒	爱尔	U	u	乌	优
D	d	得	地	M	m	摸	爱姆	V	v	维	威
E	e	鹅	衣	N	n	讷	恩	W	w	娃	达勃留
F	f	佛	爱富	O	o	喔	欧	X	x	希	爱克司
G	g	哥	知意	P	p	坡	批	Y	y	呀	哇爱
H	h	喝	爱赤	Q	q	欺	扣优	Z	z	资	资矣
I	i	衣	哀	R	r	日	啊尔				

2. 希腊字母

大写	小写	字母名称	大写	小写	字母名称
A	α	阿耳法	N	ν	纽
B	β	倍塔	Ξ	ξ	克西
Γ	γ	嘎马	O	ο	奥密克
Δ	δ	得尔塔	Π	π	派
E	ε	衣普西龙	P	ρ	洛
Z	ζ	截 塔	Σ	σ，ε	西格马
H	η	衣 塔	T	τ	滔
Θ	θ	西 塔	Υ	υ	依普西龙
I	ι	约 塔	Φ	ϕ，φ	费衣

续表

大写	小写	字母名称	大写	小写	字母名称
K	κ	卡 帕	X	χ	喜
Λ	λ	兰姆达	Ψ	ψ	普 西
M	μ	谬	Ω	ω	欧米嘎

3. 我国国家标准、行业标准代号

代号	意义	代号	意义
GB	国家标准（强制性标准）	MT	煤炭行业标准
GB/T	国家标准（推荐性标准）	MB	能源行业标准
GBn	国家内部标准	NY	农业行业标准
GJB	国家军用标准	QB	轻工业行业标准
GBJ	国家工程建设标准	QC	汽车行业标准
□□	□□行业标准（强制性标准）	QJ	航天行业标准
□□/T	行业标准（推荐性标准）	SB	商业行业标准
CH	测绘行业标准	SD	水利电力行业标准
CJ	城镇建设行业标准	SH	石油化工行业标准
DL	电力行业标准	SJ	电子行业标准
DZ	地质矿产行业标准	SL	水利行业标准
EJ	核工业行业标准	SN	商检行业标准
FZ	纺织行业标准	SY	石油天然气行业标准
GA	公共安全行业标准	TB	铁路运输行业标准
HB	航空行业标准	TD	土地管理行业标准
HG	化工行业标准	WB	物资行业标准
HJ	环境保护行业标准	WH	文化行业标准
JB	机械行业标准（含机械、电工、仪器仪表）	WJ	兵工民品行业标准
JC	建材行业标准	WS	卫生行业标准
JG	建筑工业行业标准	XB	稀土行业标准
JR	金属行业标准	YB	黑色冶金行业标准
JT	交通行业标准	YD	通信行业标准
LD	劳动和劳动安全行业标准	YS	有色冶金行业标准
LY	林业行业标准		

注 表中所列的仅为本书涉及的标准代号。

二、常用计量单位及换算

（一）中国法定计量单位及其换算

1. 中国法定计量单位

中国法定计量单位的内容包括：

（1）国际单位制的基本单位。

（2）国际单位制的辅助单位。

（3）国际单位制中具有专门名称的导出单位。

（4）国家选定的非国际单位制单位。

（5）由以上单位构成的组合形式的单位。

（6）由词头和以上单位所构成的十进倍数和分数单位。

2. 国际单位制（SI）的基本单位

量的名称	单位名称	单位符号
长度	米	m
质量	千克，（公斤）	kg
时间	秒	s
电流	安［培］	A
热力学温度	开［尔文］	K
物质的量	摩［尔］	mol
发光强度	坎［德拉］	cd

3. 可与国际单位制（SI）单位并用的中国法定计量单位

量的名称	单位名称	单位符号	换算关系和说明
时间	分 ［小］时 天，（日）	min h d	1min＝60s 1h＝60min＝3600s 1d＝24h＝86 400s
［平面］角	［角］秒 ［角］分 度	″ ′ °	1″＝（π/648 000）rad （π为圆周率） 1′＝60″＝（π/10 800）rad 1°＝60′＝（π/180）rad
旋转速度	转每分	r/min	1r/min＝（1/60）s^{-1}
长度	海里	n mile	1n mile＝1852 m （只用于航行）
速度	节	kn	1kn ＝1 n mile/h ＝（1852/3600）m/s （只用于航行）

续表

量的名称	单位名称	单位符号	换算关系和说明
质量	吨 原子质量单位	t u	$1t=10^3kg$ $1u\approx1.660\ 540\times10^{-27}kg$
体积	升	L，(1)	$1L=1dm^3=10^{-3}m^3$
能	电子伏	eV	$1eV\approx1.602\ 177\times10^{-19}J$
级差	分贝	dB	
线密度	特［克斯］	tex	$1tex=10^{-6}kg/m$
面积	公顷	hm^2	$1hm^2=10^4m^2$

（二）长度单位及其换算

1. 法定长度单位

单位名称	旧名称	符号	对基本单位的比
纳米	—	nm	1×10^{-9} 米
微米	公忽	μm	0.000001 米
毫米	公厘	mm	0.001 米
厘米	公分	cm	0.01 米
分米	公寸	dm	0.1 米
米	公尺	m	基本单位
千米，公里	公里	km	1000 米

2. 常用长度单位换算

米（m）	厘米（cm）	毫米（mm）	市尺	英尺（ft）	英寸（in）
1	100	1000	3	3.28084	39.3701
0.01	1	10	0.03	0.032808	0.393701
0.001	0.1	1	0.003	0.003281	0.03937
0.333333	33.3333	333.333	1	1.09361	13.1234
0.3048	30.48	304.8	0.9144	1	12
0.0254	2.54	25.4	0.0762	0.083333	1

注 1. 1 密尔=0.0254 毫米；

2. 1 码=0.9144 米；

3. 1 英里=5280 英尺=1609.34 米；

4. 1 海里（n mile）=1.852 千米=1.15078 英里。

（三）面积单位及其换算

1. 法定面积单位

单位名称	旧名称	符号	中文符号	对主单位的比
法定单位				
平方米 平方厘米 平方毫米	平方公尺 平方公分 平方公厘	m^2 cm^2 mm^2	米² 厘米² 毫米²	主单位 0.0001 米² 0.000001 米²
非法定单位				
公顷 公亩	公顷 公亩	hm^2 a		100 公亩 基本单位

注　1公亩=100米²；1公顷=10000米²；1公里²（km^2）=100万米²（m^2）。

2. 常用面积单位换算

平方米（m^2）	平方厘米（cm^2）	平方毫米（mm^2）	平方（市）尺	平方英尺（ft^2）	平方英寸（in^2）
1	10000	1000000	9	10.7639	1550
0.0001	1	100	0.0009	0.001076	0.1550
0.000001	0.01	1	0.000009	0.000011	0.00155
0.111111	1111.11	111111	1	1.19599	172.223
0.092903	929.03	92903	0.836127	1	144
0.000645	6.4516	645.16	0.005806	0.006944	1

公顷（hm^2）	公亩（a）	（市）亩	英亩（acre）
1	100	15	2.47105
0.01	1	0.15	0.024711
0.066667	6.66667	1	0.164737
0.404686	40.4686	6.07029	1

（四）体积单位及其换算

1. 法定体积单位

单位名称	旧名称	符号	对基本单位的比
毫升	公撮	mL	0.001 升
厘升	公勺	cL	0.01 升

续表

单位名称	旧名称	符号	对基本单位的比
分升	公合	dL	0.1 升
升	公升	L 或 l	基本单位
十升	公斗	daL	10 升
百升	公石	hL	100 升
千升	公秉	kL	1000 升

注 1 升=1 分米³=1000 厘米³，1 毫升=1 厘米³。

2. 常用体积单位换算

立方米（m³）	升（市升）（L）	立方英寸（in³）	英加仑（Ukgal）	美加伦（液量）（USgal）
1	1000	61023.7	219.969	264.172
0.001	1	61.0237	0.219969	0.264172
0.000016	0.016387	1	0.003605	0.004329
0.004546	4.54609	277.420	1	1.20095
0.003785	3.78541	231	0.832674	1

（五）质量单位及其换算

1. 法定质量单位

单位名称	旧名称	符号	对基本单位的比
毫克	公丝	mg	0.000001 千克
厘克	公毫	cg	0.00001 千克
分克	公厘	dg	0.0001 千克
克	公分	g	0.001 千克
十克	公钱	dag	0.01 千克
百克	公两	hg	0.1 千克
千克，（公斤）	公斤	kg	基本单位
吨	公吨	t	1000 千克

注 旧制公担（q）已废除。

2. 常用质量单位换算

吨（t）	千克（kg）	（市）担	（市）斤	英吨（ton）	美吨（sh ton）	磅（lb）
1	1000	20	2000	0.984207	1.10231	2204.62
0.001	1	0.02	2	0.000984	0.001102	2.20462
0.05	50	1	100	0.049210	0.055116	110.231
0.0005	0.5	0.01	1	0.000492	0.000551	1.10231
1.01605	1016.05	20.3209	2032.09	1	1.12	2240
0.907185	907.185	18.1437	1814.37	0.892857	1	2000
0.000454	0.458592	0.009072	0.907185	0.000446	0.0005	1

（六）力、力矩、强度、压力单位换算

1. 常用力单位换算

牛（N）	千克力（kgf）	克力（gf）	磅力（lbf）	英吨力（tonf）
1	0.101972	101.972	0.224809	0.0001
9.80665	1	1000	2.20462	0.000984
0.009807	0.001	1	0.002205	0.000001
4.44822	0.453592	453.592	1	0.000446
9964.02	1016.05	1016046	2240	1

注　1. 牛为法定单位，其余是非法定单位。

2. 千克力（公斤力、kgf）、磅力（lbf）等单位，我国过去也有将“力”（f）字省略写成千克（公斤、kg）、磅（lb）等。

2. 常用力矩单位换算

牛·米（N·m）	千克力·米（kgf·m）	克力·厘米（gf·cm）	磅力·英尺（1bf·ft）	磅力·英寸（1bf·in）
1	0.101972	10197.2	0.737562	8.85075
9.80665	1	100000	7.23301	86.7962
0.000098	0.00001	1	0.000072	0.000868
1.35582	0.138255	13825.5	1	12
0.112985	0.011521	1152.12	0.083333	1

注　牛·米为法定单位，其余是非法定单位。

3. 常用强度（应力）和压力（压强）单位换算

牛/毫米^2 (N/mm^2)	千克力/毫米^2 (kgf/mm^2)	千克力/厘米^2 (kgf/cm^2)	千磅力/英寸^2 ($1000lbf/in^2$)	英吨力/英寸^2 ($tonf/in^2$)
1	0.101972	10.1972	0.145038	0.064749
9.80665	1	100	1.42233	0.634971
0.098067	0.01	1	0.014223	0.006350
6.89476	0.703070	70.3070	1	0.446429
15.4443	1.57488	157.488	2.24	1

帕 (Pa)	千克力/厘米^2 (kgf/cm^2)	磅力/英寸^2 (lbf/in^2)	毫米水柱 (mmH_2O)	毫巴 (mbar)
1	0.00001	0.000145	0.101972	0.01
98066.5	1	14.2233	10000	980.665
6894.76	0.070307	1	703.070	68.9476
9.80665	0.000102	0.001422	1	0.098067
100	0.001020	0.014504	10.1972	1

三、常用公式和数值

1. 常用面积计算公式

名称	图形	计算公式
正方形		$A=a^2$；$a\approx0.7071d\approx\sqrt{A}$ $d\approx1.4142a=1.4142\sqrt{A}$
长方形		$A=ab=a\sqrt{d^2-a^2}=b\sqrt{d^2-b^2}$； $d=\sqrt{a^2+b^2}$；$a=\sqrt{d^2-b^2}=\frac{A}{b}$； $b=\sqrt{d^2-a^2}=\frac{A}{a}$
平行四边形		$A=bh$；$h=\frac{A}{b}$；$b=\frac{A}{h}$

续表

名称	图形	计算公式
三角形		$A=\frac{bh}{2}=\frac{b}{2}\times\sqrt{a^2-\left(\frac{a^2+b^2-c^2}{2b}\right)^2}$； $P=\frac{1}{2}(a+b+c)$； $A=\sqrt{P(P-a)(P-b)(P-c)}$
梯形		$A=\frac{(a+b)h}{2}$；$h=\frac{2A}{a+b}$； $a=\frac{2A}{h}-b$；$b=\frac{2A}{h}-a$
正六角形		$A\approx2.5981a^2=2.5981R^2=2.4641r^2$； $R=a\approx1.1547r$； $r\approx0.86603a=0.86603R$
扇形		$A=\frac{1}{2}rl\approx0.008725\alpha r^2$； $l=2A/r\approx0.017453\alpha r$； $r=2A/l\approx57.296l/\alpha$； $\alpha=\frac{180l}{\pi r}\approx\frac{57.296l}{r}$
弓形		$A=\frac{1}{2}[rl-c(r-h)]$；$r=\frac{c^2+4h^2}{8h}$； $l\approx0.017453\alpha r$；$c=2\sqrt{h(2r-h)}$； $h=r-\frac{\sqrt{4r^2-c^2}}{2}$；$\alpha\approx\frac{57.296l}{r}$
圆形		$A=\pi r^2\approx3.1416r^2=0.7854d^2$； $L=2\pi r\approx6.2832r=3.1416d$； $r=L/2\pi\approx0.15915L=0.56419\sqrt{A}$ $d=L/\pi\approx0.31831L=1.1284\sqrt{A}$
椭圆形		$A=\pi ab=3.1416ab$ 周长的近似值 $2P\approx\pi\sqrt{2(a^2+b^2)}$ 比较精确的值 $2P=\pi[1.5(a+b)-\sqrt{ab}]$

续表

名称	图形	计算公式
环形		$A=\pi(R^2-r^2)=3.1416(R^2-r^2)$ $=0.7854(D^2-d^2)$ $=3.1416(D-S)S$ $=3.1416(d+S)S$; $S=R-r=(D-d)/2$
环式扇形		$A=\frac{\alpha\pi}{360}(R^2-r^2)$ $\approx 0.008727\alpha(R^2-r^2)$ $\approx\frac{\alpha\pi}{4.360}(D^2-d^2)$ $\approx 0.002182\alpha(D^2-d^2)$

注 A—面积；R—外接圆半径；P—半周长；r—内切圆半径；R—外切圆半径；d—内切圆直径；O—外切圆直径；L—圆周长度；l—弧长。

2. 常用表面积和体积计算公式

名称	图形	计算公式	
		表面积 S、侧表面积 M	体积 V
正立方体		$S=6a^2$	$V=a^3$
长立方体		$S=2(ah+bh+ab)$	$V=abh$
圆柱体		$M=2\pi rh=\pi dh$	$V=\pi r^2h$ $=\frac{\pi d^2h}{4}$
正六角柱体		$S=5.1962a^2+6ah$	$V=2.5981a^2h$

续表

名称	图形	计算公式	
		表面积 S、侧表面积 M	体积 V
正方角锥台体	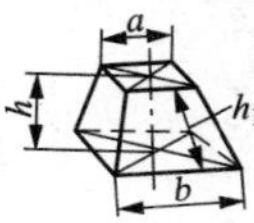 a h h1 b	$S=a^2+b^2+2(a+b)h_1$	$V=\frac{(a^2+b^2+ab)h}{3}$
空心圆柱（管）体	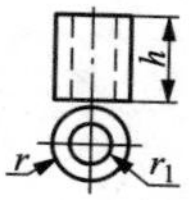 h r r1	$M=$内侧表面积+外侧表面积$=2\pi h(r+r_1)$	$V=\pi h(r^2-r_1^2)$
斜底截圆柱体	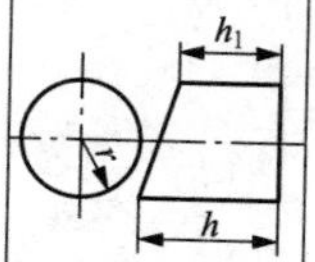 h1 r h	$M=\pi r(h+h_1)$	$V=\frac{\pi r^2(h+h_1)}{2}$
球体	 r d	$S=4\pi r^2=\pi d^2$	$V=\frac{4\pi r^3}{3}=\frac{\pi d^3}{6}$
圆锥体	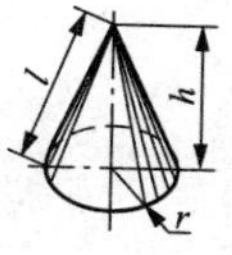 l h r	$M=\pi r^2+\pi rl=\pi r(r+\sqrt{r^2+h^2})$	$V=\frac{\pi r^2 h}{3}$
截头圆锥体	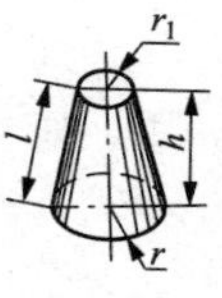 r1 l h r	$M=\pi l(r+r_1)$	$V=\frac{\pi h(r^2+r_1^2+r_1 r)}{3}$

3. 常用型材截面积和理论质量的计算公式

型材类别	图形	型材断面积计算公式	型材质量计算公式
方型材	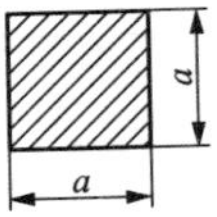	$A=a^2$	$m=A\rho L$ 式中 m——型材理论质量； A——型材断面面积； ρ——型材密度，钢材通常取 7.85g/cm³； L——型材的长度
圆角方型材	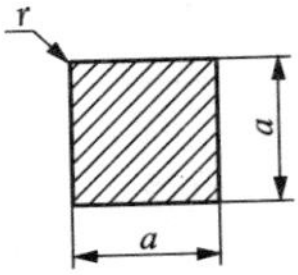	$A\approx a^2-0.8584r^2$	
板材、带材	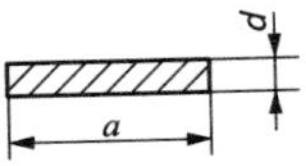	$A=a\delta$	
圆角板材、带材	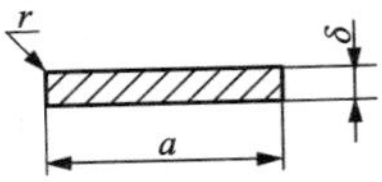	$A\approx a\delta-0.8584r^2$	
圆材	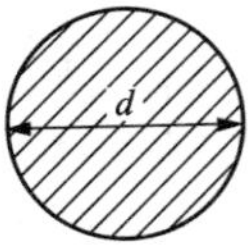	$A=d^2\approx 0.7854d^2$	
六角型材	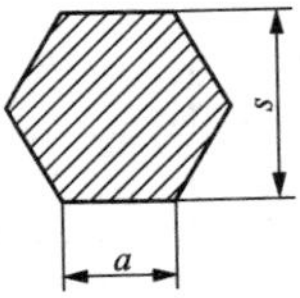	$A\approx 0.866s^2\approx 2.598a^2$	
八角型材	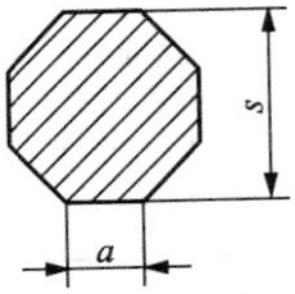	$A\approx 0.828\ 4s^2$ $\approx 4.828\ a^2$	

续表

型材类别	图形	型材断面积计算公式	型材质量计算公式
管材		$A=\pi\delta(D-\delta)$	$m=A\rho L$ 式中 m——型材理论质量； A——型材断面面积； ρ——型材密度，钢材通常取7.85g/cm³； L——型材的长度
等边角钢		$A=d(2b-d)$ $+0.2146(2r^2-2r_1^2)$	
不等边角钢		$A=d(2B+b-d)$ $+0.2146(2r^2-{}^2r_1^2)$	
工字钢		$A=hd+2t(b-d)$ $+0.8584(2r^2-r_1^2)$	
槽钢		$A=hd+2t(b-d)$ $+0.4292(2r^2-r_1^2)$	

4. 硬度值对照表

洛氏 HRC	肖氏 HS	维氏 HV	布氏		洛氏 HRC	肖氏 HS	维氏 HV	布氏		洛氏 HRC	肖氏 HS	维氏 HV	布氏	
			HBS $30D^2$	d (mm) 10/3000				HBS $30D^2$	d (mm) 10/3000				HBS $30D^2$	d (mm) 10/3000
70		1037	—	—	51	67.7	525	501	2.73	32	44.5	304	298	3.52
69		997	—	—	50	66.3	509	488	2.77	31	43.5	296	291	3.56
68	96.6	959	—	—	49	65	493	474	2.81	30	42.5	289	283	3.61
67	94.6	923	—	—	48	63.7	478	461	2.85	29	41.6	281	276	3.65
66	92.6	889	—	—	47	62.3	463	449	2.89	28	40.6	274	269	3.70
65	90.5	856	—	—	46	61	449	436	2.93	27	39.7	268	263	3.74
64	88.4	825	—	—	45	59.7	436	424	2.97	26	38.8	261	257	3.78
63	86.5	795	—	—	44	58.4	423	413	3.01	25	37.9	255	251	3.83
62	84.8	766	—	—	43	57.1	411	401	3.05	24	37	249	245	3.87
61	83.1	739	—	—	42	55.9	399	391	3.09	23	36.3	243	240	3.91
60	81.4	713	—	—	41	54.7	388	380	3.13	22	35.5	237	234	3.95
59	79.7	688	—	—	40	53.5	377	370	3.17	21	34.7	231	229	4.00
58	78.1	664	—	—	39	52.3	367	360	3.21	20	34	226	225	4.03
57	76.5	642	—	—	38	51.1	357	350	3.26	19	33.2	221	220	4.07
56	54.9	620	—	—	37	50	347	341	3.30	18	32.6	216	216	4.11
55	73.5	599	—	—	36	48.8	338	332	3.34	17	31.9	211	211	4.15
54	71.9	579	—	—	35	47.8	329	323	3.39	—	—	—	—	—
53	70.5	561	—	—	34	46.6	320	314	3.43	—	—	—	—	—
52	69.1	543	—	—	33	45.6	312	306	3.48	—	—	—	—	—

四、常用物理量名称及符号

量的名称	符号	量的名称	符号
空间和时间		角频率	ω
[平面]角	α，β，γ，θ，φ	波长	λ
		波数	σ
立体角	Ω	角波数	k
长度	l，L	场[量]级	L_F
宽度	b	功率[量]级	L_P
高度	h	阻尼系数	δ
厚度	d，δ	对数减缩	Λ
半径	r，R	衰减系数	α
直径	d，D	相位系数	β
程长	s	传播系数	γ
距离	d，r	力学	
笛卡儿坐标	x，y，z	质量	m
曲率半径	ρ	体积[质量]密度	P
面积	A，(S)	相对体积质量，相对[质量]密度	d
体积	V	质量体积，比体积	v
时间，时间间隔，持续时间	t	线质量，线密度	ρ_l
角速度	ω	面质量，面密度	ρ_A，(ρ_S)
角加速度	α	转动惯量，(惯性矩)	J，(I)
速度	v，c	动量	p
加速度	a	力	F
自由落体加速度，重力加速度	g	重量	W，(P，G)
周期及其有关现象		冲量	I
周期	T	动量矩，角动量	L
时间常数	t	力矩	M
频率	f	力偶矩	M
旋转频率，旋转速度	n	转矩	M，T

续表

量的名称	符号	量的名称	符号
引力常量	G，(f)	质量流量	q_m
压力，压强	p	体积流量	q_V
正应力	σ	热学	
切应力	τ	热力学温度	T，(Θ)
线应变，(相对变形)	ε，e	摄氏温度	t，θ
切应变	γ	线［膨］胀系数	α_l
体应变	θ	体［膨］胀系数	α_V，(α，γ)
泊松比，泊松数	μ，ν	相对压力系数	α_p
弹性模量	E	压力系数	β
切变模量，刚量模量	G	等温压缩率	κ_T
体积模量，压缩模量	K	等熵压缩率	κ_S
［体积］压缩率	κ	热，热量	Q
截面二次矩，截面二次轴矩(惯性矩)	I_a，(I)	热流量	Φ
截面二次极矩，(极惯性矩)	I_p	面积热流量，热流［量］密度	q，φ
截面系数	W，Z	热导率，(导热系数)	λ，(κ)
动摩擦因数	μ，(f)	传热系数	K，(k)
静摩擦因数	μ_s (f_s)	表面传热系数	h，(α)
［动力］黏度	η，(μ)	热绝缘系数	M
运动黏度	ν	热阻	R
表面张力	γ，σ	热导	G
能［量］	E	热扩散率	a
功	W，(A)	热容	C
势能，位能	E_p，(V)	质量热容，比热容	c
动能	E_k，(T)	质量定压热容，比定压热容	c_p
功率	P	质量定容热容，比定容热容	c_V
效率	η	质量热容比，比热［容］比	γ

续表

量的名称	符号	量的名称	符号
等熵指数	κ	磁通势，磁动势	F，F_{m}
熵	S	磁通［量］密度，磁感应强度	B
质量熵，比熵	s		
能［量］	E	磁通［量］	Φ
热力学能	U	自感	L
焓	H	互感	M，L_{12}
质量能，比能	e	磁导率	μ
质量焓，比焓	h	真空磁导率	μ_0
电学和磁学		相对磁导率	μ_{r}
电流	I	磁化强度	M，(H_{i})
电荷［量］	Q	［直流］电导	G
体积电荷，电荷［体］密度	ρ，(η)	［直流］功率	P
面积电荷，电荷面密度	σ	电阻率	ρ
电场强度	E	电导率	γ，σ
电位，（电势）	V，φ	磁阻	R_{m}
电位差，（电势差），电压	U，(V)	磁导	Λ，(P)
电动势	E	绕组匝数	N
电通［量］密度	D	相数	m
电通［量］	Ψ	相［位］差，相［位］移	φ
电容	C	阻抗，（复［数］阻抗）	Z
介电常数，（电容率）	ε	［交流］电阻	R
真空介电常数，（相对电容率）	ε_0	电抗	X
相对介电常数，（相对电容率）	ε_{r}	［交流］电导	G
面积电流，电流密度	J，(S)	品质因数	Q
线电流，电流线密度	A，(α)	损耗因数	d
磁场强度	H	损耗角	δ
磁位差，（磁动势）	U_{m}	［有功］功率	P

续表

量的名称	符号	量的名称	符号
视在功率，（表观功率）	S，P_S	声纳	B_a
无功功率	Q，P_Q	声阻抗率	Z_a
功率因数	λ	声压级	L_p
[有功] 电能 [量]	W	声强级	L_I
光及有关电磁辐射		声功率级	L_W
发光强度	I，(I_v)	损耗因数，（损耗系数）	δ，ψ
光通量	Φ,(Φ_v)	反射因数，（反射系数）	γ，(ρ)
光量	Q,(Q_v)	透射因数，（透射系数）	τ
[光] 亮度	L,(L_v)	吸收因数，（吸声系数）	α
光出射度	M,(M_v)	隔声量	R
[光] 照度	E,(E_v)	吸声量	A
曝光量	H	响度级	L_N
光视效能	K	响度	N
光视效率	V	物理化学和分子物理学	
折射率	n	相对原子质量	A_r
声学		相对分子质量	M_r
声速，（相速）	c	分子或其他基本单元数	N
声能密度	w，(e)，(D)	物质的量	n，(v)
声功率	W，P	摩尔质量	M
声强	I，J	摩尔体积	V_m
声阻抗	Z_a	摩尔焓	H_m
声阻	R_a	摩尔热容	C_m
声抗	X_a	摩尔定压热容	$C_{p,m}$
声质量	M_a	摩尔定容热容	$C_{V,m}$
声导纳	Y_a	摩尔熵	S_m
声导	G_a	B的分子浓度	C_B

续表

量的名称	符号	量的名称	符号
体积质量，质量密度，密度	ρ	溶质B的摩尔比	r_B
B的质量浓度	ρ_B	B的体积分数	φ_B
B的质量分数	ω_B	标准平衡常数	$K^{\ominus}$
B的浓度，B的物质的量浓度	c_B	分子质量	m
B的摩尔分数	X_B,(Y_B)	摩尔气体常数	R

五、普通螺纹

（1）基本牙型（GB/T 192—2003）。

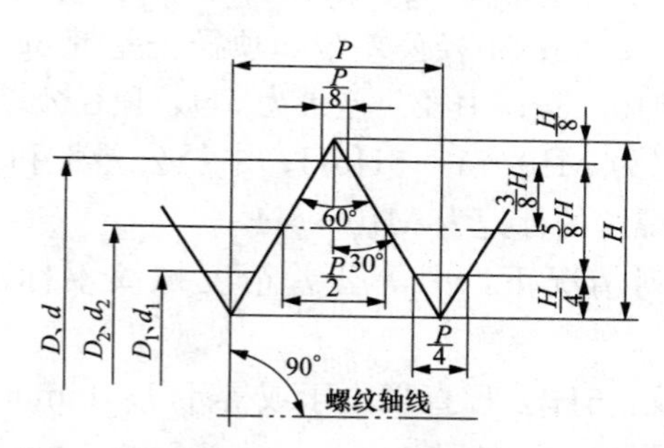

D—内螺纹大径；d—外螺纹大径；D_2—内螺纹中径；d_2—外螺纹中径；
D_1—内螺纹小径；d_1—外螺纹小径；P—螺距；H—原始三角形高度

（2）标记。

1）完整的螺纹标记由螺纹特征代号、尺寸代号、公差带代号及其他有必要进一步说明的个别信息组成。

2）螺纹特征代号用字母“M”表示。

3）单线螺纹的尺寸代号为“公称直径×螺距”，公称直径和螺距数值的单位为毫米。对于粗牙螺纹，可以省略标注其螺距项。

示例：公称直径为8mm、螺距为1mm的单线细牙螺纹的标记为M8×1；公称直径为8mm、螺距为1.25mm的单线粗牙螺纹的标记为M8。

4）多线螺纹的尺寸代号为“公称直径×Ph导程P螺距”，

公称直径、导程和螺距数值的单位为毫米。

示例：公称直径为16mm、螺距为1.5mm、导程为3mm的双线螺纹的标记为M16×Ph3P1.5。

5）公差带代号包含中径公差带代号和顶径公差带代号。中径公差带代号在前，顶径公差带代号在后。各直径的公差带代号由表示公差等级的数值和表示公差带位置的字母（内螺纹用大写字母，外螺纹用小写字母）组成。如果中径公差带代号与顶径公差带代号相同，则应只标注一个公差带代号。螺纹尺寸代号与公差带代号间用“-”号分开。

示例：中径公差带为5g、顶径公差带为6g的外螺纹的标记为M10×1-5g6g；中径公差带和顶径公差带6g的粗牙外螺纹的标记为M10-6g；中径公差带为5H、顶径公差带为6H的内螺纹的标记为M10×1-5H6H；中径公差带和顶径公差带6H的粗牙外螺纹的标记为M10-6H。

6）在下列情况下，中等公差精度螺纹不标注其公差带代号。

a. 内螺纹：5H公称直径小于或等于1.4mm时，6H公称直径大于或等于1.6mm时。

注：对螺距为0.2mm的螺纹，其公差等级为4级。

b. 外螺纹：6g公称直径小于或等于1.4mm时，6g公称直径大于或等于1.6mm时。

示例：中径公差带和顶径公差带为6g、中等公差精度的粗牙外螺纹的标记为M10；

中径公差带和顶径公差带为6H、中等公差精度的粗牙内螺纹的标记为M10。

7）表示内、外螺纹配合时，内螺纹公差带代号在前，外螺纹公差带代号在后，中间用斜线分开。

示例：公差带为6H的内螺纹与公差带为5g6g的外螺纹组成配合的标记为M20×2-6H/5g6g；

公差带为6H的内螺纹与公差带为6g的外螺纹组成配合

（中等公差精度、粗牙）的标记为 M6。

8）标记内有必要说明的其他信息，包括螺纹的旋合长度和旋向。对于短旋合长度组和长旋合长度组的螺纹，宜在公差带代号后分别标注“S”和“L”代号。旋合长度代号与公差带代号间用“-”号分开。中等旋合长度组螺纹不标注旋合长度代号（N）。

示例：短旋合长度的内螺纹的标记为 M20×2－5H－S；长旋合长度的内、外螺纹的标记为 M6－7H/7g6g－1；中等旋合长度的外螺纹（粗牙、中等精度的 6g 公差带）的标记为 M6。

9）对于左螺纹，应在旋合长度代号之后标注“LH”代号。旋合长度代号与旋向代号间用“-”号分开。右旋螺纹不标注旋向代号。

示例：左旋螺纹的标记为 8M×1－LH（公差带代号和旋合长度代号被省略），M6×0.75－5h6h－S－LH，M14×Ph6P2－7H－L－LH；右旋螺纹的标记为 M6（螺距、公差带代号、旋合长度代号和旋向代号被省略）。

（3）直径与螺距系列。

1）直径与螺距标准组合系列（GB/T 192—2003）。

公称直径 D、d			螺距 P										
第1系列	第2系列	第3系列	粗牙	细牙									
				3	2	1.5	1.25	1	0.75	0.5	0.35	0.25	0.2
1			0.25										0.2
	1.1		0.25										0.2
1.2			0.25										0.2
	1.4		0.3										0.2
1.6			0.35										0.2
	1.8		0.35										0.2
2			0.4									0.25	
	2.2		0.45									0.25	
2.5			0.45								0.35		
3			0.5								0.35		

续表

公称直径 D、d			螺距 P										
第1系列	第2系列	第3系列	粗牙	细牙									
				3	2	1.5	1.25	1	0.75	0.5	0.35	0.25	0.2
	3.5		0.6								0.35		
4			0.7							0.5			
	4.5		0.75							0.5			
5			0.8							0.5			
		5.5								0.5			
6			1						0.75				
	7		1						0.75				
8			1.25					1	0.75				
		9	1.25					1	0.75				
10			1.5				1.25	1	0.75				
		11	1.5			1.5		1	0.75				
12			1.75				1.25	1					
	14		2			1.5	1.25	1					
		15				1.5		1					
16			2			1.5		1					
		17				1.5		1					
	18		2.5		2	1.5		1					
20			2.5		2	1.5		1					
	22		2.5		2	1.5		1					
			3		2	1.5		1					
24					2	1.5		1					
		25			2	1.5		1					
		26				1.5							
	27		3		2	1.5		1					
		28			2	1.5		1					
30			3.5	(3)	2	1.5		1					
		32			2	1.5							
	33		3.5	(3)	2	1.5							
		35				1.5							
36			4	3	2	1.5							
		38				1.5							
	39		4	3	2	1.5							

续表

公称直径 D、d			螺距 P						
第1系列	第2系列	第3系列	粗牙	细牙					
				8	6	4	3	2	1.5
		40					3	2	1.5
42			4.5			4	3	2	1.5
	45		4.5			4	3	2	1.5
48			5			4	3	2	1.5
		50					3	2	1.5
	52		5			4	3	2	1.5
		55				4	3	2	1.5
56			5.5			4	3	2	1.5
		58				4	3	2	1.5
	60		5.5			4	3	2	1.5
		62				4	3	2	1.5
64			6			4	3	2	1.5
		65				4	3	2	1.5
	68		6			4	3	2	1.5
		70			6	4	3	2	1.5
72					6	4	3	2	1.5
		75				4	3	2	1.5
	76				6	4	3	2	1.5
		78						2	
80					6	4	3	2	1.5
		82						2	
	85				6	4	3	2	
90					6	4	3	2	
	95				6	4	3	2	
100					6	4	3	2	
	105				6	4	3	2	
110					6	4	3	2	
	115				6	4	3	2	
	120				6	4	3	2	
125				8	6	4	3	2	
	130			8	6	4	3	2	
		135			6	4	3	2	
140				8	6	4	3	2	
		145			6	4	3	2	

续表

公称直径 D、d			螺距 P						
第 1 系列	第 2 系列	第 3 系列	粗牙	细牙					
				8	6	4	3	2	1.5
	150			8	6	4	3	2	
		155			6	4	3		
160				8	6	4	3		
		165			6	4	3		
	170			8	6	4	3		
		175			6	4	3		
180				8	6	4	3		
		185			6	4	3		
	190			8	6	4	3		
		195			6	4	3		
200				8	6	4	3		
		205			6	4	3		
	210			8	6	4	3		
		215			6	4	3		
220				8	6	4	3		
		225			6	4	3		
		230		8	6	4	3		
		235			6	4	3		
	240			8	6	4	3		
		245			6	4	3		
250				8	6	4	3		
		255			6	4			
				8	6	4			
		265			6	4			
		270		8	6	4			
	260	275			6	4			
280				8	6	4			
		285			6	4			
		290		8	6	4			
		295			6	4			
					6	4			
	300			8	6	4			

2）螺距与最大公称直径（GB/T 192—2003）。

mm

螺距	最大公称直径	螺距	最大公称直径
0.5	22	1.5	150
0.75	33	2	200
1	80	3	300

（4）普通螺纹的基本尺寸。

1）普通螺纹各直径所处位置。

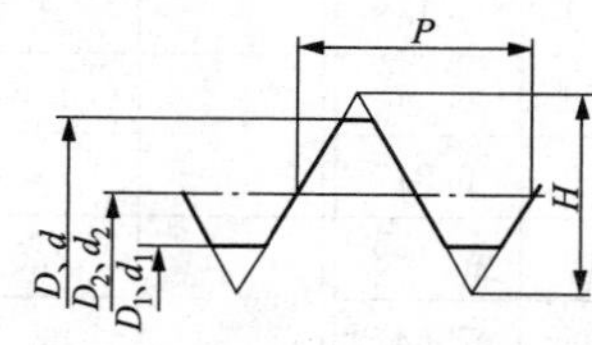

2）普通螺纹基本尺寸（GB/T 192—2003）。

mm

公称直径（大径）D、d	螺距 P	中径 D_2、d_2	小径 D_1、d_1	公称直径（大径）D、d	螺距 P	中径 D_2、d_2	小径 D_1、d_1
1	0.25	0.838	0.729	2.2	0.45	1.908	1.713
	0.2	0.870	0.783		0.25	2.038	1.929
1.1	0.25	0.938	0.829	2.5	0.45	2.208	2.013
	0.2	0.970	0.883		0.35	2.273	2.121
1.2	0.25	1.038	0.929	3	0.5	2.675	2.459
	0.2	1.070	0.983		0.35	2.773	2.621
1.4	0.3	1.205	1.075	3.5	0.6	3.110	2.850
	0.2	1.270	1.183		0.35	3.273	3.121
1.6	0.35	1.373	1.221	4	0.7	3.545	3.242
	0.2	1.470	1.383		0.5	3.675	3.459
1.8	0.35	1.573	1.421	4.5	0.75	4.013	3.688
	0.2	1.670	1.583		0.5	4.175	3.959
2	0.4	1.740	1.567	5	0.8	4.480	4.134
	0.25	1.838	1.729		0.5	4.675	4.459

续表

公称直径（大径）D、d	螺距 P	中径 D_2、d_2	小径 D_1、d_1
5.5	0.5	5.175	4.959
6	1	5.350	4.917
	0.75	5.513	5.188
7	1	6.350	5.917
	0.75	6.513	6.188
8	1.25	7.188	6.647
	1	7.350	6.917
	0.75	7.513	7.188
9	1.25	8.188	7.647
	1	8.350	7.917
	0.75	8.513	8.188
10	1.5	9.026	8.376
	1.25	9.188	8.647
	1	9.350	8.917
	0.75	9.513	9.188
11	1.5	10.026	9.376
	1	10.350	9.917
	0.75	10.513	10.188
12	1.75	10.863	10.106
	1.5	11.026	10.376
	1.25	11.188	10.647
	1	11.350	10.917
14	2	12.701	11.835
	1.5	13.026	12.376
	1.25	13.188	12.647
	1	13.350	12.917
15	1.5	14.026	13.376
	1	14.350	13.917
16	2	14.701	13.835
	1.5	15.026	14.376
	1	15.350	14.917
17	1.5	16.026	15.376
	1	16.350	15.917
18	2.5	16.376	15.294
	2	16.701	15.835
	1.5	17.026	16.376
	1	17.350	16.917
20	2.5	18.376	17.294
	2	18.701	17.835
	1.5	19.026	18.376
	1	19.350	18.917
22	2.5	20.376	19.294
	2	20.701	19.835
	1.5	21.026	20.376
	1	21.350	20.917
24	3	22.051	20.752
	2	22.701	21.835
	1.5	23.026	22.376
	1	23.350	22.917
25	2	23.701	22.835
	1.5	24.026	23.376
	1	24.350	23.917

续表

公称直径（大径）D、d	螺距 P	中径 D_2、d_2	小径 D_1、d_1	公称直径（大径）D、d	螺距 P	中径 D_2、d_2	小径 D_1、d_1
26	1.5	25.026	24.376	39	4	36.402	34.670
27	3	25.051	23.752		3	37.051	35.752
	2	25.701	24.835		2	37.701	36.835
	1.5	26.026	25.376		1.5	38.026	37.376
	1	26.350	25.917	40	3	38.051	36.752
28	2	26.701	25.835		2	38.701	37.835
	1.5	27.026	26.376		1.5	39.026	38.376
	1	27.350	26.917	42	4.5	39.077	37.129
30	3.5	27.727	26.211		4	39.402	37.670
	3	28.051	26.752		3	40.051	38.752
	2	28.701	27.835		2	40.701	39.835
	1.5	29.026	28.376		1.5	41.026	40.376
	1	29.350	28.917	45	4.5	42.077	40.129
32	2	30.701	29.835		4	42.402	40.670
	1.5	31.026	30.376		3	43.051	41.752
33	3.5	30.727	29.211		2	43.701	42.835
	3	31.051	29.752		1.5	44.026	43.376
	2	31.701	30.835	48	5	44.752	42.587
	1.5	32.026	31.376		4	45.402	43.670
35	1.5	34.026	33.376		3	46.051	44.752
36	4	33.402	31.670		2	46.701	45.835
	3	34.051	32.752		1.5	47.026	46.376
	2	34.701	33.835	50	3	48.051	46.752
	1.5	35.026	34.376		2	48.701	47.835
38	1.5	37.026	36.376		1.5	49.026	48.376

续表

公称直径（大径）D、d	螺距 P	中径 D_2、d_2	小径 D_1、d_1
52	5	48.752	46.587
	4	49.402	47.670
	3	50.051	48.752
	2	50.701	49.835
	1.5	51.026	50.376
55	4	52.402	50.670
	3	53.051	51.752
	2	53.701	52.835
	1.5	54.026	53.376
56	5.5	52.428	50.046
	4	53.402	51.670
	3	54.051	52.752
	2	54.701	53.835
	1.5	55.026	54.376
56	4	55.402	53.670
	3	56.051	54.752
	2	56.701	55.835
	1.5	57.026	56.376
60	5.5	56.428	54.046
	4	57.402	55.670
	3	58.051	56.752
	2	58.701	57.835
	1.5	59.026	58.376
62	4	59.402	57.670
	3	60.051	58.752
62	2	60.701	59.835
	1.5	61.026	60.376
64	6	60.103	57.505
	4	61.402	59.670
	3	62.051	60.752
	2	62.701	61.835
	1.5	63.026	62.376
65	4	62.402	60.670
	3	63.051	61.752
	2	63.701	62.835
	1.5	64.026	63.376
68	6	64.103	61.505
	4	65.402	63.670
	3	66.051	64.752
	2	66.701	65.835
	1.5	67.026	66.376
70	6	66.103	63.505
	4	67.402	65.670
	3	68.051	66.752
	2	68.701	67.835
	1.5	69.026	68.376
72	6	68.103	65.505
	4	69.402	67.670
	3	70.051	68.752
	2	70.701	69.835

续表

公称直径（大径）D、d	螺距 P	中径 D_2、d_2	小径 D_1、d_1
72	1.5	71.026	70.376
75	4	72.402	70.670
	3	73.051	71.752
	2	73.701	72.835
	1.5	74.026	73.376
76	6	72.103	69.505
	4	73.402	71.670
	3	74.051	72.752
	2	74.701	73.835
	1.5	75.026	74.376
78	2	76.700	75.835
80	6	76.103	73.505
	4	77.402	75.670
	3	78.051	76.752
	2	78.701	77.835
	1.5	79.026	78.376
82	2	80.701	79.835
85	6	81.103	78.505
	4	82.402	80.670
	3	83.051	81.752
	2	83.701	82.835
90	6	86.103	83.505
	4	87.402	85.670
	3	88.051	86.752
	2	88.701	87.835
95	6	91.103	88.505
	4	92.402	90.670
	3	93.051	91.752
	2	93.701	92.835
100	6	96.103	93.505
	4	97.402	95.670
	3	98.051	96.752
	2	98.701	97.835
105	6	101.103	98.505
	4	102.402	100.670
	3	103.051	101.752
	2	103.701	102.835
110	6	106.103	103.505
	4	107.402	105.670
	3	108.051	106.752
	2	108.701	107.835
115	6	111.103	108.505
	4	112.402	110.670
	3	113.051	111.752
	2	113.701	112.835
120	6	116.103	113.505
	4	117.402	115.670
	3	118.051	116.752
	2	118.701	117.835
125	6	121.103	118.505
	4	122.402	120.670
	3	123.051	121.752
	2	123.701	122.835

续表

公称直径（大径）D、d	螺距 P	中径 D_2、d_2	小径 D_1、d_1	公称直径（大径）D、d	螺距 P	中径 D_2、d_2	小径 D_1、d_1
130	6	126.103	123.505	160	3	157.402	155.670
	4	127.402	125.670	165	8	158.051	156.752
	3	128.051	126.752		6	161.103	158.505
	2	128.701	127.835		4	162.402	160.670
135	6	131.103	128.505		3	163.051	161.752
	4	132.402	130.670	170	6	164.804	161.340
	3	133.051	131.752		4	166.103	163.505
	2	133.701	132.835		3	168.051	166.752
140	6	136.103	133.505	175	6	171.103	168.505
	4	137.402	135.670		4	172.402	170.670
	3	138.051	136.752		3	173.051	171.752
	2	138.701	137.835	180	8	174.804	171.340
145	8	141.103	138.505		6	176.103	173.505
	6	142.402	140.670		4	177.402	175.670
	4	143.051	141.752		3	178.051	176.752
	3	143.701	142.835	185	6	181.103	178.505
	2	144.804	141.340		4	182.402	180.670
150	6	146.103	143.505		3	183.051	181.752
	4	147.402	145.670	190	8	184.804	181.340
	3	148.051	146.752		6	186.103	183.505
155	8	148.701	147.835		4	187.402	185.670
	6	151.103	148.505		3	188.051	186.752
	4	152.402	150.670	195	6	191.103	188.505
	3	153.051	151.752		4	192.402	190.670
160	6	154.804	11571.340		3	193.051	191.752
	4	156.103	153.505	200	8	194.804	191.340

续表

公称直径（大径）D、d	螺距 P	中径 D_2、d_2	小径 D_1、d_1
200	6	196.103	193.505
	4	197.402	195.670
	3	198.051	196.752
205	6	201.103	198.505
	4	202.402	200.670
	3	203.051	201.752
210	8	204.804	201.340
	6	206.103	203.505
	4	207.402	205.670
	3	208.051	206.752
215	6	211.103	208.505
	4	212.402	210.670
	3	213.051	211.752
220	8	214.804	211.340
	6	216.103	213.505
	4	217.402	215.670
	3	218.051	216.752
225	6	221.103	218.505
	4	222.402	220.670
	3	223.051	221.752
230	6	224.804	221.340
	4	226.103	223.505
	3	227.402	225.670
235	8	228.051	226.752
	6	231.103	228.505
	4	233.051	230.670
	3	234.804	231.752
240	8	234.804	231.340
	6	236.103	233.505
	4	237.402	235.670
	3	238.051	236.752
245	6	241.103	238.505
	4	242.402	240.670
	3	243.051	241.752
250	8	244.804	241.340
	6	246.103	243.505
	4	247.402	245.670
	3	248.051	246.752
255	6	251.103	248.505
	4	252.402	250.670
260	8	254.804	251.340
	6	256.103	253.505
	4	257.402	255.670
265	6	261.103	258.505
	4	262.402	260.670
270	8	264.804	261.340
	6	266.103	263.505
	4	267.402	265.670
275	6	271.103	268.505
	4	272.402	270.670

续表

公称直径（大径）D、d	螺距 P	中径 D_2、d_2	小径 D_1、d_1	公称直径（大径）D、d	螺距 P	中径 D_2、d_2	小径 D_1、d_1
280	8	274.804	271.340	295	6	291.103	288.505
	6	276.103	273.505		4	292.402	290.670
	4	277.402	275.670	300	8	294.804	291.340
285	6	281.103	278.505		6	296.103	293.505
	4	282.402	280.670		4	297.402	295.670
290	8	284.804	281.340				
	6	286.103	283.505				
	4	287.402	285.670				

（5）小螺纹的直径与螺距系列（GB/T 15054.1—1994）。

1）小螺纹的直径下螺距系列。

公称直径			公称直径		
第一系列	第二系列	螺距 P	第一系列	第二系列	螺距 P
0.3		0.08		0.7	0.175
	0.35	0.09	0.8		0.2
0.4		0.1		0.9	0.225
	0.45	0.1	1		0.25
0.5		0.125		1.1	0.25
	0.55	0.125	1.2		0.25
0.6		0.15		1.4	0.3

注 选择直径时，应优先选择表中第一系列的直径。

2）小螺纹的牙顶宽与牙底宽。

螺距 P	牙顶宽 $0.125P$	牙底宽 $0.321P$	螺距 P	牙顶宽 $0.125P$	牙底宽 $0.321P$
0.08	0.010000	0.025660	0.175	0.021875	0.056130
0.09	0.011250	0.028867	0.2	0.025000	0.064149
0.1	0.012500	0.032074	0.225	0.028125	0.072167
0.125	0.015625	0.040093	0.25	0.031250	0.080186
0.15	0.018750	0.048112	0.3	0.037500	0.096223

第二章　常用手工工具

一、钳类

1. 钢丝钳（QB/T 2442.1—2007）

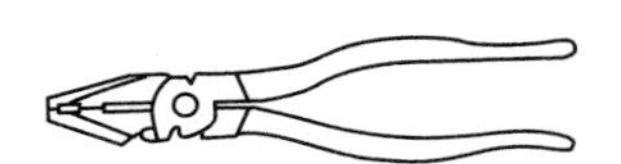
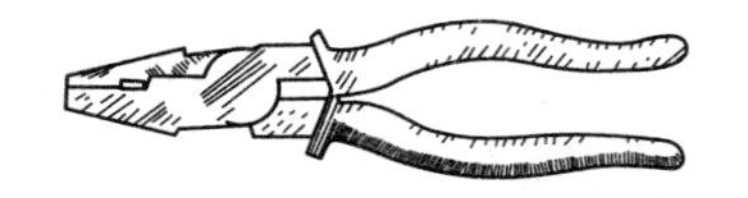

长度（mm）	种类	硬度 HRC	用途
160 180 200	分柄部带塑料套与不带塑料套两种	40～45	适用于夹持或弯折金属薄板，剪断金属丝，还有剥线、起钉的功能

2. 鲤鱼钳（QB/T 2442.4—2007）

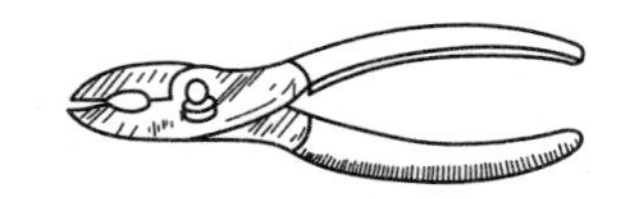

长度（mm）	硬度 HRC	用途
150 165 200 250	46～56	适用于夹持扁形或圆柱形工件，可以切割金属丝，也可代替扳手装拆螺钉、螺母，是汽车、农业机械、自行车、摩托车等维修作业的常用工具

3. 尖嘴钳（QB/T 2440.1—2007）

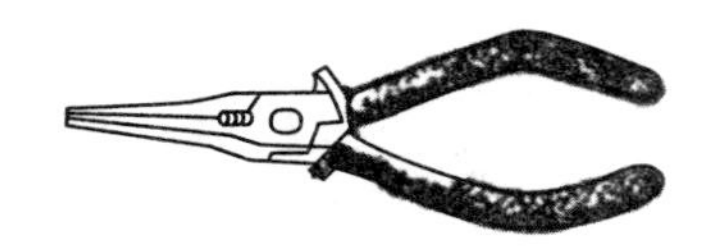

长度（mm）	种类	硬度 HRA	用途
125 140 160 180 200 280	有铁柄和绝缘柄两种规格	≥73	适用于在较窄小的工作空间夹持小零件和扭转细金属丝，是仪器、仪表、家电等常用的组装、维修工具

4. 弯嘴钳（QB/T 2441.1—2007）

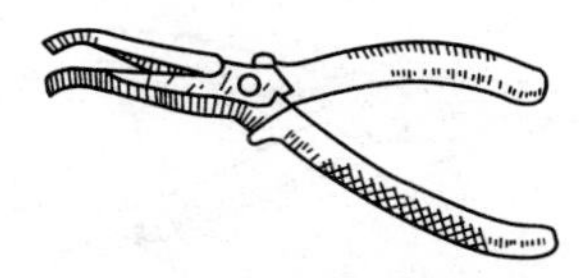

长度（mm）	种类	硬度 HRA	用途
125 140 160 180 200	有铁柄和绝缘柄两种规格	刃口部位：62 非刃口部位：50	与尖嘴钳相似，适用于狭窄或凹下的工作空间夹持工件

5. 斜嘴钳（QB/T 2441.1—2007）

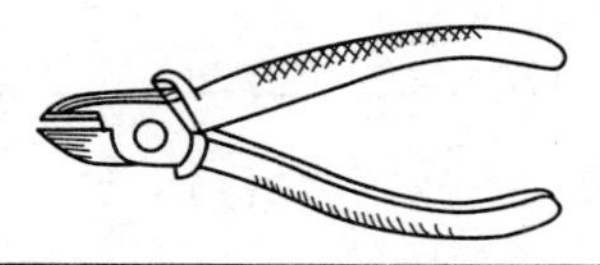

长度（mm）	种类	硬度 HRA	用途
125 140 160 180 200	有铁柄和绝缘柄两种规格	28～38	适用于切断金属丝，是电线安装作业的常用工具

6. 圆嘴钳（QB/T 2440.3—2007）

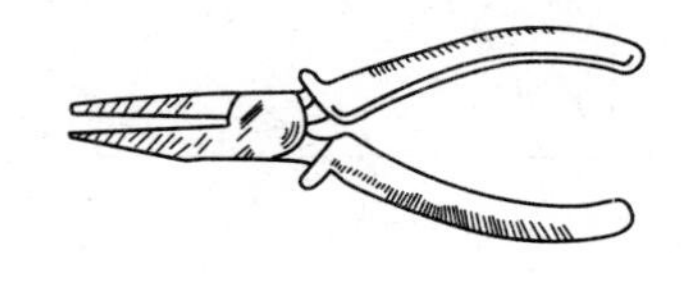

公称长度（mm）		125	140	160	180
钳头长度（mm）	矩嘴	25	32	40	—
	长嘴	—	40	50	63
用途	适用于将金属薄片或金属细丝弯成圆形，是电信设备、仪器仪表、家电装配、维修作业的常用工具				

7. 扁嘴钳（QB/T 2440.2—2007）

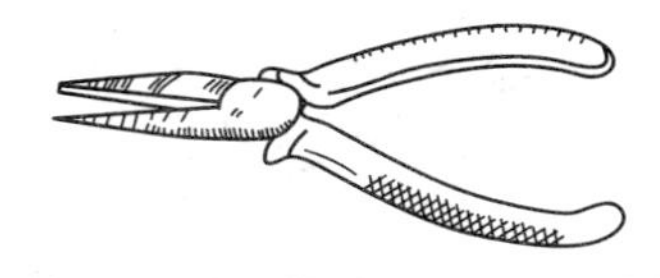

类型	长度（mm）	钳头长度（mm）	硬度（HRA）	用途
短嘴式	125 140 160	25 32 40	≥73	适用于将金属薄片、细丝弯成所需形状，装拔销子、弹簧等，有绝缘柄和铁柄两种
长嘴式	140 160 180	40 50 63	≥73	

8. 胡桃钳（QB/T 1737—2011）

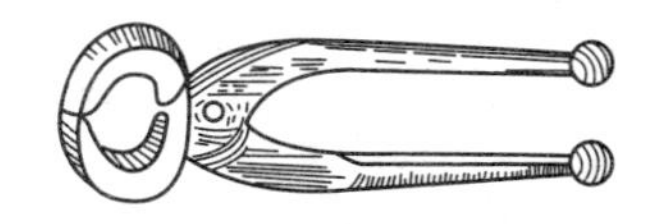

长度（mm）	硬度 HRC	用途
160 180 200 224 250 280	48～56	适用于制鞋、修鞋，木工起拔或剪断钉子，也可切断金属丝

9. 挡圈钳（JB/T 3411.47—1999）

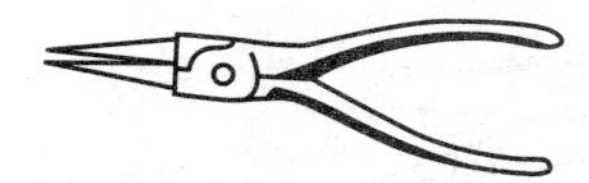
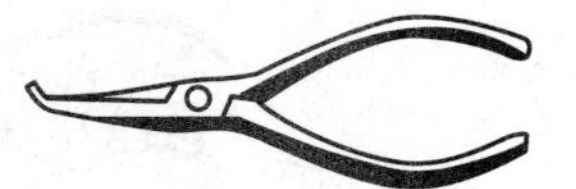

种类	长度（mm）	硬度 HRC	用途
直嘴式孔用 弯嘴式孔用 直嘴式轴用 弯嘴式轴用	125 175 225	28～38	专用于装拆弹性线圈。可根据安装部位不同和需要，选用孔用、轴用、直嘴式、弯嘴式挡圈钳

10. 断线钳（QB/T 2206—2011）

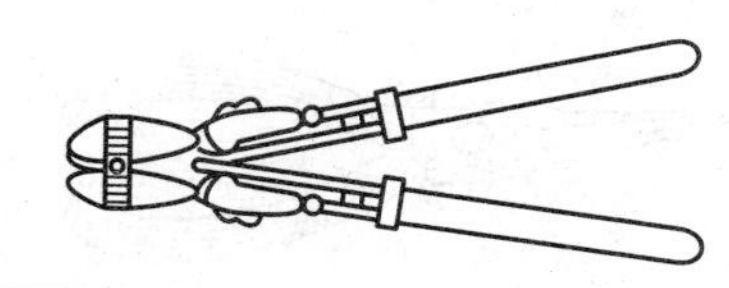

规格（mm）		300	350	450	600	750	900	1050
长度（mm）		305	365	460	620	765	910	1070
剪切直径（mm）	黑色金属	≤4	≤5	≤6	≤8	≤10	≤12	≤14
	有色金属（参考）	2～6	2～7	2～8	2～10	2～12	2～14	2～16
用途		用于切断较粗的、硬度不大于 HRC30 的金属线材、刺丝及电线等						

11. 多用钳

规格	总长 200mm
用途	用于切割、剪、轧金属薄板或丝材

12. 大力钳

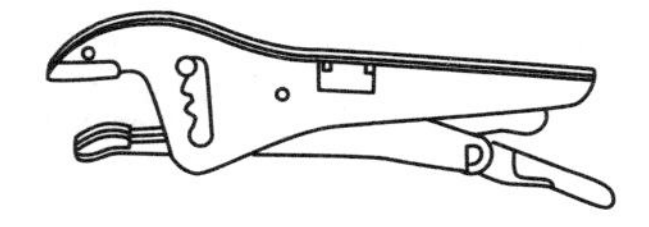

规格	大力钳长度（mm）：100，125，150，175，250，350（其中175、250为最常用规格）
用途	用以夹紧零件进行铆接、焊接、磨削等加工。其特点是钳口可以锁紧，并产生很大的夹紧力，使被夹紧零件不会松动。供夹紧不同厚度零件使用；也可作扳手使用

13. 修口钳

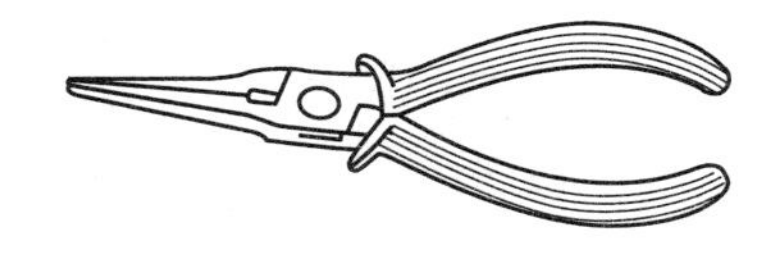

规格	修口钳长度（mm）：160
用途	钳口内制有齿纹，多用于纺织厂修理钢筘

14. 开箱钳

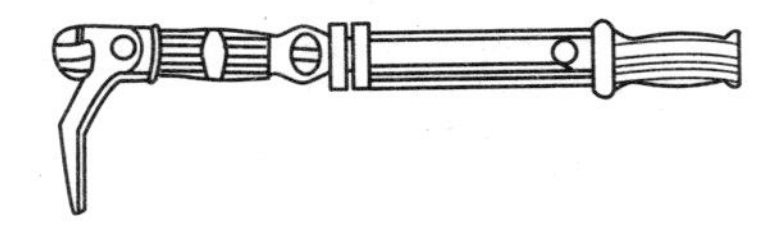

规格	开箱钳总长（mm）：450
用途	开木箱、折旧木结构件时起拔钢钉用

15. 冷轧线钳

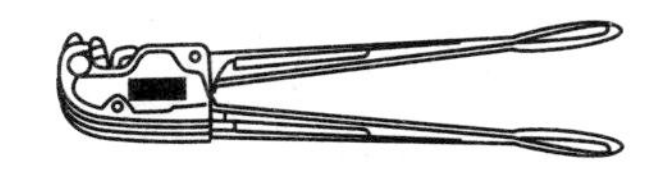

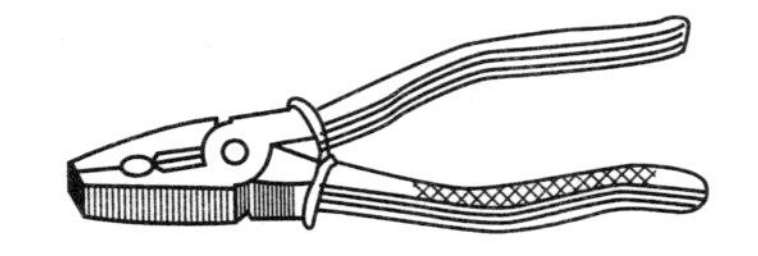

规格	冷轧线钳长度（mm）：200 轧接导线断面积范围（mm^2）：2.5～6
用途	除具有一般钢丝钳的用途外，还可以利用其轧线结构部分轧接电话线、小型导线的接头或封端

二、扳手类

1. 双头呆扳手（GB/T 4388—2008）

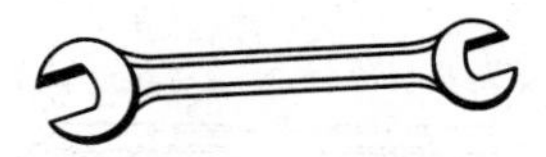

单件双头呆扳手规格系列（mm×mm）						用途
3.2×4，	4×5，	5×5.5，	5.5×7，	6×7，	7×8，	用于紧固或拆卸两种规格的六角头及方头螺栓、螺钉和螺母
8×9，	8×10，	9×11，	10×11，	10×12，	10×13，	
11×13，	12×13，	12×14，	13×14，	13×15，	13×16，	
13×17，	14×15，	14×16，	14×17，	15×16，	15×18，	
16×17，	16×18，	17×19，	18×19，	18×21，	19×22，	
20×22，	21×22，	21×23，	21×24，	22×24，	24×27，	
24×30，	25×28，	27×30，	27×32，	30×32，	30×34，	
32×34，	32×36，	34×36，	36×41，	41×46，	46×50，	
50×55，	55×60，	60×65，	65×70，	70×75，	75×80	
成套双头呆扳手规格系列（mm×mm）						
6件组	5.5×7（或6×7），8×10，12×14，14×17，17×19，22×24					
8件组	5.5×7（或6×7），8×10，10×12（或9×11），12×14，14×17，17×9，19×22，22×24					
10件组	5.5×7（或6×7），8×10，10×12（或9×11），12×14，14×17，17×19，19×22，22×24，24×27，30×32					
新5件组	5.5×7，8×10，13×16，18×21，24×27					
新6件组	5.5×7，8×10，13×16，18×21，24×27，30×34					

2. 单头呆扳手（GB/T 4388—2008）

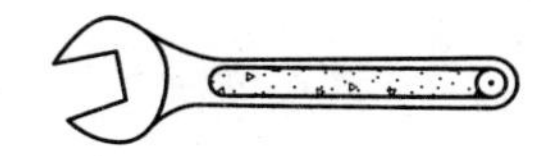

开口宽度（mm）	用途
5.5，6，7，8，9，10，11，12，13，14，15，16，17，18，19，20，21，22，23，24，25，26，27，28，29，30，31，32，34，36，38，41，46，50，55，60，65，70，75，80	用于紧固或拆卸一种规格的六角头或方头螺栓、螺母

3. 双头梅花扳手（GB/T 4388—2008）

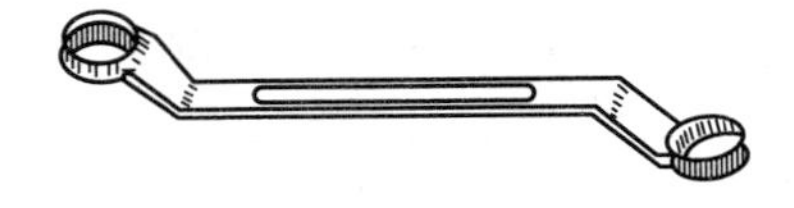

名称		公称规格（mm×mm）	用途
成套扳手	6件组	5.5×8，10×12，12×14，14×17，17×19（或19×22），22×24	用于紧固或拆卸六角头螺栓、螺母。尤其适于工作空间狭窄的场合
	8件组	5.5×7，8×10（或9×11），10×12，12×14，14×17，17×19（或19×22），22×24，24×27	
	10件组	5.5×7，8×10（或9×11），10×12，12×14，14×17，17×19，19×22，22×24（或24×27），27×30，30×32	
	新5件	6.5×7，8×10，13×16，18×21，24×27	
	新6件	5.5×7，8×10，13×16，18×21，24×27，30×34	
单件扳手		6×7，8×10，12×14，17×19，22×24，24×27，30×32，36×41，46×50，55×55，55×60	

4. 单头梅花扳手（GB/T 4388—2008）

规格	单头梅花扳手分矮颈型（A型）和高颈型（G型）。其规格与单头呆扳手相同
用途	与单头呆扳手相似，但只适用于六角头螺栓（螺母）。特点是承受扭矩大、使用安全，特别适用于部位较狭小、位于凹处、不能容纳单头呆扳手的工作场合

5. 两用扳手（GB/T 4388—2008）

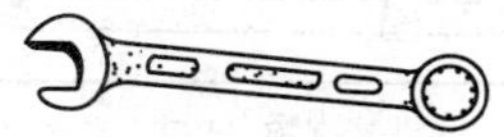

<table>
<tr><td colspan="2" rowspan="2">单件扳手规格系列（mm）</td><td rowspan="2">3.2，4.5，5.5，6，7，8，9，10，11，12，13，14，15，16，17，18，19，20，21，22，23，24，25，26，27，28，29，30，31，32，33，34，36，41，46，50</td><td>用途</td></tr>
<tr><td rowspan="6">一端与梅花扳手相同，另一端与单头扳手相同，两端适用于规格相同的六角头螺栓、螺母</td></tr>
<tr><td rowspan="5">成套扳手规格系列（mm）</td><td>6件组</td><td>10，12，14，17，19，22</td></tr>
<tr><td>8件组</td><td>8，9，10，12，14，17，19，22</td></tr>
<tr><td>10件组</td><td>8，9，10，12，14，17，19，22，24，27</td></tr>
<tr><td>新6件组</td><td>10，13，16，18，21，24</td></tr>
<tr><td>新8件组</td><td>8，10，13，16，18，21，24，27</td></tr>
</table>

6. 管活两用扳手

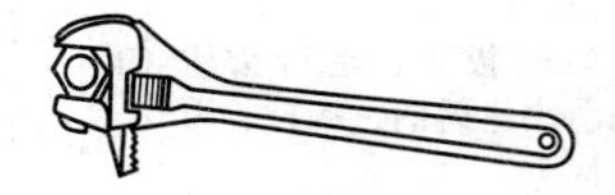

当活扳手使用

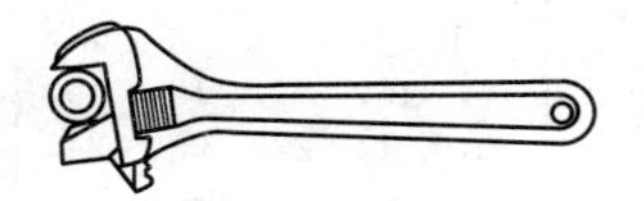

当管子钳使用

<table>
<tr><td rowspan="4">规格</td><td>型式</td><td colspan="2">Ⅰ型</td><td colspan="4">Ⅱ型</td></tr>
<tr><td>长度（mm）</td><td>250</td><td>300</td><td>200</td><td>250</td><td>300</td><td>375</td></tr>
<tr><td>夹持六角对边宽度（mm）≤</td><td>30</td><td>36</td><td>24</td><td>30</td><td>36</td><td>46</td></tr>
<tr><td>夹持管子外径（mm）≤</td><td>30</td><td>36</td><td>25</td><td>32</td><td>40</td><td>50</td></tr>
<tr><td>用途</td><td colspan="7">结构特点是固定钳口制成带有细齿的平钳口；活动钳口一端制成平钳口，另一端制成带有细齿的凹钳口。向下按动蜗杆，活动钳口可迅速取下，调换钳口位置。利用活动钳口的凹钳口，可当管子钳使用，装拆管子或圆柱形零件；利用平钳口，可当活扳手使用，装拆六角头或方头螺栓、螺母</td></tr>
</table>

7. 普通套筒扳手（GB/T 3390.2—2013）

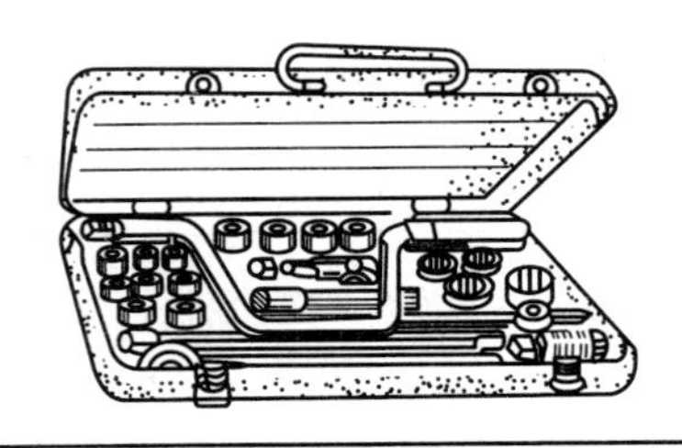

<table>
<tr><th rowspan="2">每套件数</th><th colspan="2">每套规格（mm）</th><th rowspan="2">用途</th></tr>
<tr><th>套筒</th><th>附件</th></tr>
<tr><td colspan="3">普通套筒扳手</td><td rowspan="7">除具备一般扳手的功用外，尤其适用于各种特殊位置和工作空间狭窄的场合</td></tr>
<tr><td>9</td><td>10，11，12，14，17，19，22，24</td><td>225 弯头手柄</td></tr>
<tr><td>13</td><td>8，10，11，12，14，17，19，22，24，27</td><td>250 棘轮扳手、直接头、滑行头手柄、快速摇柄、接杆</td></tr>
<tr><td>17</td><td>10，11，12，14，17，19，22，24，27，30，32</td><td>棘轮扳手、直接头、滑行头手柄、快速摇柄、接杆</td></tr>
<tr><td>24</td><td>10，11，12，13，14，15，16，17，18，19，20，21，22，23，24，27，30，32</td><td>棘轮扳手、滑行头手柄、快速摇柄、接杆、万向接头</td></tr>
<tr><td>28</td><td>10，11，12，13，14，15，16，17，18，19，20，21，22，23，24，26，27，28，30，32</td><td>棘轮扳手、直接头、滑行头手柄、快速摇柄、接杆、万向接头、旋具接头</td></tr>
<tr><td>32</td><td>8，9，10，11，12，13，14，15，16，17，18，19，20，21，22，23，24，26，27，28，30，32 和 20.6 火花塞套筒</td><td>棘轮扳手、滑行头手柄、快速摇柄、弯柄、万向接头、旋具接头、接杆</td></tr>
</table>

续表

每套件数	每套规格（mm）		用途
	套筒	附件	
小型套筒扳手			除具备一般扳手的功用外，尤其适用于各种特殊位置和工作空间狭窄的场合
20	4，4.5，5，5.5，6，7，8，10，11，12，13，14，17，19 和 20.6 火花塞套筒	棘轮扳手、旋柄、接杆、接头	
10	10，11，12，13，14，17，19 和 20.6 火花塞套筒	棘轮扳手、接杆	
重型套筒扳手			
21	19，21，22，23，24，26，27，28，30，32，34，36，38，41，46，50	棘轮扳手、长接杆、短接杆、滑行头手柄、套筒箱	
26	21，22，23，24，26，27，28，29，30，31，32，34，36，38，41，46，50，55，60，65	棘轮扳手、滑行头手柄、加力杆接杆、大滑行头、万向接头	
21	30，31，32，34，36，38，41，46，50，55，60，65，70，75，80	棘轮扳手、滑行头手柄、接杆、万向接头、加力杆、滑行头	

8. 活扳手（GB/T 4440—2008）

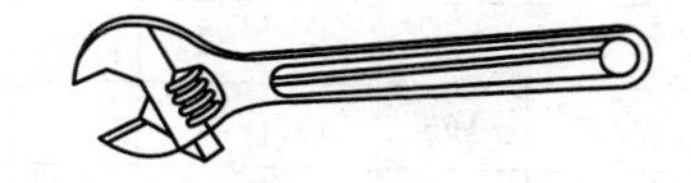

长度（mm）	100	150	200	250	300	375	450	600
最大开口宽度（mm）	13	19	24	28	34	43	52	62
用途	开口宽度可以自由调节，适用于紧固或松开一定尺寸的六角头和方头螺栓、螺母							

9. 内六角扳手（GB/T 5356—2008）

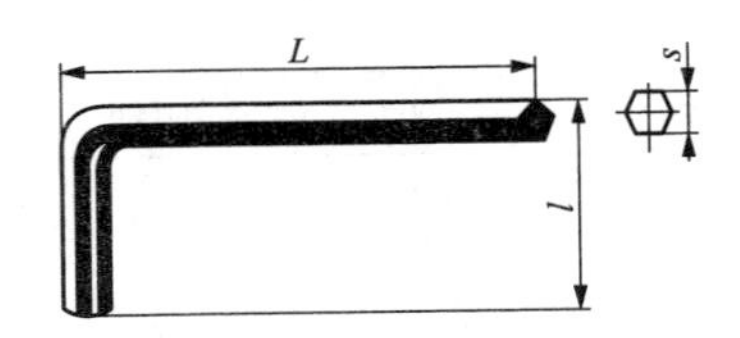

对边尺寸 s	长脚长度 L			短脚长度 l	最小试验扭矩 M_d	对边尺寸 s	长脚长度 L			短脚长度 l	最小试验扭矩 M_d
	标准	长型	加长				标准	长型	加长		
(mm)					(N·m)	(mm)					(N·m)
0.7	33	—	—	7	0.08	12	137	202	262	57	370
0.9	33	—	—	11	0.18	13	145	213	277	63	470
1.3	41	63.5	81	13	0.53	14	154	229	294	70	590
1.5	46.5	63.5	91.5	15.5	0.82	15	161	240	307	73	725
2	5.2	77	102	18	1.9	16	168	240	307	76	880
2.5	58.5	87.5	114.5	20.5	3.8	17	177	262	337	80	980
3	66	93	129	23	6.6	18	188	262	358	84	1158
3.5	69.5	98.5	140	25.5	10.3	19	199	—	—	89	1360
4	74	104	144	29	16	21	211	—	—	96	1840
4.5	80	114.5	156	30.5		22	222	—	—	102	2110
5	85	120	165	33	30	23	233	—	—	108	2414
6	96	141	186	38	52	24	248	—	—	114	2750
7	102	147	197	41	80	27	277	—	—	127	3910
8	108	158	208	44	120	29	311	—	—	141	4000
9	114	169	219	47	165	30	315	—	—	142	4000
10	122	180	234	50	220	32	347	—	—	157	4000
11	129	191	247	53	282	36	391	—	—	176	4000
用途	用于紧固或拆卸内六角螺钉										

10. 内六角花形扳手

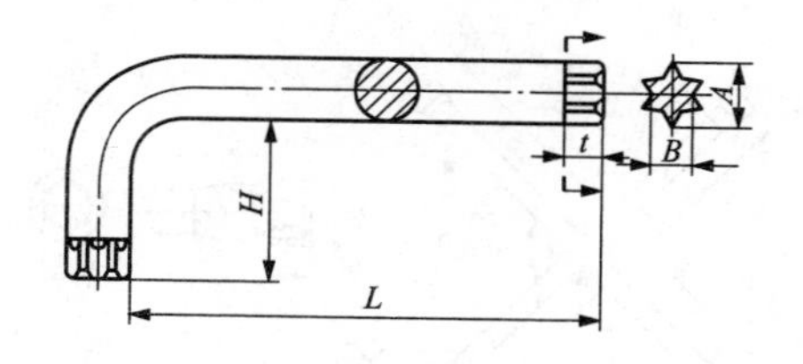

mm

代号	适应的螺钉	L	H	t	A	B
T30	M6	70	24	3.30	5.575	3.990
T40	M8	76	26	4.57	6.705	4.798
T50	M10	96	32	6.05	8.890	6.398
T55	M12～M14	108	35	7.65	11.277	7.962
T60	M16	120	38	9.07	13.360	9.547
T80	M20	145	46	10.62	17.678	12.705
用途	与内六角扳手相似					

11. 钩形扳手（JB/ZQ 4624—2006）

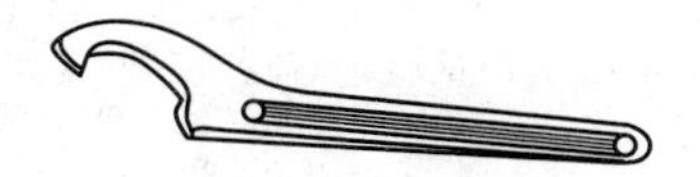

mm

<table>
<tr><td>螺母外径</td><td>12～14</td><td>16～18</td><td>18～20</td><td>20～22</td><td>25～28</td><td>30～32</td></tr>
<tr><td>柄长</td><td colspan="4">100</td><td colspan="2">120</td></tr>
<tr><td>螺母外径</td><td>34～36</td><td>40～42</td><td>45～50</td><td>52～588</td><td>58～62</td><td>68～75</td></tr>
<tr><td>柄长</td><td colspan="2">150</td><td colspan="2">180</td><td colspan="2">210</td></tr>
<tr><td>螺母外径</td><td>80～90</td><td>95～100</td><td>110～115</td><td>120～130</td><td>135～145</td><td>155～165</td></tr>
<tr><td>柄长</td><td colspan="2">240</td><td colspan="2">280</td><td colspan="2">320</td></tr>
<tr><td>螺母外径</td><td>180～195</td><td>205～220</td><td>230～245</td><td>260～270</td><td>280～300</td><td>300～320</td></tr>
<tr><td>柄长</td><td colspan="2">380</td><td colspan="2">460</td><td colspan="2">550</td></tr>
<tr><td>螺母外径</td><td>320～345</td><td>350～375</td><td>380～400</td><td>480～500</td><td></td><td></td></tr>
<tr><td>柄长</td><td>550</td><td>585</td><td>620</td><td>800</td><td></td><td></td></tr>
<tr><td>用途</td><td colspan="6">专供紧固或拆卸机床、车辆、机械设备上的圆螺母用</td></tr>
</table>

12. 十字柄套筒扳手（GB/T 14765—2008）

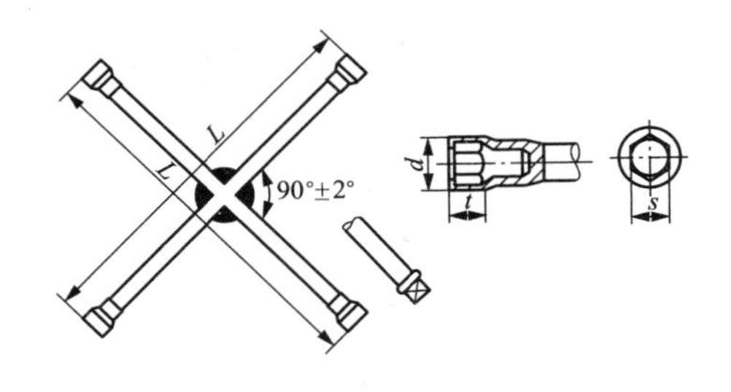

mm

型号	套筒对边尺寸 s	传动方榫对边尺寸	套筒外径 $d\leqslant$	柄长 $L\geqslant$	套筒深度 $t\geqslant$
1	24	12.5	38	355	0.8s
2	27	12.5	42.5	450	0.8s
3	34	20	49.5	630	0.8s
4	41	20	63	700	0.8s
套筒对边尺寸 s（mm）/套筒试验扭矩（N·m）			10/58.10，11/72.70，12/89.10，13/107.00，14/128.00，15/150，16/175，17/201，18/230，19/261，21/330，22/368，24/451，27/594，30/760，32/884，34/1019，36/1165，41/1579，46/2067		
方榫系列（mm）/方榫试验扭矩（N·m）			12.5/512，20/1412		
用途：用于扳拧汽车、运输车辆轮胎上的螺钉和螺母或其他类似紧固件，每一型号套筒扳手上有4个不同规格的套筒，也可用一个传动榫代替其中一个套筒					

13. 扭力扳手（GB/T 15729—2008）

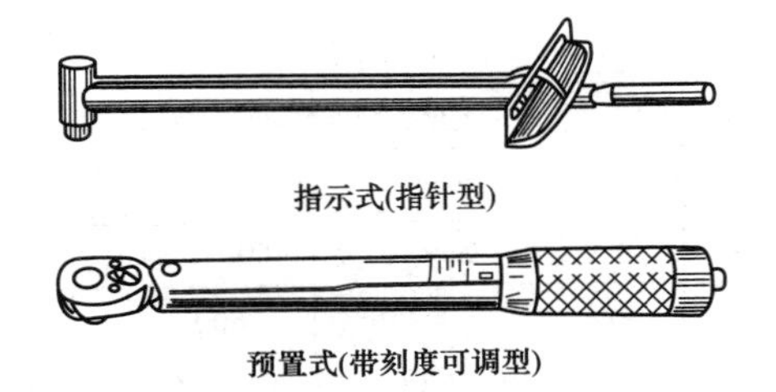
指示式(指针型)

预置式(带刻度可调型)

指示式	最大扭矩（N·m）	100，200，200			500
	方榫边长（mm）	12.5			20
预置式	扭矩范围（N·m）	0～10	20～100 80～300	280～760	750～2000
	方榫边长（mm）	6.3	12.5	20	25
用途	配合套筒扳手套筒，供紧固六角头螺栓、螺母用，在扭紧时可以表示出扭矩数值。凡是对螺栓、螺栓、螺母的紧固扭矩有明确规定的装配工作（如汽车、拖拉机等的气缸装配），都要使用这种扳手。预置式扭力扳手可事先设定（预置）扭矩值，操作时如施加扭矩超过设定值，扳手即产生打滑现象，以保证螺栓（螺母）上承受的扭矩不超过设定值				

14. 增力扳手

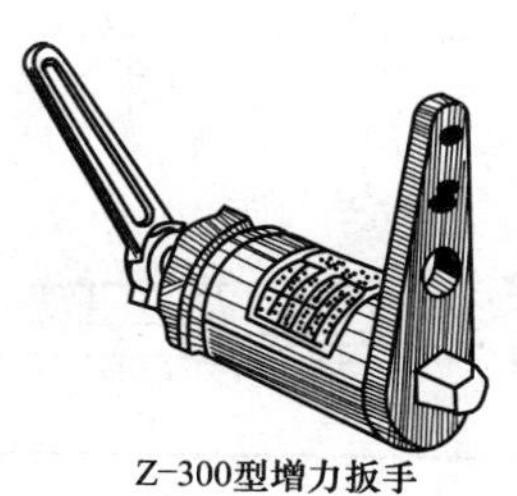

Z-300型增力扳手

型号	最大输出扭矩（N·m）	减速比	输入端方孔边长（mm）	输出端方榫边长（mm）
Z120	1200	5.1	12.5	20
Z180	1800	6.0	12.5	25
Z300	3000	12.4	12.5	25
Z400	4000	16.0	12.5	六方 32
Z500	5000	18.4	12.5	六方 32
Z750	7500	68.6	12.5	六方 36
Z1200	12000	82.3	12.5	六方 46
用途	配合扭力扳手、棘轮扳手或套筒扳手套筒，紧固或拆卸六针脚头螺栓、螺母用。在缺乏动力源情况下，汽车、船舶、铁路、桥梁、石油、化工、电力等工程中，常用以手工安装和拆卸大型螺栓、螺母			

注　“六方”尺寸指对边宽度。

15. 快速管子扳手

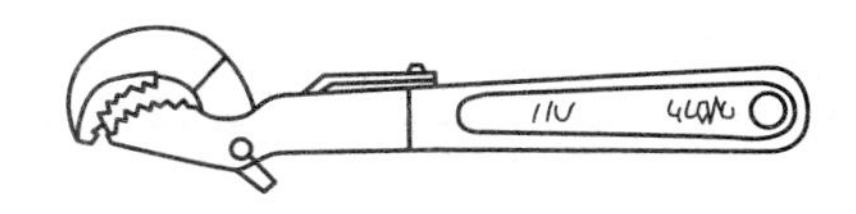

规格（长度）（mm）	200	250	300
夹持管子外径（mm）	12～25	14～30	16～40
适用螺栓规格（mm）	M6～M14	M8～M18	M10～M24
试验扭矩（N·m）	196	323	490
用途	用于紧固或拆卸小型金属管和其他圆柱形零件，也可做扳手使用		

16. 调节扳手

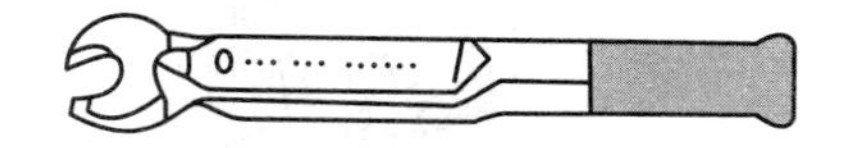

规格（长度）（mm）	250，300
用途	其开口宽度在扳动时，可自动适应相应尺寸的六角头或方头螺栓、螺钉和螺母，功用与活扳手相似

17. 防爆用呆扳手（QB/T 2613.1—2003）

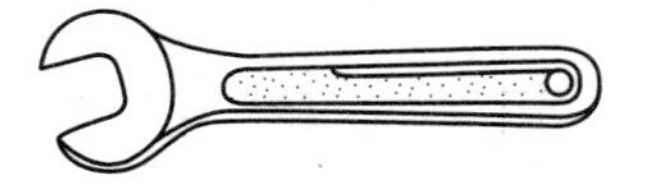

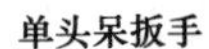

单头呆扳手

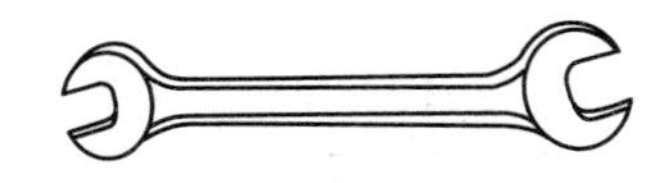

双头呆扳手

<table>
<tr><td rowspan="15">规格</td><td colspan="12">（1）单头呆扳手规格系列（mm）及试验扭矩（N·m）</td></tr>
<tr><td rowspan="2">规格</td><td colspan="2">试验扭矩</td><td rowspan="2">规格</td><td colspan="2">试验扭矩</td><td rowspan="2">规格</td><td colspan="2">试验扭矩</td><td rowspan="2">规格</td><td colspan="2">试验扭矩</td></tr>
<tr><td>c
系列</td><td>d
系列</td><td>c
系列</td><td>d
系列</td><td>c
系列</td><td>d
系列</td><td>c
系列</td><td>d
系列</td></tr>
<tr><td>5.5</td><td>3.92</td><td>2.35</td><td>15</td><td>65.1</td><td>39.1</td><td>25</td><td>272</td><td>163</td><td>38</td><td>843</td><td>506</td></tr>
<tr><td>6</td><td>5.00</td><td>3.00</td><td>16</td><td>78.0</td><td>46.8</td><td>26</td><td>304</td><td>182</td><td>41</td><td>981</td><td>589</td></tr>
<tr><td>7</td><td>7.00</td><td>4.62</td><td>17</td><td>92.4</td><td>55.5</td><td>27</td><td>338</td><td>203</td><td>46</td><td>1235</td><td>741</td></tr>
<tr><td>8</td><td>11.2</td><td>6.72</td><td>18</td><td>108</td><td>65.1</td><td>28</td><td>374</td><td>224</td><td>50</td><td>1459</td><td>875</td></tr>
<tr><td>9</td><td>15.6</td><td>9.34</td><td>19</td><td>126</td><td>75.7</td><td>29</td><td>412</td><td>247</td><td>55</td><td>1765</td><td>1059</td></tr>
<tr><td>10</td><td>20.9</td><td>12.6</td><td>20</td><td>146</td><td>87.4</td><td>30</td><td>453</td><td>272</td><td>60</td><td>2101</td><td>1260</td></tr>
<tr><td>11</td><td>27.3</td><td>16.4</td><td>21</td><td>167</td><td>100</td><td>31</td><td>497</td><td>298</td><td>65</td><td>2465</td><td>1479</td></tr>
<tr><td>12</td><td>34.9</td><td>20.9</td><td>22</td><td>190</td><td>114</td><td>32</td><td>543</td><td>326</td><td>70</td><td>2859</td><td>1716</td></tr>
<tr><td>13</td><td>43.6</td><td>26.2</td><td>23</td><td>215</td><td>129</td><td>34</td><td>644</td><td>386</td><td>75</td><td>3282</td><td>1969</td></tr>
<tr><td>14</td><td>53.7</td><td>32.2</td><td>24</td><td>243</td><td>146</td><td>36</td><td>755</td><td>453</td><td>80</td><td>3735</td><td>2241</td></tr>
<tr><td colspan="12">（2）双头呆扳手（mm×mm）</td></tr>
<tr><td colspan="12">5.5×7，6×7，7×8，8×9，8×10，9×11，10×11，10×12，10×13，11×13，12×13，12×14，13×14，13×15，13×16，13×17，14×15，14×16，14×17，15×16，15×18，16×17，16×18，17×19，18×19，18×21，19×22，20×22，21×22，21×23，21×24，22×24，24×27，24×30，25×28，27×30，27×32，30×32，30×34，32×34，32×36，34×36，36×41，41×46，46×50，50×55，55×60，60×65，65×70，70×75，75×80（试验扭矩按相应规格单头呆扳手的规定）</td></tr>
<tr><td>用途</td><td colspan="12">供在易燃易爆场合中紧固、拆卸六角头或方头螺栓（螺母）用。每只单头呆扳手只适用于一个规格的螺栓，每只双头呆扳手则适用于两个规格的螺栓</td></tr>
</table>

注　规格指呆扳手适用的螺栓六角（方头）对边宽度。

18. 防爆用梅花扳手（QB/T 2613.5—2003）

单头梅花扳手

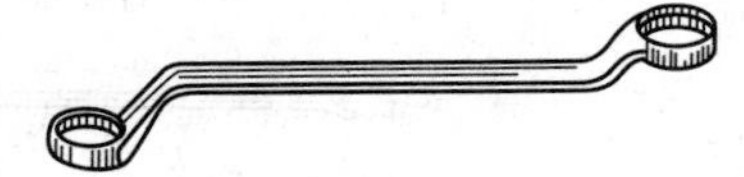

双头梅花扳手

规格	(1) 单头梅花扳手 (mm)
	18, 19, 20, 21, 22, 23, 24, 25, 26, 27, 28, 29, 30, 31, 32, 34, 36, 41, 46, 50, 55, 60, 65, 70, 80
	(2) 双头梅花扳手 (mm×mm)
	5.5×7, 6×7, 7×8, 8×9, 8×10, 9×11, 10×11, 10×12, 10×13, 11×13, 12×13, 12×14, 13×14, 13×15, 13×16, 13×17, 14×15, 14×16, 14×17, 15×16, 15×18, 16×17, 16×18, 17×19, 18×19, 18×21, 19×22, 20×22, 21×22, 21×23, 21×24, 22×24, 24×27, 24×30, 25×28, 27×30, 27×32, 30×32, 30×34, 32×34, 32×36, 34×36, 36×41, 41×46, 46×50, 50×55, 55×60
用途	供在易燃易爆场合中紧固、拆卸六角头或方头螺栓（螺母）用。每只单头呆扳手只适用于一个规格的螺栓，每只双头呆扳手则适用于两个规格的螺栓

注 规格指梅花扳手适用的螺栓六角对边宽度。

19. 防爆用活扳手（QB/T 2613.8—2005）

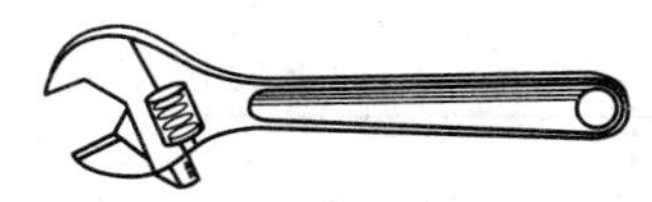

规格	扳手全长 (mm)	100	150	200	250	300	375	450
	最小开口 (mm)	13	19	24	28	34	43	52
用途	供在易燃易爆场合中紧固、拆卸六角头或方头螺栓（螺母）用							

三、旋具类

1. 一字槽螺钉旋具（QB/T 2564.4—2002）

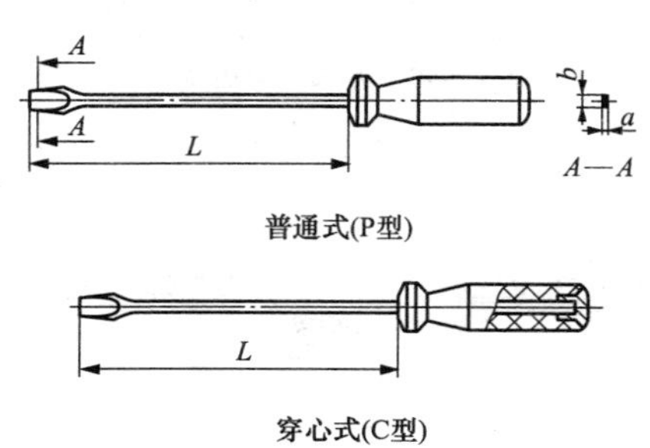

普通式(P型)

穿心式(C型)

规格 ($a\times b$) (mm×mm)	旋杆长度（mm）				规格 ($a\times b$) (mm×mm)	旋杆长度（mm）			
	A系列	B系列	C系列	D系列		A系列	B系列	C系列	D系列
0.4×2	—	40	—	—	1×5.5	25（35）	100	125	150
0.4×2.5	—	50	75	100	1.2×6.5	25（35）	100	125	150
0.5×3	—	50	75	100	1.2×8	25（35）	125	150	175
0.6×3	25（35）	75	100	125	1.6×8	—	125	150	175
0.6×3.5	25（35）	75	100	125	1.6×10	—	150	175	200
0.8×4	25（35）	75	100	125	2×12	—	150	200	250
1×4.5	25（35）	100	125	150	2.5×14	—	200	250	300

注　括号内的尺寸为非推荐尺寸。规格在1mm×5.5mm以上的旋具，其旋杆在靠近旋柄的部位可增设六角形断面加力部分。

2. 十字槽螺钉旋具（QB/T 2564.5—2002）

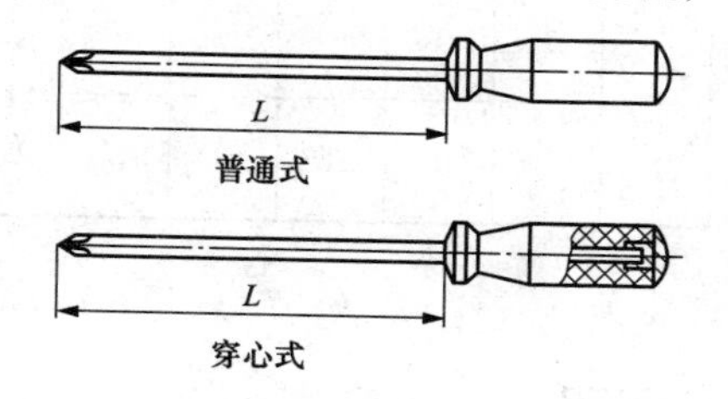

mm

槽号		0	1	2	3	4
旋杆长度 L	A系列	—	25（35）	25（35）	—	—
	B系列	60	75（80）	100	150	200
适用螺钉规格		≤M2	M2.5，M3	M4，M5	M6	M8，M10

注　括号内的尺寸为非推荐尺寸。2号槽以上的旋具，其旋杆在靠近旋柄的部位可增设六角形断面加力部分。

3. 夹柄螺钉旋具

（1）用途。用于紧固或拆卸一字槽螺钉，并可用尾部敲击，比一般螺钉旋具耐用，但禁止用于有电的场合。

(2) 规格。长度（连柄，mm）：150，200，250，300。

4. 多用螺钉旋具

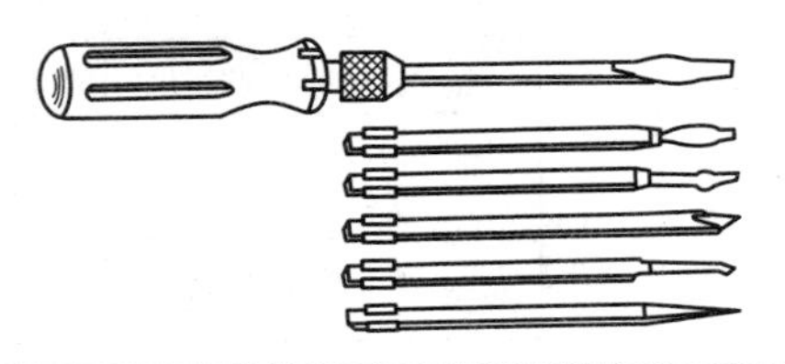

十字槽号	件数	带柄总长（mm）	一字槽旋杆头宽（mm）	钢锥（把）	刀片（片）	小锤（只）	木工钻直径（mm）	套筒（mm）	用途
1，2	6	230	3，4，6	1	—	—	—	—	供紧固或拆卸多种型式的带槽螺钉、木螺钉、自攻螺钉，并可钻木螺钉孔眼和兼作测电笔用
1，2	8		3，4，5，6	1	1	—	—	—	
1，2	12		3，4，5，6	1	1	1	6	6，8	

5. 自动螺钉旋具

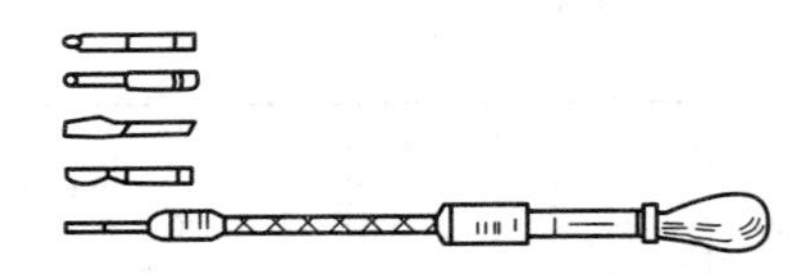

型式	长度（mm）	工作行程（mm）	全行程旋转圈数	扭矩（N·m）	用途
A	220	>50	>1	3.5	适用于紧固和拆卸带槽的螺钉、木螺钉、自攻螺钉。这种旋具有三种动作：当开关处于同旋位置时，作用与一般螺钉旋具相同；当开关处于顺旋或倒旋位置时，旋杆即可连续顺旋或倒旋；使用方锥头或铰孔用旋杆，则可进行锥孔或铰孔作业
	300	>70	>1	6.0	
B	450	>140	>1	8	

6. 螺旋棘轮螺钉旋具（QB/T 2564.6—2002）

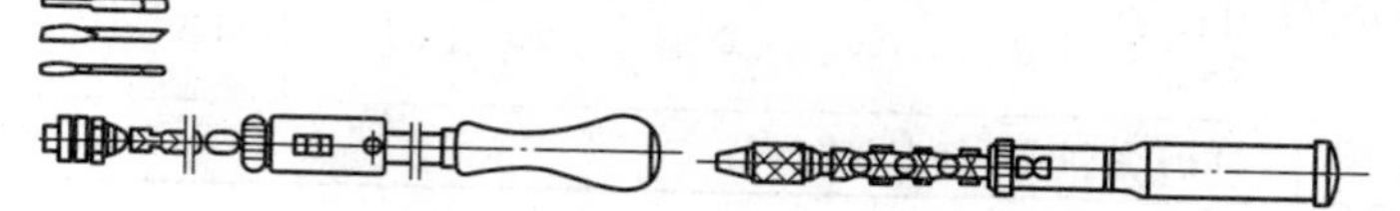

型式	A 型		B 型	
规格（全长）(mm)	220	300	300	450
扭矩（N·m）≥	3.5	6.0	6.0	8.0

注　1. 扭矩为旋具定位钮位于同旋时，旋具应能承受的最小扭矩。
2. 若用户需要其他附件和规格，可与供方协商订货。

7. 内六角花形螺钉旋具（GB/T 5358—1998）

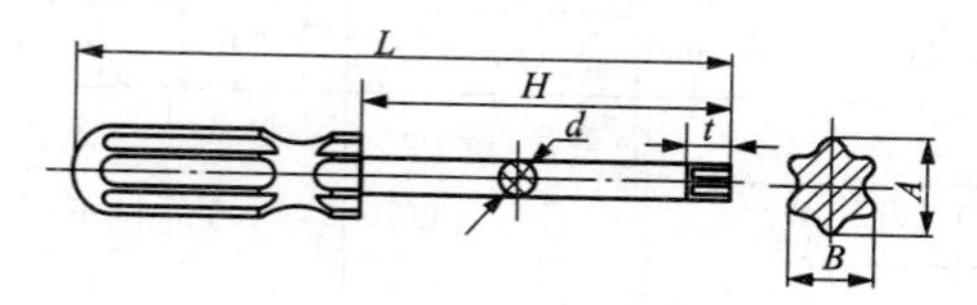

mm

	L（塑柄）	L（木柄）	H	t	d	适应的螺钉
规格	215	235	125	3.30	5.57	M6
	240	240	150			
	290	310	200			
	210	235	100	4.57	6.70	M8
	260	285	150			
	310	335	200			
	360	385	250			
用途	用于紧固或拆卸性能等级为 4.8 的内六角花形螺钉					

8. 内六角螺钉旋具

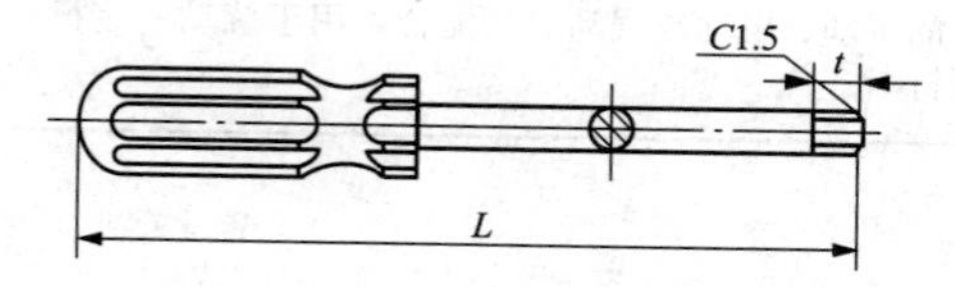

<table>
<tr><td rowspan="2">规格</td><td>型号</td><td colspan="4">T40</td><td colspan="3">T30</td></tr>
<tr><td>旋杆长度 L（mm）</td><td>100</td><td>150</td><td>200</td><td>250</td><td>125</td><td>150</td><td>200</td></tr>
<tr><td>用途</td><td colspan="8">用于紧固或拆卸内六角螺钉</td></tr>
</table>

9. 一字槽螺钉旋具旋杆（QB/T 2564.2—2002）

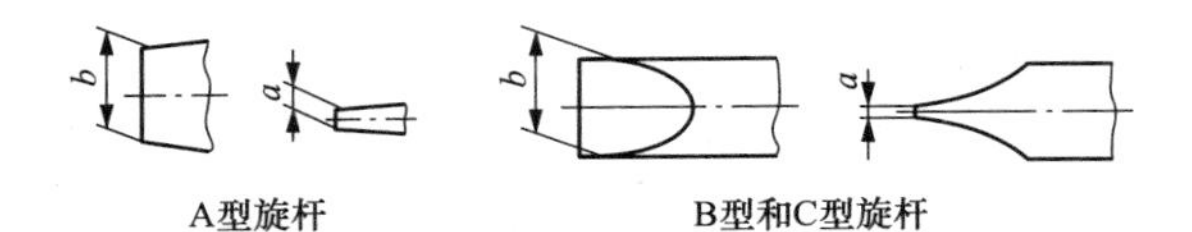

<table>
<tr><td rowspan="16">规格</td><td colspan="9">（1）A型和B型手用旋杆</td></tr>
<tr><td>厚度 a</td><td>宽度 b</td><td rowspan="2">试验扭矩（N·m）</td><td>厚度 a</td><td>宽度 b</td><td rowspan="2">试验扭矩（N·m）</td><td>厚度 a</td><td>宽度 b</td><td rowspan="2">试验扭矩（N·m）</td></tr>
<tr><td colspan="2">（mm）</td><td colspan="2">（mm）</td><td colspan="2">（mm）</td></tr>
<tr><td>0.4</td><td>2</td><td>≥0.3</td><td>0.8</td><td>4</td><td>≥2.6</td><td>1.6</td><td>8</td><td>≥20.5</td></tr>
<tr><td>0.4</td><td>2.5</td><td>≥0.4</td><td>1</td><td>4.5</td><td>≥4.5</td><td>1.6</td><td>10</td><td>≥25.6</td></tr>
<tr><td>0.5</td><td>3</td><td>≥0.7</td><td>1</td><td>5.5</td><td>≥5.0</td><td>2</td><td>12</td><td>≥48</td></tr>
<tr><td>0.6</td><td>3</td><td>≥1.1</td><td>1.2</td><td>6.5</td><td>≥9.4</td><td>2.5</td><td>14</td><td>≥87.5</td></tr>
<tr><td>0.6</td><td>3.5</td><td>≥1.3</td><td>1.2</td><td>8</td><td>≥11.5</td><td></td><td></td><td></td></tr>
<tr><td colspan="9">（2）C型机用旋杆</td></tr>
<tr><td>厚度 a</td><td>宽度 b</td><td rowspan="2">试验扭矩（N·m）</td><td>厚度 a</td><td>宽度 b</td><td rowspan="2">试验扭矩（N·m）</td><td>厚度 a</td><td>宽度 b</td><td rowspan="2">试验扭矩（N·m）</td></tr>
<tr><td colspan="2">（mm）</td><td colspan="2">（mm）</td><td colspan="2">（mm）</td></tr>
<tr><td>0.4</td><td>2</td><td>≥0.35</td><td>0.6</td><td>4.5</td><td>≥1.8</td><td>1.2</td><td>8</td><td>≥12.9</td></tr>
<tr><td>0.4</td><td>2.5</td><td>≥0.45</td><td>0.8</td><td>4</td><td>≥2.9</td><td>1.6</td><td>8</td><td>≥22.9</td></tr>
<tr><td>0.5</td><td>3</td><td>≥0.8</td><td>0.8</td><td>5.5</td><td>≥3.9</td><td>1.6</td><td>10</td><td>≥28.7</td></tr>
<tr><td>0.6</td><td>3</td><td>≥1.1</td><td>1</td><td>5.5</td><td>≥6.2</td><td>2</td><td>12</td><td>≥53.8</td></tr>
<tr><td>0.6</td><td>3.5</td><td>≥1.4</td><td>1.2</td><td>6.5</td><td>≥10.5</td><td>2.5</td><td>14</td><td>≥98</td></tr>
<tr><td>用途</td><td colspan="9">分A型、B型和C型三种，A型和B型为手用旋杆，C型为机用旋杆，与相应的手动、电动或气动工具配合，用于旋动一字槽螺钉、木螺钉和自攻螺钉</td></tr>
</table>

10. 十字槽螺钉旋具旋杆（QB/T 2564.3—2012）

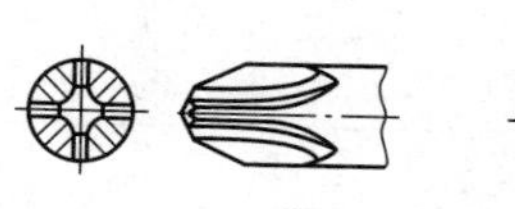
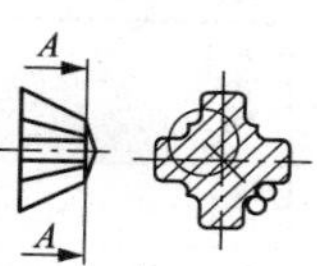

规格	槽号		0	1	2	3	4
	旋杆直径（mm）		3	4.5	6	8	10
	最小试验扭矩（N·m）	手用	1	3.5	8.2	19.5	38
		机用	1	3.9	10.3	32	88.7
用途	旋杆按用途分手用和机用两种，按十字槽形状分为 H 型和 Z 型两种，与相应的手动、电动或气动工具配合，用于旋动十字槽螺钉、木螺钉和自攻螺钉						

四、其他手工工具

1. 金刚石玻璃刀（QB/T 2097.1—1995）

金刚石规格代号	金刚石加工前质量（克拉）	每克拉粒数≈	裁划平板玻璃范围（mm）	全长（mm）	用途
1 2 3	0.0123～0.0100 0.0164～0.0124 0.0240～0.0165	81～100 61～80 41～60	1～2 2～3 2～4	182	用于裁划 1～8mm 厚的平板玻璃
4 5 6	0.032～0.025 0.048～0.033 0.048～0.033	31～40 21～30 21～30	3～6 3～8 4～8	184	

注　1 克拉＝200mg。

2. 皮带冲

<table>
<tr><td rowspan="7">冲孔直径(mm)</td><td colspan="2">单件</td><td>1.5，2.5，3，4，5，5.5，6，6.5，8，9.5，11，12.5，14，16，19，21，22，24，25，28，32</td></tr>
<tr><td rowspan="6">成套产品</td><td rowspan="2">8件</td><td>3，4，5，6，8，9.5，11，13</td></tr>
<tr><td>6，6.5，8，9.5，11，12.5，14，16</td></tr>
<tr><td>10件</td><td>3，4，5，6，8，9.5，11，13，14，16</td></tr>
<tr><td>12件</td><td>3，4，5，6，8，9.5，11，12.5，14，16，17.5，19</td></tr>
<tr><td>15件</td><td>3，4，5.5，6，6.5，8，9.5，11，12.5，14，16，19，22，25</td></tr>
<tr><td>16件</td><td>3，4，5，6，8，9.5，11，12.5，14，16，17.5，19，20.5，22，23.5，25</td></tr>
<tr><td colspan="3">用途</td><td>用于在非金属材料（如皮革制品、橡胶板、石棉板等）上冲制圆孔</td></tr>
</table>

3. 手摇砂轮架

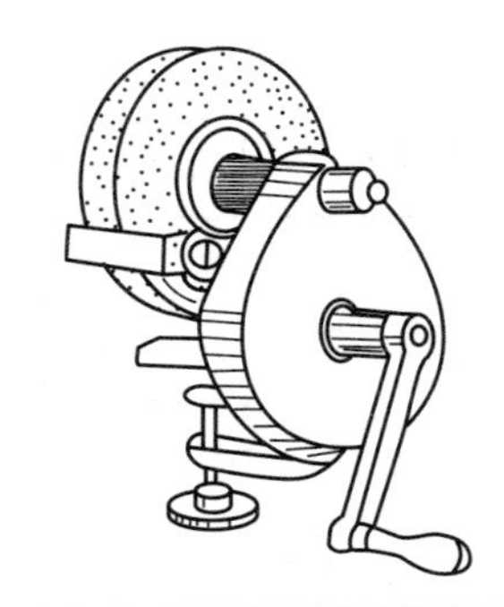

<table>
<tr><td colspan="2">规格</td><td>100</td><td>125</td><td>150</td><td>200</td></tr>
<tr><td rowspan="3">装置最大砂轮直径(mm)</td><td>外径</td><td>100</td><td>125</td><td>150</td><td>200</td></tr>
<tr><td>内径</td><td>20</td><td>20</td><td>20</td><td>20</td></tr>
<tr><td>厚度</td><td>10</td><td>10</td><td>10</td><td>10</td></tr>
<tr><td>用途</td><td colspan="5">手工磨削小型工件表面及刃磨工具用</td></tr>
</table>

4. 圆头锤（QB/T 1290.2—2010）

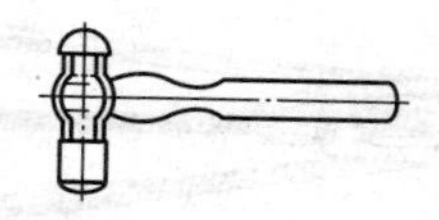

规格			用途
质量（kg）	锤高（mm）	全长（mm）	
0.11	66	260	圆头锤是使用面最为广泛的一种敲击用手工具，主要用于钳工、冷作、装配、维修等工种。市场供应分连柄和不连柄两种
0.22	80	285	
0.34	90	315	
0.45	101	335	
0.68	116	355	
0.91	127	375	
1.13	137	400	
1.36	147	400	

5. 什锦锤（QB/T 2209—1996）

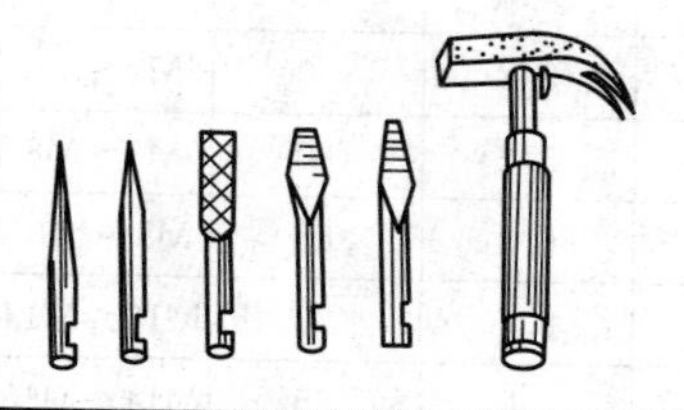

规格	特点及用途
全长：162mm 附件：螺钉旋具、木凿、锥子、三角锉	除作锤击或起钉用外，如将锤头取下，换上装在手柄内的一项附件，即可分别作三角锉、锥子、木凿或螺钉旋具用。主要用于仪器、仪表、量具等的检修工作中

6. 手动铆螺母枪

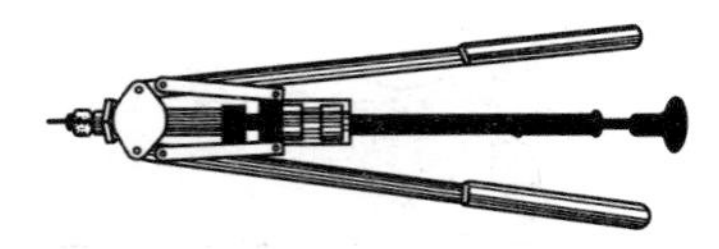

<table>
<tr><td rowspan="4">规格</td><td>型号</td><td>SLM-M-1</td><td>SKM-M</td></tr>
<tr><td>适用铝质铆螺母规格（mm）</td><td>M5，M6</td><td>M3，M4</td></tr>
<tr><td>外形尺寸（mm×mm×mm）</td><td>490×172×50</td><td>345×160×42</td></tr>
<tr><td>质量（kg）</td><td>1.9</td><td>0.7</td></tr>
<tr><td>用途</td><td colspan="3">专供单面铆接（拉铆）铆螺母用的手动工具</td></tr>
</table>

7. 螺栓取出器

<table>
<tr><td rowspan="9">规格</td><td rowspan="3">取出器规格（号码）</td><td colspan="3">主要尺寸（mm）</td><td colspan="2">适用螺栓规格</td><td rowspan="3">选用麻花钻规格（直径）（mm）</td></tr>
<tr><td colspan="2">直径</td><td rowspan="2">全长</td><td rowspan="2">米制（mm）</td><td rowspan="2">英制（in）</td></tr>
<tr><td>小端</td><td>大端</td></tr>
<tr><td>1</td><td>1.6</td><td>3.2</td><td>50</td><td>M4～M6</td><td>3/16～1/4</td><td>2</td></tr>
<tr><td>2</td><td>2.4</td><td>5.2</td><td>60</td><td>M6～M8</td><td>1/4～5/6</td><td>3</td></tr>
<tr><td>3</td><td>3.2</td><td>6.3</td><td>68</td><td>M8～M10</td><td>5/16～7/16</td><td>4</td></tr>
<tr><td>4</td><td>4.8</td><td>8.7</td><td>76</td><td>M10～M14</td><td>7/16～9/16</td><td>6.5</td></tr>
<tr><td>5</td><td>6.3</td><td>11</td><td>85</td><td>M14～M18</td><td>9/16～3/4</td><td>7</td></tr>
<tr><td>6</td><td>9.5</td><td>15</td><td>95</td><td>M18～M24</td><td>3/4～1</td><td>10</td></tr>
<tr><td>用途</td><td colspan="7">供手工取出断裂在机器、设备里面的六角头螺栓、双头螺柱、内六角螺钉等用。取出器螺纹为左螺旋。使用时，需先选一适当规格的麻花钻，在螺栓的断面中心位置钻一小孔，再将取出器插入小孔中，然后用丝锥扳手或活扳手夹住取出器的方头，用力逆时针转动，即可将断裂在机器、设备里面的螺栓取出</td></tr>
</table>

8. 手动坡口机

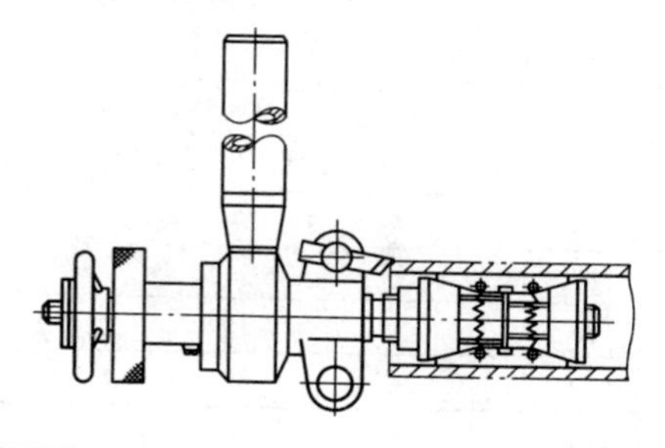

	型号	转速 (r/min)	质量 (kg)	型号	转速 (r/min)	质量 (kg)
规格	PK－ϕ25	22	1.5	PK－ϕ76	20	3.6
	PK－ϕ32	22	1.5	PK－ϕ83	20	3.7
	PK－ϕ38	22	1.5	PK－ϕ89	20	4.0
	PK－ϕ42	22	1.5	PK－ϕ102	18	5.5
	PK－ϕ48	22	1.5	PK－ϕ108	18	5.5
	PK－ϕ51	22	2.2	PK－ϕ133	18	10.5
	PK－ϕ57	22	2.2	PK－ϕ159	18	11.5
	PK－ϕ60	20	2.4			
用途	适用于电力、石化及锅炉制造等行业中，用以手工加工待焊接的钢管（或不锈钢管、铜管）的任何角度和形状的坡口					

注　型号中数字表示该型号适用管子的外径（mm）。

9. 割铝锯片

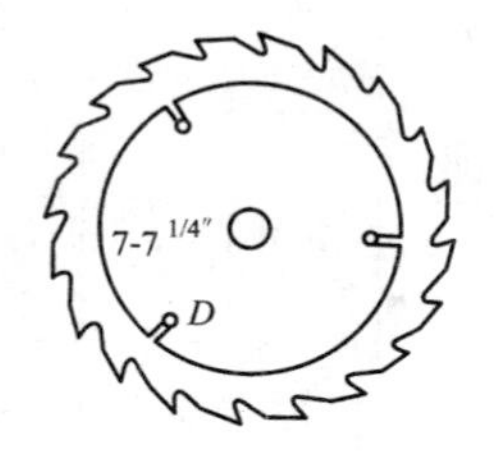

	外径（mm）（in）	孔径（mm）（in）	齿数（个）
规格	（1）普通密齿割铝锯片		
	160（6）	19（6）	80
	180（6）	19（6）	80
	（2）镶硬质合金割铝锯片		
	165（6）	16，20，30	14
	170（6）	30，16	14
	185（6）	19	40
	190（6）	30	16
	210（6）	30	16
	235（6）	30	16
用途	装于手用圆锯或台式斜口锯上用来切削薄铝板门窗用型材。普通密齿割铝锯片用于切削薄铝板；镶硬质合金齿割铝锯片，多用于切割铝制门窗型材和胶合板、硬质板材及型材等		

10. 金属热切圆锯片（YB/T 5223—2005）

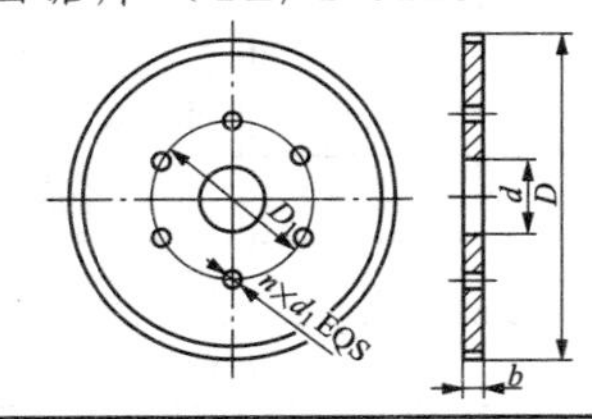

	外径 D（mm）	厚度 b（mm）	安装孔 d（mm）	传动孔		齿数 Z			
				分布圆直径 D_1（mm）	传动孔直径 d_1（mm）	粗齿	普通齿	中齿	细齿
规格	800	5	110	300	20	100	150	200	220
	900	5，6	300	400	27	110	176	208	220
	1000					120	180	230	320
	1200	6，7				200	210	276	328
	1500	7，8	360	600		220	276	318	350
	1800	9，10	400		38	250	296	378	624
	2000	10，11				250	324	480	660
	2200	14，15		510	32	324	384	580	—
用途	适用于锯切热状态金属								

11. 防爆用錾子（QB/T 2613.2—2003）

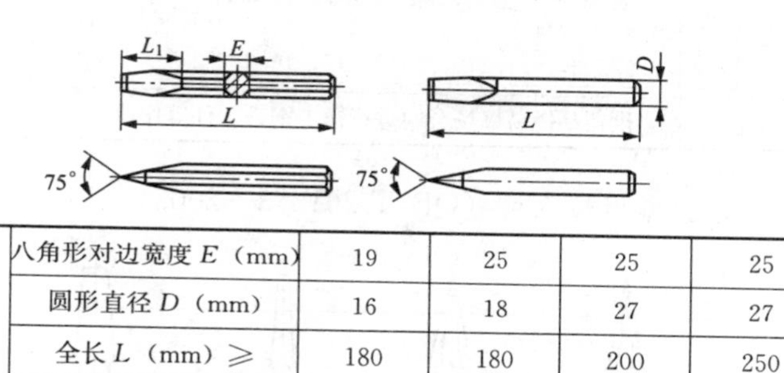

规格	八角形对边宽度 E（mm）	19	25	25	25
	圆形直径 D（mm）	16	18	27	27
	全长 L（mm）⩾	180	180	200	250
	工作部分长度 L_1（mm）	70	70	70	70
用途	供在易燃易爆场合中进行錾切、凿、铲等作业用				

12. 防爆用锉刀

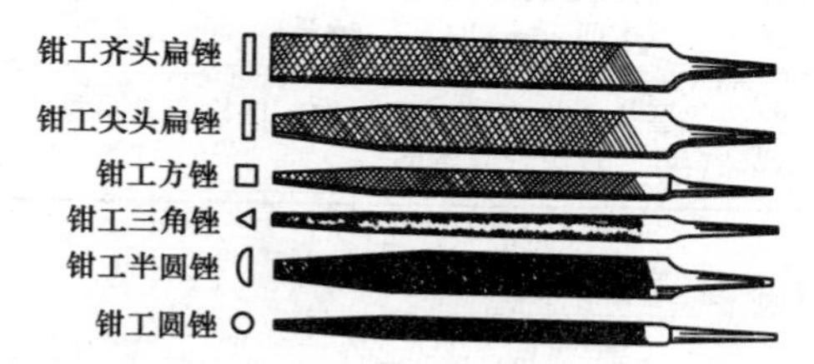

	品种	公称长度（mm）					
规格	防爆用扁锉	150	200	250	300	350	400
	防爆用方锉	150	200	250	300	350	—
	防爆用三角锉	150	200	250	300	350	—
	防爆用半圆锉	150	200	250	300	350	—
	防爆用圆锉	150	200	250	300	350	—
用途	在易燃易爆场合中进行锉削或修整金属工件的表面						

13. 防爆用八角锤（QB/T 2613.6—2003）

规格	质量（不连柄，kg）/锤高（mm）：10.9/98，1.4/108，1.8/122，2.7/142，3.6/155，4.5/170，5.4/178，6.4/186，7.3/195，8.2/203，9.1/210，10.2/216，10.9/222
用途	供在易燃易爆场合中进行锤击钢铁工件等作业用

14. 防爆用检查锤（QB/T 2613.3—2003）

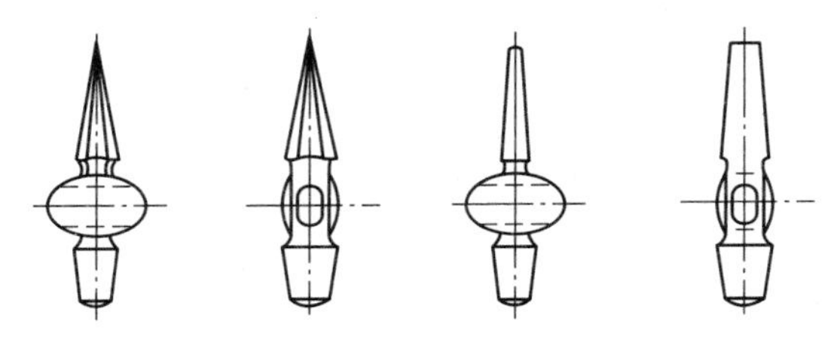

A型(尖头型)　　B型(扁头型)

规格	质量（不连柄，kg）0.25，锤总高（mm）120
用途	接头部形状分A型和B型两种，供检查人员检查易燃易爆物品的盛装容器、输送管道等

15. 防爆用台虎钳

规格	钳口宽度（mm）：100，150，200，250，300
用途	安置在易燃易爆场合的工作台上，用于夹紧待加工的工件

第三章　钳　工　工　具

一、虎钳类

1. 台虎钳（QB/T 1558.2—1992）

规格		75	90	100	115	125	150	200
钳口宽度（mm）		75	90	100	115	125	150	200
开口度（mm）		75	90	100	115	125	150	200
夹紧力（kN）	轻级	7.5	9.0	10.0	11.0	12.0	15.0	20.0
	重级	15.0	18.0	20.0	22.0	25.0	30.0	40.0
用途		便于钳工进行各种操作。回旋式的钳体可以旋转，使工件旋转到合适的工作位置						

2. 手虎钳

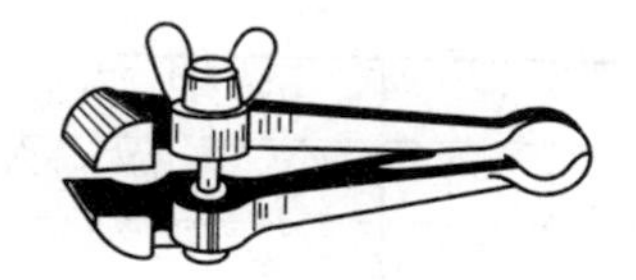

钳口宽度（mm）	钳口弹开尺寸（mm）	用途
25	15	用来夹持轻巧小型的工件，是一种手持的钳工工具
40	30	
50	36	

3. 方孔桌虎钳（QB/T 2096.3—1995）

规格	40	50	60	65
钳口宽度（mm）	40	50	60	65
开口度（mm）	35	45	55	
紧固范围（mm）	15～45			
夹紧力（kN）	4.0	5.0	6.0	
闭合间隙（max）	0.10	0.12		
导轨配合间隙（max）	0.20	0.25		
用途	与台虎钳相似，但钳体安装方便，只适用于夹持小型工件			

4. 多用台虎钳（QB/T 1558.3—1995）

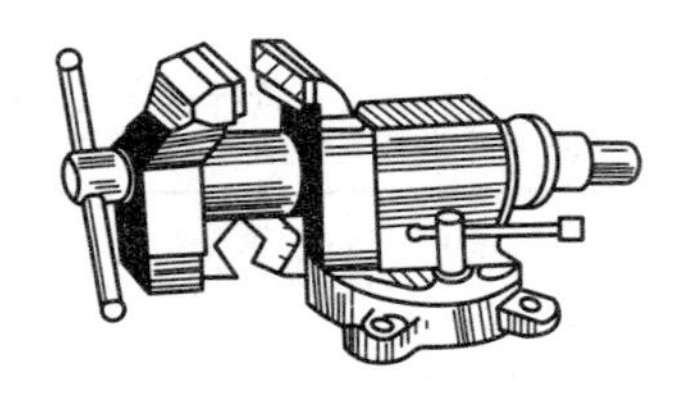

规格		75	100	120	125	150
钳口宽度（mm）		75	100	120	125	150
开口度（mm）		60	80	100		120
管钳口夹持范围（mm）		6～4	10	50～15		60～15
夹紧力（kN）	重级	15	20	25		30
	轻级	9	20	16		18
用途	专用来夹持小直径的钢管、水管等圆形工件，以使加工工件不转动；在其固定钳体上端铸有铁砧面，便于对小工件进行锤击加工					

二、锉刀类

1. 钳工锉（QB/T 2569.1—2002）

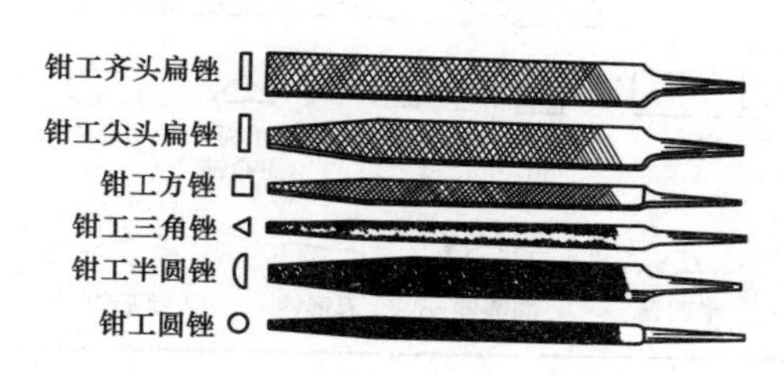

锉身长度（mm）	扁锉（齐头、尖头）		半圆锉			三角锉	方锉	圆锉
	宽（mm）	厚（mm）	宽（mm）	厚（薄型）（mm）	厚（厚型）（mm）	宽（mm）	宽（mm）	直径（mm）
100	12	2.5	12	3.5	4.0	8.0	3.5	3.5
125	14	3	14	4.0	4.5	9.5	4.5	4.5
150	16	3.5	16	5.0	5.5	11.0	5.5	5.5
200	20	4.5	20	5.5	6.5	13.0	7.0	7.0
250	24	5.5	24	7.0	8.0	16.0	9.0	9.0
300	28	6.5	28	8.0	9.0	19.0	11.0	11.0
350	32	7.5	32	9.0	10.0	22.0	14.0	14.0
400	36	8.5	36	10.0	11.5	26.0	18.0	18.0
450	40	9.5	—	—	—	—	22.0	—

锉纹号	名称	锉身长度（mm）								
		100	125	150	200	250	300	350	400	450
		每10mm长度内的主锉纹数								
1	粗	14	12	11	10	9	8	7	6	5.5
2	中	20	18	16	14	12	11	10	9	8
3	细	28	25	22	20	18	16	14	12	11
4	双细	40	36	32	28	25	22	20	—	—
5	油光	56	50	45	40	36	32	—	—	—

2. 整形锉（QB/T 2569.3—2002）

扁锉　方锉　三角锉　单面三角锉　圆锉

半圆锉　椭圆锉　刀形锉　菱形锉

名称	齐头扁锉	尖头扁锉	齐头圆边扁锉	尖头圆边扁锉	方锉	三角锉	单面三角锉	圆锉	半圆锉	双半圆锉	椭圆锉	刀形锉	菱形锉

锉纹号			00	0	1	2	3	4	5	6	7	8
全长(mm)	100	每10mm轴向长度内的主锉纹条数	—	—	—	40	50	56	63	80	100	112
	120		—	—	32	40	50	56	63	80	100	—
	140		—	25	32	40	50	56	63	80	—	—
	160		20	25	32	40	50	—	—	—	—	—
	180		20	25	32	40	—	—	—	—	—	—
用途			锉削较精密、细小的金属工件，如仪表、模具、电器的零件等									

3. 锡锉和铝锉

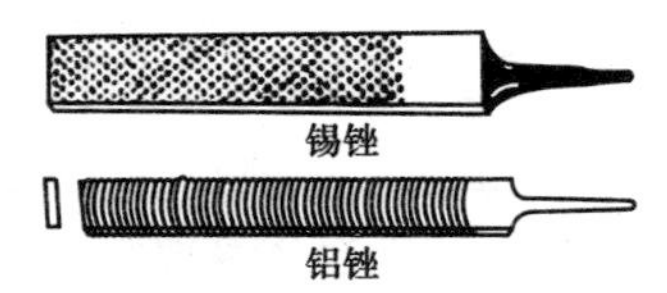

名称	锉身长度（mm）		用途
	半圆锉	扁锉	
锡锉	200，250 300，350	200，250 300，350	锉削或修整锡制品或其他软金属制品表面
	方锉	扁锉	
铝锉	200，250 300	200，250， 300，350， 400	锉削或修整铝制品或其他软金属制品表面

4. 锯锉（QB/T 2569.2—2002）

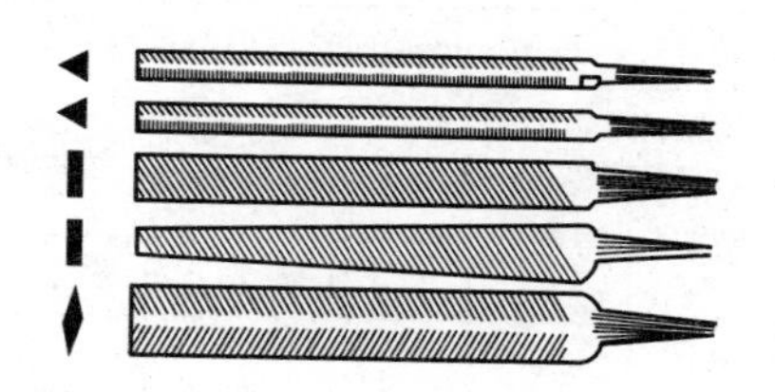

mm

锉身长度	三角锯锉（齐头、尖头）			扁锯锉（齐头、尖头）		菱形锯锉		
	普通型	窄型	特窄型					
	宽	宽	宽	宽	厚	宽	厚	刃厚
60	—	—	—	—	—	16	2.1	0.40
80	6.0	5.0	4.0	—	—	19	2.3	0.45
100	8.0	6.0	5.0	12	1.8	22	3.2	0.50
125	9.5	7.0	6.0	14	2.0	25	3.5 (4.0)	0.55 (0.70)
150	11.0	8.5	7.0	16	2.5	28	4.0 (5.0)	0.70 (1.00)
175	12.0	10.0	8.5	18	3.0	—	—	—
200	13.0	12.0	10.0	20	3.5	32	5.0	1.00
250	16.0	14.0	—	24	4.5	—	—	—
300	—	—	—	28	5.0	—	—	—
350	—	—	—	32	6.0	—	—	—

锉身长度	每10mm轴向长度内的锉纹条数					
	三角锯锉			扁锯锉		菱形锯锉
				锉纹号		
	普通型	窄型	特窄型	1号	2号	
60	—	—	—	—	—	32
80	22	25	28	—	—	28
100	22	25	28	25	28	25
125	20	22	25	22	25	22

续表

锉身长度	每 10mm 轴向长度内的锉纹条数					
	三角锯锉			扁锯锉		菱形锯锉
				锉纹号		
	普通型	窄型	特窄型	1 号	2 号	
150	18	20	22	20	22	20（18）
175	18	20	22	20	22	—
200	16	18	20	18	20	18
250	14	16	18	16	18	—
300	—	—	—	14	16	—
350	—	—	—	12	14	—
用途	用于锉修各种木工锯和手用锯的锯齿					

5. 电镀超硬磨粒什锦锉（JB/T 11430—2013）

平头扁锉　尖头半圆锉　尖头方锉　尖头等边三角锉　尖头圆锉

尖头双圆边扁锉　尖头刀形锉　尖头三角锉　尖头双半圆锉　尖头椭圆锉

品种		平头扁锉	尖头半圆锉	尖头方锉	尖头等边三角锉	尖头圆锉	尖头双圆边扁锉	尖头刀形锉	尖头三角锉	尖头双半圆锉	尖头椭圆锉
全长×柄部直径（mm×mm）		140×3				160×4			180×5		
工作面长度（mm）		50，70									
磨料	种类	人造金刚石：RVD、MBD。天然金刚石									
	粒度	120/140（粗），140/170（中），170/200（细）									
用途		适用于锉削硬度较高的金属，如硬质合金、经过淬火或渗氮的工具钢和合金钢刀具、模具和工夹具等									

6. 异形锉（QB/T 2569.4—2002）

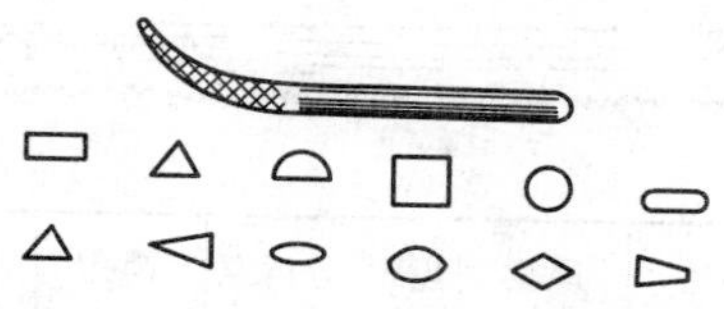

	型式	齐头扁锉	尖头扁锉	半圆锉	三角锉	方锉	圆锉
规格	宽/厚或直径（mm×mm）	5.4/1.2	5.2/1.1	4.9/1.6	宽 3.3	宽 2.4	ϕ3.0
	型式	单面三角锉	刀形锉	双半圆锉	椭圆锉		
	宽/厚或直径（mm×mm）	5.2/1.9	5.0/1.6 刃厚 0.5	4.7/1.6	3.3/2.3		
用途	用于修整普通形锉刀难以锉削且几何形状比较复杂的金属模具和工夹具表面。广泛用于机械、仪表、电器等行业						

注　各种型式的异形锉的全长均为 170mm。

三、锯类

1. 钢锯架（QB/T 1108—2015）

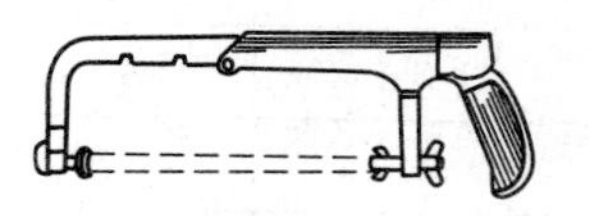

调节式（钢板制）

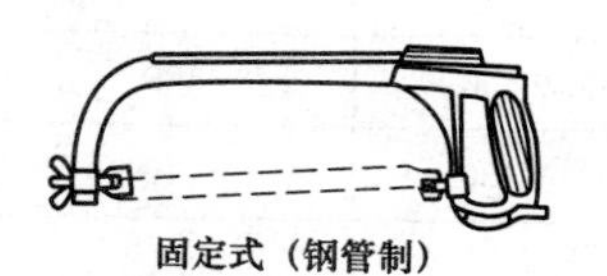

固定式（钢管制）

种类	可装锯条长度（mm）	
	调节式	固定式
钢板制	200，250，300	300
钢管制	250，300	
用途	适用于安装手用钢锯条，锯切金属材料	

2. 手用钢锯条（GB/T 14764—2008）

mm

型式	长度 l	宽度 a	厚度 b	齿距/分齿宽 $p(p/h)$	销孔 $d(e\times f)$	全长 $L\leqslant$	用途
A型	300	12.7	0.65	0.8，1.0/0.90，1.2/0.95，1.4，1.5，1.8/1.00	3.8	315	装在钢锯架上用于手工锯割金属材料
	250	10.7				265	
B型	296	22	0.65	0.8，1.0/0.90，1.4/1.00	8×5	315	
	292	25			12×6		

3. 机用锯条（QB/T 6080.1—2010）

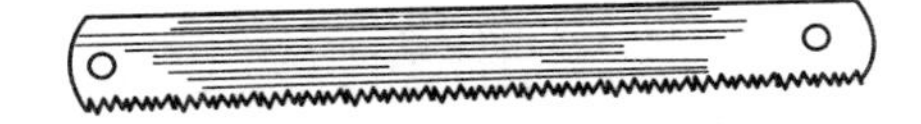

mm

公称长度	宽度	厚度	齿距
300，350	25	1.25	1.8，2.5
350	30	1.5	2.5，4.0
400，450	30	1.5	2.5，4.0
400，450	30	1.5	4.0，6.3
400，450	40	2.0	4.0，6.3
500	40	2.0	2.5，4.0，6.3
600	50	2.5	4.0，6.3
700	50	2.5	4.0，6.3，8.5
用途	装在钢锯架上，用于手工锯割金属等材料		

4. 小钢锯架

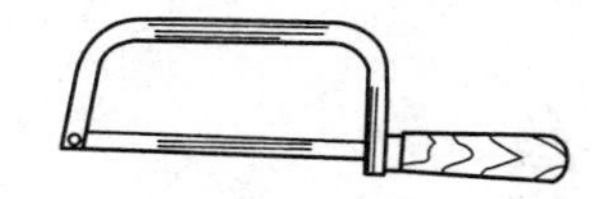

mm

规格	装用小锯条长度	锯架长度	锯架高度
	146～150	132～153	51～70
用途	装上小锯条，用于手工锯切金属、非金属、小工件		

5. 小锯条

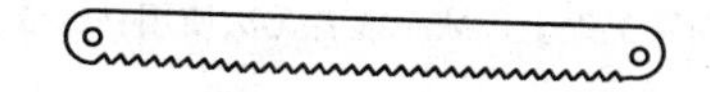

mm

规格	锯架型式	两孔中心矩	宽度	厚度	齿距
	圆钢锯架	147	6	0.65	1.0，1.4
	木柄式	146	6.35	0.45	0.8
用途	装在固定式小钢锯架或木柄锯架上，手工锯割小型金属件或非金属件				

注　材料为T10、T10A牌号碳素工具钢，硬度为HRC55～62。

6. 曲线锯条

mm

规格	型式	工作部分长度	宽度/厚度	齿距	柄部尺寸
	A B	60，80	8/1	1，1.4， 1.8，2.5	20×6
	C	130，150	18/18	1，1.4， 1.8，2.5，3	
用途	装在气动或电动曲线锯上，用来在金属件上锯切直线或任意圆弧				

注　材料为普通高速钢（W18Cr4）。

四、钻类

1. 手扳钻

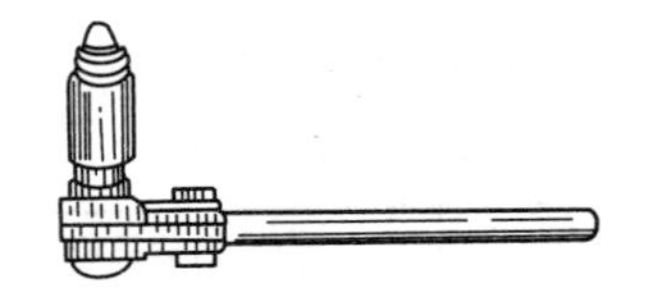

mm

<table>
<tr><td rowspan="2">规格</td><td>手柄长度</td><td>250</td><td>300</td><td>350</td><td>400</td><td>450</td><td>500</td><td>550</td><td>600</td></tr>
<tr><td>最大钻孔直径</td><td colspan="4">25</td><td colspan="4">40</td></tr>
<tr><td>用途</td><td colspan="9">在各项大型钢铁工程上，缺乏或者无法使用钻床或电钻时，用手扳钻钻孔或攻内螺纹</td></tr>
</table>

2. 手摇钻（QB/T 2210—1996）

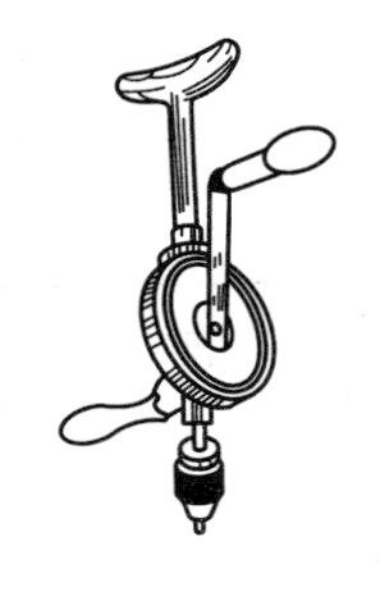

mm

<table>
<tr><td rowspan="2">品种</td><td colspan="4">规格</td><td rowspan="2">用途</td></tr>
<tr><td>钻头直径</td><td>总长</td><td>夹头长度</td><td>夹头直径</td></tr>
<tr><td rowspan="2">手持式</td><td>6</td><td>187</td><td>42</td><td>25</td><td rowspan="4">装夹圆柱钻头，在金属、木材等材料上钻孔</td></tr>
<tr><td>9</td><td>234</td><td>50</td><td>32</td></tr>
<tr><td rowspan="2">胸压式</td><td>9</td><td>367</td><td>50</td><td>32</td></tr>
<tr><td>12</td><td>408</td><td>60</td><td>36</td></tr>
</table>

3. 手摇台钻

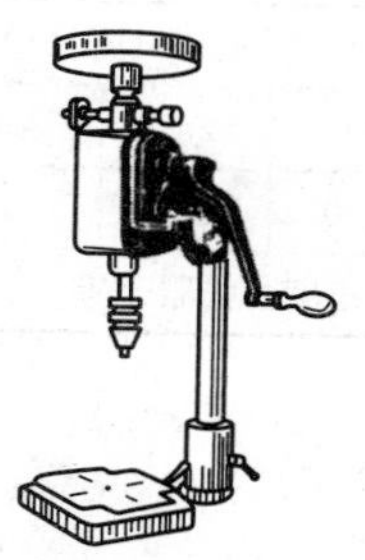

类型	规格			用途
	钻孔直径（mm）	钻孔深度（mm）	转速比	
开启式	1～12	80	1∶1，1∶2.5 1∶2.6，1∶1.7	专供无电源的场合进行金属工件钻孔
封闭式	1.5～12.7	50		

4. 双簧扳钻

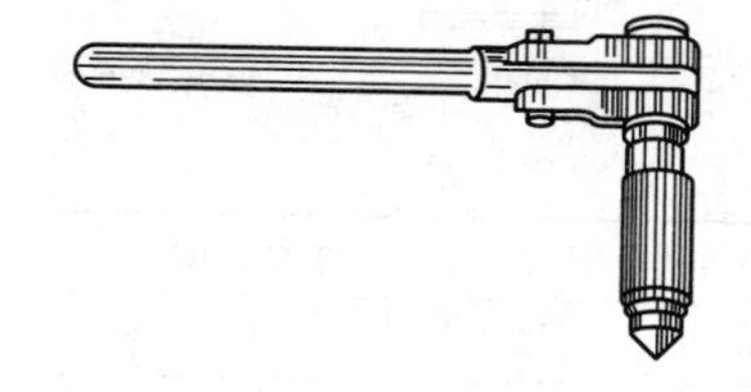

mm

规格	手柄长度	250，300，350，400	450，500，500，600
	最大钻孔直径	25	40
用途	在各种大型钢铁工程上无法使用钻床或电钻时，用来钻孔		

五、划线工具

1. 划线规

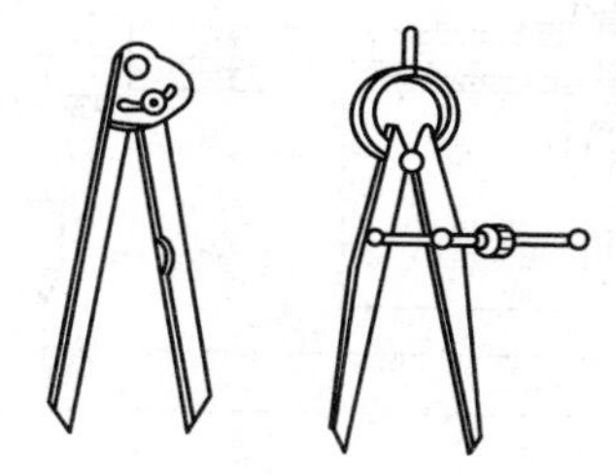

mm

品种	规格（脚杆长度）							
普通式	100	150	200	250	300	350	400	450
弹簧式	—	150	200	250	300	350	—	—
用途	用于划圆或圆弧、分角度、排眼子等							

2. 划针盘

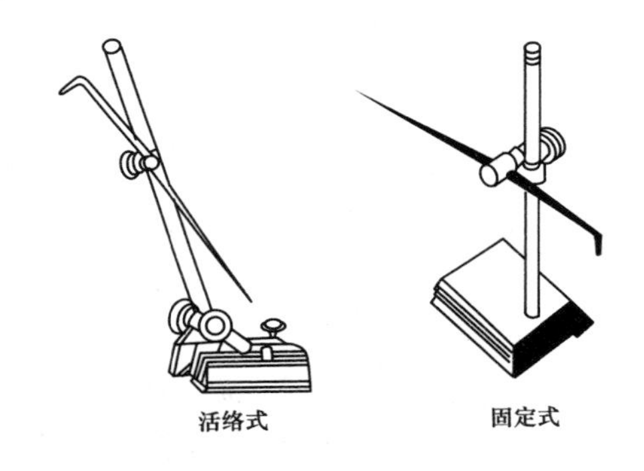

活络式　　固定式

mm

型式	主杆长度				
活络式	200	25	300	400	450
固定式	355	450	560	710	900
用途	供钳工划平行线、垂直线、水平线，以及在平板上定位和校准工件等用				

3. 长划规

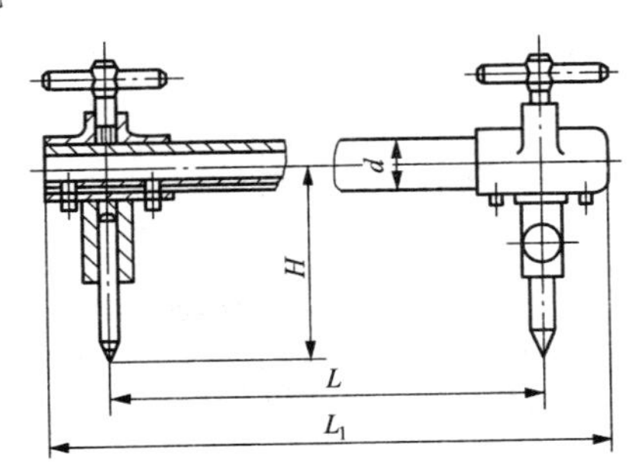

mm

两划脚中心距 L_{max}	总长度 L_1	横梁直径 d	脚深 $H\approx$
800	850	20	70
1250	1315	32	90
2000	2065		
用途	用于划圆、分度的工具，其划针可在横梁上任意移动、调节，适应于尺寸较大的工件		

4. 钩头划规

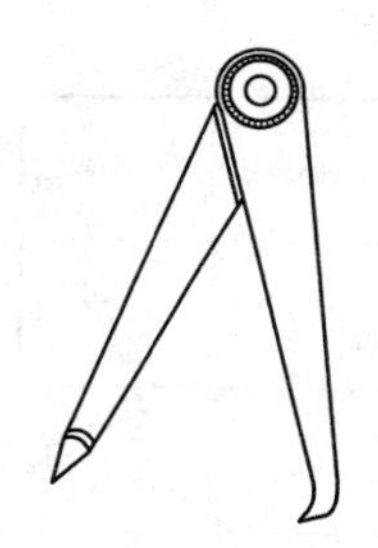

mm

代号	总长	头部直径	销轴直径
JB/ZQ7001. P5. 42. 1. 00	100	16	8
JB/ZQ7001. P5. 42. 2. 00	200	20	10
JB/ZQ7001. P5. 42. 3. 00	300	30	15
JB/ZQ7001. P5. 42. 4. 00	400	35	15
用途	用于在工件上划圆或圆弧，并可用来找工件外圆端面的圆心		

5. 划针（JB/T 3411. 64—1999）

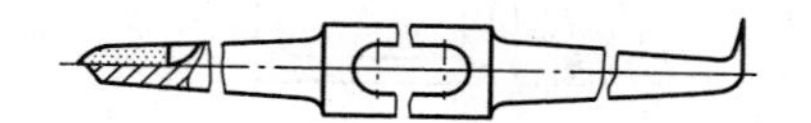

规格	全长（mm）：320，450，500，700，800，1200，1500
用途	用于在工件上划线

6. 划线盘（JB/T 3411.65、3411.66—1999）

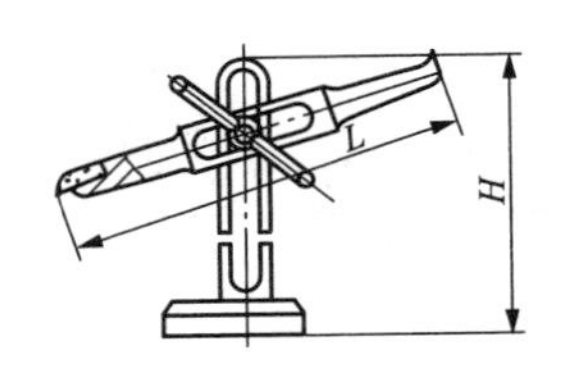

mm

<table>
<tr><td rowspan="4">规格</td><td rowspan="2">划线盘</td><td>主杆高度 H</td><td>355</td><td>450</td><td>560</td><td>710</td><td>900</td></tr>
<tr><td>划针长度 L</td><td colspan="2">320</td><td>450</td><td>500</td><td>700</td></tr>
<tr><td rowspan="2">大划线盘</td><td>主杆高度 H</td><td>1000</td><td colspan="2">1250</td><td>1600</td><td>2000</td></tr>
<tr><td>划针长度 L</td><td colspan="3">850</td><td>1200</td><td>1500</td></tr>
<tr><td>用途</td><td colspan="7">用于在工件上划平行线、垂直线、水平线及在平板上定位和校准工件等</td></tr>
</table>

7. 方箱（JB/T 3411.56—1999）

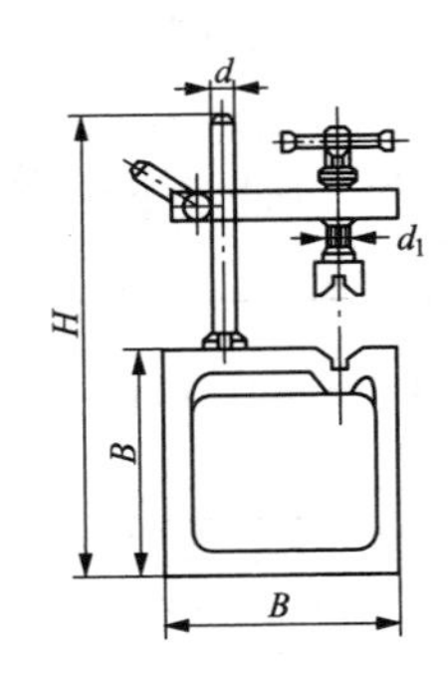

mm

	B	H	d	d_1
规格	160	320	20	M10
	200	400		M12
	250	500	25	M16
	320	600		
	400	750	30	M20
	500	900		
用途	方箱是带有夹紧装置的钳工划线用的工具，适合各种小型工件的立体划线用			

8. 划线用 V 形铁（JB/T 3411.60—1999）

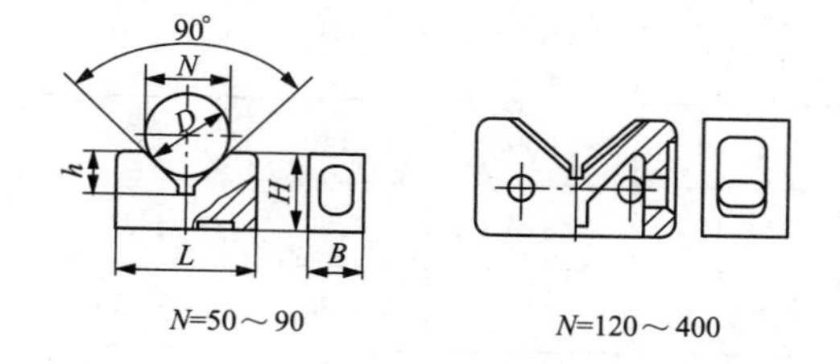

N=50～90　　N=120～400

mm

	N	D	L	B	H	h
规格	50	15～60	100	50	50	26
	90	40～100	150	60	80	46
	120	60～140	200	80	120	61
	150	80～180	250	90	130	75
	200	100～240	300	120	180	100
	300	120～350	400	160	250	150
	350	150～450	500	200	300	175
	450	180～550	500	250	400	200
用途	用于钳工划线时支承工件，划线 A 形铁是不带夹紧装置的 V 形铁					

9. 带夹紧四面V形铁（JB/T 3411.62—1999）

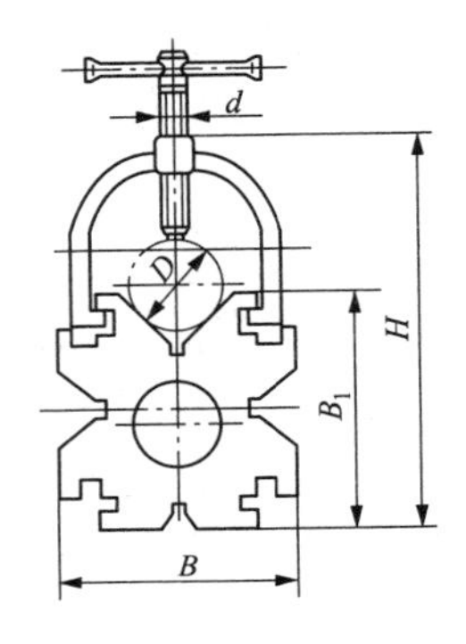

mm

规格	夹持工件直径 D	H	B	B_1	d
	12～80	230	140	150	M12
	24～120	310	180	200	
	45～170	410	230	250	M16
用途	四面有V形槽，是钳工划线时用于支承工件的工具				

10. 带夹紧两面V形铁（JB/T 3411.61—1999）

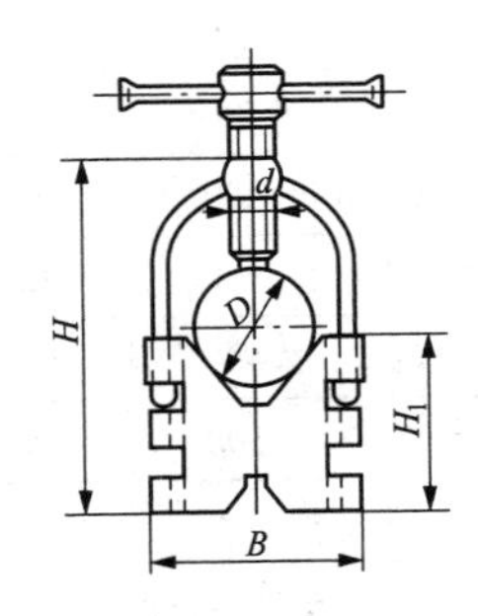

mm

	夹持工件直径 D	B	B_1	H	H_1	d
规格	8～35	50	50	85	40	M8
	10～60	80	80	130	60	M10
	15～100	125	120	200	90	M12
	20～135	160	150	260	120	M16
	30～175	200	160	325	150	
用途	钳工对各种小型的轴套、圆盘等工件划线时使用的支承工具					

六、铆接工具

1. 电动拉铆枪

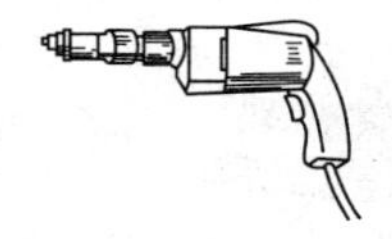

	型号	最大拉铆铆钉直径（mm）	额定电压（V）	输入功率（W）	最大拉力（N）	质量（kg）
规格	PIM－SAI－5	5	220	350	8000	2.5
	PIM－5	5	220	300	7500	2.5
	PIM－5	5	220	280	8000	2.5
用途	用于单面铆接各种结构件上的抽芯铆钉					

2. 拉铆钳

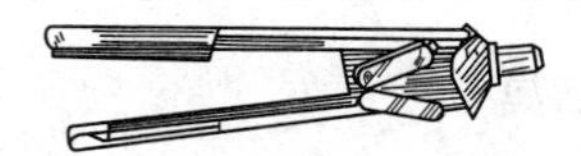

	型号	SM－2	SLM－2	工件的孔径应比铆钉直径大 0.1～0.2mm，铆钉要长于工件 2.5～3mm，需按照铆钉拉杆尺寸装配拉铆头
规格	拉铆铆钉直径（mm）	2.5，3，4，8	3～5	
	拉铆头孔径（mm）	与铆钉拉轩配套	2，2.5，3	
用途	用于拉铆抽芯铝铆钉			

3. 手动拉铆螺母枪

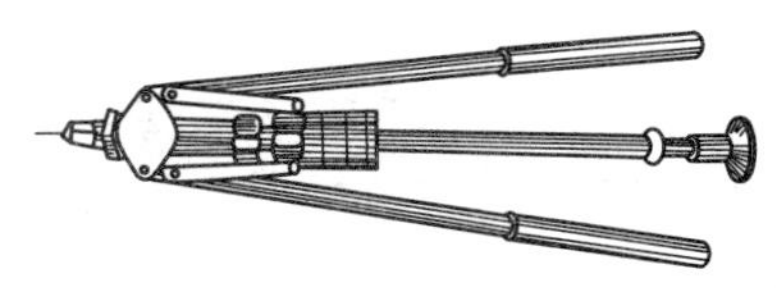

<table>
<tr><td rowspan="3">规格</td><td>型号</td><td>适用铝质铆螺母规格（mm）</td><td>外形尺寸（mm×mm×mm）</td><td>质量（kg）</td></tr>
<tr><td>SLM－M－1</td><td>M5，M6</td><td>490×172×50</td><td>1.9</td></tr>
<tr><td>SLM－M</td><td>M3，M4</td><td>345×160×42</td><td>0.7</td></tr>
<tr><td>用途</td><td colspan="4">专供双手操作单面拉铆螺母用</td></tr>
</table>

4. 手动拉铆枪（QB/T 2292—1997）

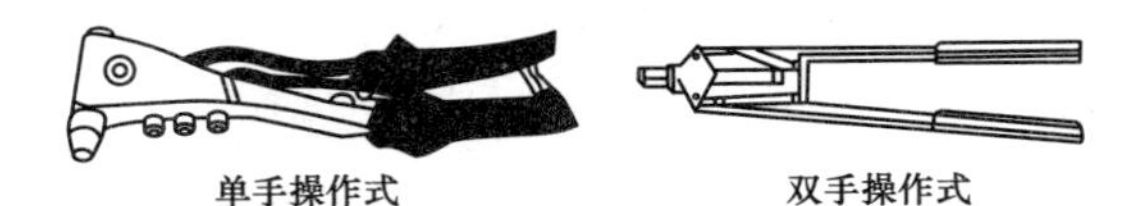

单手操作式　　双手操作式

<table>
<tr><td rowspan="4">规格</td><td rowspan="2">型式</td><td rowspan="2">全长（mm）</td><td rowspan="2">拉铆力（N≤）</td><td rowspan="2">配枪头数目（个）</td><td colspan="3">适用抽芯铆钉直径（mm）</td></tr>
<tr><td>纯铝</td><td>防锈铝</td><td>钢质</td></tr>
<tr><td>单手操作式</td><td>260</td><td>3000</td><td>4</td><td>2.4～5</td><td>2.4～4</td><td>—</td></tr>
<tr><td>双手操作式</td><td>450</td><td>6000</td><td>3</td><td>3～5</td><td>3～5</td><td>3～4</td></tr>
<tr><td>用途</td><td colspan="7">供单面拉铆抽芯铆钉用。单手操作式适用于拉铆力较小的场合；双手操作式适用于拉铆力较大的场合</td></tr>
</table>

七、其他钳工工具

1. 弓形夹

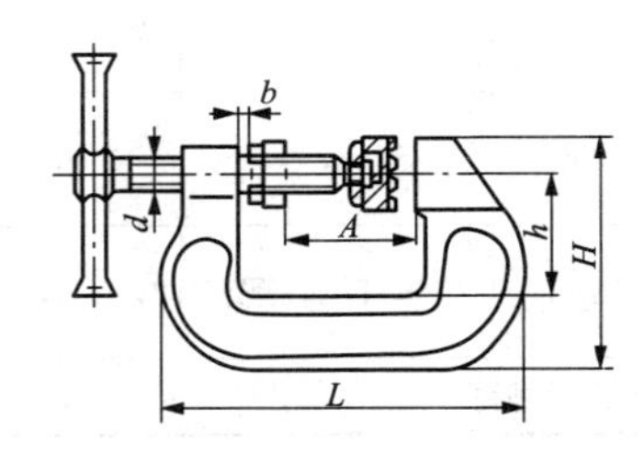

mm

最大夹装厚度 A	L	h	H	d	b
32	130	50	95	M12	14
50	165	60	120	M16	18
80	215	70	140	M20	22
125	285	85	170	M24	28
200	360	100	190		32
320	505	120	215		36
用途	弓形夹是钳工、钣金工在加工过程中使用的紧固器材，它可将几个夹在一起以便进行加工，其最大夹装厚度 32～320				

2. 拔销器

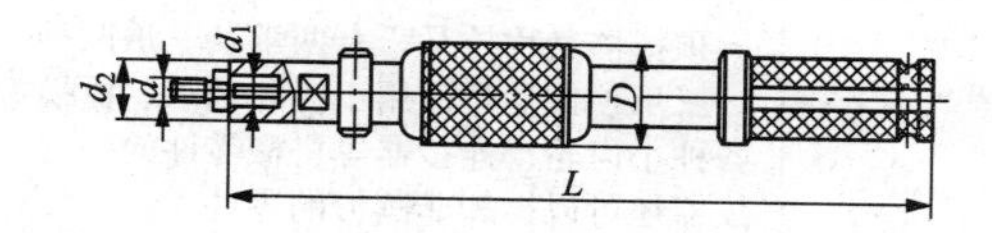

mm

适用拔头 d	d_1	d_2	D	L
M4～M10	M16	22	52	430
M12～M20	M20	28	62	550
用途	用于从销孔中拔出螺纹销			

3. 刮刀

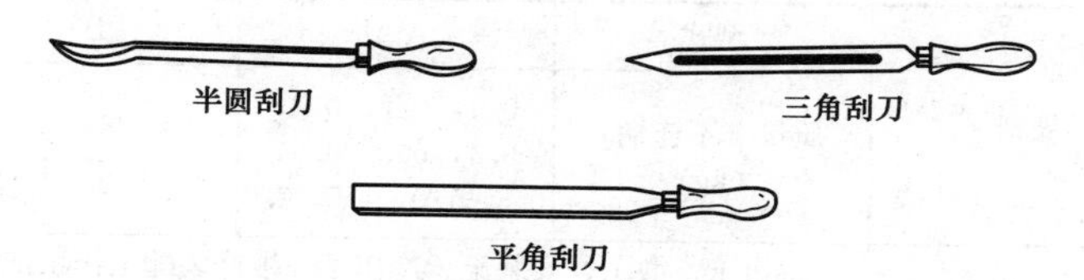
半圆刮刀　三角刮刀　平角刮刀

规格	长度（不连柄，mm）：50，75，100，125，150，175，200，250，300，350，400
用途	刮刀是修整与刮光用的一种钳工刃具。半圆刀用于刮削圆孔和弧形面的工件（如轴瓦和衬套）；三角刮刀用于刮工件上的油槽与孔的边沿；平刮刀用于刮削工件的平面或铲花纹等

4. 顶拔器

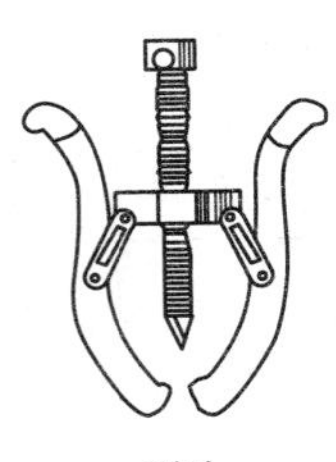
两爪

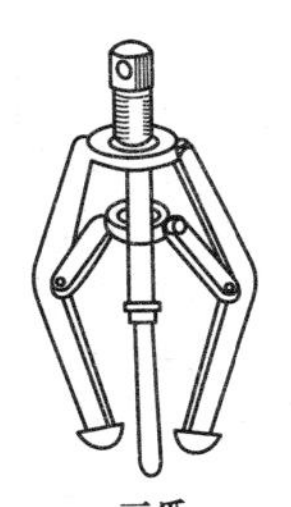
三爪

规格（最佳受力处直径）（mm）	100	150	200	250	300	350
两爪顶拔器最大拉力（kN）	10	18	28	40	54	72
三爪顶拔器最大拉力（kN）	15	27	42	60	81	108
用途	顶拔器又称拉马，有两爪及三爪两种。 三爪顶拔器是适用于拆卸轴承、更换带轮以及拆卸各种小齿轮、连接器等机械零件的一种工具。两爪顶拔器还可以拆卸非圆形的零件					

5. 钳工锤（QB/T 1290.3—2010）

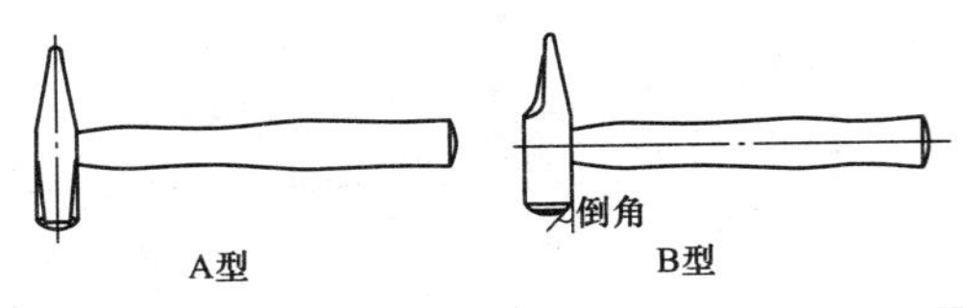

A型　　B型

规格	型式	A 型	B 型
	质量（不连柄）（kg）	0.1，0.2，0.3，0.4，0.5，0.6，0.8，1.0，1.5，2.0	0.28，0.40，0.67，1.50
用途	供钳工、锻工、安装工、冷作工、维修装配工作敲击或整形用		

6. 斩口锤

规格	质量（不连柄，kg）：0.0625，0.125，0.25，0.5
用途	主要用于敲击凹凸不平、薄而宽的金属工件，使其表面平整。还用以敲制皮制品翻边或使金属薄件纵向或横向地延伸

7. 扁尾锤（QB/T 1290.4—2010）

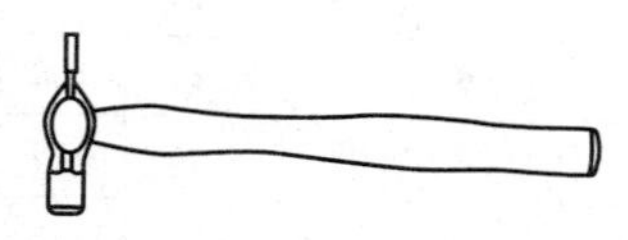

规格	质量（不连柄，kg）：0.10，0.14，0.18，0.22，0.27，0.35
用途	供钣金工、钳工、木工在维修和装配中使用

8. 滚花刀

规格	滚花轮数目	单轮、双轮、六轮
	滚花轮花纹种类	直纹，右斜纹，左斜纹
	滚花轮花纹齿距（mm）	0.6，0.8，1，1.2，1.6
用途	用于在金属把手或其他工件外表面上滚压花纹	

9. 冲子

名称	规格尺寸（mm）			用途
	冲头直径	外径	全长	
尖冲子 JB/T 3411.29—1999	2	8	80	用于在金属材料上冲凹坑
	3	8	80	
	4	10	80	
	6	14	100	

续表

<table>
<tr><th>名称</th><th colspan="4">规格尺寸（mm）</th><th>用途</th></tr>
<tr><td rowspan="7">圆冲子
JB/T 3411.30—1999</td><td colspan="2">圆冲直径</td><td>外径</td><td>全长</td><td rowspan="7">用作装配中的冲击工具</td></tr>
<tr><td colspan="2">3</td><td>8</td><td>80</td></tr>
<tr><td colspan="2">4</td><td>10</td><td>80</td></tr>
<tr><td colspan="2">5</td><td>12</td><td>100</td></tr>
<tr><td colspan="2">6</td><td>14</td><td>100</td></tr>
<tr><td colspan="2">8</td><td>16</td><td>125</td></tr>
<tr><td colspan="2">10</td><td>18</td><td>125</td></tr>
<tr><td rowspan="8">半圆头铆钉冲子
JB/T 3411.31—1999</td><td>铆钉直径</td><td>凹球半径</td><td>外径</td><td>全长</td><td rowspan="8">用于冲击铆钉头</td></tr>
<tr><td>2.0</td><td>1.9</td><td>10</td><td>80</td></tr>
<tr><td>2.5</td><td>2.5</td><td>12</td><td>100</td></tr>
<tr><td>3.0</td><td>2.9</td><td>14</td><td>100</td></tr>
<tr><td>4.0</td><td>3.8</td><td>16</td><td>125</td></tr>
<tr><td>5.0</td><td>4.7</td><td>18</td><td>125</td></tr>
<tr><td>6.0</td><td>6.0</td><td>20</td><td>140</td></tr>
<tr><td>8.0</td><td>8.0</td><td>22</td><td>140</td></tr>
<tr><td rowspan="13">四方冲子
JB/T 3411.33—1999</td><td colspan="2">四方对边距</td><td>外径</td><td>全长</td><td rowspan="13">用于冲内四方孔</td></tr>
<tr><td colspan="2">2.0，2.24</td><td>8</td><td rowspan="3">80</td></tr>
<tr><td colspan="2">2.50，2.80</td><td>8</td></tr>
<tr><td colspan="2">3.0，3.15，3.55</td><td>14</td></tr>
<tr><td colspan="2">4.0，4.5，5.0</td><td>16</td><td rowspan="3">100</td></tr>
<tr><td colspan="2">5.6，6.0，6.3</td><td>16</td></tr>
<tr><td colspan="2">7.1，8.0</td><td>18</td></tr>
<tr><td colspan="2">9.0，10.0</td><td>20</td><td rowspan="3">125</td></tr>
<tr><td colspan="2">11.2，12.0</td><td>20</td></tr>
<tr><td colspan="2">12.5，14.0，16.0</td><td>25</td></tr>
<tr><td colspan="2">17.0，18.0，20.0</td><td>30</td><td rowspan="3">150</td></tr>
<tr><td colspan="2">22.0，22.4</td><td>35</td></tr>
<tr><td colspan="2">25.0</td><td>40</td></tr>
</table>

续表

名称	规格尺寸（mm）			用途
	六方对边距	外径	全长	
六方冲子 JB/T 3411.34—1999	3，4	14	80	用于冲内六方孔
	5，6	16	100	
	8，10	18	100	
	12，14	20	125	
	17，19	25	125	
	22，24	30	150	
	27	35	150	
皮带冲	单支冲头直径：1.5，2.5，3，4，5，5.5，6.5，8，9.5，11，12.5，14，16，19，21，22，24，25，28，32，35，38 组套：8 支套，10 支套，12 支套，15 支套，16 支套			用于在皮革及其他非金属材料（如纸、橡胶板、石棉制品等）上冲制圆形孔

10. 螺栓快速修复器

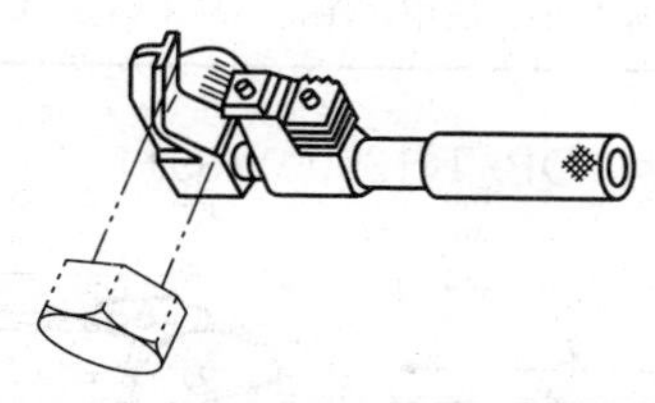

规格	型号	适用螺栓规格尺寸（mm）		质量（kg）
		公称直径	螺距	
	LX-70	M20～M70	2.5，3，3.5，4，4.5	1.3
用途	适用于快速修复一些工业设备上受损坏的大直径螺栓的螺纹，以便恢复其正常使用			

注　每台修复器配备螺纹梳刀规格（螺距）（mm）：2.5，3，3.5，4，4.5。

第四章　管工工具

1. 管子钳（QB/T 2508—2001）

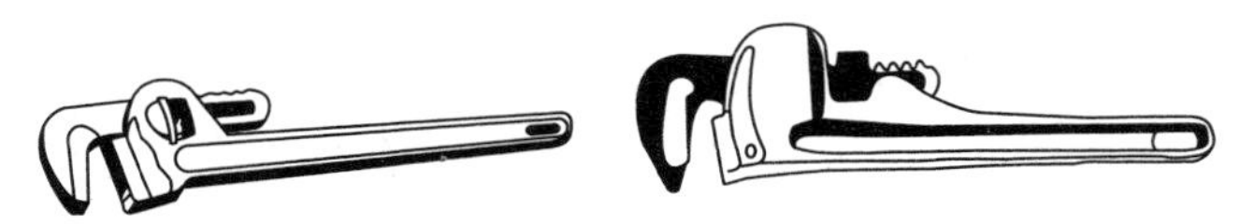
可锻铸铁(碳钢)管子钳　　铝合金管子钳

规格（mm）			150	200	250	300	350	450	600	900	1200
夹持管子外径（mm≤）			20	25	30	40	50	60	75	85	110
试验扭矩（N·m）	可锻铸铁	普通级	105	203	340	540	650	920	1300	2260	3200
		重级	165	330	550	830	990	1440	1980	3300	4400
	铝合金		150	300	500	750	1000	1300	2000	3000	4000
用途	用于紧固和拆卸各种管子、管路附件或圆形零件。也有铝合金制造的，其特点是质量小、使用轻便、不易生锈										

2. 链条管子钳（QB/T 1200—1991）

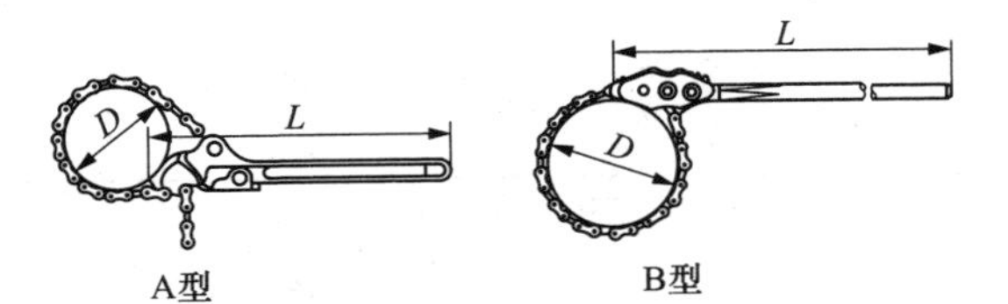

A型　　B型

型号	A 型	B 型			
公称尺寸 L（mm）	300	900	1000	1200	1300
夹持管子外径 D（mm）	50	100	150	200	250
试验扭矩（N·m）	300	830	1230	1480	1670
用途	用于紧固和拆卸较大金属管和圆柱形零件，是管路安装和修理工作常用工具				

3. 防爆用管子钳（QB/T 2613.10—2005）

mm

规格	全长	200	250	300	350	450	600	900
	最大夹持管径	25	30	40	50	60	75	85
用途	在易燃易爆场合中，用于紧固或拆卸金属管子或附件							

4. 水泵钳（QB/T 2440.4—2007）

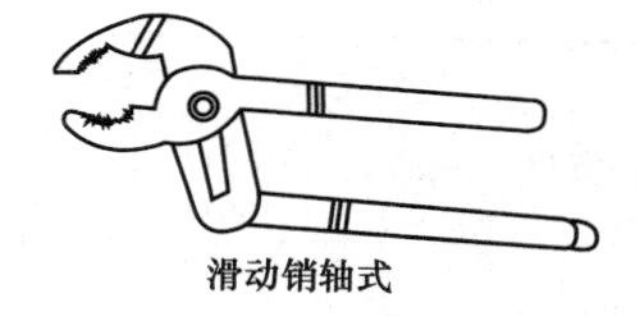

滑动销轴式

榫叠置式

钳腮套入式

规格	规格（mm）	100	120	140	160	180	200	225	250	300	350	400	500
	最大开口宽度（mm）	12	12	12	16	22	22	25	28	35	45	80	125
	位置调整挡数	3	3	3	3	4	4	4	4	4	6	8	10
	加载距离（mm）	71	78	90	100	115	145	160	190	221	225	315	
	可承载荷（N·m）	400	500	560	630	735	800	900	1000	1250	1400	1600	2000
用途	用于夹持、旋拧扁形或圆柱形金属零件，其特点是钳口的开口宽度有多挡（3～10挡）调节位置，以适应夹持不同尺寸的零件的需要，为室内管道等安装、维修工作中常用的工具												

5. 管子夹钳

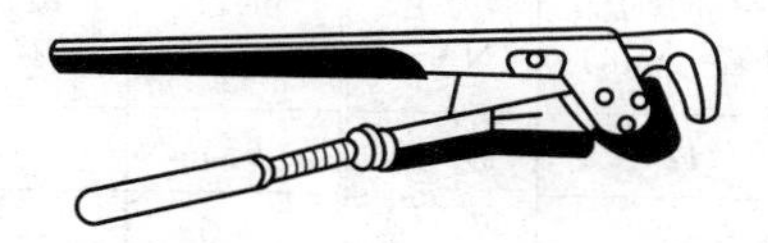

规格	长度（mm）：270、320、430
用途	用来夹持和旋动各种管子、管路附件或其他圆形零件

6. 水管钳

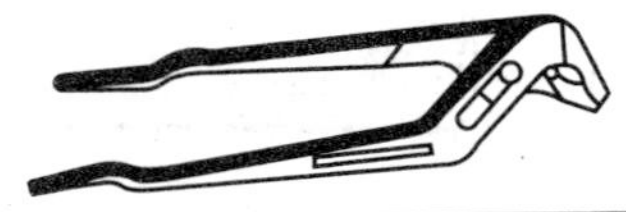

规格	长度（mm）：250
用途	用来安装和修理管子

7. 自紧式管子钳

	公称尺寸（mm）	可夹持管子外径（mm）	钳柄长度（mm）	活动钳口宽度（mm）	扭矩试验	
					试棒直径（mm）	承受扭钳（N·m）
规格	300	20～34	233	14	28	450
	400	34～48	305	16	40	750
	500	48～66	400	18	48	1050
用途	自紧式管子钳钳柄顶端有渐开线钳口，钳口工作面均匀且为锯齿形，以利于夹紧管子；工作时可以自动夹紧不同直径的管子。夹管时三点受力，不用做任何调节					

8. 三环钳

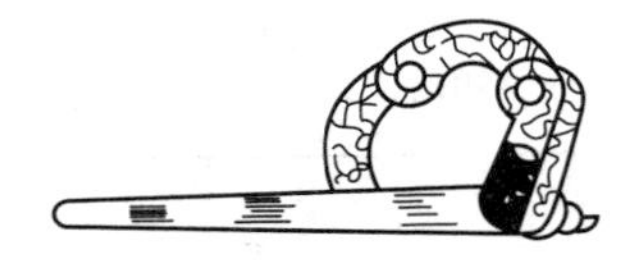

	全长（mm）	旋拧管子外径（mm）	力矩（N·m）	全长（mm）	旋拧管子外径（mm）	力矩（N·m）
规格	537	42	7.5	655	108	22.5
	547	50		680	127	
	590	50	9.0	684	127	29.5
	605	60		700	146	

续表

	全长（mm）	旋拧管子外径（mm）	力矩（N·m）	全长（mm）	旋拧管子外径（mm）	力矩（N·m）
规格	615	73	12.5	707	146	39.5
	630	89		725	168	
	655	89	17.5	—		
	672	108				
用途	专用于拧紧或旋卸管子、圆柱形工件					

9. 铝合金管子钳

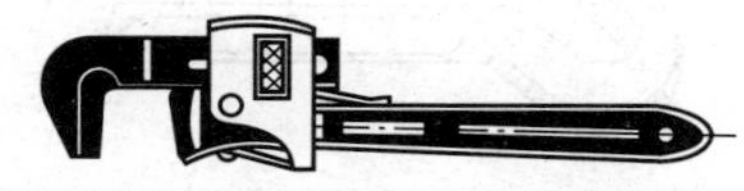

规格	规格（全长）（mm）	150	200	250	300	350	450	600	900	1200
	夹持管子外径（mm）	20	25	30	40	50	60	75	85	110
	试验扭矩（N·m）	98	196	324	490	588	833	1176	1960	2646
用途	用于紧固或拆卸各种管子、管路附件或圆柱形零件，特点是钳体柄用铝合金铸造，质量比普通管子钳小，不易生锈，使用轻便									

10. 管子台虎钳（QB/T 2211—1996）

规格（号数）	1	2	3	4	5	6
夹持管子直径（mm）	10～60	10～90	15～115	15～165	30～220	30～300
夹紧力（kN）≥	88.2	117.6	127.4	137.2	166.6	196.0
用途	安装在工作台上，夹紧管子，以铰制螺纹或切断管子					

11. 快速管子扳手

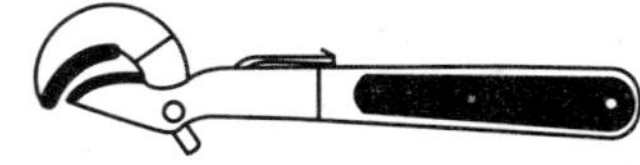

规格（长度）(mm)	200	250	300
夹持管子外径（mm）	12～25	14～30	16～40
适用螺栓规格（mm）	M6～M14	M8～M18	M10～M24
试验扭矩（N·m）	196	323	490
用途	用于紧固或拆卸小型金属管和其他圆柱形零件，也可作扳手使用		

12. 多用管子扳手

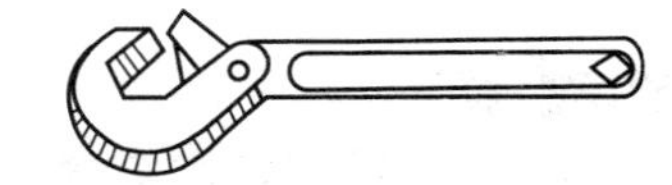

mm

公称尺寸	夹持管外径	适用螺母	用途
300 360	22～33.5 32～48	M14～M22 M22～M30	用来夹持及旋转圆柱形管件，扳拧各种六角头螺栓、螺母

13. 管子割刀（QB/T 2350—1999）

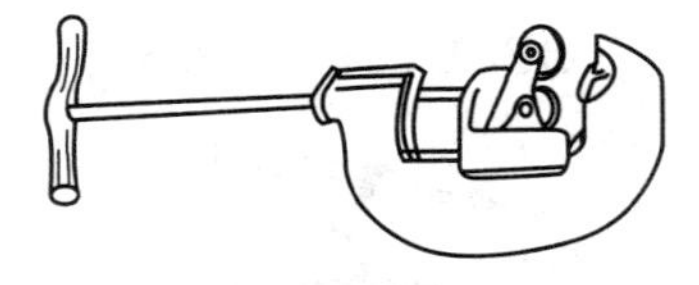

型号	1	2	3	4
切割管子公称通径（mm）	25	15～50	25～80	50～100
用途	切割普碳钢管、各种软金属管及硬塑管，是管路安装和修理的常用工具			

14. 管子铰板（管螺纹铰板）（QB/T 2509—2001）

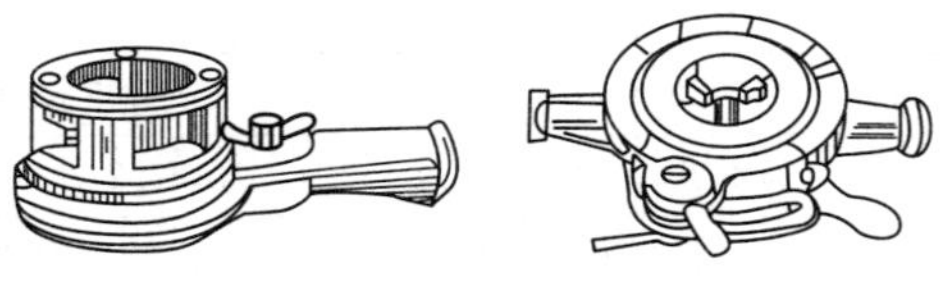

轻便式　　　　普通式

mm

型号	铰螺纹范围		结构特性	用途
	管子外径	管子内径		
GJB-60	21.3～26.8 33.5～42.3	12.70～19.05 25.40～31.75	无间歇机构	手工铰制外径较大的金属管子的外螺纹
GJB-60W	48.0～60.0	38.10～50.80		
GJB-114W	66.5～88.5 101.0～114.0	57.15～76.20 88.90～101.60	有间歇机构，使用具有万能性	

15. 管螺纹板牙

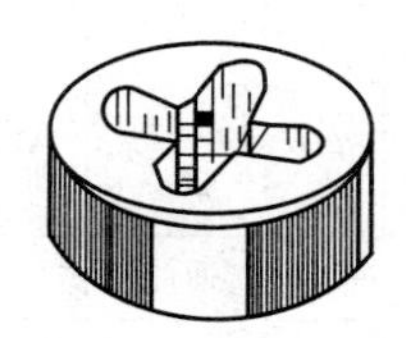

55°圆柱管螺纹板牙（GB/T 20324—2006）								用途
螺纹尺寸代号	每25.4mm牙数	板牙尺寸（mm）		螺纹尺寸代号	每25.4mm牙数	板牙尺寸（mm）		
		外径	厚度			外径	厚度	
G 1/16	28	25	9	G 7/8	14	65	16	安装在圆板牙扳手或机床上，铰制管子或其他工件的外管螺纹用
G 1/8	28	30	11	G 1	11	65	18	
G 1/4	19	38	14	G1 1/4	11	75	20	
G 3/8	19	45	14	G1 1/2	11	90	22	
G 1/2	14	45	14	G1 3/4	11	90	22	
G 5/8	14	55	16	G 2	11	105	22	
G 3/4	14	55	16	G2 1/4	11	120	22	

55°和60°圆锥管螺纹板牙（GB/T 20328—2006、JB/T 8364.1—2010）													
螺纹尺寸代号	每25.4mm牙数		板牙尺寸（mm）				螺纹尺寸代号	每25.4mm牙数		板牙尺寸（mm）			
			外径		厚度					外径		厚度	
	55°	60°	55°	60°	55°	60°		55°	60°	55°	60°	55°	60°
1/16	—	27	25	30	11	11	3/4	14	14	55	55	22	22
1/8	28	27	30	30	11	11	1	11	11.5	65	65	25	26
1/4	19	18	38	38	14	16	$1\frac{1}{4}$	11	11.5	75	75	30	28
3/8	19	18	45	45	18	18	$1\frac{1}{2}$	11	11.5	90	90	30	28
1/2	14	14	45	55	22	22	2	11	11.5	105	105	36	30

16. 扩管器

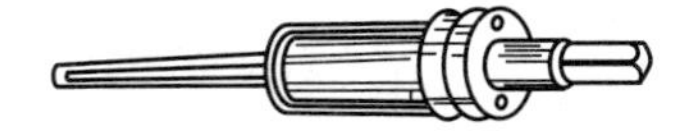

mm

公称规格	全长	适用管子范围		
		内径		胀管长度
		最小	最大	
01 型直通胀管器				
10	114	9	10	20
13	195	11.5	13	20
14	122	12.5	14	20
16	150	14	16	20
18	133	16.2	18	20
02 型直通胀管器				
19	128	17	19	20
22	145	19.5	22	20
25	161	22.5	25	25
28	177	25	28	20
32	194	28	32	20
35	210	30.5	35	25
38	226	33.5	38	25
40	240	35	40	25
44	257	39	44	25
48	265	43	48	27
51	274	45	51	28
57	292	51	57	30
64	309	57	64	32
70	326	63	70	32
76	345	68.5	76	36
82	379	74.5	82.5	38
88	413	80	88.5	40
102	477	91	102	44
03 型特长直通胀管				
25	107	20	23	38
28	180	22	25	50
32	194	27	31	48
38	201	33	36	52

续表

公称规格	全长	适用管子范围		
		内径		胀管长度
		最小	最大	
04 型翻边胀管器				
38	240	33.5	38	40
51	290	42.5	48	54
57	380	48.5	55	50
64	360	54	61	55
70	380	61	69	50
76	340	65	72	61

17. 手动弯管机

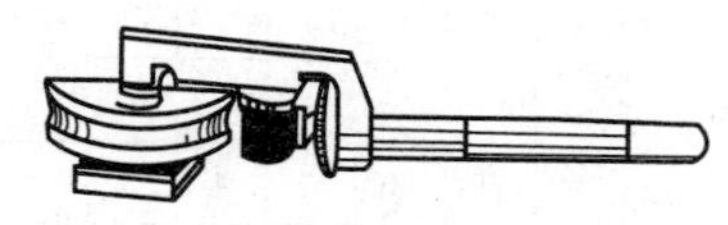

钢管规格（mm）	外径	8	10	12	14	16	19	22
	壁厚	2.25				2.75		
冷弯角度		180°						
弯曲半径（mm）≥		40	50	60	70	80	90	110
用途		供手动冷弯金属管用						

18. 轻、小型螺纹铰板及板牙

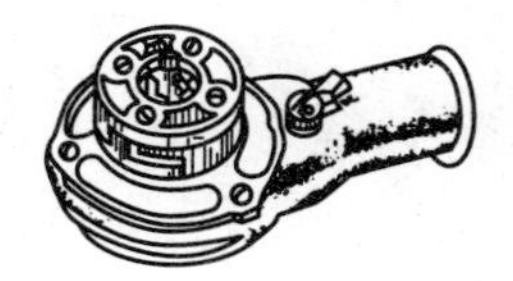

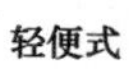
轻便式

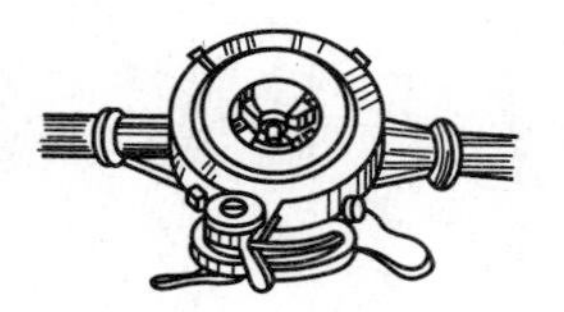
普通式

规格	型式与型号		铰制外螺纹范围（in）		每套板牙规格（in）	结构特征
	轻便式	Q74－1	圆锥	1/4～1	1/4，3/8，1/2，3/4，1	单板杆
		Q71－1A		1/2～1	1/2，3/4，1	

续表

	型式与型号		铰制外螺纹范围（in）		每套板牙规格（in）	结构特征
规格	轻便式	SH-76	圆锥圆柱	1/2～1	1/2，3/4，1.25，1.5	单板杆
	普通式	114	圆锥	1/2～2	1/2～3/4，1，1.25	双板杆盒式
		117		2～4	2～3，3～4	
用途	主要用在维修或安装工程中手工铰制水管、煤气停机管等外螺纹					

19. 弯管机（JB/T 2671.1—1998）

规格	弯管最大直径（mm）	10	16	25	40	60	89	114	159	219	273
	最大弯曲壁厚（mm）	2	2.5	3	4	5	6	8	12	16	20
	最小弯曲半径（mm）	8	12	20	30	50	70	110	160	320	400
	最大弯曲半径（mm）	60	100	150	250	300	450	600	800	1000	1250
	最大弯曲角度	195°									
	最大弯曲速度（r/min）≥	12	10	6	4	3	2	1	0.5	0.4	0.3
用途	供冷弯金属管用										

第五章 电工工具和仪表

一、电工工具

1. 紧线钳

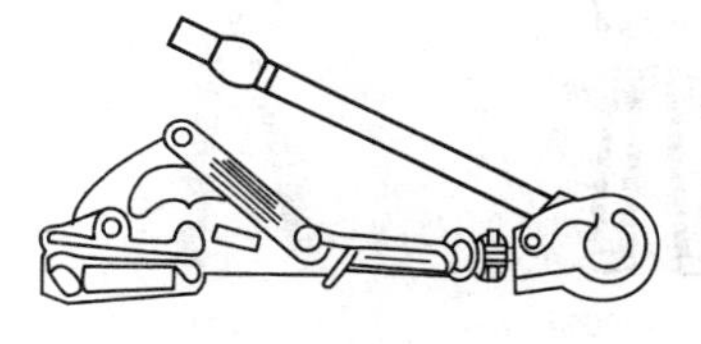

平口式

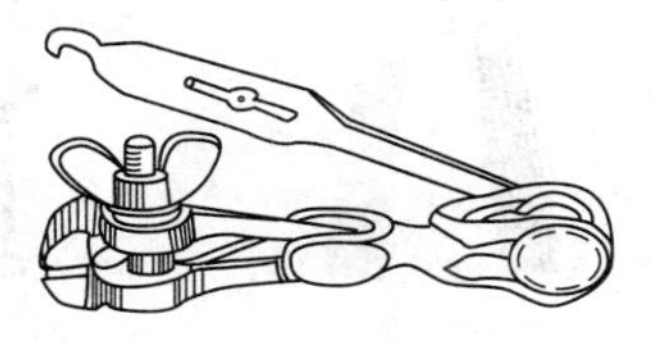

虎头式

平口式紧线钳

规格（号数）	钳口弹开尺寸（mm）	额定拉力（kN）	夹线直径范围（mm）			
			单股钢、铜线	钢绞线	无芯铝绞线	钢芯铝绞线
1	≥21.5	15	10～20	—	12.4～17.5	13.7～19
2	≥10.5	8	5～10	5.1～9.6	5.1～9	5.4～9.9
3	≥5.5	3	1.5～5	1.5～4.8	—	—

虎头式紧线钳

长度（mm）	150	200	250	300	350	400	450	500
额定拉力（kN）	2	2.5	3.5	6	8	10	12	15
夹线直径范围（mm）	1～3	1.5～3.5	2～5.5	2～7	3～8.5	3～10.5	3～12	4～13.5
用途	专供外线电工架设各类型电线、电话线等空中线路时拉紧电线或绞线用							

2. 电工钳（QB/T 2442.2—2007）

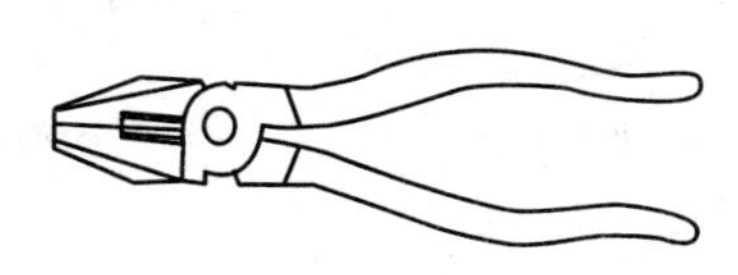

全长（mm）	165，190，215，250
用途	分柄部带塑料套与不带塑料套两种。用于夹持或弯折金属薄片、细圆柱形金属零件及切断金属丝

3. 电缆钳（线缆钳）

XLJ–S–1型

XLJ–D–300型

XLJ–2型

型号	手柄长度（缩/伸）(mm/mm)	质量 (kg)	用途
XLJ－S－1	400/550	2.5	用于切断截面积 240mm² 以下铜、铝导线及直径 8mm 以下低碳圆钢，手柄护套耐电压 5000V
XLJ－D－300	230	1	用于切断直径 45mm 以下电缆及截面积 300mm² 以下铜导线
XLJ－1	420/570	3	用于切断直径 65mm 以下电缆
XLJ－2	450/600	3.5	用于切断直径 95mm 以下电缆
XLJ－G	410/560	3	用于切断截面积 400mm² 以下钢芯电缆、直径 22mm 以下钢丝绳及直径 16mm 以下低碳圆钢

4. 剥线钳（QB/T 2207—1996）

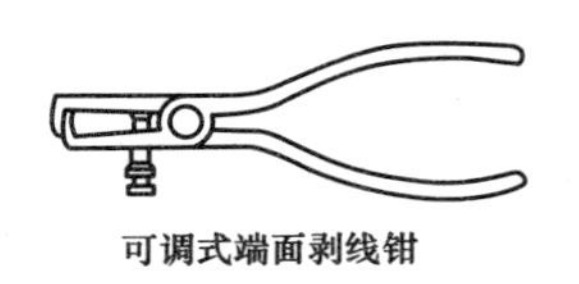

可调式端面剥线钳

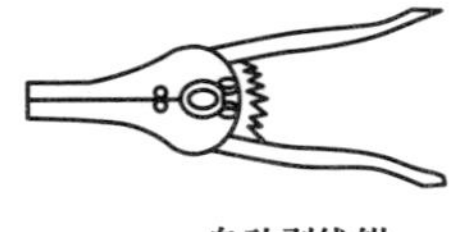

自动剥线钳

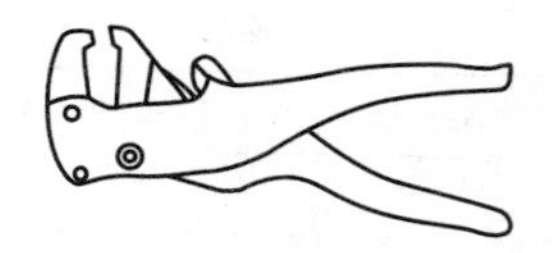
多功能剥线钳

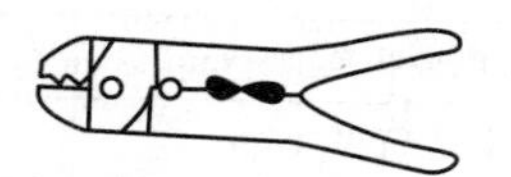
压接剥线钳

mm

型式	可调式端面剥线钳	自动剥线钳	多功能剥线钳	压接剥线钳	用途
长度	160	170	170	200	专供电工剥除电线头部的表面绝缘层并能切断芯线

5. 冷轧线钳

长度（mm）	轧接导线断面积范围（mm^2）	用途
200	2.5～6	利用其轧线结构轧接电话线、小型导线接头和封端，并具备一般钢丝钳功用

6. 冷压接钳

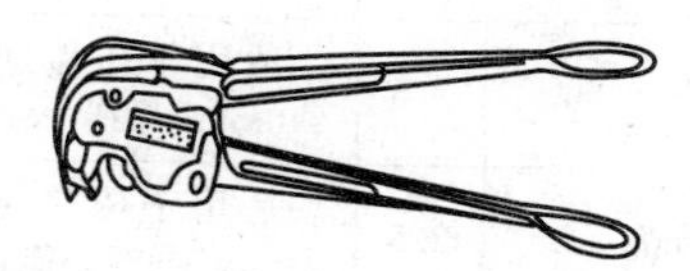

长度（mm）	压接导线断面积（mm^2）	用途
400	10，16，25，35	专供电工冷压连接铝、铜导线的接头和封端

7. 导线压接钳

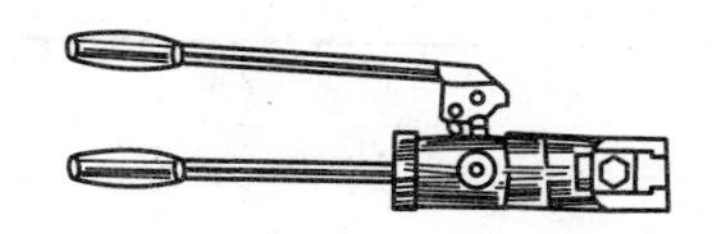

项目	参数
适用导线断面积范围（mm^2）	铝线 16～240；铜线 16～150
活塞最大行程（mm）	17
最大作用力（kN）	100
压模规格（mm^2）	16，25，35，50，70，95，120，150，185，240
用途	用于压接多股铝、铜芯电缆导线的接头或封端

8. 压线钳

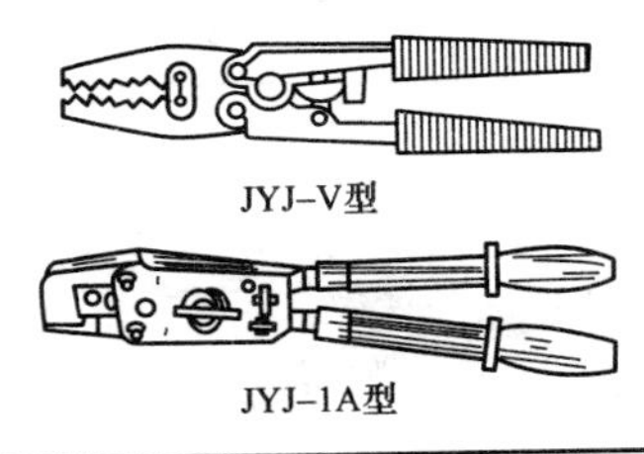

JYJ-V型

JYJ-1A型

型号	手柄长度（缩/伸）（mm/mm）	质量（kg）	适用范围
JYJ - V1	245	0.35	适用于压接（围压）截面积 0.5～6mm^2 裸导线
JYJ - V2	245	0.35	适用于压接（围压）截面积 0.5～6mm^2 绝缘导线
JYJ - 1	450/600	2.5	适用于压接（围压）截面积 6～240mm^2 导线
JYJ - 1A	450/600	2.5	适用于压接（围压）截面积 6～24mm^2 导线，能自动脱模
JYJ - 2	450/600	3	适用于压接（围压）截面积 6～300mm^2 导线
JYJ - 3	450/600	4.5	适用于压接（围压、点压、叠压）截面积 16～400mm^2 导线
用途	用于冷轧压接（围压、点压、叠压）铜、铝导线，起中间连接作用或封端作用		

9. 手动机械压线钳（QB/T 2733—2005）

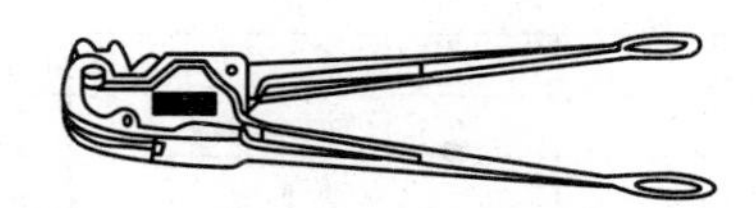

压接线截面积范围（mm^2）	压接导线截面积	手柄部的最大载荷	压接性能	
			导体材料	拉力试验负载（N）
0.1～400	≤240 mm^2	≤390N	铜	40*A*，最大 20000
	>240 mm^2	≤590N	铝	60*A*，最大 20000
用途	专供冷压连接铝、铜导线的接头与封端（利用模块使导线接头或封端紧密连接）			

注　*A* 为导线截面积（mm^2）。

10. 电信剪切钳（QB/T 3004—2008）

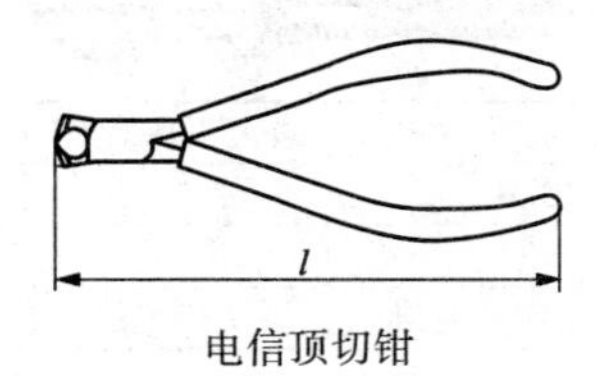

电信顶切钳

mm

	名称	型式	规格 *l*
规格	电信顶切钳	短嘴（S）	112
		长嘴（L）	125，160
	电信斜嘴钳	—	112，125
	电信斜刃顶切钳	短嘴（S）	112
		长嘴（L）	125
用途	按外形主要分为电信顶切钳、电信斜嘴钳和电信斜刃顶切钳。适用于电信材料的剪切，不适用于带电作业剪切		

11. 电信夹扭钳（QB/T 3005—2008）

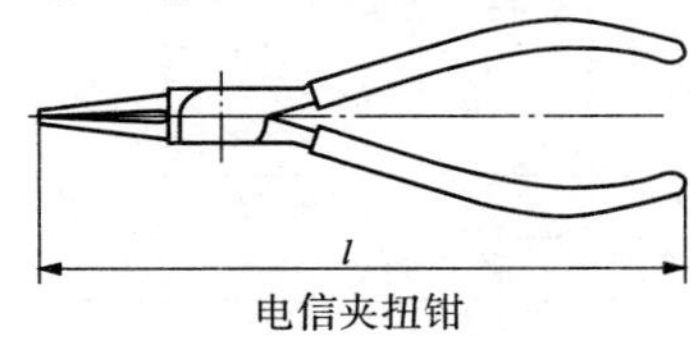

电信夹扭钳

mm

	名称	型式	规格 l
规格	电信圆嘴钳	短嘴（S）	112，125
		长嘴（L）	125，140
	电信扁嘴钳	短嘴（S）	112，125
		长嘴（L）	125，140
	电信尖嘴钳	短嘴（S）	112，125
		长嘴（L）	125，140
用途	按外形主要分为电信圆嘴钳、电信扁斜嘴钳和电信尖嘴钳。适用于电信材料的夹扭，不适用于带电作业夹扭		

12. 液压紧线钳

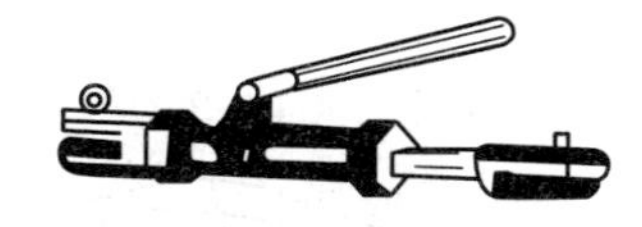

	型号	最大工作拉力（kN）	最大工作行程（mm）	复位机构	手柄
规格	JX-2/8	19.6	80	人力复位	折叠式
	JX-5/5	49	50	弹簧复位	旋人式
用途	专供输电线路带电作业时维修、更换瓷绝缘子和拉紧导线用				

13. 手动液压导线钳

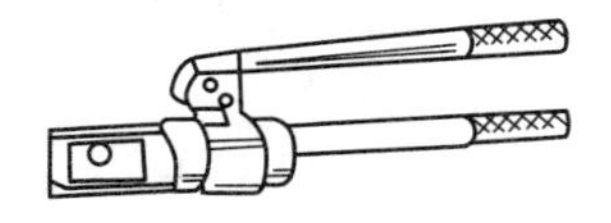

	型号	最大工作压力（kN）	最大工作行程（mm）	压接范围		手柄
				封端，中间连接六角形压接截面积（mm^2）		中间连接弧形压接面积（mm^2）
				铝线	铜线	
规格	YYQ-A1	78.4	8	10～15	10～25	—
	YYQ-A2	78.4	8	10～15	—	—
	SYQ1、2	156.8	17	16～240	16～15	铝线，钢芯铝线 25～95
	YYQ-A3	147	22			
	YYQ-A4	147	22	35～120	35～120	35～120
	YYQ-A5	196	30	150～240	15～240	150～240
用途	主要用于压接多股铝、铜芯导线，供中间连接和封端用					

14. 电池钳

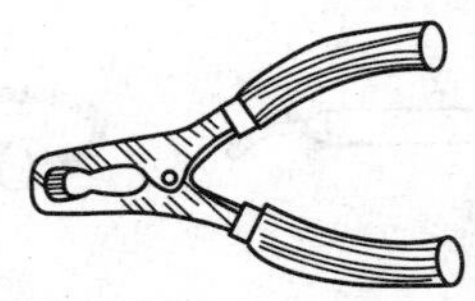

	全长（mm）	适用电流（A）	适用电压（V）	配线长度/配线断面积（m/mm^2）
规格	127	100	12	2.5/10
	150	50	12	2.2/4
	175	26	12，24	2.0/2.5
用途	用于连接汽车、各种机械用的蓄电池电极及电动机、电焊机的电路			

15. 电工刀（QB/T 2208—1996）

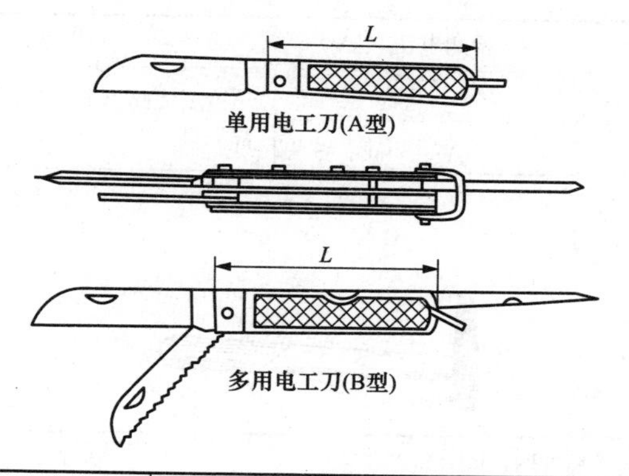

型式代号	产品规格	刀柄长度 L	用途
A型	1号	115	用于电工装修工作中割削电线绝缘层、绳索、木桩及软金属
	2号	105	
	3号	95	
B型	1号	115	
	2号	105	
	3号	95	

16. 电烙铁（GB/T 7157—2008）

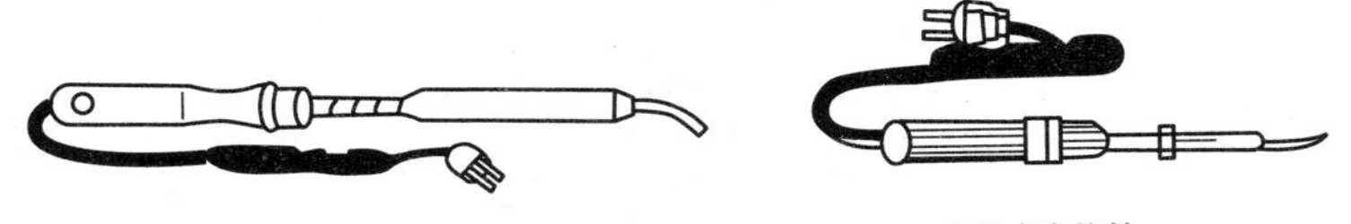

外热式电烙铁　　内热式电烙铁

名称	功率（W）	用途
非调温型外热式电烙铁	30，50，75，100，150，200，300，500	用于电器元件、线路接头的焊接
非调温型内热式电烙铁	20，35，50，70，100，150，200	

17. 测电器

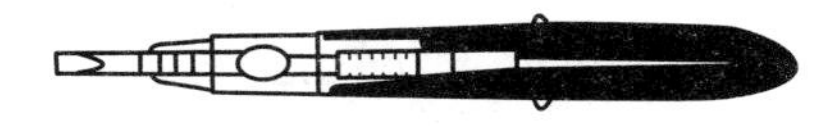

名称	检测电压（kV）	用途
高压测电器	10	检测线路上通电情况，是电工必备工具
低压试电笔	0.5 以下	

18. 电工锤

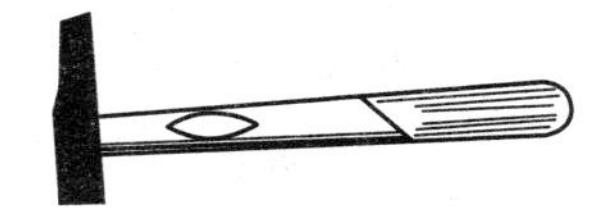

质量（不带柄，kg）	0.5
锤头长度　（mm）	140
锤头端面尺寸　（mm×mm）	16×18
用途	专用于电工维修工作中

19. 电线管铰板

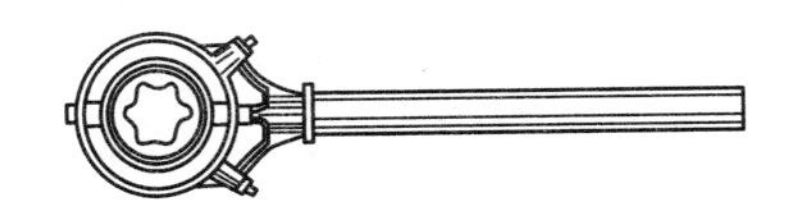

型号	SHD-25	SHD-50
铰制套管（钢）外径（mm）	12.70，15.88，19.05，25.40	31.75，38.10，50.80
圆板牙外径（mm）	41.2	76.2
用途	手工铰制电线套管上的外螺纹用	

20. 电工木工钻

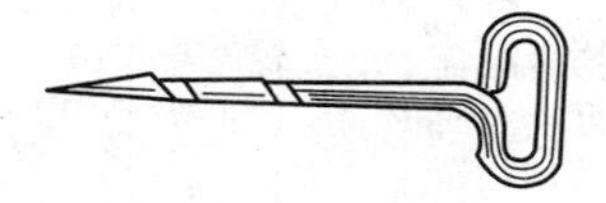

钻头直径（mm）	4，5	6，8	10，12
全长（mm）	120	130	150
用途	可直接在木材上钻孔。分木柄和铁柄两种		

21. 测电式多用螺钉旋具

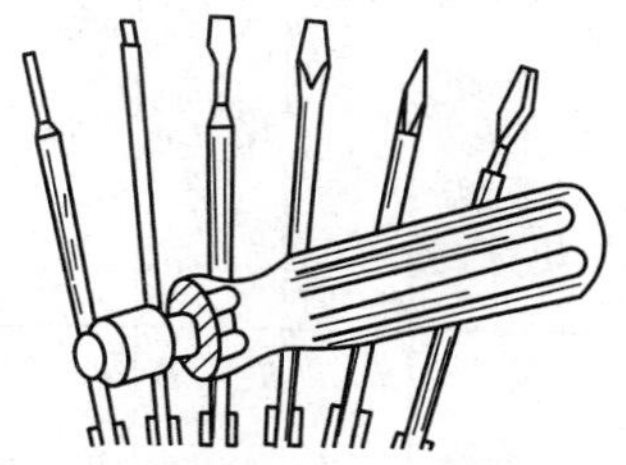

规格	总长（mm）	杆长（mm）	杆直径（mm）	测电性能	
				起辉电压（V）	测电范围（V）
	230	100～125	5～6	≤90	100～500
用途	用于旋拧不同大小的一字槽、十字槽螺钉，在软质材料上钻孔，并可兼作测电笔				

二、电工指示仪表

1. 电工指示仪表的分类及标志

性能 分类名称	标志符号	符号	应用范围	工作电流	测量范围			制成仪表类型
					电流（A）	电压（V）	频率（Hz）	
磁电系		C	直流电表，与多种变换器配合后可扩大使用范围；作比率表	直流	$10^{-11}\sim10^{2}$	$10^{-3}\sim10^{3}$		电流表、电压表、欧姆表、绝缘电阻表、检流计、钳形表
电磁系		T	安装式电表及一般实验室用交（直）流表	交直流	$10^{-3}\sim10^{2}$	$1\sim10^{3}$	一般用于工频，可扩频到5kHz	电流表、电压表、频率表、功率因数表、同步表、钳形表
电动系		D	作交直流标准表及一般实验室用表	交直流	$10^{-3}\sim10^{2}$	$1\sim10^{3}$	一般用于工频，可扩频到10kHz	电流表、电压表、频率表、功率因数表、同步表
铁磁电动系		D	作安装式电表	交直流	$10^{-7}\sim10^{2}$	$10^{-1}\sim10^{3}$	一般用于工频	电流表、电压表、频率表、功率因数表
静电系		Q	在高压测量方面应用	交直流		$10\sim5\times10^{6}$	可达 10^{6}	电压表、象限计
感应式		G	计算交流电路中的电能	交流	$10^{-1}\sim10^{2}$	$10\sim10^{3}$	用于工频	主要作为电能表
热电系		E	在高频线路中应用	交流	$10^{-3}\sim10$	$10\sim10^{3}$	小于 10^{6}	电流表、电压表、功率表

续表

性能 分类名称	标志符号	符号	应用范围	工作电流	测量范围			制成仪表类型
					电流（A）	电压（V）	频率（Hz）	
整流系		L	作万用表	交流	10^{-5}～10	10^{-3}～10^{3}	一般用于工频，可扩频到5kHz	万用表、电流表、电压表、欧姆表、功率因数表、频率表
电子系		Z	在弱电线路中应用	交直流		5×10^{-2}～5×10^{2}	10^{6}～10^{8}	电压表、阻抗表

2. 电流表及电压表

(1) 开关板式磁电系电流表及电压表的规格型号。

型号	级别	测量范围			接入方式
		类型	单位	数值	
1C2－$\frac{A}{V}$	1.5	电流表	mA	1～500	75A以上带外附分流器 1kV以上带外附电阻器
			A	1～10000	
		电压表	V	3～600	
			kV	1～3	
1KC－$\frac{A}{V}$ 自动控制	2.5	电流表	A	0～10，0～500 1～0～1 500～0～500	零位在左边和零位在中间的10A以内直接接入。20A以上零位在左边的使用10mA附定值分流器。零位在中间的可采用75mA外附定值分流器
		电压表	V	0～250（零位在左边） 20～50，50～75，100～150 160～240（无零位） 180～270	直接接入

续表

型号	级别	测量范围			接入方式
		类型	单位	数值	
12C1-$^{A}_{V}$	1.5	电流表	mA	1～500	直接接入
			A	1～50	
			kA	75～750，1～10	外附定值分流器
12C1-$^{A}_{V}$	1.5	电压表	V	3～300～600	直接接入
			kV	1，1.5，3	外附定值附加电阻
			零位在中间的包括上述所有量限		
44C2-$^{A}_{V}$	1.5	电流表	μA	50，10，100，150，200，250	直接接入
			mA	1，2，3，5，10，15～500	
			A	1，2，3，5，7.5，10	
44C2-$^{A}_{V}$	1.5	电流表	A	15，20～300，500，750	外附定值分流器
			kA	1，1.5	
		电压表	V	1.5，3，7.5～100，150～600	直接接入
			V	750	外附定值附加电阻
			kV	1，1.5	
52C2-$^{A}_{V}$	1.5	电流表	μA	50，75，100，150，200，300，750，1000	直接接入
			mA	1，2，3，10，20，50，100，1000	
			A	1，1.5，2，2.5，3，5，7.5	
			A	10～100，150～1000，1000～3000	配用 75FL2 型外附定值分流器
		电压表	MV	50，75，100，300～1000	直接接入
			V	1，1.5，2，2.5，3.5～30	
			V	50，75，100，150～1000	配用 F26 型外附定值附加电阻

续表

型号	级别	测量范围			接入方式
		类型	单位	数值	
85C10 -$^{A}_{V}$	2.5	电流表	μA	50～500	直接接入
			mA	1～10，15～100，100～750	
			A	1～10	
85C10 -$^{A}_{V}$	2.5	电流表	A	15～100，150～750	外附 FL－30 型定值分流器
			kA	1，1.5，2，3	
		电压表	mV	50～100，150～300，500～1000	直接接入
			V	1～10，15～100，150～600	
			V	750	外附 FL－20 型定值附加电阻
			kV	1，1.5，2，3，5	
91C8 -$^{A}_{V}$	2.5 微安表为 5.0	电流表	μA	200，300，500	
			mA	1，3，5，10，20，30，50～500	
		电压表	V	1.5，3，5，7.5，10	
99C2 -$^{A}_{V}$	2.5	电流表	μA	50，100，200，300，500	双向量限和单向量限相同
			mA	1，2，3，5，10	
99C12－A	1.5，2.5	电流表	μA	50，100，150，200，350，500	
			mA	1，2，3，5，10～100，150	
		电压表	V	1.5，3，5，7.5，15～150	
1T1 -$^{A}_{V}$	2.5	电流表	A	0.5～200	直接接入
	1.5	电压表	V	15～600	直接接入
1T9－A	2.5	电流表 工作部分	A	1～5，2～10，4～20	量限同 1T1 -$^{A}_{V}$，过载 5 倍
		电流表 过载部分	A	5～15，10～30，20～50	

续表

型号	级别	测量范围			接入方式
		类型	单位	数值	
62T51-$\frac{A}{V}$	2.5	电流表	mA	100，300，500	直接接入
			A	1，2，3，5，10，20，30，50	
			A	10～100，150～600，1000～1500	配用电流互感器
		电压表	V	30，50，150，250，450	直接接入
44T1-$\frac{A}{V}$	2.5	电流表	mA	50，100，300，500	直接接入
			A	1，2，3，5，10，20，30，50	
			A	10，20，30，50，75，100，150，200，300，600，1000，1500	配用电流互感器
59T4-$\frac{A}{V}$	1.5	电压表	V	30，50，100，150，250，300，400	直接接入
81T1-$\frac{A}{V}$ 81T2-$\frac{A}{V}$	2.5	电流表	A	0.5，1，2，3，5，10	直接接入
		电压表	V	30，50，100，150，250，450	

（2）开关板式电动系电流表及电压表的规格型号。

型号	级别	测量范围			接入方式
		类型	单位	数值	
1D7-$\frac{A}{V}$ 41D4-$\frac{A}{V}$	1.5	电流表	A	0.5，1，2，3，5，10，15，20，30，50	直接接入
				5，10，15，20，30，50，75，100，150，200，300，400，600，750	经电流互感器接通
			kA	1，1.5，2，2.5，3，4，5，6，7.5，10	
			V	15，30，50，75，150，250，300，450，600	直接接入
		电压表	kV	450，600	经电流互感器接通
				3.6，7.2，12，18，42，150，300，460	

续表

型号	级别	测量范围			接入方式
		类型	单位	数值	
1D8 - $\frac{A}{V}$	2.5	双指电压表	V	120，250	直接接入，量限同上
13D1 - $\frac{A}{V}$	2.5	电流表	A	5，10，20，30，50，10/5，20/5，30/5，50/5，75/5，100/5，150/5，200/5，300/5，400/5	直接接入，经电流互感器接通
			kA/A	1/5，1.5/5，2/5，3/5，4/5，5/5，6/5	
		电压表	V	30，150，250，450	直接接入
				3.6～42kV/100V	经电压互感器接入

（3）电子数字钳形电流表的型号及特点。

型号	钳口（mm）	测试项目及范围	精度	特点
RS - 3 Super 型指针式交流钳表	25.4	电压：150/300/600V AC 电流：6/15/40/100/300A AC 电阻测量	±3%RDG	指针式钳表系列还有多种型号供用户选用
DLC - 100 型小电流交流钳表	30	电流：40/400mA，40/40/80/100A AC 电压：400V AC 电阻：400Ω	±1%RDG±3LSD ±1%RDG±3LSD ±1%RDG±3LSD	最大/最小，超限报警，电压保护，数据保持
ACD - 1 型交流钳表	50.8	电流：999A AC 电压：999V AC 电阻：999Ω	±2%RDG±1LSD ±2%RDG±1LSD ±2%RDG±1LSD	25～400Hz，峰值和连续测量，超限低电压指示
ACD - 2 型交流钳表	25.4	电压：999V AC 电流：300/999A AC 电阻：999Ω	±2%RDG±1LSD ±2%RDG±1LSD ±2%RDG±1LSD	25～400Hz，峰值和连续测量，超限低电压指示
ACD - 3A 型交流钳表	50.8	电压：999V AC 电流：999A AC 配柔性互感器 可测至 3000/5000A AC 电阻：1999Ω	±2%RDG±1LSD ±2%RDG±1LSD ±2%RDG±1LSD	40～400Hz，峰值和连续测量，超限低电压指示

续表

型号	钳口(mm)	测试项目及范围	精度	特点
ACD－4A型交流钳表	25.4	电压：999V AC 电流：300/999A AC 配柔性互感器 可测至3000/5000A AC 电阻：1999Ω	±2%RDG±1LSD ±2%RDG±1LSD ±2%RDG±1LSD	40～400Hz，峰值和连续测量，超限低电压指示
ACD－10ULTR、ACD－10H ULTR型交流钳表	30	电流：400A AC 电压：400/600V AC 电阻：40kΩ	±1.9%RDG±5LSD ±1.2%RDG±5LSD ±1.9%RDG±8LSD	平均值，自动量程切换，超限低电压指示
ACD－10 TRMS型交流钳表	30	电流：400A AC 电压：400/600V AC 电阻：40kΩ	±1.9%RDG±5LSD ±1.2%RDG±5LSD ±1.9%RDG±8LSD	真有效值，自动量程切换，超限低电压指示
ACD－11型交流钳表	28 54.5	电压：400/750V AC 电流：400/1000A AC 电阻：200Ω/40kΩ	±1.2%RDG±3LSD ±2%RDG±5LSD ±2%RDG±5LSD	自动量程切换，超限低电压指示，数据保持
ACD－2000A、ACD－2001A型大电流交流钳表	50.8 25.4	电压：399.9V AC 电流：399.9/999A AC 配柔性互感器 可测至3000/6000A AC 电阻：399.9/3999Ω	±2%RDG±2LSD ±2%RDG±2LSD ±2%RDG±2LSD	真有效值、平均值和峰值测试，自动量程切换
ACD－7A型交直流钳表	25.4	电压：199.9/999V AC/DC 电流：300/999A AC 配柔性互感器 可测至3000/5000A AC 电阻：199.9/1999Ω	±2%RDG±1LSD ±2%RDG±2LSD ±2%RDG±1LSD	40～400Hz，数据保持，超限低电压指示
ACD－8A型交直流钳表	25.4	电压：199.9/999V AC/DC 电流：199.9/300A AC 配柔性互感器 可测至3000/5000A AC 电阻：199.9/1999Ω	±2%RDG±1LSD ±2%RDG±2LSD ±2%RDG±1LSD	40～400Hz，峰值和连续，测量数据保持

续表

型号	钳口(mm)	测试项目及范围	精度	特点
ACD－9A型交直流钳表	50.8	电压：199.9/999V AC/DC 电流 199.9/999A AC 配柔性互感器 可测至 3000/5000A AC 电阻：199.9/1999Ω	±2%RDG±1LSD ±2%RDG±2LSD ±2%RDG±1LSD	40～400Hz，峰值和连续测量，数据保持
ACD－12型交直流钳表	28	电压：400MV， 4/40/400V DC 400/600V AC 电流：400A AC 电阻：400/999Ω， 4/400/999kΩ，4MΩ	±1%RDG±3LSD ±1.2%RDG±3LSD ±1.2%RDG±3LSD ±1.5%RDG±3LSD	自动量程切换，超限低电压指示，数据保持，自动关机，防摔
ACD－330T型交直流钳表	52	电压：400/1000V　AC/DC 电流：400/700/1000A AC 电阻：400/1000Ω 频率：100Hz/1kHz	±1%RDG±3LSD ±1.2%RDG±5LSD ±1%RDG±3LSD ±0.2%RDG±4LSD	真有效值，频率与电流双显，频率与电压双显，手/自动量程切换
ACDC－600A型交流钳表	34	电流：20/200/600A AC/DC	±1.9%RDG±3LSD	数据保持，超限低电压指示，自动关机
ACDC－600AT型交流钳表	34	电流：20/200/600A AC/DC	±1.9%RDG±3LSD	真有效值，数据保持，自动关机
ACDKW－1型交单相交直流功率钳表	30	电压：400/600V AC/DC 电流：40/70A AC 功率：4/40kW	±1.5%RDG±3LSD ±1.5%RDG±3LSD ±2%RDG±5LSD	真有效值，监视负载波动，不管电能质量如何均能精确读数
KWC－2000型三相交直流功率钳表	65	电压：200/500/600/800V AC/DC 电流：200/500/2000A AC/DC 功率：99.99/999.9/1200kW（kvar） 频率：10～1000Hz 功率因数：0.2～1.0	±1.5%RDG±5LSD ±1.5%RDG±5LSD ±2%RDG±5LSD ±1.5%RDG±2LSD	双显 pF/kW、Hz/V、V/A和kvar/kVA，自动变换量程，三相功率读数，交直流真有效值

续表

型号	钳口（mm）	测试项目及范围	精度	特点
ACDC-610型交直流钳表	42	电压：400/750/1000V AC/DC 电流：400/600A AC/DC 配柔性互感器 可测至3000/5000A AC 电阻：40kΩ 频率：4MHz	±0.7%RDG±2LSD ±2%RDG±2LSD ±1%RDG±1LSD ±0.7%RDG±3LSD	峰值保持，超限低电压指示，自动关机
ACDC-620T型交直流钳表	50.8	电压：400/1000V AC/DC 电流：400/1000A AC/DC 电阻：400/1000Ω 温度：－40～1372℃（K） 电容：400/4000μF	±1%RDG±3LSD ±1.5%RDG±3LSD ±1%RDG±3LSD ±0.5%RDG±3° ±0.3%RDG±4LSD	真有效值，手/自动量程切换，最大/最小/平均双显示，自动关机
ACDC-1000A型交直流钳表	50.8	电压：199.9/600V AC/DC 电流：199.9/999A AC/DC 配柔性互感器 可测至3000/5000A AC 电阻：199.9/1999Ω	±1%RDG±1LSD ±1%RDG±1LSD ±1%RDG±1LSD	自动量程切换，峰值和连续测量，超限低电压指示
ACDC-3000型交直流钳表	50.8	电压：4/40/400/1000V AC/DC 电流：40/400/1000A AC/DC 电阻：400Ω，4/40/400kΩ，4/40MΩ 频率：200Hz，2/20/200kHz 二极管测试，蜂鸣	±1.5%RDG±5LSD ±1.5%RDG±3LSD ±1%RDG±3LSD ±0.2%RDG±4LSD	真有效值，手/自动量程切换，双显示，最大/最小/平均值，数据保持，自动关机

3. 电阻表

(1) 电阻表的型式。

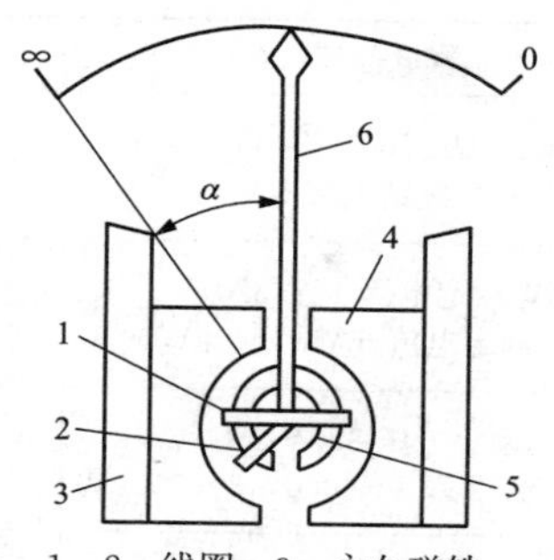

1、2—线圈；3—永久磁铁；
4—极掌；5—环形铁心；6—指针；
α—指针偏转角度

（2）电阻表的电路连接。

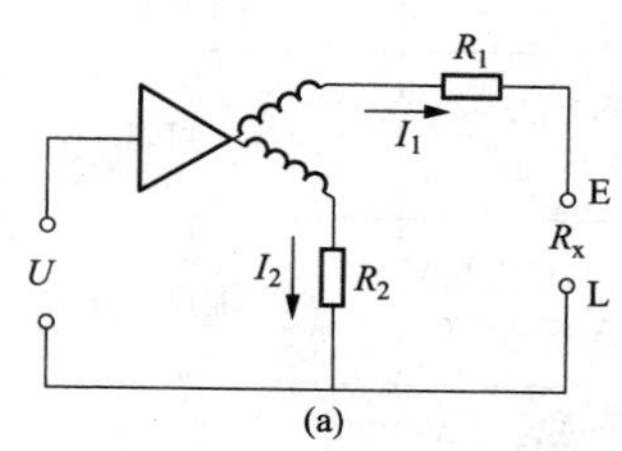

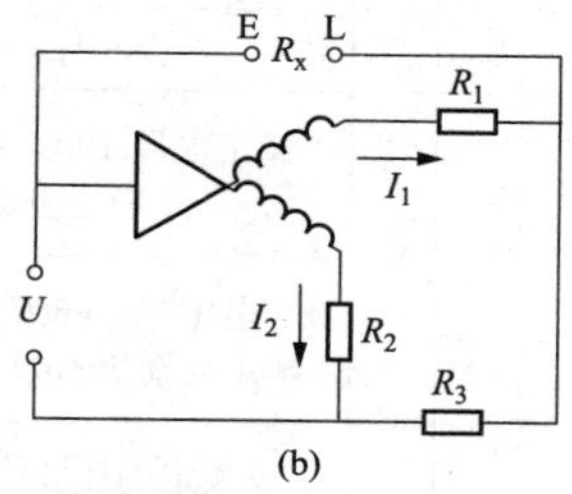

（a）串联电路；（b）并联电路

（3）不同额定工作电压的电阻表使用范围。

测量对象	被测绝缘额定电压（V）	电阻表的额定电压（V）
绕组绝缘电阻	500 以下	500
		1000
电力变压器、发电机绕组绝缘电阻	500 以上	1000～2500
发电机绕组绝缘电阻	380 以下	1000
电气设备绝缘	500 以下	500～1000
	500 以上	2500
绝缘子		2500～5000

4．功率表和电能表

（1）常用功率表的规格和型号。

型号	级别	测量范围		接入方式
1D6-$_{VAR}^{W}$ 41D3-W	2.5	W	额定电压 100V/200V/380V 额定电流 5A	220、380V 外附电阻器
1D5-W	2.5	3kW	额定电压 127/220V 额定电流 5A，1～2kW	直接接入
			额定电压 380～3500V 额定电流 7.5～4000，3～900kW	配用电流互感器二次 5A， 配用电压互感器二次 100V
1D5-W	2.5	kW	额定电压 127/200V，0.8～1.5kW 额定电流 5A	直接接入
			额定电压 380～110000V 额定电流 7.5～5000A	配用电流互感器二次 5A， 配用电压互感器二次 100V
63D1-1W	2.5	W	同 1D6-$_{VAR}^{W}$	同 1D6-$_{VAR}^{W}$
1L1-W	2.5	W	额定电压 100/127/380/220V 额定电流 5A	直接接入
			额定电压 380～380000/100V 或 50V 额定电流 5～10000/5A 或 0.5A	配用互感器
12L1-W	2.5	（单相）W	额定电压 50/100/220V 额定电流 5/0.5A	直接接入
			额定电压 220～22000/100V 或 50V 额定电流 5～10000/5A 或 0.5A	外附功率变换器
16L8-$_{VAR}^{W}$	2.5		同 42L1-$_{VAR}^{W}$ 型三相功率表	同 42L1-$_{VAR}^{W}$ 型产品
42L1-$_{VAR}^{W}$ 63L2-$_{VAR}^{W}$	2.5	kW	额定电压 127/220/380V 额定电流 5A	直接接入
			额定电压 380V～380kV/100V 额定电流 10kA/5A 或 0.5A	配用电流/电压互感器
59L4-$_{VAR}^{W}$	2.5	W	额定电压 127/380/220V 额定电流 5/0.5A	直接接入
			额定电压 380～ 380000/100V 或 50V 额定电流 5～10000kA/5A 或 0.5A	外附功率变换器

（2）常用电能表的规格和型号。

型号	准确度	规格		接入方式	灵敏度 在额定电压、频率， cosφ=1时 转盘转动的电流
		额定电流（A）	额定电压（V）		
DD1	2.5	2.5，5，10	220	直接接入	额定电流的1.0%
		5，10	127		
		5，10	110		
		二次侧：5	220，127，110；二次侧	经电流互感器接入或经万用互感器接入	
DD5	2.0	3，5，10	220	直接接入	额定电流的0.5%
DD10	2.0	2.5，5，10，20，30	220	直接接入	额定电流的0.5%
DS2	2.0	5，10，25	100，380	直接接入，经电流电压互感器接入	额定电流的0.5%
DT－2	2.0	5，10，25	3×380/220		额定电流的0.5%
DX2	2.5	5	380，100	经万用电流互感器及电压互感器接入	额定电流的1%
DB15	0.5	1，5，10	100，220	直接接入	额定电流的0.3%
DBS2	0.5	1，5，10	100，380	直接接入	额定电流的0.3%
DJ1	0.5	5，10，120	110，220，600	直接接入	额定电流的2%
		1000，1500	750，1500	经分压器或附加电阻和分流器接入	额定电流的2%
		2000	750，1500	经分压器或附加电阻和直流互感器接入	额定电流的2%

5．多功能电能表（DL/T 614—2007）

(1) 多功能电能表使用温度范围。

℃

安装方式	户内式	户外式
规定使用温度范围	−10～45	−25～55
极限使用温度范围	−25～55	−40～70
储存和运输温度极限范围	−25～70	−40～70

(2) 多功能电能表的参比电压。

接入线路方式	参比电压（V）
直接接入	220，3×220/380，3×380
经电流互感器接入	3×57.7/100，3×100

(3) 多功能电能表的基本、额定电流。

接入线路方式	基本、额定电流推荐值（A）
直接接入	5，10，15，20
经电压互感器接入	0.3，1，1.5，5

6. 万用表

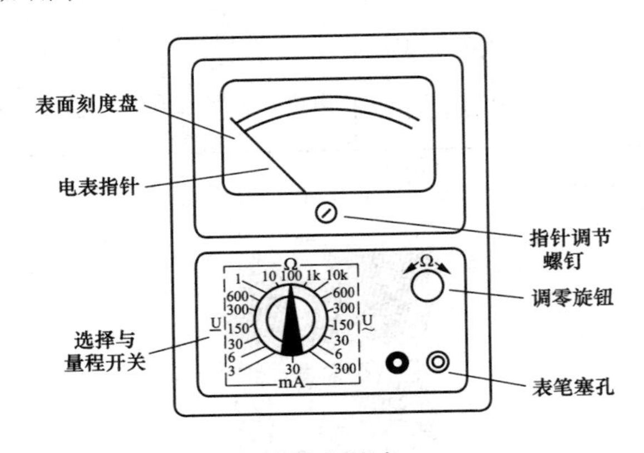

指针式万用表

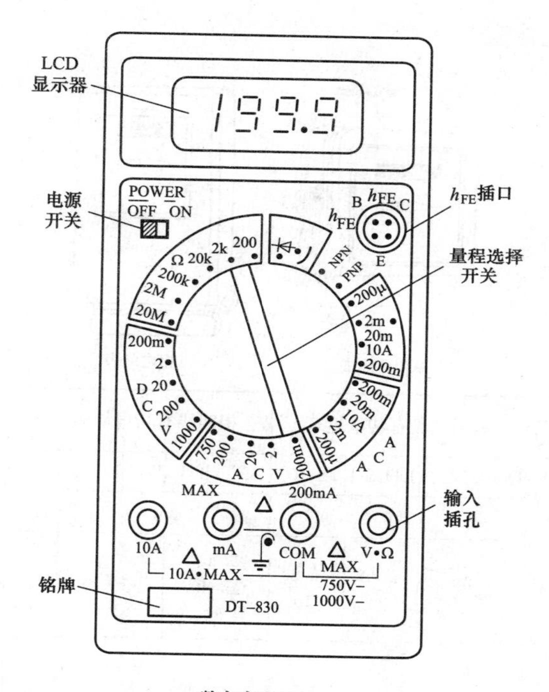

数字式万用表

测量线路的标称线路电压和试验电压（GB 6738—1986）

标称线路电压（线路绝缘电压）(V)	试验电压（有效值）(kV)
50	0.5
250	1.5
650	2.0
1000	3.0
2000	5.0
3000	7.0
4000	9.0
5000	11.0
6000	13.0

7. 电能表

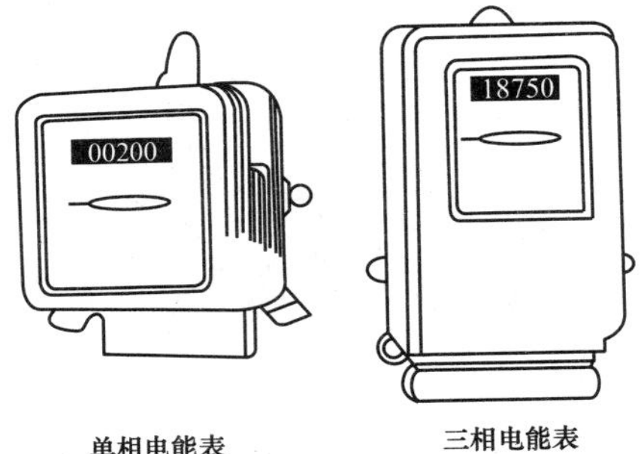

单相电能表　　三相电能表

名称	直流电能表	单相交流有功电能表				三相四线有功电能表				三相四线有功电能表		
型号	DJ1	DD10	DD28	DD28-1	DD103	DDYa	DT6	DT8	DT105	DS8	DS10	DS1/a
准确度	2.0	2.0				2.0				2.0		
额定电流（A）	540	2.5，5，10，20，40	1，2，5，10，20	5，10，20	3，5，10	5，10，25，40，80	3×5			5，10，25，3×5		
额定电压（V）	110/200	220				380/220				3×380	3×100	3×220

型号及名称	DT862 型三相四线有功电能表	DT862 型三相四线有功电能表	DS86412 型三相四线有功电能表	DT864－2 型三相四线有功电能表	DS21 型三相四线有功电能表	DT862－4 型三相四线有功电能表
等级指数	2	2	1	1	0.5	2
额定电流（A）	3×3（6） 3×5（20） 3×10（40）	3×3（6） 3×5（20） 3×10（40） 3×30（100）	3×3（6）	3×3（6）	3×5	2.5（10）， 5（20）， 10（40）， 30（100）
额定电压（V）	3×100 3×38	3×380/220	3×380/220	3×100	3×100	220
用途	单相电能表用来测量单相交流电路耗用的有功电能。三相电能表用来测量三相四线电路或三相三线电路耗用的有功电能。直流电能表用来测量直流电路耗用的有功电能					

第六章　测量工具

一、量尺

1. 钢直尺（GB/T 9056—2004）

标称长度（mm）	150，300，500，600，1000，1500，2000
用途	测量长度小的普通工件的尺寸

2. 钢卷尺（QB/T 2443—2011）

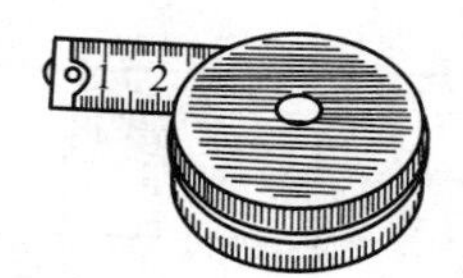

品种	自卷式、制动式	摇卷盒式、摇卷架式
常用规格 （标称长度）（m）	1，2，3， 3.5，5，10	5，10，15，20， 30，50，100
用途	测量长度较大的工件尺寸，大卷尺也可测量较大的距离	

3. 纤维卷尺（皮尺）（QB/T 1519—2011）

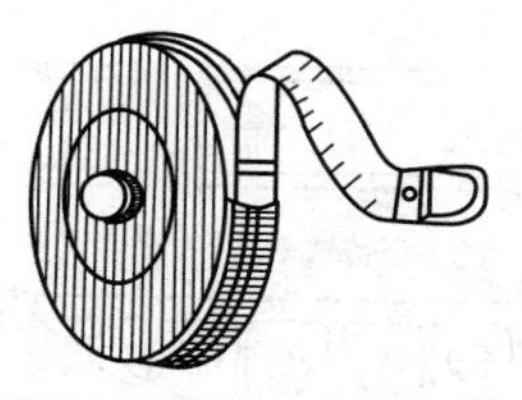

标称长度（m）	5，10，15，20，30，50，100，150，200
用途	测量较远的距离，精度较差

4. 木折尺

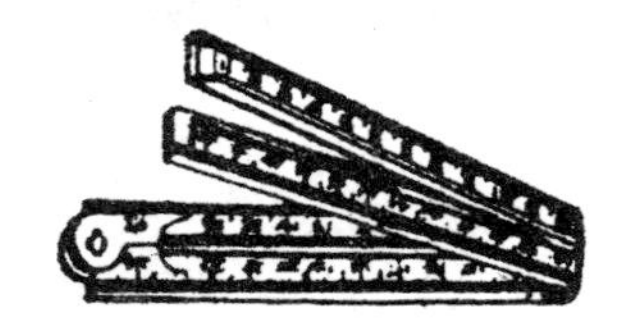

标称长度(cm)	四折	50
	六折	100
	八折	100
用途		可折叠，便于携带，木工、建筑工人测量较长的木件和距离尺寸用

5. 铁水平尺和木水平尺

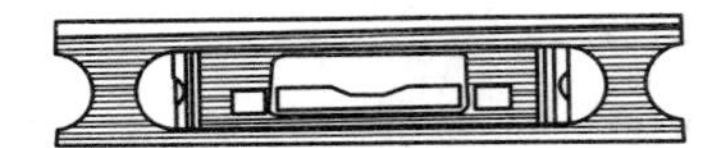

铁水平尺

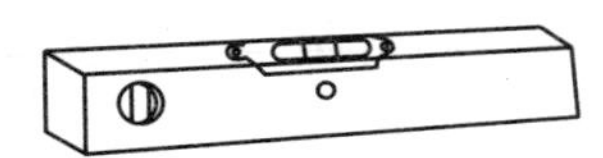

木水平尺

名称	长度（mm）	主水准刻度值(mm/m)	用途
铁水平尺	200，250，300，350，400，450，500，550，600	2	检查普通设备的水平位置和垂直位置
	150	0.5	
木水平尺	150，200，250，300，350，400，450，500，550，600		在建筑工程中，木工、瓦工检查建筑物对于水平位置的误差

6. 铸铁平尺（GB/T 24760—2009）

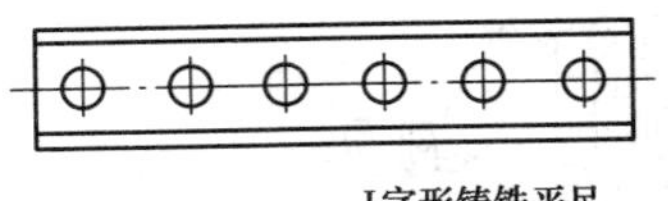

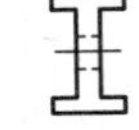

I字形铸铁平尺

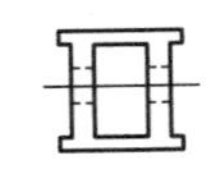

Ⅱ字形铸铁平尺

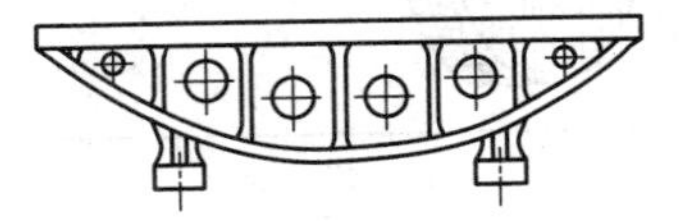

桥形铸铁平尺

mm

规格（长度）	Ⅰ字、Ⅱ字形平尺		桥形平尺		规格（长度）	Ⅰ字、Ⅱ字形平尺		桥形平尺	
	宽度	高度	宽度	高度		宽度	高度	宽度	高度
400	30	≥75			2000	45	≥150	80	≥350
500	30	≥75			2500	50	≥200	90	≥400
630	35	≥80			3000	55	≥250	100	≥400
800	35	≥80			4000	60	≥280	100	≥500
1000	40	≥100	50	≥180	5000	—	—	110	≥550
1250	40	≥100	50	≥180	6300	—	—	120	≥600
1600	45	≥150	60	≥300					
用途	用于测量工件平面形状误差								

7. 铸铁平板和岩石平板（GB/T 22095—2008、GB/T 20428—2006）

规格	工作面尺寸（mm×mm）	精度等级
	长方形：160×100，250×160，400×250，630×400，1000×630，1600×1000，2000×1000，2500×1600，(4000×2500) 方形：(160×160)，250×250，400×400，630×630，1000×1000，(1600×1600)	0，1，2，3
用途	用作工件检验或划线的平面基准器具	

注　带括号的规格只有岩石平板才有。

8. 直角尺（GB/T 6092—2004）

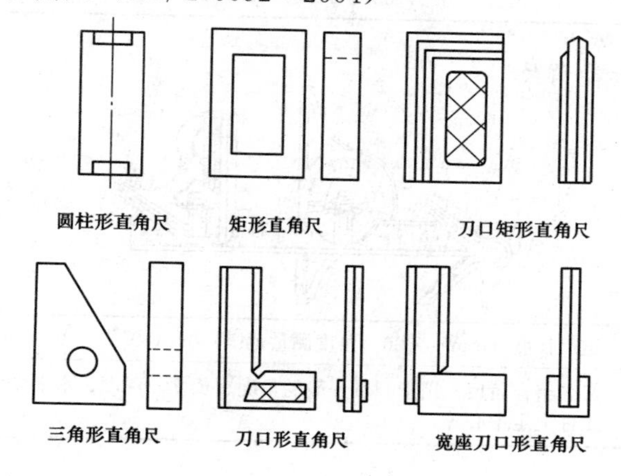

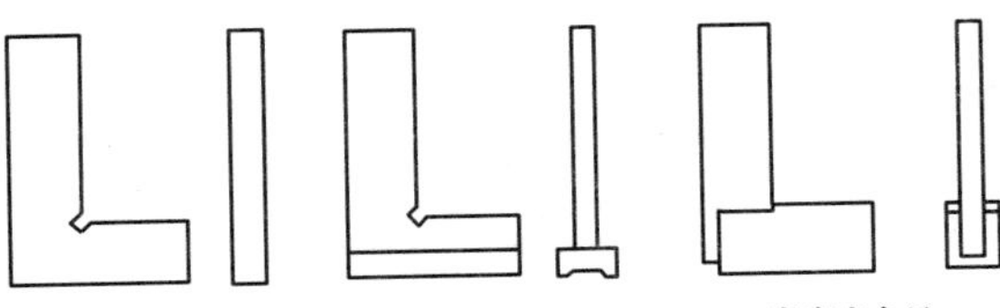

品种	规格（长边×短边）（mm×mm）	精度等级
圆柱形直角尺	200×80，315×100，500×125，800×160，1250×200	00，0
矩形直角尺	125×80，200×125，315×200，500×315，800×500	00，0，1
刀口矩形直角尺	63×40，125×80，200×125	00，0
三角形直角尺	125×80，200×125，315×200，500×315，800×500，1250×800	00，0
刀口形直角尺	50×32，63×40，80×50，100×63，125×80，160×100，200×125	0，1
宽座刀口形直角尺	50×40，75×50，100×70，150×100，200×130，250×165，300×200，500×300，750×400，1000×550	0，1
平面形直角尺和带座平面形直角尺	50×40，75×50，100×70，150×100，200×130，250×165，300×200，500×300，750×400，1000×550	0，1，2
宽座直角尺	63×40，80×50，100×63，125×80，160×100，200×125，250×160，315×200，400×250，500×315，630×400，800×500，1000×630，1250×800，1600×1000	0，1，2

9. 万能角尺

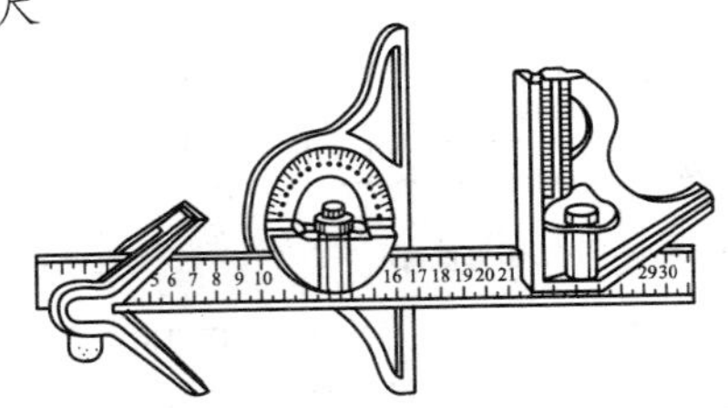

规格	钢尺长度（mm）：300。角度测量范围：0～180°
用途	又名组合角尺。用于测量一般的角度、长度、深度、水平度以及在圆形工件上定中心等

10. 游标、带表和数显万能角度尺（GB/T 6315—2008）

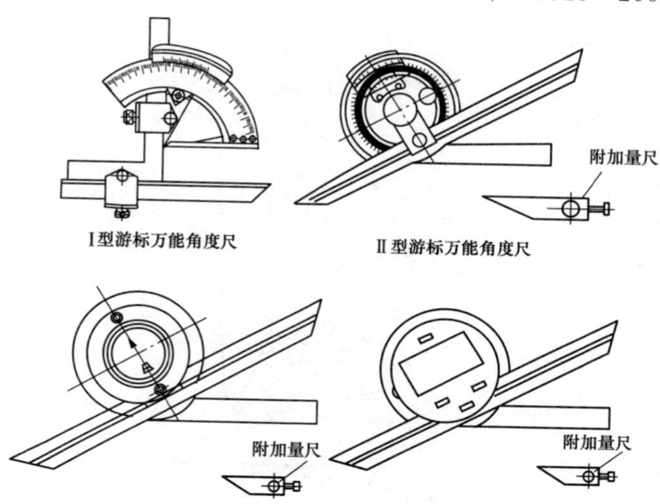

Ⅰ型游标万能角度尺　　Ⅱ型游标万能角度尺

带表万能角度尺　　数显万能角度尺

<table>
<tr><th rowspan="2">形式</th><th rowspan="2">测量范围</th><th>直尺测量面标称长度</th><th>基尺测量面标称长度</th><th>附加量尺测量面标称长度</th></tr>
<tr><th colspan="3">mm</th></tr>
<tr><td>Ⅰ型游标万能角度尺</td><td>0～320°</td><td>≥150</td><td rowspan="4">≥50</td><td></td></tr>
<tr><td>Ⅱ型游标万能角度尺</td><td rowspan="3">0～360°</td><td rowspan="3">150 或 200 或 300</td><td rowspan="3">≥70</td></tr>
<tr><td>带表万能角度尺</td></tr>
<tr><td>数显万能角度尺</td></tr>
<tr><td>用途</td><td colspan="4">用于测量精密工件的内、外角度或进行角度划线</td></tr>
</table>

11. 刀口形直角尺（GB/T 6092—2004）

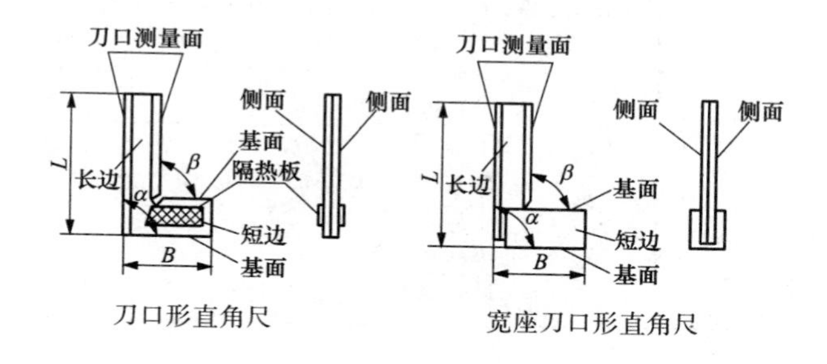

刀口形直角尺　　宽座刀口形直角尺

<table>
<tr><td rowspan="3">刀口形直角尺</td><td colspan="2">精度等级</td><td colspan="7">0级、1级</td></tr>
<tr><td rowspan="2">基本尺寸</td><td>L</td><td>50</td><td>63</td><td>80</td><td>100</td><td>125</td><td>160</td><td>200</td></tr>
<tr><td>B</td><td>32</td><td>40</td><td>50</td><td>63</td><td>80</td><td>100</td><td>125</td></tr>
</table>

<table>
<tr><td rowspan="3">宽座刀口形直角尺</td><td colspan="2">精度等级</td><td colspan="10">0级、1级</td></tr>
<tr><td rowspan="2">基本尺寸</td><td>L</td><td>50</td><td>75</td><td>100</td><td>150</td><td>200</td><td>250</td><td>300</td><td>500</td><td>750</td><td>1000</td></tr>
<tr><td>B</td><td>40</td><td>50</td><td>70</td><td>100</td><td>130</td><td>165</td><td>200</td><td>300</td><td>400</td><td>550</td></tr>
</table>

12. 塞尺（GB/T 22523—2008）

<table>
<tr><td rowspan="13">规格</td><td colspan="3">（1）塞尺的厚度尺寸系列</td></tr>
<tr><td>厚度尺寸系列（mm）</td><td>间隔（mm）</td><td>数量</td></tr>
<tr><td>0.02，0.03，0.04，…，0.10</td><td>0.01</td><td>9</td></tr>
<tr><td>0.15，0.20，0.25，…，1.00</td><td>0.05</td><td>18</td></tr>
<tr><td colspan="3">（2）成组塞尺的片数、塞尺长度及组装顺序</td></tr>
<tr><td>成组塞尺的片数</td><td>塞尺的长度（mm）</td><td>塞尺厚度尺寸（及组装顺序）（mm）</td></tr>
<tr><td>13</td><td rowspan="5">100，150，200，300</td><td>0.10，0.02，0.02，0.03，0.03，0.04，0.04，0.05，0.05，0.06，0.07，0.08，0.09</td></tr>
<tr><td>14</td><td>1.00，0.05，0.06，0.07，0.08，0.09，0.10，0.15，0.20，0.25，0.30，0.40，0.050，0.75</td></tr>
<tr><td>17</td><td>0.50，0.02，0.03，0.04，0.05，0.06，0.07，0.08，0.09，0.10，0.15，0.20，0.25，0.30，0.35，0.40，0.45</td></tr>
<tr><td>20</td><td>1.00，0.05，0.10，0.15，0.20，0.25，0.30，0.35，0.40，0.45，0.50，0.55，0.60，0.65，0.70，0.75，0.80，0.85，0.90，0.95</td></tr>
<tr><td>21</td><td>0.50，0.02，0.02，0.03，0.03，0.04，0.04，0.05，0.05，0.6，0.07，0.08，0.09，0.10，0.15，0.20，0.25，0.30，0.35，0.40，0.45</td></tr>
<tr><td>用途</td><td colspan="3">测量或检验两平行面间的空隙尺寸</td></tr>
</table>

二、千分尺

1. 外径千分尺

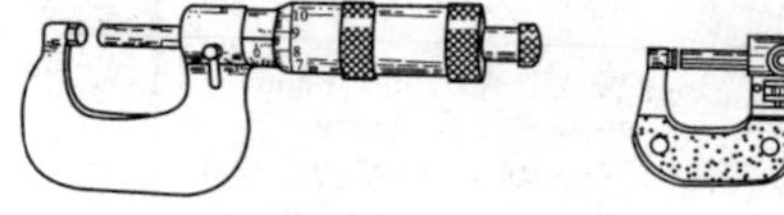

外径千分尺

带计数器千分尺

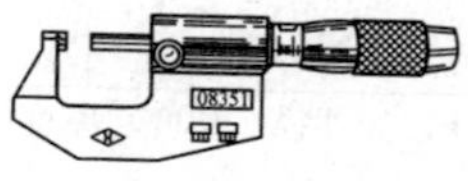

电子数显外径千分尺

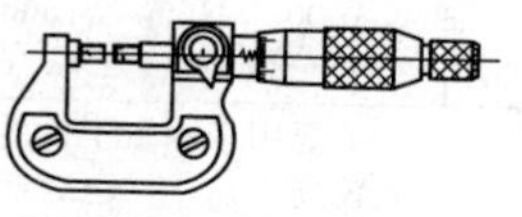

小测头千分尺

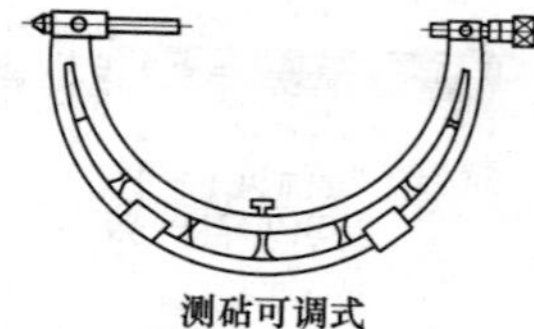

测砧可调式

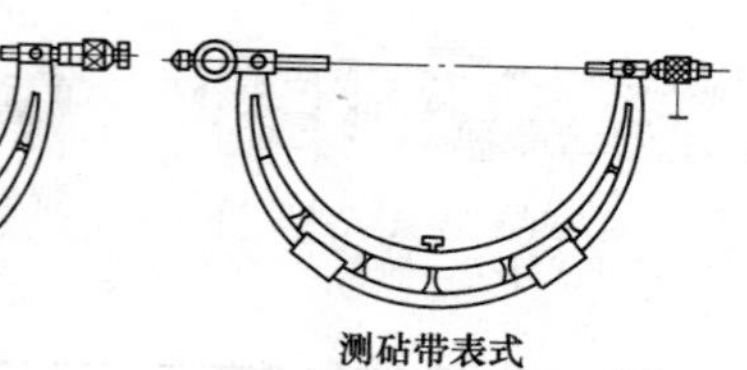

测砧带表式

大外径千分尺

品种	测量范围（mm）	分度值（mm）
外径千分尺（GB/T 1216—2004）	0～25，25～50，50～75，75～100，100～125，125～150，150～175，175～200，200～225，225～250，250～275，275～300，300～325，325～350，350～375，375～400，400～425，425～450，450～475，475～500，500～600，600 ～ 700，700 ～ 800，800 ～ 900，900～1000	0.01，0.005，0.002，0.001
带计数器千分尺	0～25，25～50，50～75，75～100	读数器为0.01，测微头为0.002
电子数显外径千分尺（GB/T 20919—2007）	0～25，25～50，50～75，75～100，100～125，125～150，150～175，175～200，200～225，225～250，250～275，275～300，300～325，325～350，350～375，375～400，400～425，425～450，450～475，475～500	分度误差小于0.002

续表

品种	测量范围（mm）	分度值（mm）
小测头千分尺（JB/T 10005—1999）	0～15，0～20	0.001
	0～15，0～20，0～25，25～50，50～75	0.01
大外径千分尺（JB/T 10007—2012）	1000～1200，1200～1400，1400～1600，1600～1800，1800～2000，2000～2200，2200～2400，2400～2600，2600～2800，2800～3000	0.01
	1000～1500，1500～2000，2000～2500，2500～3000	
用途	主要用于测量工件的外尺寸，如外径、长度、厚度等，测量精度较高	

2. 内径千分尺

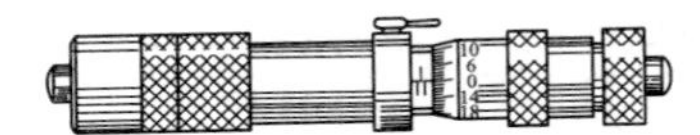

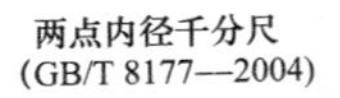

两点内径千分尺
(GB/T 8177—2004)

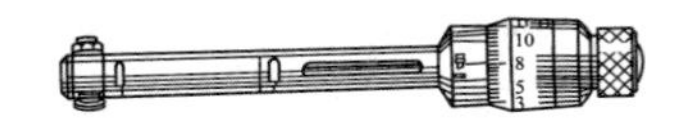

三爪内径千分尺
(GB/T 6314—2004)

mm

品种	测量范围	分度值
两点内径千分尺（GB/T 8177—2004）	50～75，50～250，50～600，100～125，100～1225，100～1500，100～5000，100～6000，125～150，150～175，150～1250，150～1400，150～2000，150～3000，150～4000，150～5000，150～6000，175～200，200～225，225～250，250～275，250～2000，250～4000，250～5000，250～6000，275～300，1000～3000，1000～4000，1000～5000，1000～6000，2500～5000，2500～6000	0.01，0.005，0.002，0.001
三爪内径千分尺（GB/T 6314—2004）	适用于通孔的Ⅰ型：6～8，8～10，10～12，11～14，14～17，17～20，20～25，25～30，30～35，35～40，40～50，50～60，60～70，70～80，80～90，90～100	
	适用于通孔和不通孔的Ⅱ型：3.5～4.5，4.5～5.5，5.5～6.5，6.5～8，8～10，10～12，11～14，14～17，17～20，20～25，25～30，30～35，35～40，40～50，50～60，60～70，70～80，80～90，90～100，100～125，125～150，150～175，175～200，200～225，225～250，250275，275～300	

续表

品种	测量范围	分度值
用途	主要用于测量工件的孔径、沟槽及卡规等的内尺寸，测量精度较高。其中三爪内径千分尺利用螺旋副原理进行读数，测量范围更大、精度更高	

3. 深度千分尺（GB/T 1218—2004）

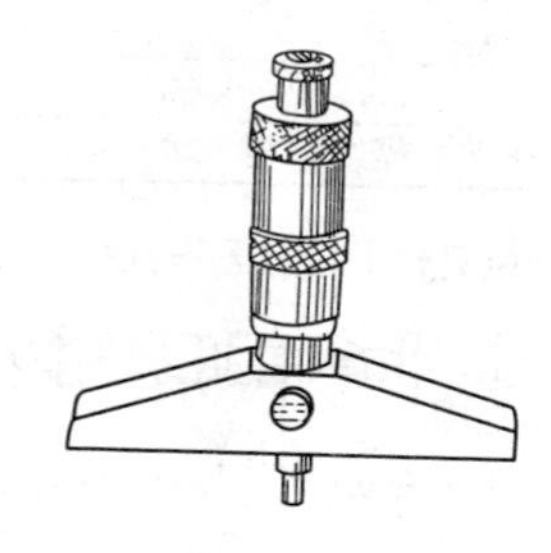

mm

规格	测量范围：0～25，0～50，0～100，0～150，0～200，0～250，0～300 分度值：0.01，0.005，0.002，0.001
用途	用于测量精密工件的高度和沟槽孔的深度，测量精度较高

4. 壁厚千分尺及板厚千分尺

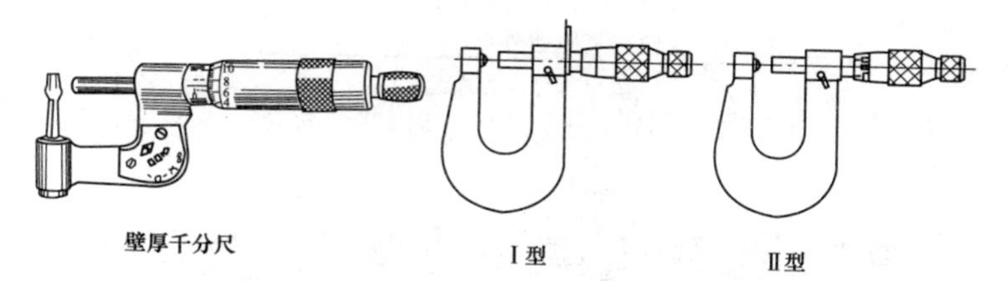

壁厚千分尺　　Ⅰ型　　Ⅱ型

板厚千分尺

mm

品种	测量范围	分度值
壁厚千分尺（GB/T 6312—2004）	0～25，25～50	0.01
板厚千分尺（JB/T 2989—1999）	Ⅰ型：0～10，0～20，0～25 Ⅱ型：0～25	0.01
用途	壁厚千分尺用于测量管件壁厚； 板厚千分尺用于测量板件厚度	

5. 螺纹千分尺（GB/T 109320—2004）

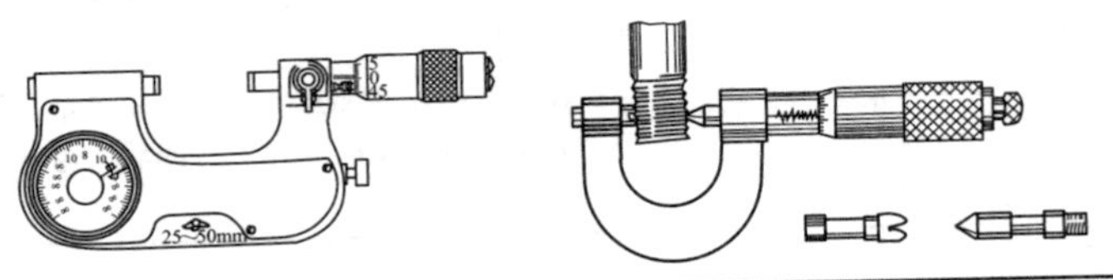

测量范围（mm）	0～25，25～50，50～75，75～100，100～125，125～150，150～175，175～200
分度值（mm）	0.01，0.005，0.002，0.001
用途	用于测量普通螺纹中径

6. 公法线千分尺（GB/T 1217—2004）

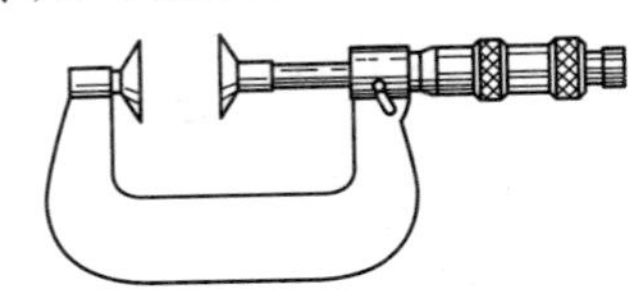

mm

测量范围	0～25，25～50，50～75，75～100，100～125，125～150，150～175，175～200
分度值	0.01，0.005，0.002，0.001
测量模数（mm）	≥1
用途	用于测量模数大于或等于1mm外啮合圆柱齿轮的两个不同齿面公法线长度，也可以在检验切齿机床精度时，按被切齿轮的公法线检查其原始外形尺寸

7. 内测千分尺（JB/T 10006—1999）

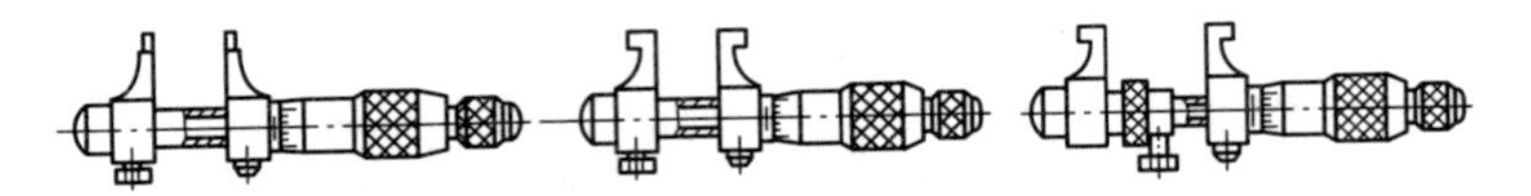

mm

规格	测量范围	5～30，25～50，50～75，75～100，100～125，125～150
	分度值	0.01
用途	主要用于测量精密工件的内尺寸，通过不同形状的测量爪适应不同形状的工件	

8. 尖头千分尺（GB/T 6313—2004）

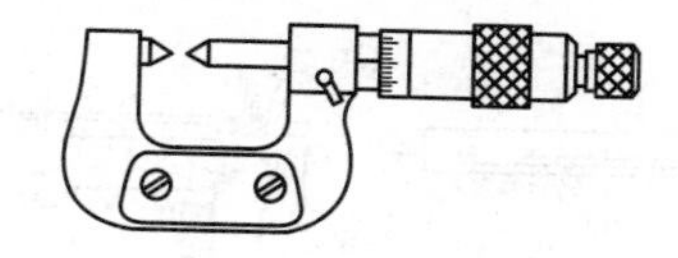

mm

规格	测量范围	0～25，25～50，50～75，75～100
	分度值	0.01，0.005，0.002，0.001
用途	主要用于测量精密工件的内尺寸，通过不同形状的测量爪适应不同形状的工件	

9. 带计数器千分尺

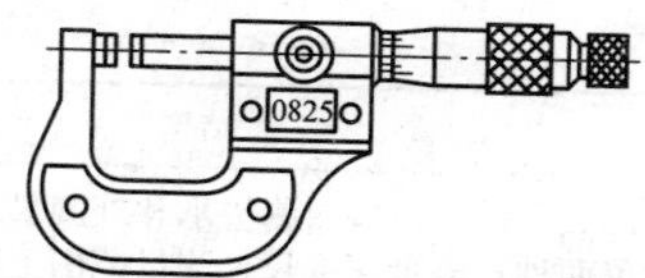

	测量范围（mm）	刻度数字	计数器读数值（mm）	测微头分度值（mm）
规格	0～25	0，5，10，15，20，25	0.01	0.01
	25～50	25，30，35，40，45，50		
	50～75	50，55，60，65，70，75		
	75～100	75，80，85，90，95，100		
用途	用于测量工件的外形尺寸。采用机械式数字显示装置进行读数，直观、方便、准确			

注　测微螺杆和测砧的测量直径应为6.5mm。

三、卡尺

1. 卡钳

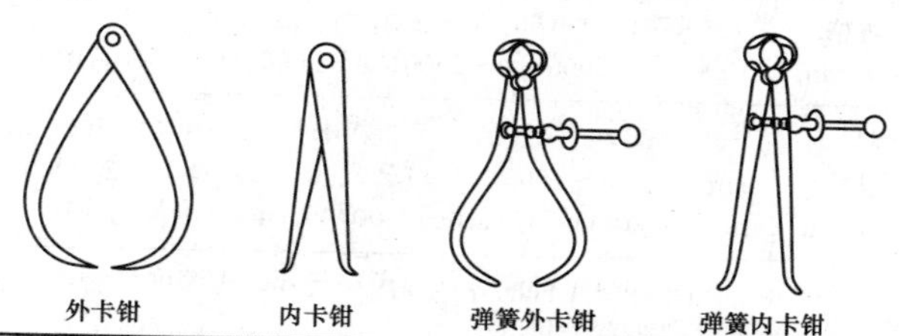

规格	全长（mm）：100，125，150，200，250，300，350，400，450，500，600
用途	与金属直尺配合，外卡钳测量工件的外尺寸（如外径、厚度），内卡钳测量工件的内尺寸（如内径、槽宽）。弹簧卡钳与一般卡钳用途相同，但便于调节、测得的尺寸不易走动，在批量生产时尤为适用

2. 游标、带表和数显卡尺（GB/T 21389—2008）

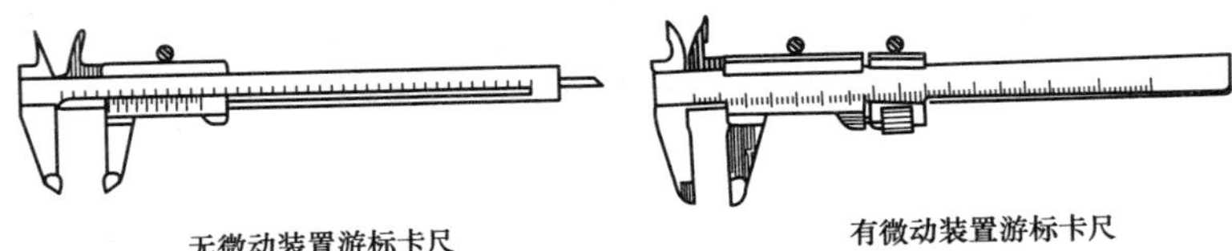

无微动装置游标卡尺

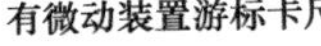

有微动装置游标卡尺

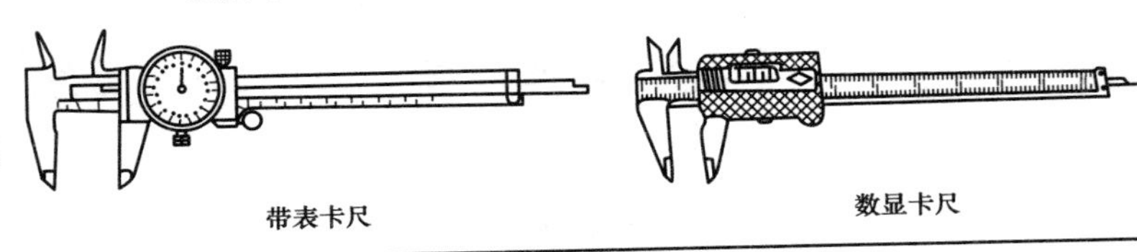

带表卡尺

数显卡尺

卡尺形式	结构特点
Ⅰ型卡尺（不带台阶测量面）	本形式卡尺有刀口内测量爪和外测量爪，分带深度尺和不带深度尺两种；若带深度尺，测量范围上限不宜超过 300mm
Ⅱ型卡尺（带台阶测量面）	本形式是在Ⅰ型上增加台阶测量面，可测量台阶尺寸。其余特点与Ⅰ型相同
Ⅲ型卡尺	本形式卡尺有刀口外测量爪和圆弧内测量爪，测量内径尺寸时需加上圆弧内测量爪合并宽度的公称尺寸
Ⅳ型卡尺（不带台阶测量面）	本形式卡尺为双面卡脚卡尺即内测量爪和外测量爪为同一爪。两爪内侧为外测量面，两爪端部外侧圆弧为圆弧内测量面。测量内径尺寸时需加上圆弧内测量爪合并宽度的公称尺寸
Ⅴ型卡尺（带台阶测量面）	本形式卡尺是在Ⅳ型上增加台阶测量面，可测量台阶尺寸。其余结构特点与Ⅳ型相同
卡尺的规格（测量范围，mm）	0～70，0～150，0～200，0～300，0～500，0～1000，0～1500，0～2000，0～2500，0～3000，0～3500，0～4000
圆弧内测量爪合并宽度公称尺寸（mm）	0～150，0～200，0～300 卡尺为 10；0～5000 卡尺为 10（或 20）；0～1000，0～1500，0～2000，0～25000，0～3000 卡尺为 20（或 30）；0～3500，0～4000 卡尺为 40
用途	用于测量工件的外径、内径尺寸，带深度尺的还可以用于测量工件的深度尺寸

注 1. 测量范围上限大于 200mm 的卡尺宜有微动装置。

2. 每种形式卡尺的指示装置均可为游标指示、带表指示或数显指示。

3. 规格 0～3500、0～4000 只有Ⅳ型。规格 0～70 无带圆弧内测量面型。

3. 游标、带表和数显高度卡尺（GB/T 21390—2008）

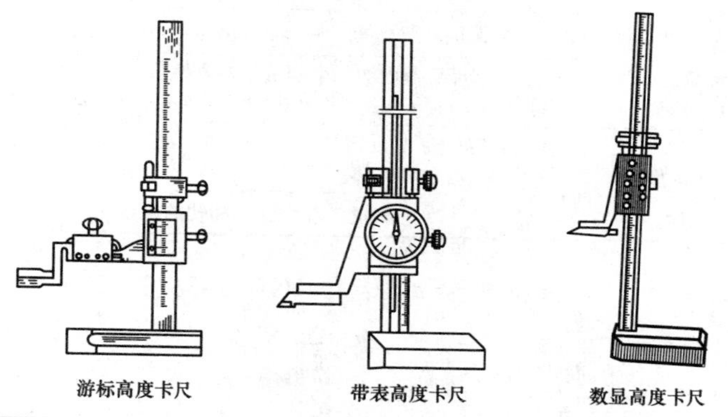

游标高度卡尺　　带表高度卡尺　　数显高度卡尺

卡尺形式	结构特点	规格（测量范围）(mm)
游标高度卡尺	游标读数，单柱尺身	0～150
Ⅰ型带表高度卡尺	单柱尺身，由主标尺读毫米读数，圆标尺读毫米以下读数	0～200
Ⅱ型带表高度卡尺	双柱尺身，有手轮，由计数器读毫米读数	0～300
Ⅰ型数显高度卡尺	单柱尺身	0～500
Ⅱ型数显高度卡尺	双柱尺身，有手轮	0～1000
用途	测量工件的高度及精密划线	

4. 游标、带表和数显深度卡尺（GB/T 21388—2008）

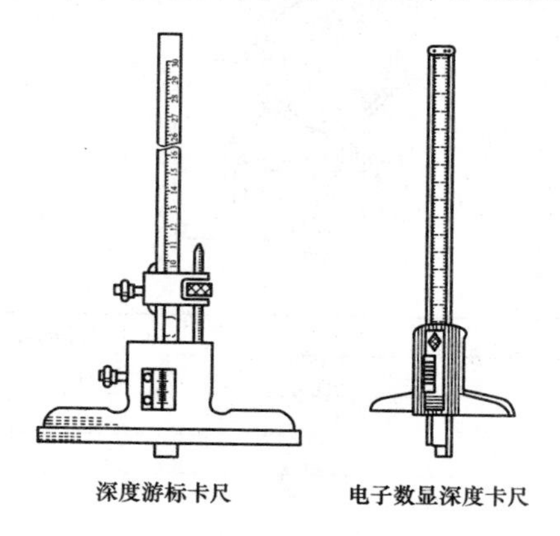

深度游标卡尺　　电子数显深度卡尺

卡尺形式	结构特点	规格（测量范围）（mm）
Ⅰ型深度卡尺	尺身无爪	0～100，0～150，0～200，0～300，0～500，0～1000
Ⅱ型深度卡尺（单钩型）	在Ⅰ型尺身上增加一个测量爪，测量爪和尺身可做成一体式、拆卸式或可旋转式	
Ⅲ型深度卡尺（双钩型）	在Ⅱ型尺身上再增加一个测量爪，测量爪和尺身做成一体	
用途	测量工件上沟槽和孔的深度	

5. 游标、带表和数显齿厚卡尺（GB/T 6316—2008）

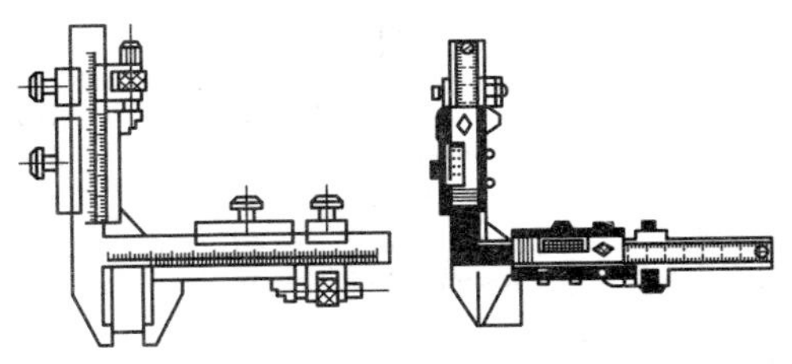

齿厚游标卡尺　　电子数显齿厚卡尺

用途	用于测量圆柱齿轮的齿厚和齿高
规格	测量齿轮数范围（mm）：1～16，1～26，5～32，15～55

四、量规

1. 测厚规

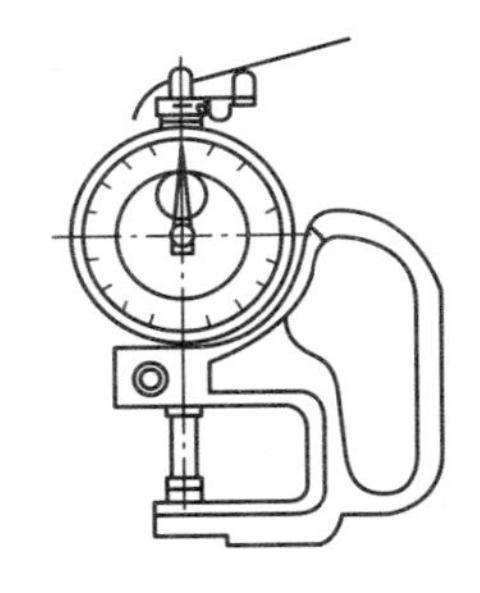

mm

用途	用于测量工件的厚度
规格（分度值）	0.01
测量范围	0～10
测量深度 L	30，120，150

2. 带表卡规（JB/T 10017—1999）

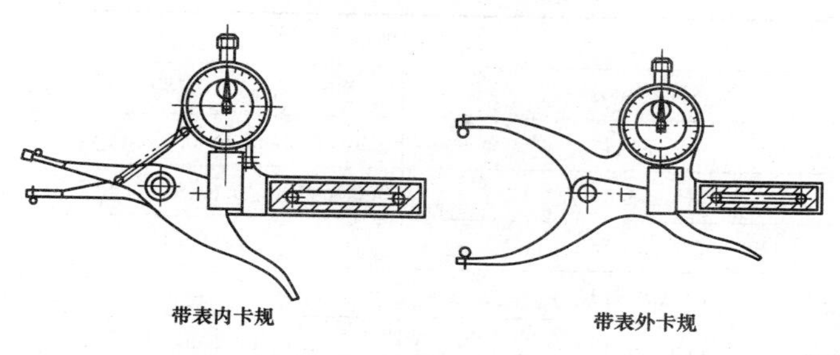

带表内卡规　　　　带表外卡规

mm

名称	分度值	测量范围			测量深度 L
带表内卡规	0.01	10～30 30～50	15～35 35～55	20～40 40～60	50，80， 100
		50～70 70～90	55～75 75～95	60～80 80～100	80，100， 150
带表外卡规	0.01	0～20，20～40，40～60，60～80，80～100～			
	0.02	0～20			
	0.05	0～50			
	0.10	0～100			
用途	以测量头深入工件内部，测量工件尺寸，并通过百分表直接读数。内卡规用于测量内尺寸，外卡规用于测量外尺寸				

3. 普通螺纹塞规（GB/T 10920—2008）

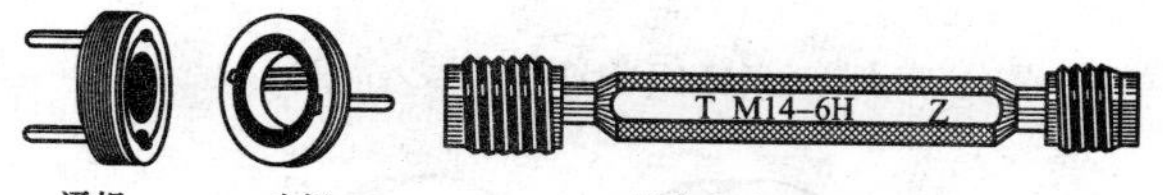

通规　　止规　　整体式(左通规，右止规)

mm

(1) 品种及适用公称直径	
锥度锁紧式螺纹塞规	1～100
双头三牙锁紧式螺纹塞规	40～62
单头三牙锁紧式螺纹塞规	40～120
套式螺纹塞规	40～120
双柄式螺纹塞规	105～180

续表

(2) 常用规格	
公称直径 d	螺距
$1 \leqslant d \leqslant 3$	0.2，0.25，0.3，0.35，0.4，0.45，0.5
$3 < d \leqslant 6$	0.35，0.5，0.6，0.7，0.75，0.8，1
$6 < d \leqslant 10$	0.75，1，1.25，1.5
$10 < d \leqslant 14$	0.75，1，1.25，1.5，1.75，2
$14 < d \leqslant 18$	1，1.5，2，2.5
$18 < d \leqslant 21$	1，1.5，2，2.5，3
$24 < d \leqslant 30$	1，1.5，2，3，3.5
$30 < d \leqslant 40$	1，1.5，2，3，3.5，4
$40 < d \leqslant 50$	1，1.5，2，3，4，4.5，5
$50 < d \leqslant 62$	1.5，2，3，4，5，5.5
$62 < d \leqslant 80$	1.5，2，3，4，6
82，85，90，95，100，105，110，115，120	1.5，2，3，4，6
125，130，135，140，145，150，155，160，165，170，175，180	2，3，4，6
用途	供检查工件内螺纹尺寸是否合格用。检查时，只有当通规能与工件内螺纹旋合通过，而止规只与工件内螺纹部旋合，且旋合量不超过两个螺距时，可判定该内螺纹合格

4. 普通螺纹环规（GB/T 10920—2008）

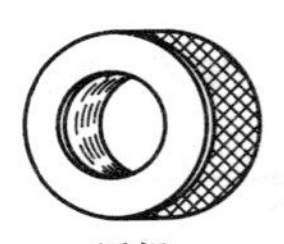
通规

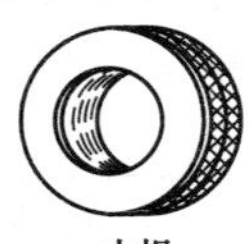
止规

mm

(1) 品种及适用公称直径	
整体式螺纹环规	适用公称直径 1～120
双体式螺纹环规	适用公称直径 120～180

续表

(2) 常用规格		
公称直径 d		螺距
$1 \leqslant d \leqslant 2.5$		0.2，0.25，0.3，0.35，0.4，0.45
$2.5 < d \leqslant 5$		0.35，0.5，0.6，0.7，0.75，0.8，
$5 < d \leqslant 10$		0.75，1，1.25，1.5
$10 < d \leqslant 15$		0.75，1，1.25，1.5，1.75，2
$15 < d \leqslant 20$		1，1.5，2，2.5
$20 < d \leqslant 25$		1，1.5，2，2.5，3
$25 < d \leqslant 32$		1，1.5，2，3，3.5
$32 < d \leqslant 40$		1，1.5，2，3，3.5，4
$40 < d \leqslant 50$		1，1.5，2，3，4，4.5，5
$50 < d \leqslant 60$		1.5，2，3，4，5，5.5
$60 < d \leqslant 80$		1.5，2，3，4，6
82，85，90		1.5，2，3，4，6
90，95，100，110，120，125，130，135，140，145，150，155，160，165，170，175，180		2，3，4，6
用途	供检查工件外螺纹尺寸是否合格用。检查时，如通规能与工件外螺纹旋合通过，而止规只与工件内螺纹部旋合通过，可判定该内螺纹合格；反之，为不合格	

5. 正弦规（GB/T 22526—2008）

mm

基本参数	Ⅰ型		Ⅱ型	
	两圆柱中心距			
	100	200	100	200
工作台宽度	25	40	80	80
圆柱直径	20	30	20	30
工作台高度	30	55	40	55
准确度等级	0级、1级			
用途	用于测量或检验精密工件、量规、样板等内外锥体的锥度、角度、中心线与平面之间的夹角，检定水平仪的水泡精度等			

6. 55°圆柱管螺纹塞规

螺纹尺寸代号	1/8	1/4	3/8	1/2	5/8	3/4	7/8	1	1⅛	1¼	1⅜
每 25.4mm 牙数	28	19	19	14	14	14	14	11	11	11	11
螺纹尺寸代号	1½	1¾	2	2¼	2½	2¾	3	3½	4	5	6
每 25.4mm 牙数	11	11	11	11	11	11	11	11	11	11	11
用途	用于检验55°圆柱管内螺纹尺寸是否合格，其余与普通螺纹塞规相同										

7. 螺纹规（JB/T 7981—2010）

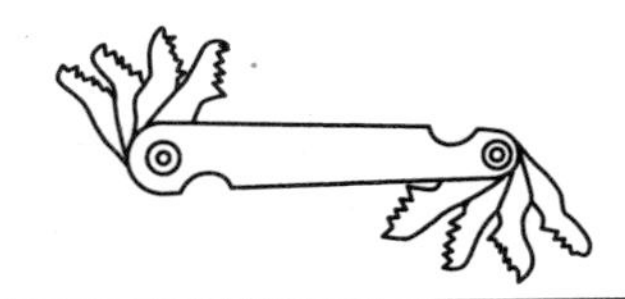

普通螺距（20片）（mm）	0.4，0.45，0.5，0.6，0.7，0.75，0.8，1，1.25，1.5，1.75，2，2.5，3，3.5，4，4.5，5，5.5，6。样板厚度为0.5mm
英制螺距（18片）（in）	28，24，22，20，19，18，16，14，12，11，10，9，8，7，6，5，4.5，4 样板厚度为0.5mm
用途	又称螺纹样板。检验普通螺纹的螺距或每英寸牙数

8. 半径规（JB/T 7980—2010）

规格	级别	1	2	3
	样板宽度（mm）	13.5	20.5	
	样板厚度（mm）	0.5		
	半径尺寸系列（mm）	1，1.25，1.5，1.75，2，2.25，2.5，2.75，3，3.5，4，4.5，5，5.5，6，6.5	7，7.5，8，8.5，9，9.5，10，10.5，11，11.5，12，12.5，13，13.514，14.5	15，15.5，16.16.5，17，17.5，18，18.5，19，19.5，20，21，22，23，24，25
用途	用于以比较法测定工件圆弧的半径。每套由不同尺寸的凸形和凹形样板各16件组成			

9．统一螺纹量规（JB/T 10865—2008）

（1）名称、代号和使用规则。

名称	代号	使用规则
通端螺纹塞规	T	应与工件内螺纹旋合通过
止端螺纹塞规	Z	允许与工件内螺纹两端的螺纹部分旋合，旋合量不应超过三个螺距（退出量规时测定）。若工件内螺纹的螺距少于或等于三个，不应完全旋合通过
通端螺纹环规	T	应与工件内螺纹旋合通过
止端螺纹环规	Z	允许与工件内螺纹两端的螺纹部分旋合，旋合量不应超过三个螺距（退出量规时测定）。若工件内螺纹的螺距少于或等于三个，不应完全旋合通过
“校通-通”螺纹塞规	TT	应与止端螺纹环规旋合通过
“校通-止”螺纹塞规	TZ	允许与止通端螺纹环规两端的螺纹部分旋合，旋合量不应超过一个螺距（退出量规时测定）
“校通-损”螺纹塞规	TS	
“校通-通”螺纹塞规	ZT	应与止端螺纹环规旋合通过
“校通-止”螺纹塞规	ZZ	允许与止端螺纹环规两端的螺纹部分旋合，旋合量不应超过一个螺距（退出量规时测定）
“校止-损”螺纹塞规	ZS	

（2）螺纹牙型基本参数。

mm

螺纹 n	b_3		h_3		最大差值
	尺寸	偏差	尺寸	偏差	
80	止端螺纹量规推荐采用圆弧半径 r_1 或 r_2 连接		0.10	±0.03	0.03
72			0.11		
64			0.13	±0.04	0.05

续表

<table>
<tr><th rowspan="2">螺纹 n</th><th colspan="2">b_3</th><th colspan="2">h_3</th><th rowspan="2">最大差值</th></tr>
<tr><th>尺寸</th><th>偏差</th><th>尺寸</th><th>偏差</th></tr>
<tr><td>56</td><td colspan="2" rowspan="8">止端螺纹量规推荐采用圆弧半径 r_1 或 r_2 连接</td><td>0.15</td><td rowspan="2">±0.04</td><td rowspan="2">0.05</td></tr>
<tr><td>48</td><td>0.17</td></tr>
<tr><td>44</td><td>0.19</td><td>±0.05</td><td>0.07</td></tr>
<tr><td>40</td><td>0.21</td><td rowspan="2">±0.05</td><td rowspan="2">0.07</td></tr>
<tr><td>36</td><td>0.23</td></tr>
<tr><td>32</td><td>0.26</td><td>±0.08</td><td>0.10</td></tr>
<tr><td>28</td><td>0.29</td><td rowspan="2">±0.09</td><td rowspan="2">0.12</td></tr>
<tr><td>24</td><td>0.34</td></tr>
<tr><td>20</td><td>0.32</td><td rowspan="3">±0.04</td><td>0.41</td><td rowspan="3">±0.104</td><td rowspan="3">0.14</td></tr>
<tr><td>18</td><td>0.35</td><td>0.46</td></tr>
<tr><td>16</td><td>0.40</td><td>0.52</td></tr>
<tr><td>14</td><td>0.45</td><td rowspan="5">±0.05</td><td>0.59</td><td rowspan="5">±0.13</td><td rowspan="5">0.17</td></tr>
<tr><td>13</td><td>0.49</td><td>0.64</td></tr>
<tr><td>12</td><td>0.53</td><td>0.69</td></tr>
<tr><td>11</td><td>0.58</td><td>0.75</td></tr>
<tr><td>10</td><td>0.64</td><td>0.83</td></tr>
<tr><td>9</td><td>0.71</td><td rowspan="3">±0.08</td><td>0.92</td><td rowspan="3">±0.208</td><td rowspan="3">0.28</td></tr>
<tr><td>8</td><td>0.79</td><td>1.03</td></tr>
<tr><td>7</td><td>0.91</td><td>1.18</td></tr>
<tr><td>6</td><td>1.06</td><td rowspan="4">±0.10</td><td>1.38</td><td rowspan="4">±0.26</td><td rowspan="4">0.35</td></tr>
<tr><td>5</td><td>1.27</td><td>1.65</td></tr>
<tr><td>4.5</td><td>1.41</td><td>1.83</td></tr>
<tr><td>4</td><td>1.59</td><td>2.06</td></tr>
</table>

注 1. b_3 为内螺纹截短牙型大径处的间隙槽宽度和外螺纹截短牙型小径处的间隙槽宽度。

2. h_3 为止端螺纹环规的牙型高度，h_3 及其偏差是根据 b_3 及其偏差间隙槽允许偏移量的相关关系推导的。

10. 内六角量规(GB/T 70.5—2008)

mm

内六角公称规格 s			0.7	0.9	1.3	1.5	2	2.5	3	4	5	6	8
通规	对边宽度 A	≤	0.709	0.886	1.274	1.519	2.019	2.519	3.019	4.019	5.019	6.019	8.019
		≥	0.706	0.883	1.271	1.516	2.016	2.514	3.014	4.014	5.014	6.014	8.14
	对角宽度 B	≤	0.804	1.006	1.449	1.728	2.298	2.868	3.438	4.578	5.718	6.858	9.144
		≥	0.799	1.001	1.444	1.723	2.293	2.863	3.433	4.573	5.713	6.853	9.139
	长度 C	≥	1.5	2.4	4.7	5	5	7	7	7	7	8	8
量规有效长度 L≥			1.5	2.4	4.7	5	5	7	7	7	7	12	16
止规	对边宽度 X	≤	0.727	0.916	1.303	1.583	2.083	2.586	3.086	4.101	5.146	6.146	8.181
		≥	0.725	0.914	1.301	1.581	2.081	2.581	3.081	4.096	5.141	6.141	8.176
	厚度 Y	≤	—	—	—	—	—	—	—	1.80	2.30	2.80	3.80
		≥	—	—	—	—	—	—	—	1.75	2.25	2.75	3.75
	对角宽度 Z	≤	0.782	0.980	1.397	1.68	2.23	2.79	3.35	—	—	—	—
		≥	0.770	0.968	1.384	1.66	2.21	2.77	3.33	—	—	—	—

续表

内六角公称规格 s			10	12	14	17	19	22	27	32	36	41	46
通规	对边宽度 A	≤	10.024	12.031	14.0.31	17.049	19.064	22.064	27.064	32.079	36.079	41.079	46.075
		≥	10.0.19	12.026	14.026	17.044	19.059	22.059	27.059	32.074	36.074	41.074	46.074
	对角宽度 B	≤	11.424	13.711	15.991	19.432	21.729	25.149	30.849	36.566	41.126	46.826	52.521
		≥	11.419	13.706	15.986	19.427	21.724	25.144	30.844	36.561	41.121	46.821	52.521
	长度 C	≥	12	12	12	19	19	22	22	32	32	41	41
量规有效长度 L≥			20	24	28	34	38	44	54	64	72	82	82
止规	对边宽度 X	≤	10.181	12.218	14.218	17.236	19.281	22.281	27.281	32.336	36.336	41.336	46.336
		≥	10.176	12.213	14.213	17.231	19.276	22.276	27.276	32.331	36.331	41.331	46.331
	厚度 Y	≤	4.80	5.75	6.75	8.10	9.10	10.50	12.90	15.30	17.20	19.60	22.00
		≥	4.75	5.70	6.70	8.05	9.05	10.45	12.85	15.25	17.15	19.55	21.95
	对角宽度 Z	≤	—	—	—	—	—	—	—	—	—	—	—
		≥	—	—	—	—	—	—	—	—	—	—	—

11. 角度量块（GB/T 22521—2008）

（1）Ⅰ型角度量块。

工件角度递增值	工作角度标称值 α	块数
1°	10°，11°，…，78°，79°	70
—	10°0′30″	1
15″	15°0′15″，15°0′30″，15°0′45″	3
1′	15°1′，15°2′，…，15°8′，15°9′	9
10′	15°10′，15°20′，15°30′，15°40′，15°50′	5
15°10′	30°20′，45°30′，60°40′，75°50′	4

（2）Ⅱ型角度量块。

mm

工作角度标称值（α－β－γ－δ）	块数
80°—90°—81°—100，82°—97°—83°—98°，84°—95°—96°，86°—93°87°—94°，88°—91°—89°—92°，90°—90°—90°—90°	6
89°10′—90°40′—89°20′—90°50′，89°30′—90°20′—89°40′—90°30′	2
89°50′—90°0′30″—89°59′30″—90°10′，89°59′30″—90°0′15″—89°59′45″—90°0′30″	2

12. 长度量块（GB/T 6093—2001）

mm

矩形截面	标称长度 l_n	矩形截面长度 a	矩形截面宽度 b
（图：a，b）	$0.5 \leqslant l_n \leqslant 10$	$30_{-0.3}^{0}$	$9_{-0.20}^{-0.05}$
	$10 \leqslant l_n \leqslant 1000$	$35_{-0.3}^{0}$	

13. 表面粗糙比较样块

	表面加工方式		每套数量	表面粗糙参数公称值（μm）R_{α}	R_Z
规格	铸造（GB/T 6060.1—1997）		12	0.2，0.4，0.8，1.6，3.2，6.3，12.5，25，50，100	—
	机加工（GB/T 6060.2—2006	磨	8	0.025，0.05，0.1，0.2，0.4，0.8，1.6，3.2	—
		车、镗	6	0.4，0.8，1.6，3.2，6.3，12.5	—
		铣	6	0.4，0.8，1.6，3.2，6.3，12.5	—
		插、刨	6	0.8，1.6，3.2，6.3，12.5，25	—
	电火花（GB/T 6060.3—2008）		6	0.4，0.8，1.6，3.2，12.5	—
	抛光（GB/T 6060.3—2008）		6	0.012，0.025，0.05，0.1，0.2，0.4，0.8	—
	抛丸、喷砂（GB/T 6060.3—2008）		10	0.2，0.4，0.8，1.6，3.2，6.3，12.5，25，50，100	—
用途	以样块工作面的表面粗糙度为标准，与待测工件表面进行比较，从而判断其表面粗糙度值。比较时，所用样块须与被测件的加工方法相同				

注 R_{α}—表面轮廓算术平均偏差；R_Z—表面轮廓微观不平度10点高度。

14. 量针（螺纹测量用针）（GB/T 22522—2008）

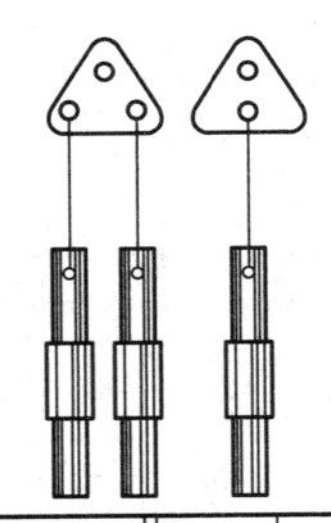

	量针直径	量针螺纹螺距	适用英制螺纹每英寸上的牙数		量针直径	量针螺纹螺距（mm）		适用英制螺纹每英寸上的牙数	
	(mm)	(mm)	55°	60°	(mm)	普通	梯形	55°	60°
规格	0.118	0.2	—	—	1.008	1.75	—	14	14
		0.225	—	—		—	2	—	13
	0.142	0.25	—	—	1.157	2.0	—	12	12
	0.185	0.3	—	—		—	—	—	$11\frac{1}{2}$

续表

	量针直径	量针螺纹螺距	适用英制螺纹每英寸上的牙数		量针直径	量针螺纹螺距（mm）		适用英制螺纹每英寸上的牙数	
	（mm）	（mm）	55°	60°	（mm）	普通	梯形	55°	60°
规格	0.185	—	—	80	1.302	—	2	11	11
		0.35	—	72		—	—	—	10
	0.25	0.4	—	64	1.441	2.5	—	10	9
		0.45	—	56	1.553	—	3	9	—
	0.291	0.5	—	48	1.732	3.0	3	—	8
	0.343	0.6	—		1.833	—	—	8	$7\frac{1}{2}$
		—	—	44	2.05	3.5	4	7	7
		—	—	40		—	—	—	6
	0.433	0.7	—		2.311	4.0	4	6	$5\frac{1}{2}$
		0.75	—	36	2.595	4.5	5	—	—
		0.8	—	32	2.886	5.0	5	5	$4\frac{1}{2}$
	0.511	—	—	28	3.106	—	6	—	4
	0.572	1.0	—	27	3.177	5.5	6	$4\frac{1}{2}$	—
		—	—	26	3.55	6.0	—	4	4
		—	—	24	4.12	—	8	$3\frac{1}{2}$	—
	0.724	1.25	20	20	4.4	—	8	$3\frac{1}{4}$	—
	0.796	—	18	18	4.773	—	—	3	—
	0.866	1.5	16	16	5.15	—	10	$2\frac{7}{8}$	$2\frac{3}{4}$
	—	—	—	—	6.212	—	12	$2\frac{5}{8}$	$2\frac{1}{2}$
用途	与千分尺、比较仪等联合使用，测量外螺纹中径，测量精度较高								

15. 条式和框式水平仪（GB/T 16455—2008）

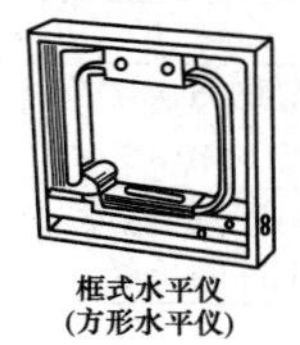
框式水平仪
(方形水平仪)

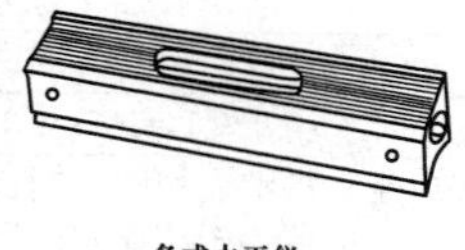
条式水平仪
(钳工水平仪)

分度值（mm/m）	规格（工作面长度，mm）	工作面宽度（mm）	V形工作面夹角
0.02，0.05，0.10	100	≥30	120°～140°
	150，200	≥35	
	250，300	≥40	
用途	检查机床及其他设备安装的水平位置和垂直位置，精度较高		

五、常用仪表

1. 指示表（GB/T 1219—2008）

mm

指示表分度值	指示表测量范围
0.1	0～10，0～30，0～100
0.01	0～20，0～100
0.001	0～1，0～5
0.002	0～3，0～10
用途	用于测量精密工件的形状误差及位置误差，也可用于用比较法测量工件的长度

2. 电子数显指示表（GB/T 18761—2007）

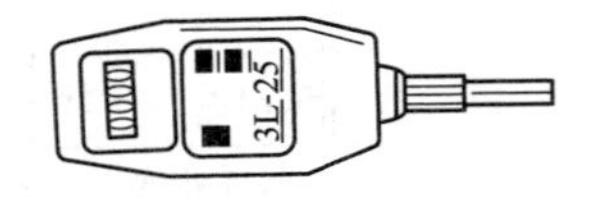

mm

分度值	测量范围
0.01，0.001	$t \leqslant 10$，$10 < t \leqslant 30$，$30 < t \leqslant 50$，$50 < t \leqslant 100$
0.005	$t \leqslant 10$，$10 < t \leqslant 30$，$30 < t \leqslant 50$
0.001	$t \leqslant 1$，$1 < t \leqslant 3$，$3 < t \leqslant 10$，$10 < t \leqslant 30$
用途	其功能与指示表相同，同样是用于测量精密工件的形状误差及位置误差，也可用于用比较法测量工件的长度

3. 内径指示表（GB/T 8122—2004）

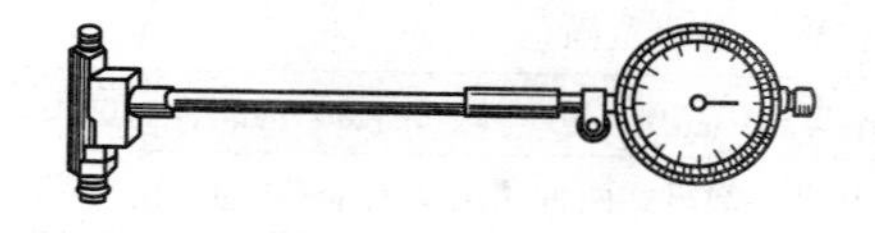

mm

分度值	测量范围上限 t
0.01，0.001	6～10，10～18，18～35，35～50，50～100，100～160，160～250，250～450
用途	用于测量圆柱形内孔和深孔的尺寸及其形状误差

4. 杠杆指示表（GB/T 8123—2007）

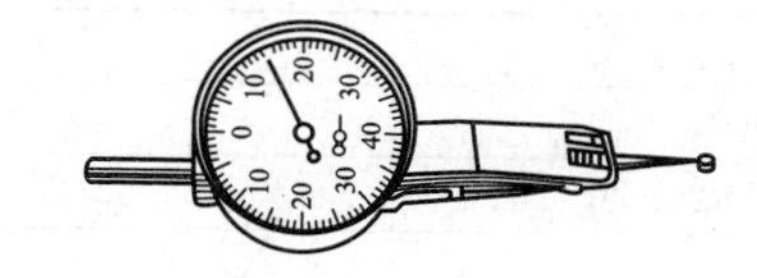

mm

分度值	指针式量程	电子数显式量程
0.01	0.8、1.6	0.5
0.002	0.2	
0.001	0.12	0.4
用途	用于测量工件的形状误差和位置误差，并可用于用比较法测量长度	

5. 深度指示表（JB/T 6081—2007）

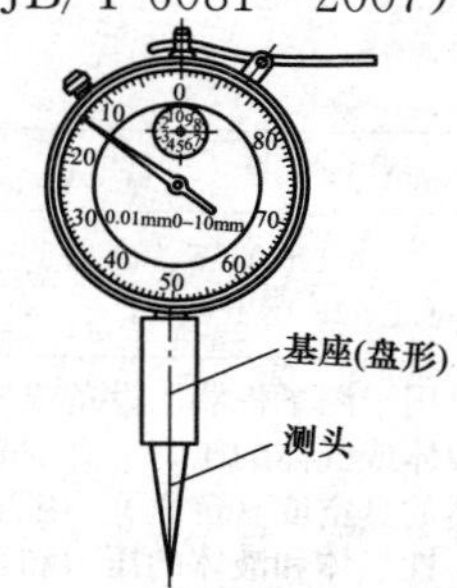

mm

	测量范围	分度值
规格	0～1，1～3，3～10，10～30，30～50，50～100	0.01，0.001，0.005
用途	分指针式和电子数显式两种。用于测量工件上台阶、孔和沟槽的深度	

6. 带表卡尺指示表（JB/T 8346—2010）

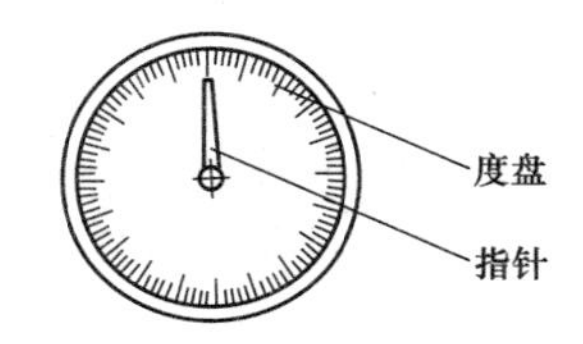

mm

	分度值	周值
规格	0.01	1
	0.02	1、2
	0.05	5
	0.10	10
用途	分Ⅰ型卡尺指示表和Ⅱ型卡指示表。通过机械传动系统将直线位移转变为角位移	

7. 一般压力表（GB/T 1226—2010）

MPa

类型	测量范围
压力表	0～0.1，0～1，0～10，0～100，0～1000； 0～0.16，0～1.6，0～16，0～160； 0～0.25，0～2.5，0～25，0～250； 0～0.4，0～4，0～40，0～400； 0～0.6，0～6，0～60，0～600
真空表	−0.1～0
压力真空表	−0.1～0.06，−0.1～0.15，−0.1～0.3，−0.1～0.5，−0.1～0.9，−0.1～1.5，−0.1～2.4
用途	弹簧管压力表用于测量机器、设备或容器内的水、蒸汽、压缩空气及其他中性液体或气体的压力。真空表用于测量机器、设备或容器内的中性气体的真空度（负压）。压力真空表用于测量机器、设备或容器内的中性气体和液体的压力和真空度（负压）

8. 精密压力表（GB/T 1227—2010）

MPa

类型	测量范围
压力表	0～0.1，0～1，0～10，0～100，0～1000； 0～0.16，0～1.6，0～16，0～160； 0～0.25，0～2.5，0～25，0～250； 0～0.4，0～4，0～40，0～400； 0～0.6，0～6；0～60，0～600
真空表	−0.1～0
压力真空表	−0.1～0.06，−0.1～0.15，−0.1～0.3，−0.1～0.5，−0.1～0.9，−0.1～1.5，−0.1～2.4

注 1. 仪表的精确度等级分为0.1级、0.16级、0.25级、0.4级。

2. 仪表外壳公称直径（mm）系列：150、200、250、300、400。

9. 涨簧式内径百分表（JB/T 8791—2012）

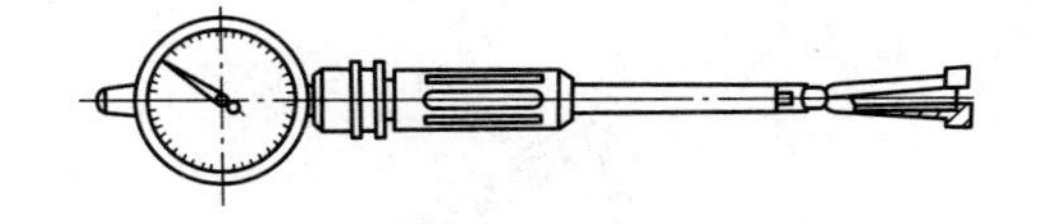

mm

规格	涨簧测头公称尺寸	2.00，2.25，2.50，2.75，3.00，3.75，4.0，4.5，5.0，5.5，6.0，6.5，7.0，7.5，8.0，8.5，9.0，9.5，10，11，12，13，14，15，16，17，18，19，20				
	测量范围	2～20				
	涨簧测头公称尺寸	2.00～2.25	2.50～3.75	4.0～5.5	6.0～9.5	10～20
	测孔深度	16	20	30	40	50
	涨簧测头工作行程	0.3		0.6		1.2
用途	将涨簧测头的位移通过机械传动转变为百分表指针角位移，由百分表上进行读数					

10. 真空表和压力真空表（GB/T 1226—2010）

真空表

压力真空表

表壳公称直径（mm）		40，60，100，150，200，250
测量范围（MPa）	真空部分	−0.1～0
	压力部分系列	−0.1～0.06，−0.1～0.15，−0.1～0.3，−0.1～0.5，−0.1～0.9，−0.1～1.5，−0.1～2.4
用途		测量机械设备或容器内中性气体或液体的压力和负压（真空度）。其结构型式、代号、精度、接头螺纹与一般压力表相同

11. 手持式转速表

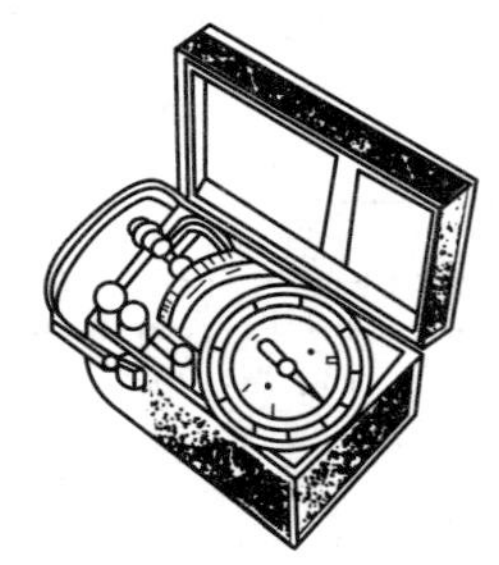

型号	LZ—30	LZ—45	LZ—60
测量范围（r/min）	30～12000	45～18000	60～24000
用途	测量各种发电机、电动机等转动机械和回转零件的转速，也可作转数表用		

12. 电动转速表

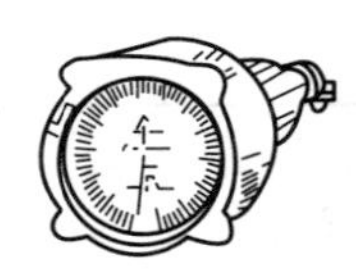

	型号	测量转速范围（r/min）	适用环境温度（℃）	表速与发动机转速比	表盘外径（mm）
规格	SZD－1	0～1500，0～3000，0～5000，0～8000，0～10000，0～15000，0～20000	－20～50	1∶1 1∶2 1∶3 1∶5 1∶6	81
	SZD－2	0～1500，0～3000，0～5000，0～8000			174
用途	利用测速电机原理制成，由指示器和测速电机两部分组成。用于远距离测量各种发动机的转速				

13. 固定式磁性转速表

	型号	测量转速范围（r/min）	适用环境温度（℃）	表速与发动机转速比	表盘外径（mm）
规格	CZ－634	0～600，0～1000，0～1500，0～2000，0～2500，0～3000，0～4000，0～5000，0～8000，0～10000	－20～50	1∶1	100
	CZ－636				150
	CZ－10	0～500，0～1000，0～1500，0～2000			83
	CZ－20	0～2000，0～5000，0～8000，0～10000			100
	CZ20A	0～200，0～400，0～600，0～800，0～1000			105
用途	用于固定在机械上测量其转速				

14. 转数表

<table>
<tr><td rowspan="2">规格</td><td>型号</td><td>计数范围</td><td>最高转速（r/min）</td></tr>
<tr><td>75-1型</td><td>9999.9</td><td>350</td></tr>
<tr><td>用途</td><td colspan="3">用于测量长度和各种机械式记录，如织带、制线、绕线、矿井及深水探测等</td></tr>
</table>

15. 计数器

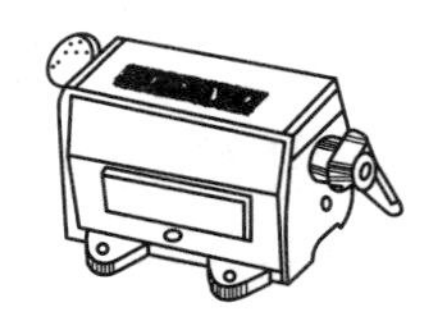

<table>
<tr><td rowspan="3">规格</td><td>型号</td><td>计数范围</td><td>拉杆摆动角度</td><td>每分钟计数次数</td></tr>
<tr><td>拉动式67型</td><td>1～99999</td><td>46°</td><td>350</td></tr>
<tr><td>拉动式75-Ⅱ型</td><td>1～99999</td><td>46°</td><td>350</td></tr>
<tr><td>用途</td><td colspan="4">装于各种机床等往复运动机械上，作数量累积计数用。67型一般用于普通机械，75-Ⅱ型多用于较大型机械</td></tr>
</table>

16. 光学高温计

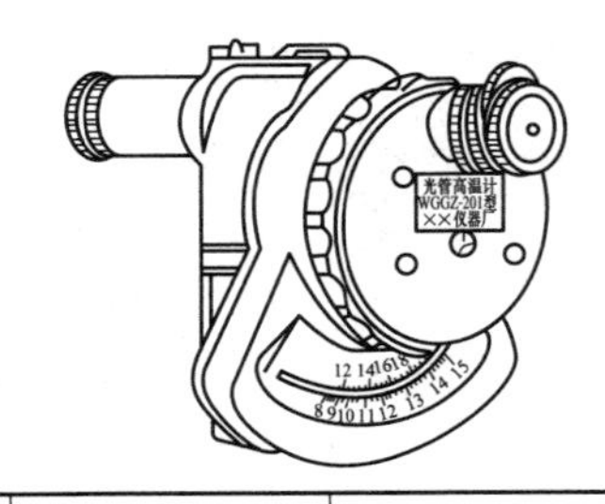

<table>
<tr><td rowspan="7">规格</td><td>型号</td><td>测量电路</td><td>测量范围（℃）</td><td>允许误差（℃）</td></tr>
<tr><td rowspan="2">WGG2-201</td><td rowspan="2">测量电压电路</td><td>700～1500</td><td>±22</td></tr>
<tr><td>1200～2000</td><td>±30</td></tr>
<tr><td rowspan="2">WGG2-323</td><td rowspan="4">不平衡电桥电路</td><td>1200～2000</td><td>±30</td></tr>
<tr><td>1800～3200</td><td>±80</td></tr>
<tr><td rowspan="2">WGG2-202</td><td>700～1500</td><td>±13</td></tr>
<tr><td>1200～2000</td><td>±20</td></tr>
</table>

续表

	型号	测量电路	测量范围（℃）	允许误差（℃）
规格	WWGG2－322	不平衡电桥电路	700～2000	±20
			1200～3000	±47
	WGG－21	平衡电桥电路	800～1400	±14
			1200～2000	±20
	WGG－22		1200～2000	±20
			1800～3200	±50
	WHG－1	恒定电流电路（恒定亮度式）	900～1400	±14
			1200～2000	±20
用途	用于测量物体的高温			

17. 垂准仪（JB/T 9319—1999）

	参数名称		精密型	普通型	简易型
规格	一测回垂准测量标准偏差①		1/100000	1/30000	1/5000
	放大率（倍）		24	10	2
	有效孔径（mm）		30	13	6
	水准泡角值［(″)/2mm］	圆形	240	480	480
		管状	10	20	30
	最短视矩（m）		2.0	1.5	0.6
	最大使用范围（m）		200	100	10
	光斑最短聚焦距离（m）		2.5		
用途	用于测量相对铅垂线的微小水平偏差，进行铅垂线定位传递				

注　表中放大率、有效孔径、最短视距、最大使用范围、光斑最短聚焦距离均为下限值。

① 定位标准偏差与垂准测量的高度之比。

18. 罗盘仪（JB/T 9321—1999）

<table>
<tr><td rowspan="11">规格</td><td colspan="2" rowspan="2">参数名称</td><td colspan="5">规格</td></tr>
<tr><td>DQL40</td><td>DQL50</td><td>DQL63</td><td>DQL80</td><td>DQL100</td></tr>
<tr><td colspan="2">磁针长度（mm）</td><td>40</td><td>50</td><td>63</td><td>80（71）</td><td>100</td></tr>
<tr><td rowspan="5">望远镜</td><td>放大率（倍）</td><td colspan="2">8</td><td>12</td><td colspan="2">16</td></tr>
<tr><td>有效孔径（mm）</td><td colspan="2">14</td><td>18</td><td colspan="2">20</td></tr>
<tr><td>视场角（°）</td><td colspan="2">2.0</td><td>1.6</td><td colspan="2">2.0</td></tr>
<tr><td>最短视矩（m）</td><td colspan="2">2.5</td><td>3.0</td><td colspan="2">2.0</td></tr>
<tr><td>视矩乘常数</td><td colspan="5">100</td></tr>
<tr><td rowspan="2">水准泡角值[(′)/2mm]</td><td>圆形</td><td colspan="5">30</td></tr>
<tr><td>管状</td><td colspan="5">0.25</td></tr>
<tr><td>用途</td><td colspan="7">以磁针的指示值（或通过换算）作为最终测量值。适用于地质普查、勘探，森林、矿山和大地测量用</td></tr>
</table>

19. 水准仪（GB/T 10156—2009）

<table>
<tr><td rowspan="12">规格</td><td colspan="2">参数名称</td><td>精密型</td><td>普通型</td><td>简易型</td></tr>
<tr><td rowspan="3">望远镜</td><td>放大率（倍）</td><td>38～42</td><td>32～38</td><td>20～32</td></tr>
<tr><td>物镜有效孔径（mm）</td><td>45～55</td><td>40～45</td><td>30～40</td></tr>
<tr><td>最短视矩（m）</td><td colspan="3">2.0</td></tr>
<tr><td rowspan="3">水准泡角值[(″)/2mm]</td><td>符合式管状</td><td colspan="2">10</td><td>20</td></tr>
<tr><td>直交型管状</td><td colspan="2">120</td><td>—</td></tr>
<tr><td>圆形</td><td colspan="2">240</td><td>480</td></tr>
<tr><td rowspan="2">自动安平补偿性能</td><td>补偿范围（′）</td><td colspan="3">±8</td></tr>
<tr><td>安平时间（s）</td><td colspan="3">2</td></tr>
<tr><td rowspan="2">测微器</td><td>测微范围（mm）</td><td colspan="2">10、5</td><td rowspan="2">—</td></tr>
<tr><td>分格值（mm）</td><td colspan="2">0.1、0.05</td></tr>
<tr><td colspan="3">主要用途</td><td>国家一等水准测量及地震水准测量</td><td>国家二等水准测量及其他精密水准测量</td><td>国家三、四等水准测量及一般工程水准测量</td></tr>
</table>

20. 电子水平仪

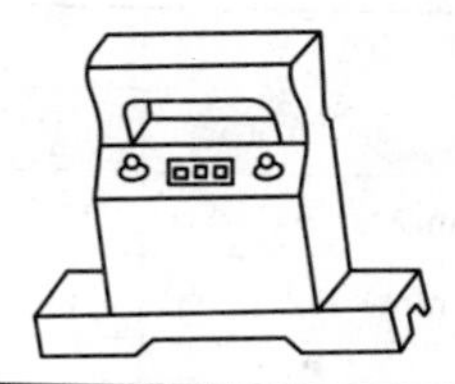

<table>
<tr><td rowspan="7">规格</td><td colspan="2">底座底工作面长（mm）</td><td>100</td><td>150，200，250，300</td></tr>
<tr><td colspan="2">底座底工作面宽（mm）</td><td>25～35</td><td>35～50</td></tr>
<tr><td colspan="2">分度值（mm/m）</td><td colspan="2">0.001，0.0025，0.005，0.01，0.02，0.05</td></tr>
<tr><td rowspan="4">稳定度</td><td>指针式电子水平仪</td><td colspan="2">1分度值</td></tr>
<tr><td rowspan="3">数字显示式电子水平仪</td><td colspan="2">分度值（mm/m）</td></tr>
<tr><td>≥0.005</td><td><0.005</td></tr>
<tr><td>4个数/4h；1个数/h</td><td>6个数/4h；3个数/h</td></tr>
<tr><td>用途</td><td colspan="4">主要用于测量平板、机床导轨等平面的直线度、平行度、平面度和垂直度，并能测试被测面对水平面的倾斜角</td></tr>
</table>

21. 光电测距仪（GB/T 14267—2009）

<table>
<tr><td rowspan="13">规格</td><td rowspan="2">参数名称</td><td colspan="4">仪器等级</td></tr>
<tr><td>Ⅰ</td><td>Ⅱ</td><td>Ⅲ</td><td>Ⅳ</td></tr>
<tr><td>分辨率（mm）</td><td>0.1</td><td>0.5</td><td>1.0</td><td>1.0</td></tr>
<tr><td>测程</td><td colspan="4">最短测程及最长测程满足标称值</td></tr>
<tr><td>相位均匀性误差（mm）≤</td><td colspan="4">$1/2a$</td></tr>
<tr><td>辐相误差（mm）≤</td><td colspan="4">$1/2a$</td></tr>
<tr><td>鉴别力（率）（mm）≤</td><td colspan="4">$1/4a$</td></tr>
<tr><td>周期误差振幅 A（相位式）≤</td><td colspan="4">$3/5a$</td></tr>
<tr><td>常温下频率偏移（Hz）≤</td><td colspan="4">$1/2b$</td></tr>
<tr><td>开机频率稳定性（10^{-6}）≤</td><td colspan="4">$1/2b$</td></tr>
<tr><td>频率随环境温度变化（Hz）≤</td><td colspan="4">$2/3b$</td></tr>
<tr><td>距离测量的重复性标准差（mm）≤</td><td colspan="4">$1/2a$</td></tr>
<tr><td>测距标准差（mm）≤</td><td colspan="4">m'_{d}</td></tr>
</table>

续表

	参数名称	仪器等级			
		Ⅰ	Ⅱ	Ⅲ	Ⅳ
规格	分辨率（mm）	0.1	0.5	1.0	1.0
	加常数乘余值（mm）≤				
	加常数检验标准差（mm）≤	$1/2a$			
	乘常数（mm/km）≤	具有乘常数预置功能			
	乘常数检验标准差（mm/km）≤	$1/2b$			
	激光光源发光功率	Ⅲ级激光以内，且小于 $1.2P_0$①			
	工作温度范围（℃）	−20～50			
	存储温度范围（℃）	−30～65			
	振动	振动后工作正常			
	温度改正	温度预置至 0.1℃			
	大气改正	气压预置至 1kPa			
	单次测量时间（s）	≤3			
	求取差值 Δi 中的最大值与最小值之差 ΔD②	出厂检验：$\Delta D \leqslant 1.5a$			
用途	采用光电技术直接测量发射处与照准点之间距离，全站仪、电子速测仪系兼有测距、测角、计算和数据记录及传输功能				

注 1. a 为标称标准差固定部分（mm）。

2. b 为标称标准比例系数（mm/km）。

① P_0 为激光光源发光功率的标称值。

② 计算距离已知值和观测值之间的差值 Δi（mm）时，取差值 Δi 中的最大值与最小值之差 ΔD（mm）的绝对值作为结果，即 $\Delta D=|\Delta\max-\Delta\min|$。

22. 数字式光学合像水平仪

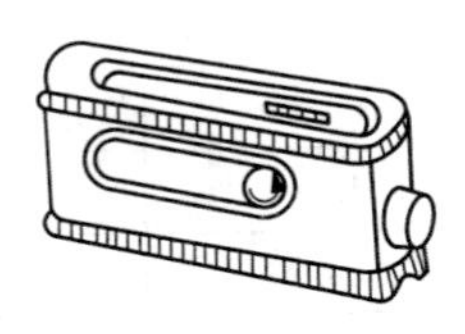

规格	工作面（长×宽）（mm×mm）	测量精度（mm/m）	测量范围（mm/m）	目镜放大率（倍）	净质量（kg）
	166×47	0.01	0～10	5	1.7
用途	测量平面或圆柱面的平直度，检查精密度机床、设备和精密仪器安装位置的正确性，还可测量工件的微小倾角				

23. 光学平直仪

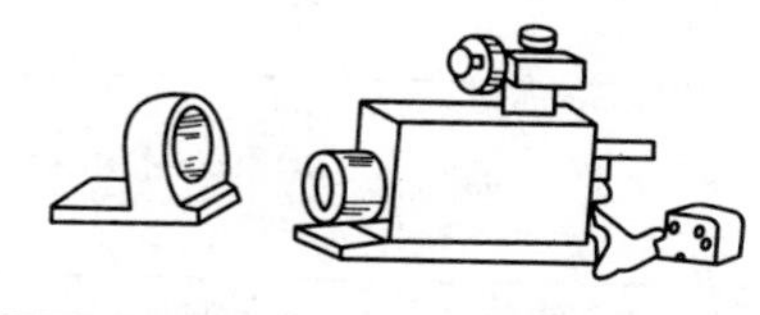

	型号	HYQ011	HYQ03	哈量型	ZY1型
规格	测量距离（m）	20	5	0.2～6	<5
	刻度值（mm）	0.001/200			
用途	检查零件的直线度、平面度和平行度，还可以测量平面的倾斜变化，高精度测量垂直度以及进行角度比较等				

24. 万能测齿仪（JB/T 10012—2013）

mm

	基本参数		数值
规格	被测齿轮模数范围	测量调节	2.5～10
		测量齿圈径向圆跳动	0.5～10
		测量基节和公法线	10
	被测齿轮最大顶圆直径		360
	两顶尖间距离		50～330
	测量台调整高度范围		0～150
	公法线测量最大长度		150
	测量爪测量最大深度		20
	杠杆齿轮比较仪分度值		0.001
用途	适用于测量齿轮的各项参数。可测齿轮模数范围为1～10mm、最大顶圆直径为360mm		

25. 齿轮齿距测量仪（JB/T 10019—1999）

	基本参数	数值	
规格	可测齿轮模数范围（mm）	1～10	1～20
	可测齿顶圆最大直径（mm）	400	630
	测微系统示值范围（μm）	±100，±200	
	数显读数的分辨率（μm）	0.1	
用途	以相对法测量齿轮齿距。可测齿轮模数范围为 1～20mm、直径为 630mm 以下		

26. 万能齿轮测量仪（JB/T 10020—1999）

mm

序号	基本参数	数值
1	可测齿轮模数	0.5～15
2	可测齿轮最大顶圆直径	450
3	心轴长度	80～450
4	测头至下顶尖距离	40～240
5	记录器垂直放大比（倍）	200～2000
6	记录器水平放大比［(°)/格］	5，2，1，0.5
7	可测齿轮最大质量（kg）	85

27. 齿轮双面啮合测量仪（JB/T 10025—1999）

mm

	基本参数		数值
规格	可测齿轮模数		1～10
	测量圆柱齿轮时，两轴中心距离		50～320
	测量圆柱轴齿轮	被测齿轮最大外圆直径	200
		被测齿轮轴长度	110～300
	测量圆锥齿轮	横架锥孔轴线到测量滑架转动套端面距离	50～165
		横架端面到测量滑架心轴线距离	25～275
	测量蜗轮、蜗杆	蜗轮下端面与测量滑架转动套端面最大距离	135
		横架两顶尖连线与测量滑架心轴轴线距离	0～223
		被测蜗杆最大直径	100
		被测蜗杆最大长度	120～240

续表

<table>
<tr><td rowspan="3">规格</td><td>基本参数</td><td>数值</td></tr>
<tr><td rowspan="2">指示表的分度值</td><td>0.01</td></tr>
<tr><td>0.001</td></tr>
<tr><td>用途</td><td colspan="2">用于被测齿轮模数范围为1～10mm的齿轮双面啮合综合测量</td></tr>
</table>

28. 卧式滚刀测量仪（JB/T 10024—2008）

<table>
<tr><td rowspan="6">规格</td><td>基本参数</td><td>数值</td></tr>
<tr><td>可测滚刀最大外径（mm）</td><td>300</td></tr>
<tr><td>可测滚刀模数范围（mm）</td><td>1～25</td></tr>
<tr><td>可测滚刀最大螺旋导程（mm）</td><td>220</td></tr>
<tr><td>可测滚刀最大长度（mm）</td><td>450</td></tr>
<tr><td>可测滚刀最大齿形角（°）</td><td>60</td></tr>
<tr><td>用途</td><td colspan="2">用于最大测量外径为30mm，以电子展成原理对滚刀等的误差进行测量</td></tr>
</table>

29. 齿轮单面啮合整体误差测量仪（JB/T 10029—1999）

<table>
<tr><td rowspan="8">规格</td><td>基本参数</td><td colspan="2">数值</td></tr>
<tr><td>可测滚刀模数（mm）</td><td>0.5～6</td><td>0.5～10</td></tr>
<tr><td>可测齿轮的顶圆直径（mm）</td><td>320</td><td>450</td></tr>
<tr><td>可测齿轮的最大齿宽（mm）</td><td>160</td><td>200</td></tr>
<tr><td>可测齿轮的最多齿数（个）</td><td colspan="2">255</td></tr>
<tr><td>可测齿轮的最大螺旋角（°）</td><td colspan="2">45</td></tr>
<tr><td>可测齿轮的最大质量（kg）</td><td>30</td><td>150</td></tr>
<tr><td>上下顶尖的最大距离（mm）</td><td>250</td><td>400</td></tr>
<tr><td>用途</td><td colspan="3">用于最大测量外径为30mm，以电子展成原理对滚刀等的误差进行测量</td></tr>
</table>

30. 磁性表座（JB/T 10010—2010）

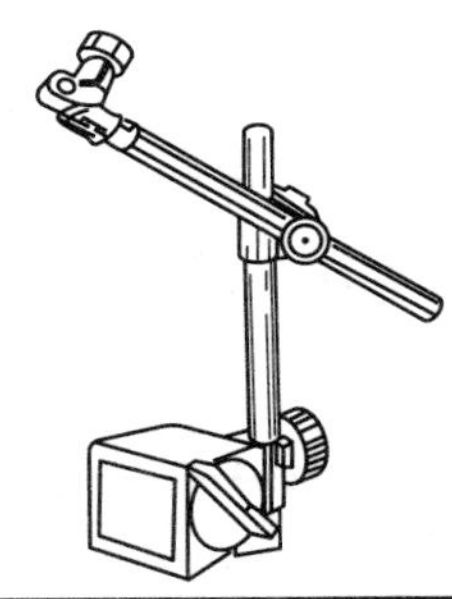

表座规格	立柱高度	横杆长度	座体V形工件面角度	工作磁力（N）	夹表孔直径（mm）
	mm				
Ⅰ	160	140	120° 135° 150°	196	ϕ8H8， ϕ6H8
Ⅱ	190	170		392	
				588	
Ⅲ	224	200		784	
Ⅳ	280	250		980	
用途	表座可吸附于光滑的导磁平面或圆柱面上，用于支架指示表，以适应各种场合的测量				

31. 万能表座（JB/T 10011—2010）

mm

规格	表座杆最大回转半径	220
	夹表孔直径	ϕ8H8、ϕ6H8，ϕ4H8，ϕ10H8
	表座杆最大升高量	230
用途	支架千分表、百分表，使其能够处于任意方位，以适应各种不同场合的测量	

六、衡器

1. 磅秤（GB/T 335—2002）

型号	最大称量质量（kg）	承重板长×宽（mm×mm）	刻度值（kg）		砣的规格及数目（kg/个）	用途
			最小	最大		
TGT—50	50	400×300	0.05	5	5/1，10/2，20/1	置于地上，称量体积较大物件的质量
TGT—100	100	400×300	0.05	5	5/1，10/2，20/1，50/1	
TGT300	300	600×450	0.20	20	25/1，50/1，100/2	
TGT—500	500	600×450	0.20	25	25/1，50/1，100/2，200/1	
TGT—1000	1000	800×600	0.50	50	50/1，100/1，200/4	

2. 案秤（GB/T 335—2005）

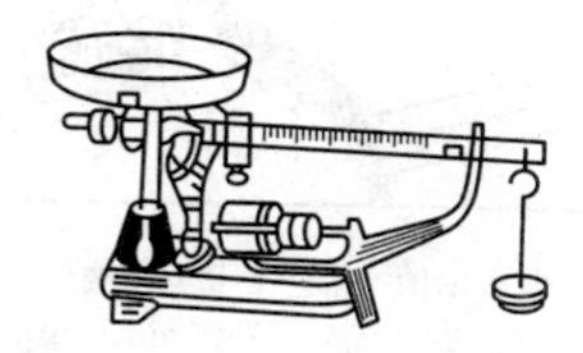

型号	最大称量质量（kg）	承重板长×宽（mm×mm）	刻度值（kg）		砣的规格及数目（kg/个）	用途
			最小	最大		
AGT—3	3	ϕ250	2	200	0.1/1，0.2/1，0.5/1，1/2	置于案桌上，称量体积较小、零碎分散的物件质量
AGT—6	6	ϕ270	5	500	0.5/1，1/1，2/2	

3. 弹簧盘秤（GB/T 11884—2008）

型号	最大称量质量（kg）	刻度值（g）	指针旋转圈数	承重盘尺寸（mm）	用途
ATZ—2	2	5	1	圆盘 φ250	与案秤相同。操作方便，宜用于颗粒、粉末及较小物体质量的称量
ATZ—4	4	10	1	圆盘 φ250	
		5	2	方盘 240×240	
ATZ—8	8	20	1	圆盘 φ250	
		10	2	方盘 240×240	

4. 电子台秤

型号	最大称量质量（kg）	最小显示值（g）	电压（V）	承重盘尺寸（mm×mm）	用途
TCS—30	30	5、10、20	220	350×550	适用于重大物体质量的称量。由显示器和称重台两部分组成。其特点是能自动迅速地显示称重结果而且精度高、使用方便
TCS—60	60	10、20、50	220		
TCS—150	150	50、100、200	220	350×550 500×750	
TCS—300	300	100、200、500	220	500×750	
TCS—600	600	100、200、500	220	800×1000	
TCS—1000	1000	200、500、1000	220		

5. 电子计数秤

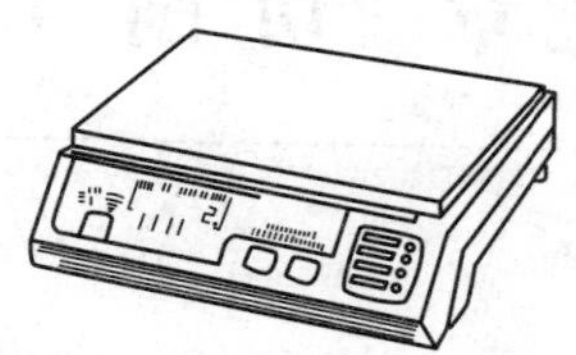

型号规格	最大称量质量（kg）	最小显示值（g）	最佳件重（g）	承重盘尺寸（mm×mm）	用途
JCS—500Y	0.5	0.1	0.1	180×180	除用于称重外，还可用于计数，均用显示器显示；设有置零、去皮和零位跟踪等功能。多用于生产标准零件工厂的包装车间，用作零件的称重和计数
JCS—1000Y	1	0.2	0.2		
JCS—2500Y	2.5	0.5	0.5	345×243	
JCS—5000Y	5	1	1		
JCS—10000Y	10	2	2		
JCS—25000Y	25	5	5		

6. 电子吊秤（GB/T 11883—2002）

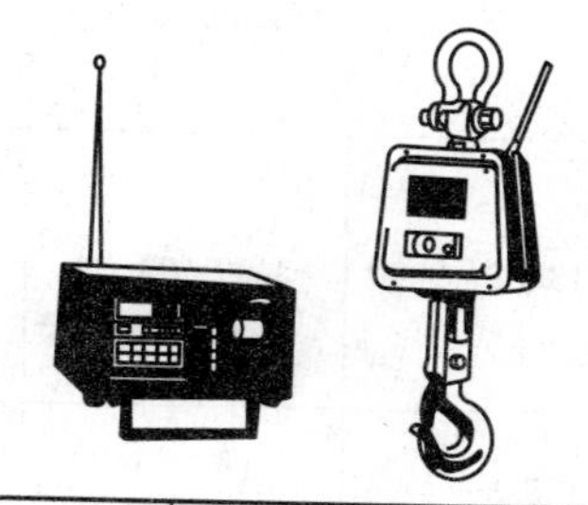

型号规格	最大称量质量（kg）	最小显示值（g）	计量精度（%）	用途
YCH—M	1000	1	0.1	通过吊秤上的称量传感器，进行有线或无线信号传递，可立即在接受器上显示所吊物体的质量。适用于重大物体质量的称量
	3000	2		
	5000	5		
	10000	10		

第七章 切削工具

一、钻类

1. 直柄麻花钻（GB/T 6135.1～6135.5—2008）

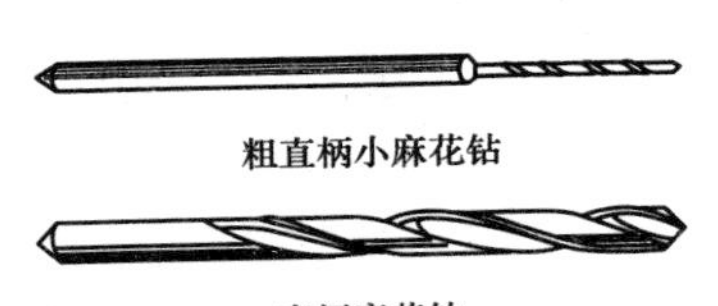

粗直柄小麻花钻

直柄麻花钻

名称	国家标准号	直径系列（mm）	
		直径范围	规格之间级差
粗直柄小麻花钻	GB/T 6135.1—2008	0.10～0.35	按0.01进级
直柄短麻花钻	GB/T 6135.2—2008	0.50～14.00 14.00～32.00 32.00～40.00	按0.20、0.50、0.80进级 按0.25进级 按0.50进级
直柄麻花钻	GB/T 6135.2—2008	0.20～1.00 1.00～3.00 3.00～14.00 14.00～16.00 16.00～20.00	按0.20、0.50、0.80进级 按0.05进级 按0.10进级 按0.25进级 按0.50进级
直柄长麻花钻	GB/T 6135.3—2008	1.00～14.00 14.00～31.00	按0.10进级 按0.25进级
直柄超长麻花钻	GB/T 6135.4—2008	2.00～14.00	按0.50进级
用途	供装夹在机床、电钻或手摇钻的钻夹头中，用于在金属实心工件上进行钻孔。长麻花钻用于钻削较深的孔		

2. 锥柄麻花钻（GB/T 1438.1～1438.4—2008）

名称	国家标准号	直径系列（mm）		莫氏锥柄号
		直径范围	规格之间级差	
莫氏锥柄麻花钻	GB/T 1438.1—2008	3.00～14.00	按0.20、0.50、0.80进级	1
		14.25～23.00	按0.25进级	2
		23.25～31.75	按0.25进级	3
		32.00～50.50	按0.50进级	4
		51.00～76.00	按1.00进级	5
		77.00～10.00	按1.00进级	6
莫氏锥柄长麻花钻	GB/T 1438.2—2008	5.00～14.00	按0.20、0.50、0.80进级	1
		14.25～23.00	按0.25进级	2
		23.25～31.75	按0.25进级	3
		32.00～50.00	按0.50进级	4
莫氏锥柄加长麻花钻	GB/T 1438.3—2008	6.00～14.00	按0.20、0.50、0.80进级	1
		14.25～23.00	按0.25进级	2
		23.25～30.00	按0.25进级	3
莫氏锥柄超长麻花钻	GB/T 1438.4—2008	6.00～9.50	按0.50进级	1
		10.00～14.00	按1.00进级	1
		15.00～23.00	按1.00进级	2
		24.00，25.00，	—	3
		28.00，30.00，	—	3
		32.00～50.00	按0.20、0.50、0.80进级	4
用途	用于在金属实心工件上进行钻孔。长麻花钻用于钻削较深的孔			

注　按0.20、0.50、0.80进级，例如3.00进级后为3.20，3.50，3.80。

3. 扩孔钻

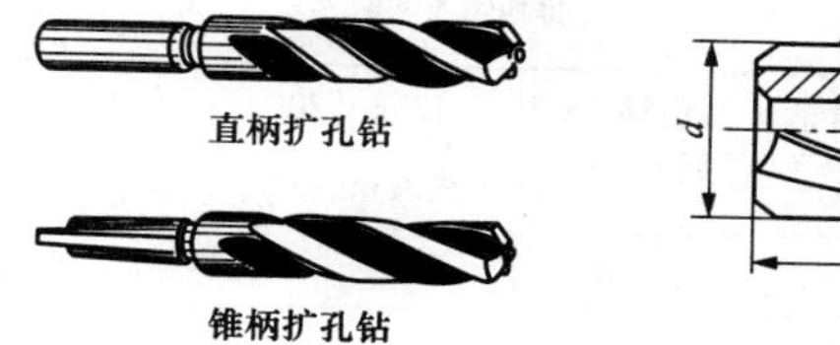

直柄扩孔钻

锥柄扩孔钻

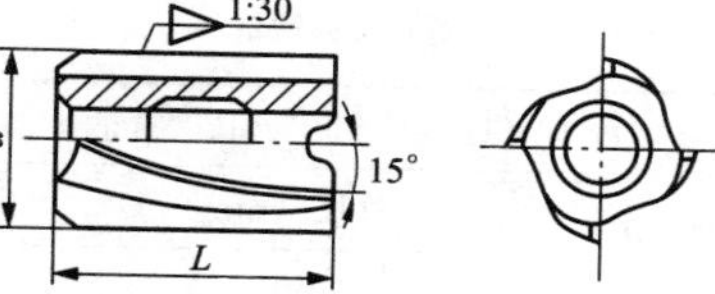

套式扩孔钻

<table>
<tr><th colspan="3">名称</th><th>公称直径（mm）</th></tr>
<tr><td colspan="3">直柄扩孔钻
（GB/T 4256—2004）</td><td>3，3.3，3.5，3.8，4，4.3，4.5，4.8，5，5.8，6，6.8，7，7.8，8，8.8，9，9.8，10，10.75，11，11.75，12，12.75，13，13.75，14，14.75，15，15.75，16，16.75，17，17.75，18，18.7，19，19.7</td></tr>
<tr><td rowspan="4">锥柄
扩孔钻
（GB/T 4256
—2004）</td><td rowspan="4">莫氏锥柄号</td><td>1</td><td>7.8，8，8.8，9，9.8，10，10.75，11，11.75，12，12.75，13，13.75，14</td></tr>
<tr><td>2</td><td>14.75，15，15.75，16，16.75，17，17.75，18，18.7，19，19.7，20，20.7，21，21.7，22，22.7，23</td></tr>
<tr><td>3</td><td>23.7，24，24.7，25，25.7，26，27.7，28，29.7，30，31.6</td></tr>
<tr><td>4</td><td>32，33.6，34，34.6，35，35.6，36，37.6，38，39.6，40，41.6，42，43.6，44，44.6，45，45.6，47，48，49.6，50</td></tr>
<tr><td colspan="3">套式扩孔钻
（GB/T 1142—2004）</td><td>25，26，27，28，29，30，31，32，33，34，35，36，37，38，39，40，42，44，45，46，47，48，50，52，55，58，60，62，65，70，72，75，80，85，90，95，100</td></tr>
<tr><td colspan="3">用途</td><td>用于扩大工件上已经过钻削、冲制或铸造的孔的孔径，提高孔的精度</td></tr>
</table>

4. 锥面锪钻

直柄锥面锪钻　　　　锥柄锥面锪钻

(1) 60°、90°、120°直柄锥面锪钻（GB/T 4258—2004）

公称直径（mm）	总长（mm）			钻体长（mm）			柄部直径（mm）
	60°	90°	120°	60°	90°	120°	
8	48	44	44	16	12	12	8
10	50	46	46	18	14	14	8

续表

(1) 60°、90°、120°直柄锥面锪钻（GB/T 4258—2004）							
公称直径（mm）	总长（mm）			钻体长（mm）			柄部直径（mm）
	60°	90°	120°	60°	90°	120°	
12.5	52	48	48	20	16	16	8
16	60	56	56	24	20	20	10
20	64	60	60	28	24	24	10
25	69	65	65	33	29	29	10
(2) 60°、90°、120°莫氏锥柄锥面锪钻（GB/T 1143—2004）							
公称直径（mm）	总长（mm）			钻体长（mm）			莫氏锥柄号
	60°	90°	120°	60°	90°	120°	
16	97	93	93	24	20	20	1
20	120	116	116	28	24	24	2
25	125	121	121	33	29	29	2
31.5	132	124	124	40	32	32	2
40	160	150	150	45	35	35	3
50	165	153	153	50	38	38	3
63	200	185	185	58	43	43	4
80	215	196	196	73	54	54	4
用途	用于在工件上锪钻 60°、90°或 120°锥面孔						

注　表中 60°、90°、120°为钻尖角。

5. 中心钻（GB/T 6078.1～6078.3—1998）

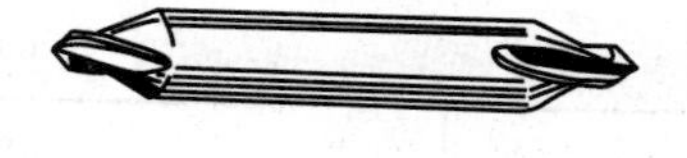

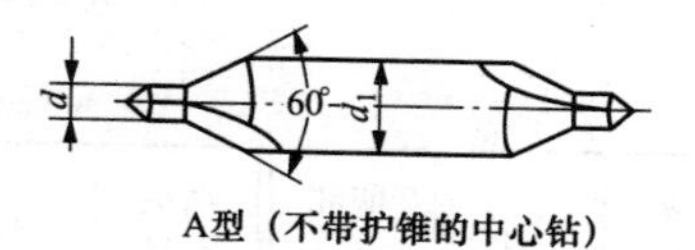

A型（不带护锥的中心钻）

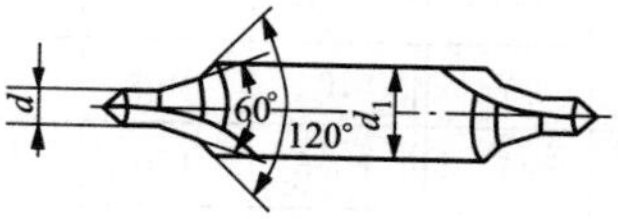

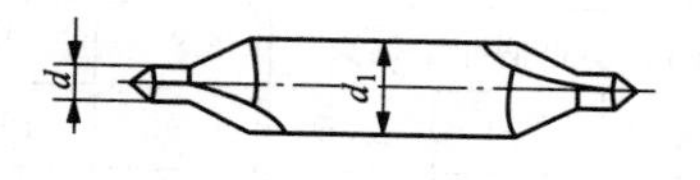

B型（带护锥的中心钻）

R型（弧形中心钻）

mm

型号（标准号）	主要尺寸（钻头直径 d 和柄部直径 d_1）											
A型（GB/T 6078.1—1998）	d	(0.5)，(0.63)，(0.8)，1，(1.25)		1.6	2	2.5	3.15	4	(5)	6.3	(8)	10
	d_1	3.15		4	5	6.3	8	10	12.5	16	20	25
B型（GB/T 6078.2—1998）	d	1	(1.25)	1.6	2	2.5	3.15	4	(5)	6.3	(8)	10
	d_1	4	5	6.3	8	10	11.2	14	18	20	25	31.5
R型（GB/T 6078.3—1998）	d	1，(1.25)		1.6	2	2.5	3.15	4	(5)	6.3	(8)	10
	d_1	3.15		4	5	6.3	8	10	12.5	16	20	25
用途	用于钻工件上60°的中心孔											

注 括号内的尺寸尽量不采用。

6. 硬质合金冲击钻头

直柄冲击钻头

锥柄(斜柄)冲击钻头

六角柄冲击钻头

mm

钻头直径	全长	柄部直径	钻头直径	全长	柄部直径	钻头直径	全长	柄部直径
ZYC型直柄冲击钻头			8	110	7	10	150	9
6	100	5.5	8	150	7	10.5	120	9.5
6	120	5.5	10	120	9	10.5	150	9.5

续表

钻头直径	全长	柄部直径	钻头直径	全长	柄部直径	钻头直径	全长	六角对边
12	120	11	16.5	200	13	16.5	270	14
12	150	11	19	150	13	19	220	14
12.5	120	11.5	19	200	13	19	270	14
12.5	150	11.5	XYC 型锥柄冲击钻头			19	320	14
14.5	150	13			莫氏锥柄号	19	400	14
14.5	200	13				21	220	14
16.5	150	15	6	100	1	21	270	14
16.5	200	15	6	130	1	21	320	14
19	150	17	8	120	1	21	400	14
19	200	17	8	160	1	23	250	14
ZYC－A 型直柄冲击钻头			10.5	120	1	23	320	14
12	120	10	10.5	180	1	23	400	14
12	150	10	12.5	130	1	23	550	14
12.5	120	10	12.5	180	1	25	250	14
12.5	150	10	钻头直径	全长	六角对边	25	320	14
14.5	150	10				25	400	14
14.5	200	10	LYC—1 型、LYC—3 型六角柄冲击钻头			25	550	14
16.5	150	10				27	250	14
16.5	200	10	14.5	220	14	27	320	14
ZYC－B 型直柄冲击钻头			14.5	270	14	27	400	14
16.5	150	13	16.5	220	14	27	550	14
用途	供装夹在冲击电钻或电锤上，对混凝土地基、墙壁、砖墙、花岗石进行钻孔用							

注　两种型号六角柄冲击钻头的主要区别是柄部中间柱体直径 M（mm）不同：LYC－1，M=16；LYC－3 型，M=22。

7. 成套麻花钻（JB/T 10643—2006）

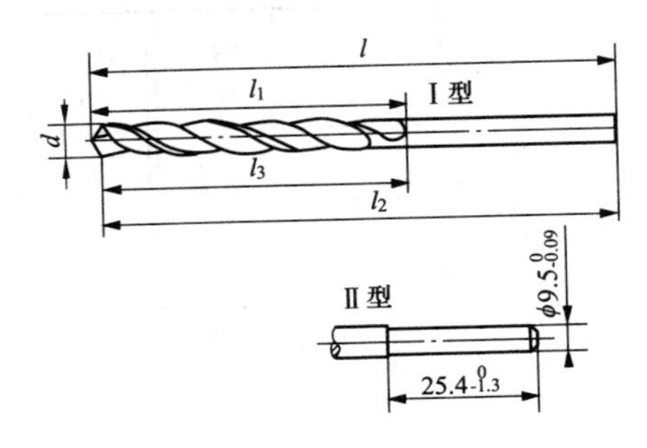

（1）第一系列成套麻花钻套半组合。

套装支数	麻花钻直径（mm）	套装代号
13	1.5、2.2、2.5、3.0、3.2、3.5、4.0、4.5、4.8、5.0、5.5、6.0、6.5	A-13
19	1.0、1.5、2.0、2.5、3.0、3.5、4.0、4.5、5.0、5.5、6.0、6.5、7.0、7.5、8.0、9.0、9.5、10.0	A-19
25	1.0、1.5、2.0、2.5、3.0、3.5、4.0、4.5、5.0、5.5、6.0、6.5、7.0、7.5、8.0、8.5、9.0、9.5、10.0、10.5、11.0、11.5、12.0、12.5、13.0	A-25

（2）第二系列成套麻花钻套装组合。

套装支数	麻花钻规格代号	套装代号
13	1/16、5/64、3/32、7/64、1/8、9、64、5/32、11/64、3/16、13/64、7/32、15/64、1/4	B-13
21	1/16、5/64、3/32、7/64、1/8、9/64、5/32、11/64、3/16、13/64、7/32、15/64、1/4、17/64、9/32、19/64、5/16、21/64、11/32、23/64、3/8	B-21
29	1/16、5/64、3/32、7/64、1/8、9/64、5/32、11/64、3/16、13/64、7/32、15/64、1/4、17/64、9/32、19/64、5/16、21/64、11/32、23/64、3/8、25/64、13/32、27/64、7/16、29/64、15/32、31/64、1/2	B29
115	全部规格	B-115

（3）第三系列成套麻花钻套装组合。

套装支数	麻花钻规格代号	套装代号
13	1/16、5/64、3/32、7/64、1/8、9、64、5/32、11/64、3/16、13/64、7/32、15/64、1/4	C-13
21	1/16、5/64、3/32、7/64、1/8、9/64、5/32、11/64、3/16、13/64、7/32、15/64、1/4、17/64、9/32、19/64、5/16、21/64、11/32、23/64、3/8	C-21
29	1/16、5/64、3/32、7/64、1/8、9/64、5/32、11/64、3/16、13/64、7/32、15/64、1/4、17/64、9/32、19/64、5/16、21/64、11/32、23/64、3/8、25/64、13/32、27/64、7/16、29/64、15/32、31/64、1/2	C29

8. 硬质合金直柄麻花钻（GB/T 25666—2010）

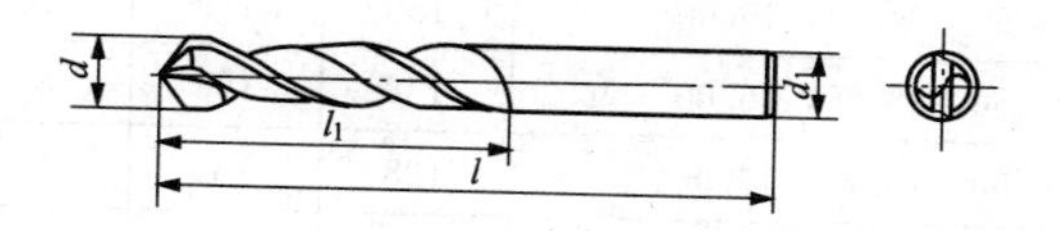

mm

d H8	l		l_1	
	短型	标准型	短型	标准型
5.00，5.10，5.20，5.30	70	86	36	52
5.40，5.50，5.60，5.70，5.80，5.90，6.00	75	93	42	57
6.10，6.20，6.30，6.40，6.50，6.60，6.70	80	101	45	63
6.80，6.90，7.00，7.10，7.20，7.30，7.40，7.50	85	109	52	69
7.60，7.70，7.80，7.90，8.00，8.10，8.20，8.30，8.40，8.50	95	117	52	75
8.60，8.70，8.80，8.90，9.00，9.10，9.20，9.30，9.40，9.50	100	125	55	81

续表

d H8	l		l_1	
	短型	标准型	短型	标准型
9.60，9.70，9.80，9.90，10.00，10.10，10.20，10.30，10.40，10.50，10.60	105	133	60	87
10.70，10.80，10.90，11.00，11.10，11.20，11.30，11.40，11.50，11.60，11.70，11.80	110	142	65	94
11.90，12.00，12.10，12.20，12.30，12.40，12.50，12.60，12.70，12.80，12.90，13.00，13.10，13.20	120	151	70	101
13.30，13.40，13.50，13.60，13.70，13.80，13.90，14.00	122	160	70	108
14.25，14.50，14.75，15.00	130	169	75	114
15.25，15.50，15.75，16.00	138	178	80	120
16.25，16.50，16.75，17.00	138	184	80	125
17.25，17.50，17.75，18.00	138	191	80	130
18.25，18.50，18.75，19.00	138	198	80	135
19.25，19.50，19.75，20.00	138	205	80	140
用途	用在台钻、钻床、车床等机床上对较脆、硬材料进行高速钻孔加工			

9. 硬质合金锥柄麻花钻（GB/T 10947—2006）

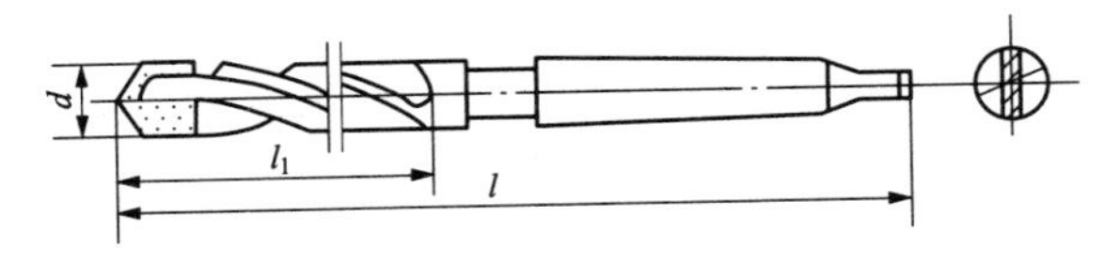

mm

d H8	l		l_1		莫氏圆锥号
	短型	标准型	短型	标准型	
10.00，10.20，10.50	60	87	140	168	1
10.80，11.00，11.20，11.50，11.80	65	94	145	175	

续表

d H8	l 短型	l 标准型	l_1 短型	l_1 标准型	莫氏圆锥号
12.00，12.20，12.50，12.80，13.00，13.20，13.50，13.80，14.00	70	110	170	199	2
		108		206	
14.25，14.50，14.75，15.00	75	114	175	212	
15.25，15.50，15.75，16.00	80	120	180	218	
16.25，16.50，16.75，17.00	85	125	185	223	
17.25，17.50，17.75，18.00	90	130	190	228	
18.25，18.50，18.75，19.00	95	135	195	256	3
19.25，19.50，19.75，20.00	100	140	220	261	
20.25，20.50，20.75，21.00	105	145	225	266	
21.25，21.50，21.75，22.00，22.25，22.50，22.75，23.00，23.25，23.50	110	150	230	271	
		155		276	
23.75，24.00，24.25，24.50，24.75，25.00，25.25，25.50，25.75，26.00，26.25，26.50	115	160	235	281	
		165		286	
26.75，27.00，27.25，27.50，27.75，28.00	120	170	240	291	
			270	319	4
28.25，28.50，28.75，29.00，29.25，29.50，29.75，30.00	125	175	275	324	
用途	用于加工灰铸铁等硬度较高的材料，直径范围为 10～30mm				

10. 硬质合金电锤钻（JB/T 8368.1—1996）

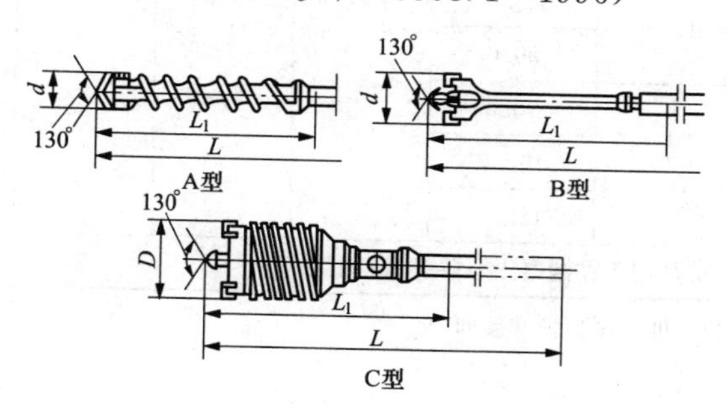

mm

<table>
<tr><td rowspan="26">规格</td><td rowspan="2">型式</td><td rowspan="2">公称直径 d</td><td colspan="4">工作长度 L_1</td></tr>
<tr><td>Ⅰ</td><td>Ⅱ</td><td>Ⅲ</td><td>Ⅳ</td></tr>
<tr><td rowspan="13">A</td><td>6.0</td><td rowspan="4">60</td><td rowspan="5">110</td><td rowspan="7">—</td><td rowspan="8">—</td></tr>
<tr><td>7.0</td></tr>
<tr><td>8.0</td></tr>
<tr><td>10.0</td></tr>
<tr><td>12.0</td><td rowspan="5">110</td></tr>
<tr><td>14.0</td><td rowspan="5">150</td></tr>
<tr><td>16.0</td></tr>
<tr><td>18.0</td></tr>
<tr><td>20.0</td><td rowspan="4">300</td></tr>
<tr><td>22.0</td><td rowspan="3">150</td><td rowspan="3">400</td></tr>
<tr><td>24.0</td><td rowspan="6">250</td></tr>
<tr><td>26.0</td></tr>
<tr><td>28.0</td><td rowspan="13">200</td><td rowspan="13">400</td><td rowspan="13">550</td></tr>
<tr><td rowspan="3">A、B</td><td>32.0</td></tr>
<tr><td>35.0</td></tr>
<tr><td>38.0</td></tr>
<tr><td rowspan="4">A、B、C</td><td>40.0</td><td rowspan="9">300</td></tr>
<tr><td>42.0</td></tr>
<tr><td>45.0</td></tr>
<tr><td>50.0</td></tr>
<tr><td rowspan="2">B、C</td><td>65.0</td></tr>
<tr><td>80.0</td></tr>
<tr><td rowspan="3">C</td><td>90.0</td></tr>
<tr><td>100.0</td></tr>
<tr><td>125.0</td></tr>
<tr><td>用途</td><td colspan="6">适用于在混凝土、砖等材料上钻孔</td></tr>
</table>

注 Ⅰ、Ⅱ、Ⅲ、Ⅳ为长度系列。

11. 定心钻（GB/T 17112—1997）

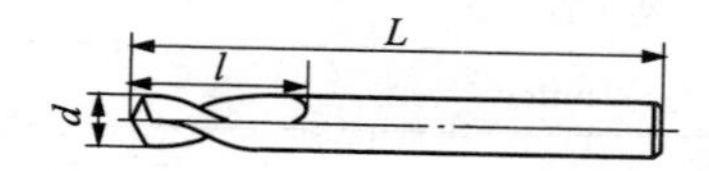

mm

d H8	l	L
4	12	52
6	20	66
8	25	79
10	25	89
12	30	102
16	35	115
20	40	131

注　本表为顶角为 90°或 120°的高速钢和硬质合金定心钻的尺寸。

12. 开孔钻

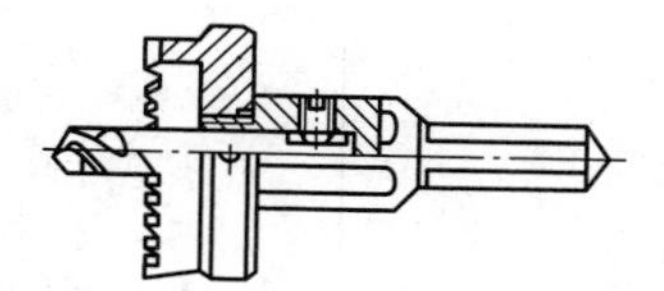

<table>
<tr><th>开孔直径 D</th><th>钻头直径 d</th><th>全长 L</th><th rowspan="2">齿数</th></tr>
<tr><th colspan="3">mm</th></tr>
<tr><td>13</td><td rowspan="11">6</td><td rowspan="11">79</td><td>13</td></tr>
<tr><td>14</td><td rowspan="2">14</td></tr>
<tr><td>15</td></tr>
<tr><td>16</td><td rowspan="2">15</td></tr>
<tr><td>17</td></tr>
<tr><td>18</td><td>16</td></tr>
<tr><td>19</td><td rowspan="2">17</td></tr>
<tr><td>20</td></tr>
<tr><td>21</td><td rowspan="2">18</td></tr>
<tr><td>22</td></tr>
<tr><td>24</td><td>19</td></tr>
</table>

续表

开孔直径 D	钻头直径 d	全长 L	齿数
mm			
25	6	84	20
26			
28			21
30			22
32			24
34			26
35			27
38			29
40			30
42			31
45			34
48			35
50			36
52			38
55			39
58			40
60			42
65			46
70			49
75			53
80			56
85			59
90			62
95			64
100			67
用途	用于钻削 ϕ3mm 以下的薄钢板、有色金属板和非金属板等工件较大直径的孔		

二、铰刀

1. 机用铰刀

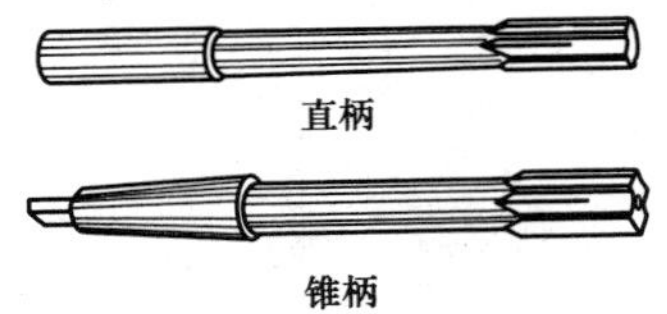

直柄

锥柄

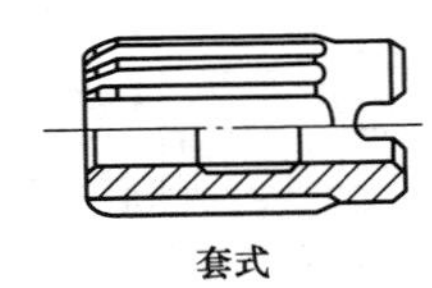

套式

名称		外径（mm）
直柄机用铰刀（GB/T 1132—2004）		1.4，（1.5），1.6，1.8，2.0，2.2，2.5，2.8，3.0，3.2，3.5，4.0，4.5，5.0，5.5，6，7，8，9，10，11，12，（13），14，（15），16，（17），18，（19），20
莫氏锥柄机用铰刀（GB/T 1132—2004）	莫氏锥柄号 1	5.5，6，7，8，9，10，11，12，(13)，14
	2	15，16，(17)，18，(19)，20，22
	3	(24)，25，(26)，28，(30)
	4	32，(34)，（35），36，（38），40，（42），（44），(45)，(46)，(48)，50
套式机用铰刀（GB/T 1135—2004）		20，(21)，22，（23），（24），25，（26），（27），28，(30)，32，(34)，(35)，36，(38)，40，(42)，45，(47)，(48)，50，(52)，56，(58)，(60)，63，(65)，71，（72），（75），80，（85），（90），(95)，100
用途		装在机床上用于铰制工件上的孔，以提高孔的精度和减小孔的表面粗糙度值

注　1. 括号中的尺寸尽量不采用。

2. 铰刀按加工孔的精度等级，分 H7、H8、H9 级三种。

2. 手用 1∶50 锥度销子铰刀（GB/T 20774—2006）

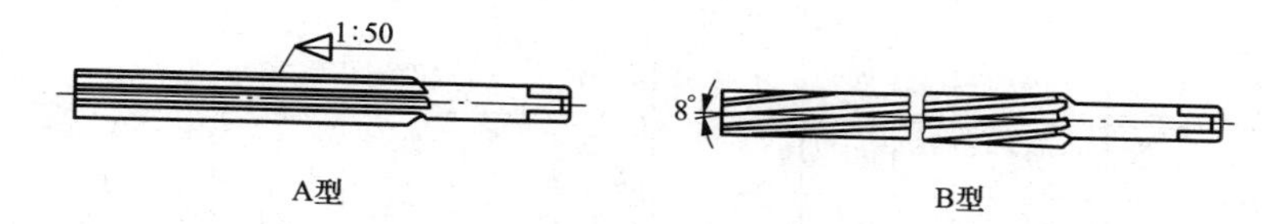

A型　　　B型

mm

铰刀基本直径	手用铰刀		手用长刃铰刀		铰刀基本直径	手用铰刀		手用长刃铰刀	
	总长	刃长	总长	刃长		总长	刃长	总长	刃长
0.6	35	10	38	20	1.2	45	20	50	32
0.8	35	12	42	24	1.5	50	25	57	37
1.0	40	16	46	280	2.0	60	32	68	48

续表

铰刀基本直径	手用铰刀		手用长刃铰刀		铰刀基本直径	手用铰刀		手用长刃铰刀	
	总长	刃长	总长	刃长		总长	刃长	总长	刃长
2.5	65	36	68	48	12	180	140	255	210
3	65	40	80	58	16	200	160	280	230
4	75	50	93	68	20	225	180	310	250
5	85	60	100	73	25	245	190	370	300
6	95	70	135	105	30	250	190	400	320
8	125	95	180	145	40	285	215	430	340
10	155	120	215	175	50	300	220	460	360
用途	专用于手工铰制工件上 1∶50 锥度销孔								

3. 锥柄机用 1∶50 锥度销子铰刀（GB/T 20332—2006）

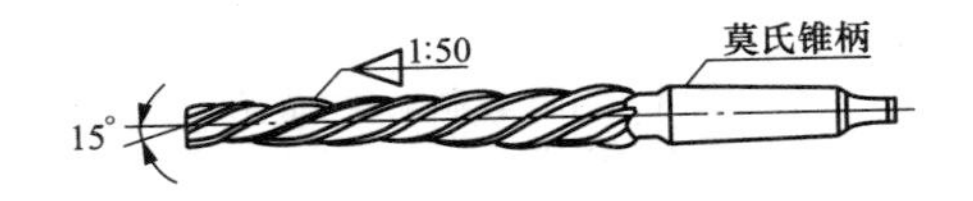

mm

铰刀基本直径	总长	刃长	莫氏锥柄号	铰刀基本直径	总长	刃长	莫氏锥柄号
5	155	73	1	20	377	250	3
6	187	105		25	427	300	
8	227	145		30	475	320	4
10	257	175		40	495	340	
12	315	210	2	50	550	360	5
16	335	230					
用途	专用于装在机床上铰制工件上 1∶50 锥度销孔						

4. 硬质合金可调节浮动铰刀（JB/T 7426—2006）

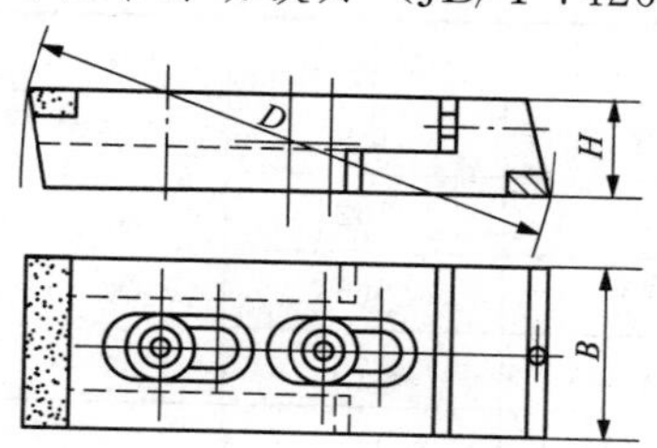

mm

铰刀代号（调节范围—$B\times H$）	D	铰刀代号（调节范围—$B\times H$）	D	铰刀代号（调节范围—$B\times H$）	D
20～22-20×8	20	(70～80-25×12)	70	(90～100-35×20)	90
22～24-20×8	22	(50～55-30×16)	50	(100～110-35×20)	100
24～27-20×8	24	(55～60-30×16)	55	(11) 0～120-35×20)	110
27～30-20×8	27	60～65-30×16	60	(120～135-35×20)	120
30～33-20×8	30	65～70-30×16	65	(135～150-35×20)	135
33～36-20×8	33	70～80-30×16	70	150～170-35×20	150
36～40-25×12	36	80～90-30×16	80	170～190-35×20	170
40～45-25×12	40	90～100-30×16	90	190～210-35×20	190
45～50-25×12	45	100～110-30×16	100	210～230-35×20	210
50～55-25×12	50	110～120-30×16	110	150～170-40×25	150
55～60-25×12	55	120～135-30×16	120	170～190-40×25	170
(60～65-25×12)	60	135～150-30×16	135	190～210-40×25	190
(65～70-25×12)	65	(80～90-35×20)	80	210～230-40×25	210
用途	用于装夹在机床上，对精度要求较高、表面粗糙度值要求较小的孔进行铰削加工。有A型、B型、AC型和BC型。A型用于加工通孔铸铁件；B型用于加工盲孔铸铁件；AC型用于加工通孔钢件；BC型用于加工不通孔钢件				

注　带括号的规格尽量不采用。

5. 硬质合金莫氏锥柄机用铰刀（GB/T 4251—2008）

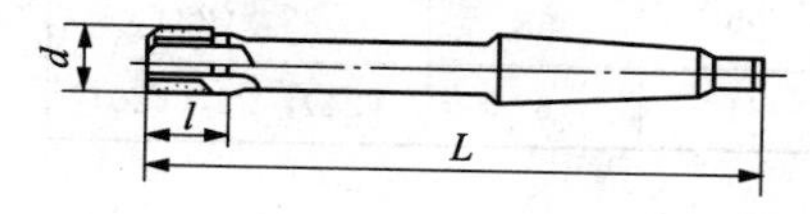

mm

	直径 *d*	总长 *L*	刃长 *l*	莫氏锥柄号
规格	8	156	17	1
	9	162		
	10	168		
	11	175		
	12，(13)	182	20	
	14	189		
	(15)	204	25	2
	16	210		
	(17)	214		
	18	219		
	(19)	223		
	20	228		
	21	232	28	
用途	用于机动铰削要求加工精度高、表面粗糙度低的孔，并可用较高的切削速度铰孔			

6. 直柄手用铰刀（GB/T 1131.1—2004）

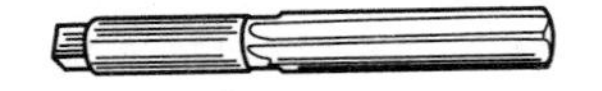

mm

	公称直径	刃长	全长	公称直径	刃长	全长
规格	(1.5)	20	41	12.0，(13.0)	76	152
	1.6	21	44	14.0，(15.0)	81	163
	1.8	23	47	16.0，(17.0)	87	175
	2.0	25	50	18.0，(19.0)	93	188
	2.2	27	54	20.0，(21.0)	100	201
	2.5	29	58	22，(23)	107	215
	2.8，3.0	31	62	(24)，25，(26)	115	231

续表

	公称直径	刃长	全长	公称直径	刃长	全长
规格	3.5	35	71	(27)，28，(30)	124	247
	4.0	38	76	32	133	265
	4.5	41	81	(34)，(35)，36	142	284
	5.0	44	87	(38)，40，(42)	152	305
	5.5，6.0	47	93	(44)，45，(46)	163	326
	7.0	54	107	(48)，50，(52)	174	347
	8.0	58	115	(55)，56，(58)，(60)	184	367
	9.0	62	124	(62)，63，67	194	387
	10.0	66	133	71	203	406
	11.0	71	142			
用途	用于手工铰制工件上已钻削（或扩孔）加工后的孔，以提高孔的加工精度，降低其表面粗糙度					

7. 莫氏锥柄长刃机用铰刀（GB/T 4243—2004）

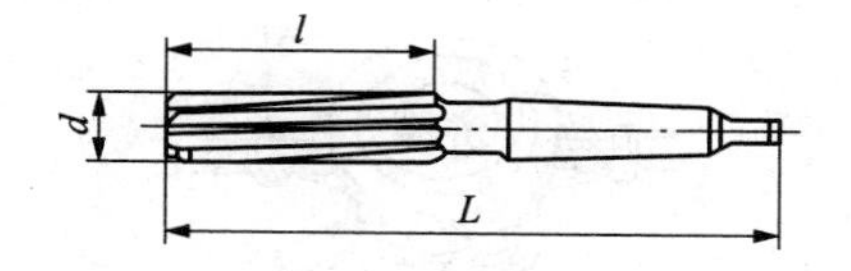

mm

	直径 d	刃长 l	总长 L	莫氏锥柄号
规格	7	54	134	1
	8	58	138	
	9	62	142	
	10	66	146	
	11	71	151	
	(13)	76	156	
	14，(15)	81	161	

续表

<table>
<tr><td rowspan="13">规格</td><td>直径 d</td><td>刃长 l</td><td>总长 L</td><td>莫氏锥柄号</td></tr>
<tr><td>14，(15)</td><td>81</td><td>181</td><td rowspan="5">2</td></tr>
<tr><td>16，(17)</td><td>87</td><td>187</td></tr>
<tr><td>18，(19)</td><td>93</td><td>193</td></tr>
<tr><td>20，(21)</td><td>100</td><td>200</td></tr>
<tr><td>22，(23)</td><td>107</td><td>207</td></tr>
<tr><td>(24)，25，(26)</td><td>115</td><td>242</td><td rowspan="2">3</td></tr>
<tr><td>(27)，28，(30)</td><td>124</td><td>251</td></tr>
<tr><td>32</td><td>133</td><td>293</td><td rowspan="5">4</td></tr>
<tr><td>(34)，(35)，36</td><td>142</td><td>302</td></tr>
<tr><td>(38,) 40，(42)</td><td>152</td><td>312</td></tr>
<tr><td>(44)，45，(46)</td><td>163</td><td>323</td></tr>
<tr><td>(48)，50</td><td>174</td><td>334</td></tr>
<tr><td>用途</td><td colspan="4">用于铰制工件上较深或带槽的孔</td></tr>
</table>

8. 管螺纹铰板（QB/T 2509—2001）

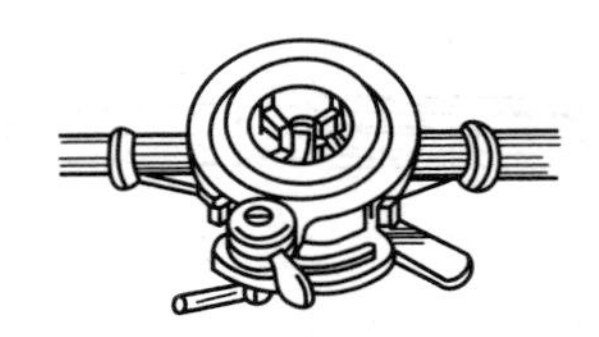

<table>
<tr><td rowspan="2"></td><td rowspan="2">型号</td><td colspan="2">铰管螺纹范围</td><td rowspan="2">结构特性</td></tr>
<tr><td>管螺纹尺寸代号</td><td>管子外径（mm）</td></tr>
<tr><td rowspan="3">规格</td><td>GJB-60</td><td rowspan="2">1/2～3/4
1～1
1～2</td><td rowspan="2">21.3～26.8
33.5～42.3
48.0～60.0</td><td>无间歇机构</td></tr>
<tr><td>GJB-60W</td><td rowspan="2">有间歇机构，
其使用具有万能性</td></tr>
<tr><td>GJB-114W</td><td>1～3
3～4</td><td>66.5～68.5
101.0～114.0</td></tr>
<tr><td>用途</td><td colspan="4">用手工铰制低压流体输送用钢管上的 55°圆柱和圆锥管螺纹</td></tr>
</table>

9. 电线管螺纹铰板及板牙

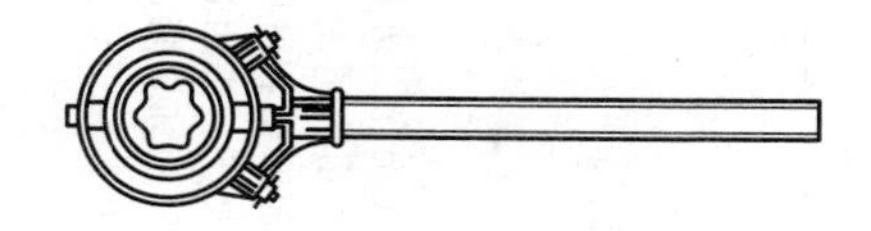

mm

<table>
<tr><td rowspan="3">规格</td><td>型号</td><td>铰制钢管外径</td><td>圆板牙外径尺寸</td></tr>
<tr><td>SHD－25</td><td>12.70，15.88，19.05，25.40</td><td>41.2</td></tr>
<tr><td>SHD－50</td><td>31.75，38.10，50.80</td><td>76.2</td></tr>
<tr><td>用途</td><td colspan="3">用于手工铰制电线套管上的外螺纹</td></tr>
</table>

三、铣刀和齿轮刀具

（一）铣刀

1. 键槽铣刀（GB 1112—2012）

直柄　　　　锥柄

<table>
<tr><td rowspan="4">直柄</td><td>直径（mm）</td><td colspan="2">2</td><td colspan="2">3</td><td colspan="2">4</td><td colspan="2">5</td><td colspan="2">6</td><td colspan="2">7</td></tr>
<tr><td>长度（mm）</td><td colspan="2">39</td><td colspan="2">40</td><td colspan="2">43</td><td colspan="2">47</td><td colspan="2">57</td><td colspan="2">60</td></tr>
<tr><td>直径（mm）</td><td colspan="2">8</td><td colspan="2">10</td><td colspan="3">12，14</td><td colspan="3">16，18</td><td colspan="2">20</td></tr>
<tr><td>长度（mm）</td><td colspan="2">63</td><td colspan="2">72</td><td colspan="3">83</td><td colspan="3">92</td><td colspan="2">104</td></tr>
<tr><td rowspan="6">锥柄</td><td>直径（mm）</td><td>10</td><td colspan="2">12，14</td><td colspan="3">16，18</td><td colspan="3">20，22</td><td colspan="3">24，25，28</td></tr>
<tr><td>长度（mm）</td><td>92</td><td>96</td><td>111</td><td colspan="3">117</td><td colspan="2">123</td><td>140</td><td colspan="3">147</td></tr>
<tr><td>莫氏圆锥号</td><td colspan="2">1</td><td colspan="6">2</td><td colspan="4">3</td></tr>
<tr><td>直径（mm）</td><td colspan="4">32，36</td><td colspan="4">40，45</td><td colspan="2">50，56</td><td colspan="2">63</td></tr>
<tr><td>长度（mm）</td><td colspan="2">155</td><td colspan="2">178</td><td colspan="2">188</td><td colspan="2">221</td><td>200</td><td>233</td><td colspan="2">248</td></tr>
<tr><td>莫氏圆锥号</td><td colspan="2">3</td><td colspan="4">4</td><td colspan="2">5</td><td>4</td><td colspan="3">5</td></tr>
<tr><td colspan="2">用途</td><td colspan="12">装夹在铣床上，专用于铣削轴类零件上的平行键槽</td></tr>
</table>

2. 立铣刀

直柄

锥柄

直柄立铣刀（GB/T 6117.1—2010）								莫氏锥柄立铣刀（GB/T 6117.2—2010）									用途
直径（mm）	长度（mm）				齿数			直径（mm）	长度（mm）				莫氏锥柄号	齿数			
	标准型		长型		粗齿	中齿	细齿		标准型		长型			粗齿	中齿	细齿	
	Ⅰ型	Ⅱ型	Ⅰ型	Ⅱ型					Ⅰ型	Ⅱ型	Ⅰ型	Ⅱ型					
2	39	51	42	54													
2.5，3	40	52	44	56				6	83	—	94	—					
3.5	42	54	47	59				7	86	—	100	—					
4	43	55	51	63				8	89		108	1					
5	47	57	58	68				9	89	—	108	—					
6	57	57	68	68				10，11	92	—	115	—		3	4	5	
7	60	66	74	80				12	96	—	123						
8	63	69	82	88	3	4		14	111		138	2					安装在铣床上进行铣削加工。粗齿适用于工件的平面凹槽和台阶面的粗铣加工；细齿适用于平面凹槽和台阶面的精铣加工
9	69		88					16，18	117	—	148	—					
10	72		95				5	20	123	—	160	—				6	
11	79		102					22	140		177	3					
12，14	83		110					25，28	147		192	3					
16，18	92		123					32，36	155	—	208	—	3				
20，22	104		141				6	32，36	178	201	231	254	4				
25，28	121		166					40，45	188	211	250	273	4	4	6	8	
32，36	133		186					40，45	221	249	283	311	5				
40，45	155		217		4	6	8	50	200	223	275	298	4				
50	177		252					50	233	261	308	336	5				
56	177		252					56	200	223	275	298	4				
63	192 | 202		282 | 292		6	8	10	56	233	261	308	336	5	6	8	10	
71	202		292					63	248	276	338	366	5				

3. 圆柱形铣刀（GB 1115—2002）

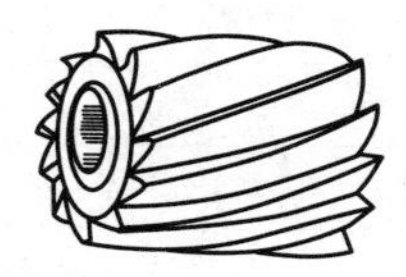

名称	主要尺寸（mm）			齿数（个）	用途
	直径	长度	内孔		
细齿圆柱形铣刀	50	50，63，80	22	8	安装在铣床上铣削工件的平面。细齿用于精加工；粗齿用于粗加工
	63	50，63，80，100	27	10	
	80	63，80，100，125	32	12	
	100	80，100，125，160	40	14	
粗齿圆柱形铣刀	63	50，63，80，100	27	6	
	80	63，80，100，125	32	8	
	100	80，100，125，160	40	10	

4. 套式立铣刀（GB 1114—1998）

规格	直径(mm)	40	50	63	80	100	125	160
	长度(mm)	32	36	40	45	50	56	63
	孔径(mm)	16	22	27	27	32	40	50
	齿数(个)	6～8	6～8	8～10	8～10	10～12	12～14	14～16
用途		安装在铣床上，铣削工件的平面。细齿用于精加工；粗齿用于粗加工						

5. 三面刃铣刀（GB/T 6119—2012）

mm

直径	孔径	厚度	用途
50	16	4，5，6，8，10	安装在铣床上，铣削工件上一定宽度的沟槽及端面。直齿用于加工较浅的沟槽和光洁加工；错齿用于加工较深的沟槽
63	22	4，5，6，8，10，12，14，16	
80	27	5，6，8，10，12，14，16，18，20	
100	32	6，8，10，12，14，16，18，20，22，25	
125		8，10，12，14，16，18，20，22，25，28	
160	40	10，12，14，16，18，20，22，25，28，32	
200		12，14，16，18，20，22，25，28，32，36，40	

6．螺钉槽铣刀（GB/T 25674—2010）

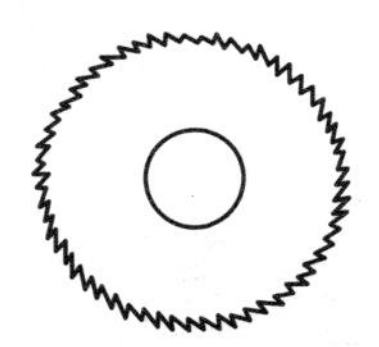

	直径（mm）	厚度（mm）	孔径（mm）	齿数（个）	
				细齿	粗齿
规格	40	0.25，0.3，0.4，0.5，0.6，0.8，1	13	90	72
	60	0.4，0.5，0.6，0.8，1，1.2，1.6，2，2.5	16	72	60
	75	20.6，0.8，1，1.2，1.6，2，2.5，3，4，5	22	72	60
用途	用于铣削螺钉头部或其他工件上的窄槽（一字槽）				

7．锯片铣刀（GB/T 6120—2012）

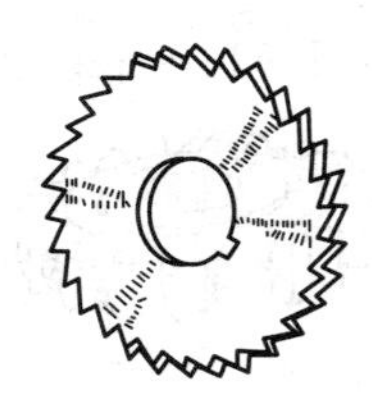

mm

规格	(1) 锯片铣刀厚度 L 尺寸系列					
	0.2，0.25，0.3，0.4，0.5，0.6，0.8，1.0，1.2，1.6，2.0，2.5，3.0，4.0，5.0，6.0					
	(2) 粗齿锯片铣刀					
	外径 D	厚度 L	孔径 d	外径 D	厚度 L	孔径 d
	50	0.8～5.0	13	160	1.2～6.0	32
	63	0.8～6.0	16	200	1.6～6.0	32
	80	0.8～0.6	22	250	2.0～6.0	32
	100	0.8～6.0	22	315	2.5～6.0	40
	125	1.0～6.0	22			
	(3) 中齿锯片铣刀					
	32	0.3～3.0	8	125	1.0～6.0	22
	40	0.3～4.0	10	160	1.2～6.0	32
	50	0.3～5.0	13	200	1.6～6.0	32
	63	0.3～6.0	16	250	2.0～6.0	32
	80	0.6～6.0	22	315	2.5～6.0	40
	100	0.8～6.0	22			
	(4) 细齿锯片铣刀					
	20	0.2～2.0	5	100	0.6～6.0	22
	25	0.2～2.5	8	125	0.8～6.0	22
	32	0.2～3.0	8	160	1.2～6.0	32
	40	0.2～4.0	10	200	1.6～6.0	32
	50	0.25～5.0	13	250	2.0～6.0	32
	63	0.3～6.0	16	315	2.5～6.0	40
	80	0.5～6.0	22			
用途	用于锯切金属材料及铣削工件上的窄槽。细齿的一般用于加工硬金属，如钢、铸铁等；粗齿一般用于加工软金属，如铝及铝合金等；中齿的介于上述两者之间					

8. 凸凹半圆铣刀

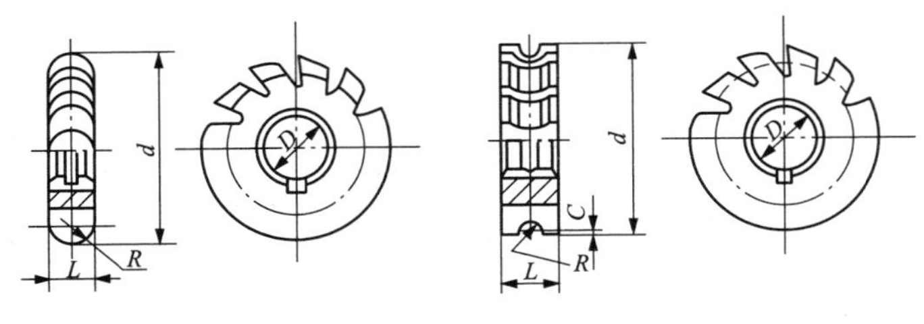

凸半圆铣刀　　　　凹半圆铣刀

mm

R	d	D	C	L		R	d	D	C	L	
				凸半圆	凹半圆					凸半圆	凹半圆
1	50	16	0.2	2	6	5	63	22	0.5	10	20
1.25				2.5	6	6	80	27	0.6	12	24
1.6			0.25	3.2	8	8			0.8	16	32
2				4	9	10	100	32	1.0	20	36
2.5	63	22	0.3	5	10	12			1.2	24	40
3				6	12	16	125		1.6	32	50
4			0.4	8	16	20			2.0	40	60
用途	用于铣削半圆槽，凹半圆铣刀用于铣削凸半圆形工件										

9. T 形槽铣刀

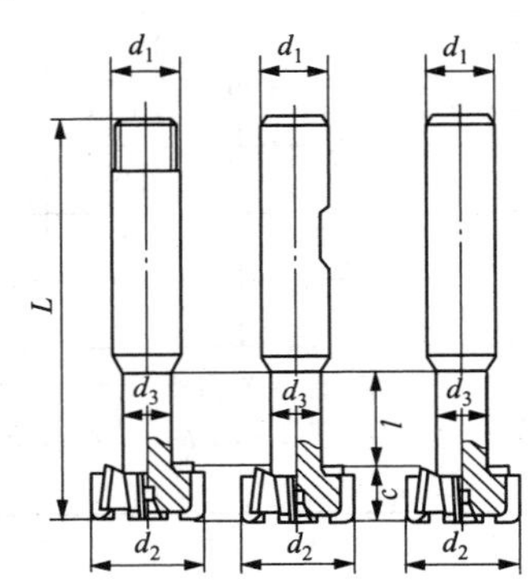

	d_2 H12	c H12	d_3 max	l	d_1	L Js18	f max	g max	T形槽宽度
规格	11	3.5	4	6.5	10	53.5	0.6	1	5
	12.5	6	5	7		57			6
	16	8	7	10		62			8
	18		8	13	12	70			10
	21	9	10	16		74			12
	25	11	12	17	16	82		1.6	14
	32	14	15	22		90	1		18
	40	18	19	27	25	108		2.5	22
	50	22	25	34	32	124			28
	60	28	30	43		139			36
用途	用于铣削工件上的T形槽								

注　f 和 g 为倒角符号。

10. 尖齿槽铣刀

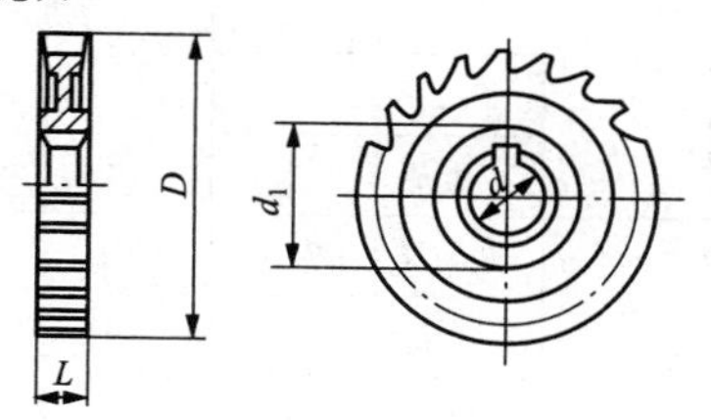

mm

	D Js16	d H7	d_1 min	L K8															
				4	5	6	8	10	12	14	16	18	20	22	25	28	32	36	40
规格	50	16	27	×	×	×	×	×											
	63	22	34	×	×	×	×	×	×	×									
	80	27	41		×	×	×	×	×	×	×	×							
	100	32	47			×	×	×	×	×	×	×	×	×	×				
	125						×	×	×	×	×	×	×	×	×				
	160	40	55					×	×	×	×	×	×	×	×	×	×		
	200								×	×	×	×	×	×	×	×	×	×	×
用途	用于铣削较浅的轴槽																		

注　×表示有此规格。

11. 半圆铣刀（GB/T 1124.1—2007）

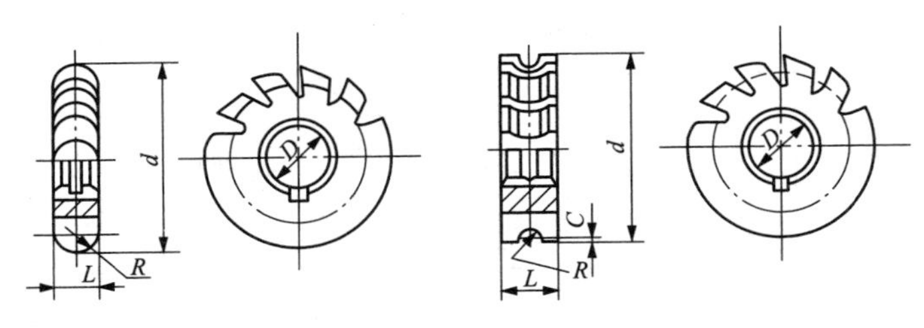

凸半圆铣刀　　　　凹半圆铣刀

mm

	凸半圆铣刀				凹半圆铣刀				
	半圆半径 R K11	外径 d ja16	内孔 D H17	厚度 L	半圆半径 R N11	外径 d ja16	内孔 D H17	厚度 L ja16	尺寸 C
规格	1	50	16	2	1	50	16	6	0.2
	1.25			2.5	1.25				
	1.6			3.2	1.6			8	0.25
	2			4	2			9	
	2.5	63	22	5	2.5	63	22	10	0.3
	3			6	3			12	
	4			8	4			16	0.4
	5			10	5			20	0.5
	6	80	27	12	6	80	27	24	0.6
	8			16	8			32	0.8
	10	100	32	20	10	10	32	36	1.0
	12			24	12			40	1.2
	16	125		32	16	125		50	1.6
	20			40	20			60	2.0
用途	有凸半圆铣刀和凹半圆铣刀，前者主要用于铣削定值尺寸凹圆弧的成形表面，后者主要用于铣削定值尺寸凸圆弧、圆角表面								

12. 角度铣刀（GB/T 6128—2007）

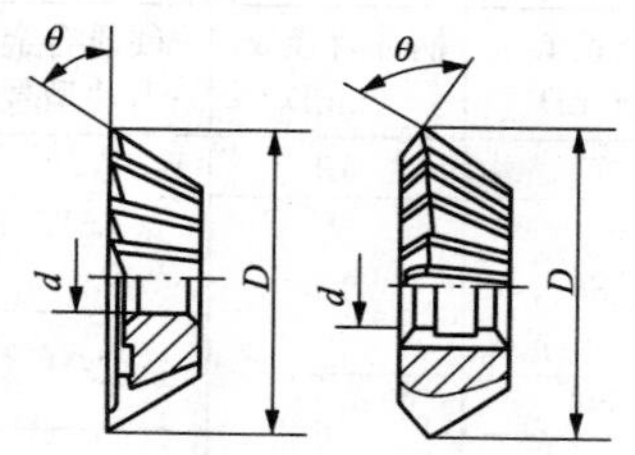

单角铣刀　　不对称双角铣刀

<table>
<tr><td rowspan="11">规格</td><td>名称</td><td>D
(mm)</td><td>d
(mm)</td><td>刀尖角 θ (°)</td><td>齿数</td></tr>
<tr><td rowspan="5">单角铣刀</td><td>40</td><td>13</td><td>45，50，55，60，65，70，75，80，85，90</td><td>18</td></tr>
<tr><td>50</td><td>16</td><td>45，50，55，60，65，70，75，80，85，90</td><td>20</td></tr>
<tr><td>63</td><td>22</td><td rowspan="2">18，22，25，30，40，45，50，55，60，65，70，75，80，85，90</td><td>20</td></tr>
<tr><td>80</td><td>22，27</td><td>22</td></tr>
<tr><td>100</td><td>32</td><td>18，22，25，30，40</td><td>24</td></tr>
<tr><td rowspan="5">不对称双角铣刀</td><td>40</td><td>13</td><td>55，60，65，70，75，80，85，90，100</td><td>18</td></tr>
<tr><td>50</td><td>16</td><td>55，60，65，70，75，80，85，90，100</td><td>20</td></tr>
<tr><td>63</td><td>22</td><td>55，60，65，70，75，80，85，90，100</td><td>20</td></tr>
<tr><td>80</td><td>27</td><td>55，60，65，70，75，80，85，90</td><td>22</td></tr>
<tr><td>100</td><td>32</td><td>55，60，65，70，75，80</td><td>24</td></tr>
<tr><td>用途</td><td colspan="5">有单角铣刀和不对称双角铣刀，用于铣削工件上的角度槽和各种刀具的刃沟等</td></tr>
</table>

13. 硬质合金斜齿立铣刀（GB/T 25670—2010）

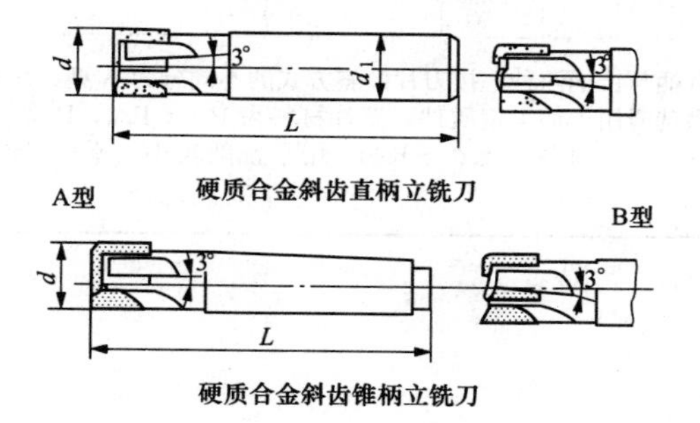

硬质合金斜齿直柄立铣刀

硬质合金斜齿锥柄立铣刀

规格

<table>
<tr><th colspan="5">硬质合金斜齿直柄立铣刀</th></tr>
<tr><th>直径 d
(mm)</th><th>全长 L
(mm)</th><th>柄部直径 d_1
(mm)</th><th>硬质合金
刀片型号</th><th>齿数</th></tr>
<tr><td>10</td><td>75</td><td>10</td><td rowspan="3">E515</td><td rowspan="5">3</td></tr>
<tr><td>11</td><td rowspan="3">80</td><td rowspan="3">12</td></tr>
<tr><td>12</td></tr>
<tr><td>14</td><td rowspan="2">E315</td></tr>
<tr><td>16</td><td>85</td><td rowspan="2">16</td></tr>
<tr><td>18</td><td rowspan="3">90</td><td rowspan="5">E320</td><td rowspan="5">4</td></tr>
<tr><td>20</td><td rowspan="2">20</td></tr>
<tr><td>22</td></tr>
<tr><td>25</td><td rowspan="2">100</td><td rowspan="2">25</td></tr>
<tr><td>28</td></tr>
<tr><th colspan="5">硬质合金斜齿锥柄立铣刀</th></tr>
<tr><th>直径 d
(mm)</th><th>全长 L
(mm)</th><th>莫氏圆锥号</th><th>硬质合金
刀片型号</th><th>齿数</th></tr>
<tr><td>14</td><td rowspan="2">105</td><td rowspan="3">2</td><td rowspan="2">E315</td><td rowspan="3">3</td></tr>
<tr><td>16</td></tr>
<tr><td>18</td><td>110</td><td rowspan="4">E320</td></tr>
<tr><td>20</td><td rowspan="3">130</td><td rowspan="3">3</td><td rowspan="6">4</td></tr>
<tr><td>22</td></tr>
<tr><td>25</td></tr>
<tr><td>28</td><td>155</td><td rowspan="6">4</td></tr>
<tr><td>30</td><td rowspan="4">160</td><td rowspan="4">E325</td></tr>
<tr><td>32</td></tr>
<tr><td>36</td><td rowspan="7">6</td></tr>
<tr><td>40</td></tr>
<tr><td rowspan="2">45</td><td>170</td><td rowspan="4">E330</td></tr>
<tr><td>195</td><td>5</td></tr>
<tr><td rowspan="2">50</td><td>170</td><td>4</td></tr>
<tr><td>195</td><td>5</td></tr>
</table>

用途

有直柄与锥柄两种。按刀片倾斜方式的不同分为 A 型、B 型。

A 型铣刀用于加工钢质件，刀片材料为 P20～P30；B 型铣刀用于加工铸铁件，刀片材料为 K20～K30。用于铣削较小的平面、端面、台阶和凹槽

14. 镶齿三面刃铣刀（JB/T 7953—2010）

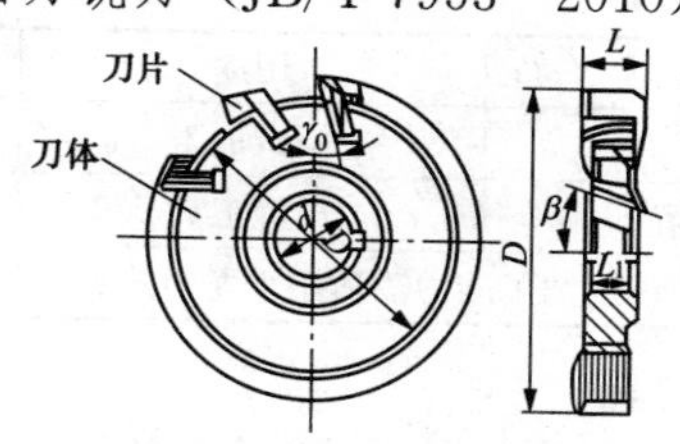

	外径 D（mm）	宽度 L（mm）	孔径 d（mm）	刀体外径 D_1（mm）	刀体宽度 L_1（mm）	齿数
规格	80	12，14，16，18，20	22	71	8.5，11，13，14.5，15	10
	100	12，14，16，18	27	91	8.5，11，13，14，14.5	12
		20，22，25	27	86	15，17，19.5	10
	125	12，14，16，18	32	114	9，11，13，14.5	14
		20，22，25	32	111	15，17，19.5	12
	160	14，16，20	40	146	11，13，15	18
		25，28	40	144	19.5，22.5	16
	200	14，18，22，28	186	186	10	22
					13.15.5	20
					22.5	18
		32	186	184	24	
	250	16，20，25，28，32	50	236	11，14	24
					19.5，22.5，24	22
	315	20，25，32	50	301	14	26
					19，24	24
		36，40	50	297	27，28.5	
用途	镶齿铣刀的刀齿镶嵌在刀体上，用于铣削工件上一定宽度的沟槽及端面					

15. 数控雕铣机（GB/T 24109—2009）

	名称	用途	数量
附件和工具	专用扳手	安装、调整和拆分机床	1套
	夹头	安装刀具	至少1只
	垫脚调节块	安装机床	1套
	水箱水泵	冷却主轴	1套
		冷却刀具	1套

续表

	名称	用途	数量
附件和工具	手轮	调试加工	1套
	工具箱	放置工具	1只
用途	具有雕刻和铣削加工能力。适用于龙门式数控雕铣机床		

（二）齿轮刀具

1. 盘形齿轮铣刀（JB/T 7970.1—1999）

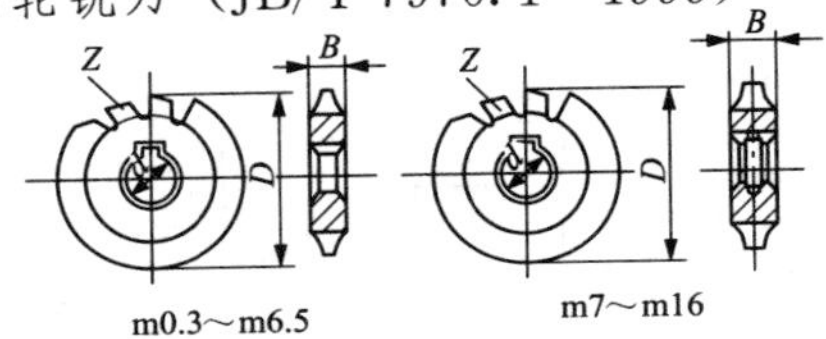

	模数系列（mm）	孔径（mm）	齿数	铣切深度（mm）
规格	0.3，(0.35)	16	20	0.66，0.77，0.88
	0.4，0.5		18	1.1，1.32
	0.6，(0.7)，0.8，(0.9)		16	1.54，1.76，1.98
	1，1.25，1.5	22	14	2.2，2.75，3.3
	(1.75)，2，(2.25)，2.5		12	3.85，4.4，4.95
	(2.73)，3	27		5.5，6.05，6.6
	(3.25)，(3.5)，(3.75)			7.15，7.7，8.25
	4，(4.5)			8.8，9.9
	5，(5.5)，6，(6.5)	32	11	11，12.1，13.2
	7，8			14.3，15.4，17.6
	(9)，10，(11)	40	10	19.8，22，24.2
	12，14，16			26.4，30.8，35.2
用途	用于铣切模数为0.3～16mm、基准齿形角为20°的直齿渐开线圆柱齿轮、齿条			

2. 盘形轴向剃齿刀（GB/T 14333—2008）

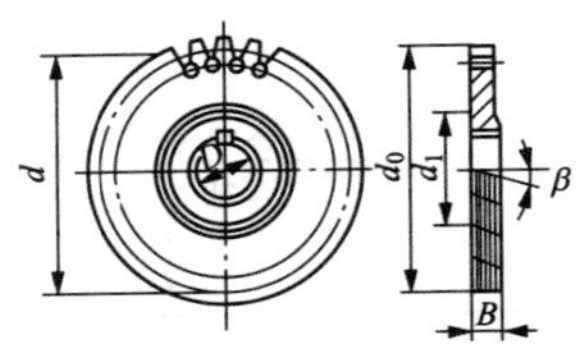

	法向模数 m_{n}（mm）	公称分度圆直径 d（mm）	螺旋角 β（°）	内孔直径 D（mm）
规格	1，1.25，1.5	85	10	31.743
	1.25，1.5，1.75，2，2.25，2.5 2.75，3，3.25，3.5，3.75，4，4.5， 5，5.5，6	180	5，15	63.5
	2，2.5，3，3.5，4，4.5，5，5.5， 6，6.5，7，8	240	5，15	63.5
用途	用于剃削基准齿形角为 20°的标准圆柱齿轮。其精度等级有 A、B 两种，分别适用于加工 6、7 级精度的齿轮			

3. 齿轮滚刀

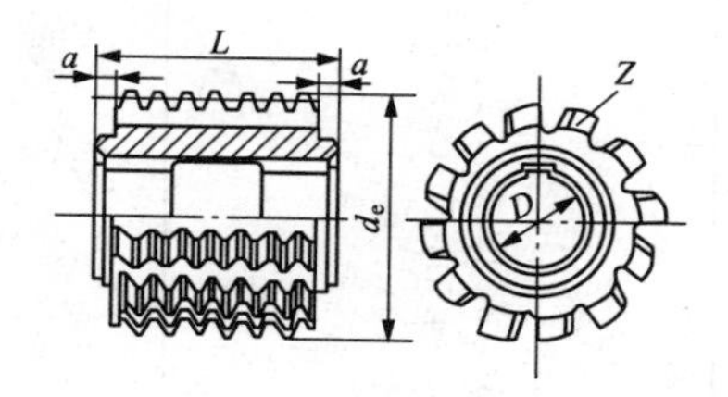

4. 直齿插齿刀（GB/T 6081—2001）

Ⅰ型：盘形直齿插齿刀

Ⅱ型：碗形直齿插齿刀

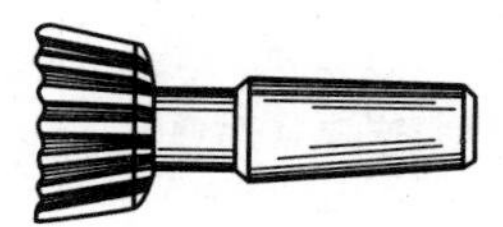

Ⅲ型：锥柄直齿插齿刀

mm

	齿轮种类	模数系列	外径 d_e	孔径 D	全长 L
规格	小模数齿轮滚刀 JB/T 2494—2006	0.10，0.12，0.15，0.2，0.25，0.3，(0.35)，0.4，0.5，0.6，(0.7)，0.8，(0.9)	25，32，40	8，13，16	10，15，20，25，30，40
	齿轮滚刀 GB/T 6083—2001	1，1.25，1.5 (1.75)，2，(2.25)，2.5，(2.75)，3，3.5，4，(4.5)，5，(5.5)，6，(7)，8，(9)，10	Ⅰ型：63～200	Ⅰ型：27，32，40，50，60	Ⅰ型：63～200
			Ⅱ型：50～150	Ⅱ型：22，27，32，40，50	Ⅱ型：32～170
	镶片齿轮滚刀 GB/T 9205—2005	(9,)，10，(11)，12，(14)，16，(18)，20，(22) 25，(28)，(30)，32，(36)，40	带轴向键槽型		
			185～380	50，60，80	195～405
			带端面键槽型		
			185～420	50，60，80，100	215～475

续表

	齿轮种类	模数系列	外径 d_e	孔径 D	全长 L
规格	剃前齿轮滚刀 JB/T 4103—2006	1，1.25，1.5，(1.75)，2，(2.25)，2.5，(2.75)，3，(3.25)，(3.5)，(3.75)，4，(4.5)，5，(5.5)，6，(6.5)，(7)，8	50～125	22，27，32，40	32～132
	磨前齿轮滚刀 JB/T 7968.1—1999	1，1.25，1.5，(1.75)，2，(2.25)，2.5，(2.75)，3，(3.25)，(3.5)，(3.75)，4，(4.5)，5，(5.5)，6，(6.5)，(7)，8，(9)，10	50～150	22，27，32，40，56	32～170
用途	齿轮滚刀基本型式有Ⅰ型和Ⅱ型两种，Ⅰ型可加工6级精度齿轮，Ⅱ型与镶片齿轮滚刀可加工7、8、9、10级精度齿轮。齿轮滚刀是滚制渐开线圆柱齿轮的刀具，用于滚制直齿或斜齿渐开线圆柱齿轮。小模数齿轮滚刀、齿轮滚刀、镶片齿轮滚刀分别用于加工模数为0.1～1、1～10、9～40mm，基准齿形角为20°的渐开线圆柱齿轮。剃前齿轮滚刀用于剃前加工，加工基准齿形角为20°的不变位圆柱齿轮，磨前滚刀用于需磨齿的齿轮在磨齿前滚齿				

注 带括号的模数尽量不采用。

公称分度圆直径	75，100，125，160，200
模数系列	1，1.5，1.25，1.75，2，2.25，2.5，2.75，3，3.5，3.75，4，4.5，5.5，6，6.5，7，8，9，10，11，12
型式	Ⅰ—盘形，Ⅱ—碗形，Ⅲ—锥柄
用途	直齿插齿刀适用于加工模数为 1～12mm、基准齿形角为 20°的圆柱齿轮。其中合盘形插齿刀适于加工外啮直齿圆柱齿轮或齿数较多的内啮合直齿圆柱齿轮；碗形插齿刀适于加工塔形或带凸肩的直齿圆柱齿轮；锥柄插齿刀适于加工内啮合圆柱齿轮或齿数较多的外啮合直齿圆柱齿轮

四、车刀和刀片

1. 硬质合金车刀（GB/T 17985.1～17985.3—2000）

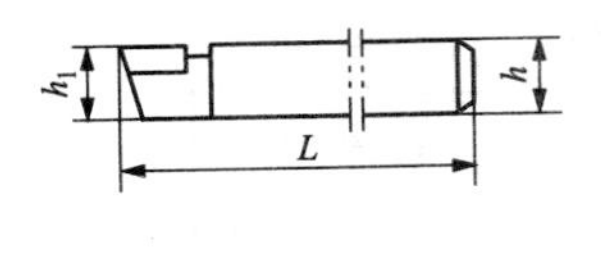

外表面车刀

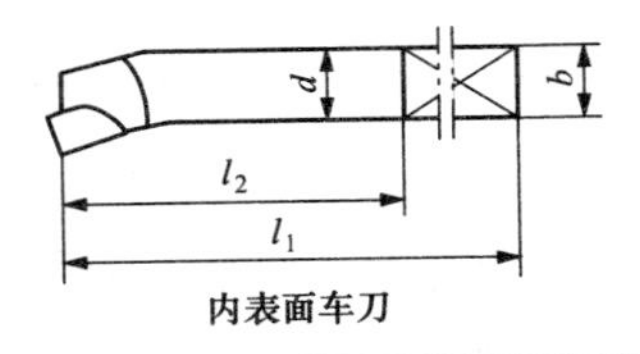

内表面车刀

（1）车刀型式、符号和名称

符号	车刀形式	名称
01	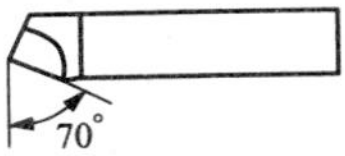	70°外圆车刀
02	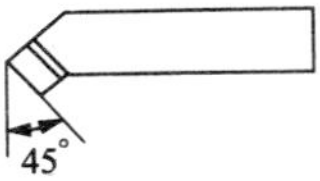	45°端面车刀
03	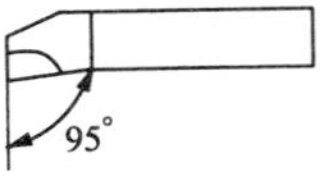	95°外圆车刀
04		切槽车刀
05		90°端面车刀

续表

(1) 车刀型式、符号和名称		
符号	车刀形式	名称
06	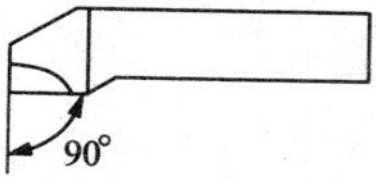	90°外圆车刀
07		A 型切断车刀
08	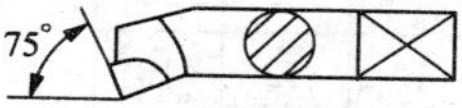	75°内孔车刀
09	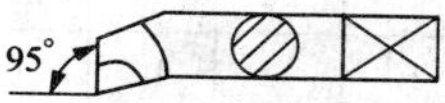	90°内孔车刀
10	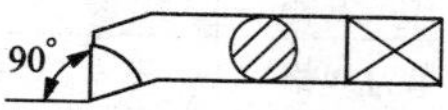	95°内孔车刀
11	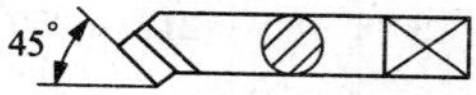	45°内孔车刀
12	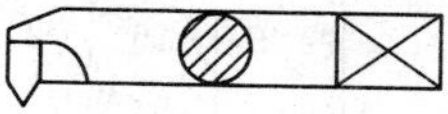	内螺纹车刀
13	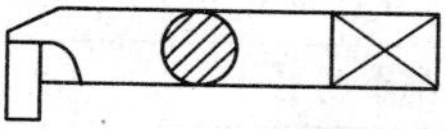	内切车刀
14		75°外圆车刀
15	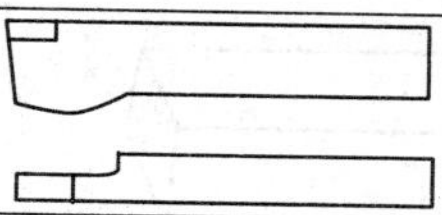	B 型切断车刀
16	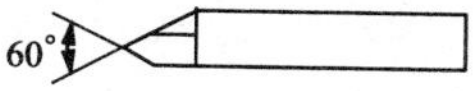	外螺纹车刀
17	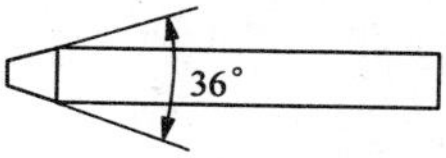	带轮车刀

续表

(2) 外表面车刀规格										
车刀长度 L（mm）			90	100	110	125	140	170	200	240
车刀厚度（$h=h_1$）（mm）			10	12	16	20	25	32	40	50
车刀形式	0.1，0.2，0.6，14	车刀宽度 b（mm）	10	12	16	20	25	32	40	50
	03		—	—	10	12	16	20	25	32
	04		—	—	—	12	16	20	25	32
	05		—	—	—	20	25	32	40	50
	07		—	8	10	12	16	20	25	32
	15		—	8	10	12	16	20	25	—
	16		—	8	10	12	16	20	—	—
	17		—	12	10	12	16	20	—	—

(3) 内表面车刀规格								
车刀型式 0.8，0.9，10，11，12，13	车刀长度 l_1（mm）	125	150	180	210	250	300	355
	厚度、宽度（$h=b$）（mm）	8	10	12	16	20	25	32
	l_2	40	50	63	80	100	125	160
用途	装夹于机床上用于切削金属工件							

2. 可转位车刀（GB/T 5343.2—2007）

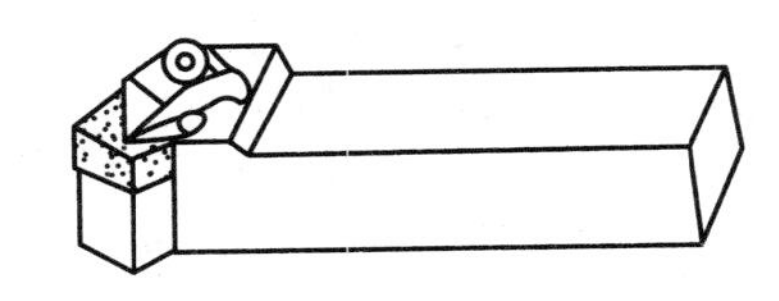

代号													
代号	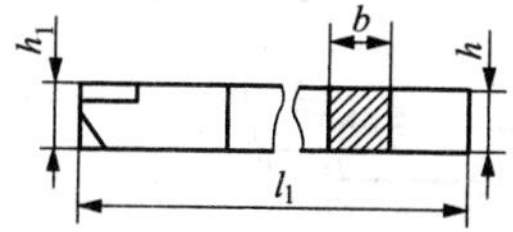	h (mm)	8	10	12	16	20	25	32	32	40	40	40	50
		b (mm)	8	10	12	16	20	25	25	32	32	32	40	50
		l_1 (mm)	60	70	80	100	125	150	170	170	150	200	200	250
		h_1 (mm)	8	10	12	16	20	25	32	32	40	40	40	50
A	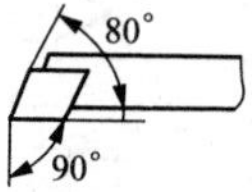 80°, 90°		√	√										
	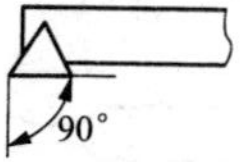 90°				√	√	√	√	√	√			√	
B	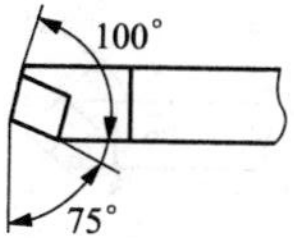 100°, 75°		√	√	√									
	90°, 75°					√	√	√	√	√			√	√

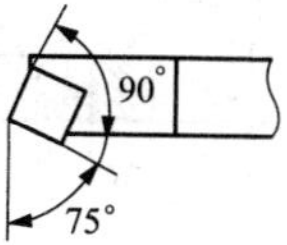

续表

代号														
代号	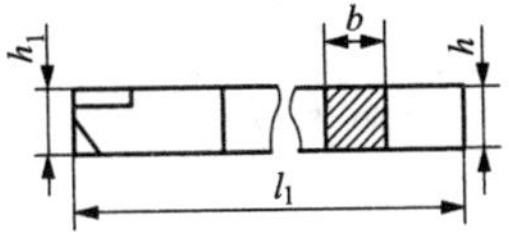	h (mm)	8	10	12	16	20	25	32	32	40	40	40	50
		b (mm)	8	10	12	16	20	25	25	32	32	32	40	50
		l_1 (mm)	60	70	80	100	125	150	170	170	150	200	200	250
		h_1 (mm)	8	10	12	16	20	25	32	32	40	40	40	50
D	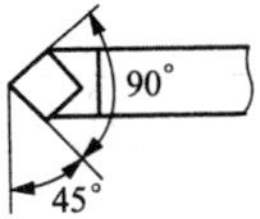				√	√	√	√	√	√				
	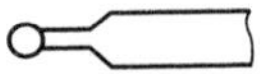		√	√	√	√	√	√	√	√			√	
F	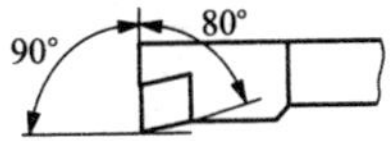		√	√										
	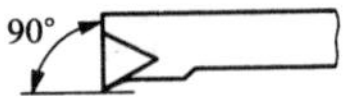				√	√	√	√	√	√			√	
G	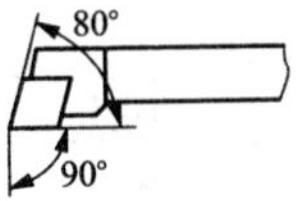		√	√										

续表

代号														
代号	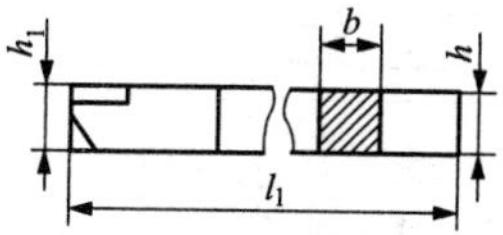	h（mm）	8	10	12	16	20	25	32	32	40	40	40	50
		b（mm）	8	10	12	16	20	25	25	32	32	32	40	50
		l_1（mm）	60	70	80	100	125	150	170	170	150	200	200	250
		h_1（mm）	8	10	12	16	20	25	32	32	40	40	40	50
G	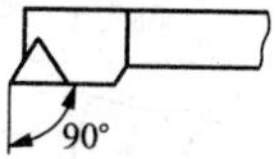 90°				√	√	√	√	√	√			√	√
H	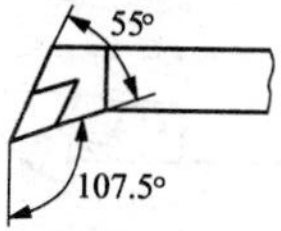 55°、107.5°			√	√	√	√	√	√					
H	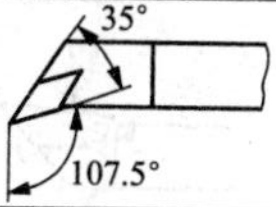 35°、107.5°				√	√	√	√	√					
J	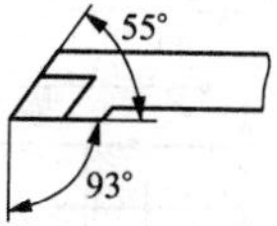 55°、93°		√	√	√	√	√	√	√			√		
J	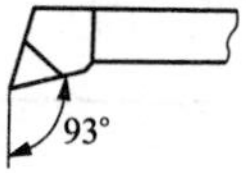 93°						√	√	√			√		

续表

代号													
		h（mm）	8	10	12	16	20	25	32	32	40	40	40	50
		b（mm）	8	10	12	16	20	25	25	32	32	32	40	50
		l_1（mm）	60	70	80	100	125	150	170	170	150	200	200	250
		h_1（mm）	8	10	12	16	20	25	32	32	40	40	40	50
J					√	√	√	√	√					
K			√	√										
K					√	√	√	√	√	√			√	
L			√	√	√	√	√	√	√	√			√	
L			√	√	√	√	√	√	√	√				

续表

代号														
代号	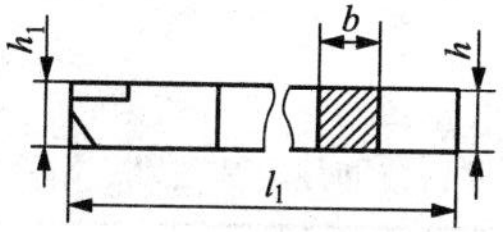	h（mm）	8	10	12	16	20	25	32	32	40	40	40	50
		b（mm）	8	10	12	16	20	25	25	32	32	32	40	50
		l_1（mm）	60	70	80	100	125	150	170	170	150	200	200	250
		h_1（mm）	8	10	12	16	20	25	32	32	40	40	40	50
N	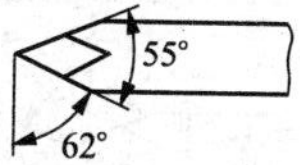		√	√	√	√	√	√	√		√			
N	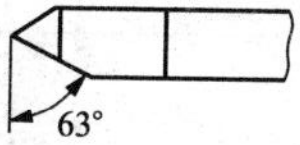							√	√		√			
R	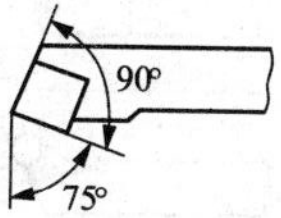				√	√	√	√	√	√			√	√
S	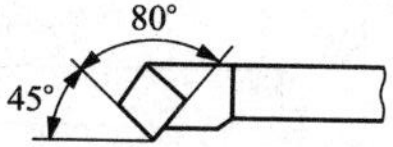		√	√										
S	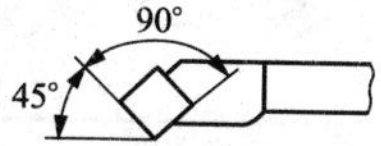				√	√	√	√	√	√			√	√

续表

代号												
h（mm）	8	10	12	16	20	25	32	32	40	40	40	50
b（mm）	8	10	12	16	20	25	25	32	32	32	40	50
l_1（mm）	60	70	80	100	125	150	170	170	150	200	200	250
h_1（mm）	8	10	12	16	20	25	32	32	40	40	40	50
S	√	√	√	√	√	√	√	√			√	
T			√	√	√	√	√	√			√	
V			√	√	√	√	√					
用途	用于车削较硬的金属材料及其他材料，使用时将磨损的刀片调位或更换便可继续使用											

注 表内“√”表示有此规格。

3. 机夹车刀

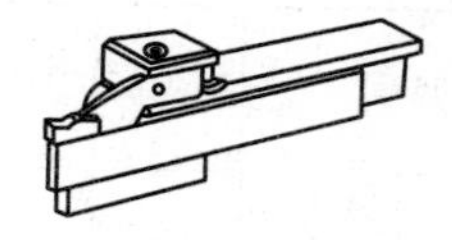

mm

名称与标准号	型号	刀尖高	刀体宽	全长	刀片宽	最大切断直径
机夹切断车刀 A型切断车刀 (GB/T 10953—2006)	QA2022R－03 QA2022L－03	20	22	125	3. 2	40
	QA2022R－04 QA2022L－04				4. 2	
	QA2525R－04 QA2525L－04	25	25	150		60
	QA2525R－05 QA2525L－05				5. 3	
	QA3232R－05 QA3232L－05	32	32	170		80
	QA3232R－06 QA3232L－06				6. 5	
机夹切断车刀 B型切断车刀 (GB/T 10953—2006)	QB2022R－04 QB2022L－04	20	20	125	4. 2	100
	QB2022R－05 QB2022L－05				5. 3	
	QB2525R－05 QB2525L－05	25	25	150		125
	QB2525R－06 QB2525L－06				6. 5	
	QB3232R－06 QB3232L－06	32	32	170		150
	QB3232R－08 QB3232L－08				8. 5	175
	QB4040R－08 QB4040L－08	40	40	200		

续表

名称与标准号	型号	刀尖高	刀体宽	全长	刀片宽	最大切断直径
机夹切断车刀 B 型切断车刀 (GB/T 10953—2006)	QB4040R - 10 QB4040L - 10	40	40	200	10.5	175
	QB5050R - 10 QB5050L - 10	50	50	250		200
	QB5050R - 12 QB5050L - 12				12.5	
机夹外螺纹车刀 (GB/T 10954—2006)	LW1616R - 03 LW1616L - 03	16	16	110	3	—
	LW2016R - 04 LW2016L - 04	20	16	125	4	
	LW2520R - 06 LW2520L - 06	25	20	150	6	
	LW3225R - 08 LW3225L - 08	32	25	170	8	
	LW4032R - 10 LW4032L - 10	40	32	200	10	
	LW5040R - 12 LW5040L - 12	50	40	250	12	
矩形刀杆机夹 内螺纹车刀 (GB/T 10954—2006)	LN1216R - 03 LN1216L - 03	12	16	150	3	—
	LN1620R - 04 LN1620L - 04	16	20	180	4	
	LN2025R - 06 LN2025L - 06	20	25	200	6	
	LN2532R - 08 LN2532L - 08	25	32	250	8	

续表

名称与标准号	型号	刀尖高	刀体宽	全长	刀片宽	最大切断直径
矩形刀杆机夹内螺纹车刀（GB/T 10954—2006）	LN3240R-10 LN3240L-10	32	40	300	10	—
圆形刀杆机夹内螺纹车刀（GB/T 10954—2006）	LN1020R-03 LN1020L-03	10	20①	180	3	—
	LN1225R-03 LN1225L-03	12.5	25①	200	3	
	LN1632R-04 LN1632L-04	16	32①	250	4	
	LN2040R-08 LN2040L-08	20	40①	300	6	
	LN2550R-08 LN2550L-08	25	50①	350	8	
	QB3060R-10 QB3060L-10	30	60①	400	10	

注　型号后“L”为左车刀，“R”为右车刀。

① 为直径。

4. 硬质合金焊接车刀片和焊接刀片

（1）硬质合金焊接车刀片的规格。

刀片类型	A	B	C	D	E
形状	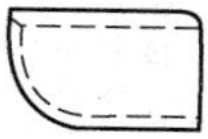	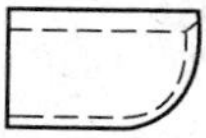	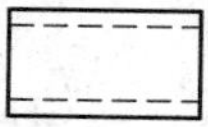	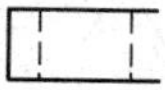	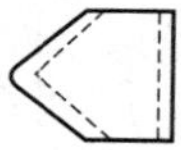
型号	A5～A50	B5～B50	C5～C50	D3～D12	E4～E32

（2）硬质合金焊接车刀片的规格（YS/T 79—2006）。

刀片类型	形状	刀片型号	用途
A1		A106～A150	用于外圆车刀、镗刀及切槽刀上
A2		右：A208～A225 左：A212Z～A225Z	用于镗刀及端面车刀上
A3		右：A310～A340 左：A312Z～A340Z	用于端面车刀及外圆车刀上
A4		右：A406～A450A 左：A412Z～A450AZ	用于外圆车刀、镗刀及端面车刀上
A5		右：A515、A518 左：A515Z、A518Z	用于自动机床的车刀上
A6		右：A612、A615、A618 左：A612Z、A615Z、A618Z	用于镗刀、外圆车刀及端面铣刀上
B1		右：B108～B130 左：B112Z～B130Z	用于成型车刀、加工燕尾槽的刨刀和铣刀上
B2		B208～B265A	用于凹圆弧成型车刀及轮缘车刀上
B3		右：B312～B322 左：B312Z～B322Z	用于凸圆弧成型车刀上
C1		C110、C116、C120、C122、C125、C110A，C116A、C120A	用于螺纹车刀上
C2		C215、C218、C223、C228、C236	用于精车刀及梯形螺纹车刀上

续表

刀片类型	形状	刀片型号	用途
C3		C303、C304、C305、C306、C308、C310、C312、C316	用于切断刀和切槽刀上
C4		C420、C425、C430 C435、C442、C450	用于加工三角皮带轮 V 形槽的车刀上
C5		C539，C545	用于轧辊拉丝刀上
D1		右：D110～D130 左：D110Z～D130Z	用于面铣刀上
D2		D206～D246	用于三面刃铣刀、T 形槽铣刀及浮动镗刀上
E1		E105、E106、E107、E108、E109、E110	用于麻花钻及直槽钻上
E2		E210～E252	用于麻花钻及直槽钻上
E3		E312～E345	用于立铣刀及键槽铣刀上
E4		E415、E1418、E420、B425、E430	用于扩孔钻上
E5		E515、E518、E522、E525、E530、E540	用于铰刀上
用途	供焊接于车刀或其他刀具的刀杆（或刀体）上，可在高转速下切削坚硬金属和非金属材料		

注　刀片型号按其大致用途分为 A、B、C、D、E 五类，字母和其后第一个数字表示刀片类型；第二、第三两位数字表示焊接刀片长度参数，当焊接刀片长度参数相同，其他参数如宽度、厚度不同时，则在型号后面分别加 A、B 以示区别；当刀片分左、右向切削时，在型号后有 Z 则表示左向切削，没有 Z 则表示右向切削。例如 A440A、A440AZ。

5. 高速钢车刀条（GB/T 4211.1—2004）

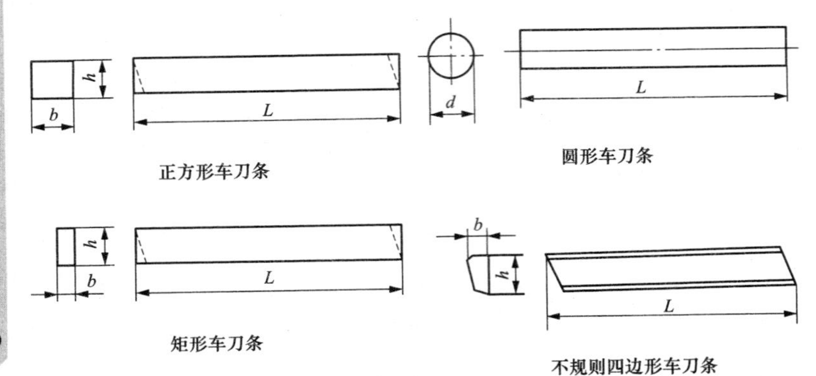

正方形车刀条　圆形车刀条　矩形车刀条　不规则四边形车刀条

边长 a（mm）	长度 L（mm）
正方形车刀条	
4，5	63
6，8	63，80，100，160，200
10，12	63，80，100，160，200
16	100，160，200
20	160，200
25	200

宽×高（$b\times h$）（mm×mm）	长度 L（mm）
矩形车刀条	
$h/b\approx1.6$	
4×6	100
5×8	100
6×10	160，200
8×12	160，200
10×16	160，200
12×20	160，200
16×25	200
$h/b\approx2$	
4×8	100
5×10	100
6×12	160，200
8×16	160，200
10×20	160，200
12×25	200

直径 d（mm）	长度 L（mm）
圆形车刀条	
4，5	63，80，100
6	63，80，100，160
8	63，80，160

续表

边长 a（mm）	长度 L（mm）	宽×高（$b \times h$）（mm×mm）	长度 L（mm）
10	63，80，100，160，200	不规则四边形车刀条	
12，16	100，160，200	3×12	85，120
20	200	5×12	85，120
宽×高（$b \times h$）（mm×mm）	长度 L（mm）	3×16	140，200
矩形车刀条		4×16	140
$h/b \approx 2.33$		6×16	140
6×14	140	4×18	140
$h/b \approx 2.5$		3×20	140
4×10	120	4×20	140，250
		4×25	250
		6×25	250
用途	磨成适当形状及角度后，装在机床上用于切削金属工件		

6. 天然金刚石车刀（JB/T 10725—2007）

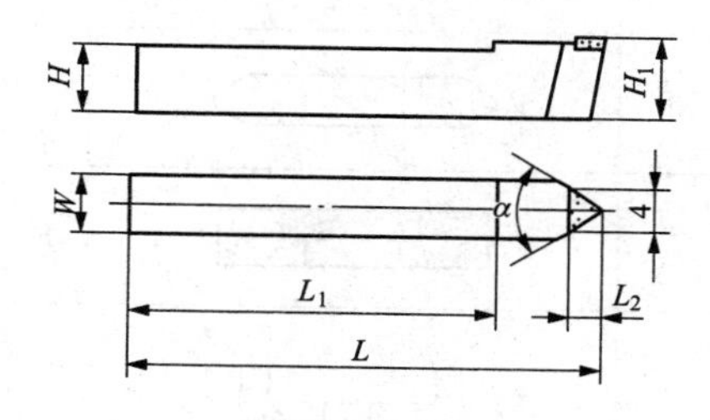

mm

	L js14	W js12	H js12	H_1 js12	L_1	L_2	α
规格	48	6.0	10.0	10.0	42	2.5～3.5	30°～75°
	50	6.5	6.5	10.5	44		
	52	6.8	6.8	11.0	46		
用途	适用于天然金刚车刀						

五、磨削工具

1. 砂轮

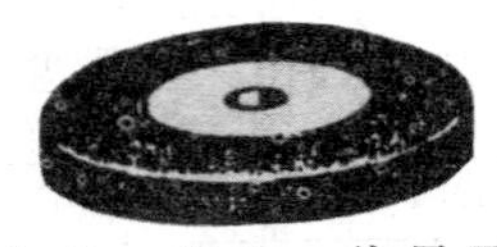

(1) 常用砂轮的名称、形状、代号及用途（GB/T 2484—2006）。

砂轮名称	型号	断面形状	用途举例
平形砂轮	1		磨内圆、外圆、平面及刃磨
双斜边二号砂轮	1—N		磨外圆兼靠磨端面
筒形砂轮	2		以端面磨工件表面，也适用于最后磨光
单斜边砂轮	3	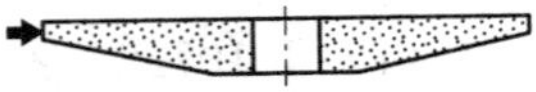	磨齿轮齿面及刃磨刀具
双斜边砂轮	4		磨齿轮齿面及单头螺纹
单面凹砂轮	5		磨外圆、内圆及端面等
杯形砂轮	6	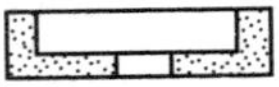	刃磨刀具如铣刀、铰刀、扩孔钻、拉刀、切纸刀等
双面凹一号砂轮	7	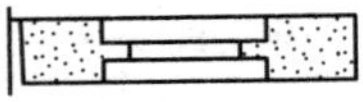	磨外圆、平面及刃磨刀具，也可作无心磨床的磨轮
磨针用双面凹J型面砂轮	7—J	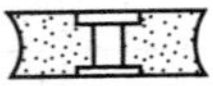	磨针专用
双面凹二号砂轮	8	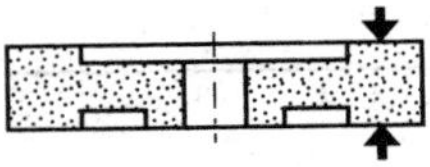	磨外径量规及游标卡尺两个内测量面专用

续表

砂轮名称	型号	断面形状	用途举例
碗形砂轮	11	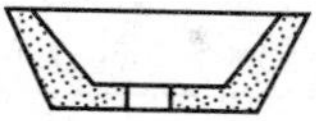	刃磨刀具及磨平面，当工件上有凸出部分而磨轮进给有困难时更为适宜
碟形砂轮	12a	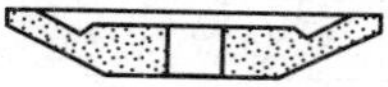	刃磨刀具（如铣刀、铰刀、拉刀等），大规格的一般用于磨齿轮齿面
碟形砂轮	12b	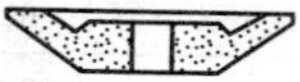	刃磨锯齿
单面凹带锥砂轮	23		磨外圆兼靠磨端面
双面凹锥砂轮	26	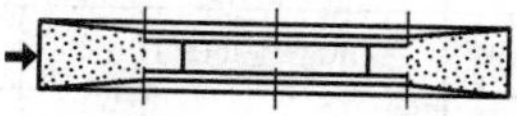	磨外圆兼靠磨两端面
钹形砂轮	27	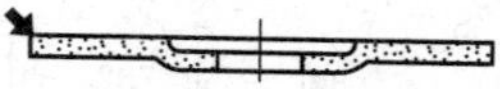	打磨清理焊缝、焊件，整修金属件表面缺陷，磨外圆兼靠磨两端面
螺栓紧固平形砂轮	36	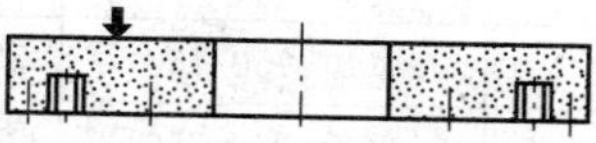	刃磨刀具
单面凸砂轮	38	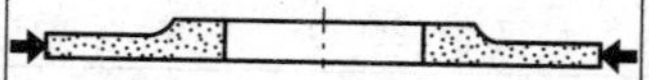	磨内圆、外圆及端面
平形切割砂轮	41	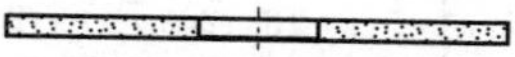	切割各种钢材及开槽

（2）砂轮的主要尺寸。

砂轮名称	型号	主要尺寸范围（mm）		
		外径 D	厚度 T	孔径 H
1）外圆磨砂轮（工件装夹在顶尖间）（GB/T 4127.1—2007）				
平形砂轮	1	250～1250	20～150	76.2～508
单面凹砂轮	5	300～1060/1067	40～150	76.2～508

续表

砂轮名称	型号	主要尺寸范围（mm）		
		外径 *D*	厚度 *T*	孔径 *H*
双面凹砂轮	7	300～1060/1067	40～150	76.2～508
单面锥砂轮	20	250～750/762	13～125	76.2～304.8
双面锥砂轮	21	250～750/762	40～100	76.2～304.8
单面凹单面锥砂轮	22	300～750/762	40～100	76.2～304.8
单面凹带锥砂轮	23	300～750/762	40～100	76.2～304.8
双面凹单面锥砂轮	24	300～750/762	40～100	76.2～304.8
单面凹双面锥砂轮	25	300～750/762	40～100	76.2～304.8
双面凹带锥砂轮	26	300～750/762	40～100	76.2～304.8
单面凸砂轮	38	250～1060/1067	13～50	76.2～304.8
双面凸砂轮	39	250～1060/1067	13～50	76.2～304.8
平面 N 型面砂轮	1—N	600～900	20～200	305
2）无心外圆磨砂轮（GB/T 4127.2—2007）				
平形砂轮	1	300～750/762	25～600	127～304.8
单面凹砂轮	5	300～750/762	25～600	127～304.8
双面凹砂轮	7	300～750/762	25～600	127～304.8
导轮	5	200～350/356	25～600	76.2～152.4
3）内圆磨砂轮（GB/T 4127.3—2007）				
平面砂轮	1	6～200	6～63	2.5～32
单面凹砂轮	5	13～200	13～63	4～32
4）平面磨削用周边砂轮（GB/T 4127.4—2008）				
平形砂轮	1	150～750/762	13～160	32～304.8
单面凹砂轮	5	150～750/762	25～100	32～304.8
双面凹砂轮	7	300～900/914	40～100	76.2～304.8
单面锥砂轮	20	250～750/762	13～125	76.2～304.8
双面锥砂轮	21	250～750/762	40～100	76.2～304.8
单面凹单面锥砂轮	22	300～750/762	40～100	76.2～304.8

续表

砂轮名称	型号	主要尺寸范围（mm）		
		外径 D	厚度 T	孔径 H
单面凹带锥砂轮	23	300～750/762	40～100	76.2～304.8
双面凹单面锥砂轮	24	300～750/762	40～100	76.2～304.8
单面凹双面锥砂轮	25	300～750/762	40～100	76.2～304.8
双面凹带锥砂轮	26	300～750/762	40～100	76.2～304.8
单面凸砂轮	38	250～1060/1067	13～50	76.2～304.8
双面凸砂轮	39	250～1060/1067	13～50	76.2～304.8
5）平面磨削用端面磨砂轮（工件装夹在顶尖间）（GB/T 4127.5—2008）				
粘结或夹紧用筒形砂轮	2	150～600/60	80～125	壁厚 W：16～63
杯形砂轮	6	125～300	63～125	32～127
粘结或夹紧用圆盘砂轮	35	350/356～900/914	63、80	203.2～508
螺栓紧固平形砂轮	36	350/356～1060/1067	63～100	120～280
螺栓紧固筒形砂轮	37	300～600/610	100～125	壁厚 W：50、63
6）工具磨和工具室用砂轮（GB/T 4127.6—2008）				
平形砂轮	1	50～300	6～32	13～51
单斜边砂轮	3	80～250	5～14	13～32
单面凹砂轮	5	150～400	32～50	20～127
双面凹砂轮	7	300～400	50～65	76.2～127
平形砂轮（锯刃磨）	1	100～300	1～32	20～32
杯形砂轮	6	50～180	32～80	13～32
碗形砂轮	11	50～180	32～50	13～32
碟形砂轮	12	80～200	10～20	13～32
7）人工操纵磨削砂轮（GB/T 4127.7—2008）				
平形砂轮	1	100～750/762	13～100	16～304.8
单面凹砂轮	5	150～400	32～50	20～127
杯形砂轮	6	50～200	32～100	13～76.2
粘结或夹紧用圆盘砂轮	35	350/356～900/914	63、80	203.2～508

续表

砂轮名称	型号	主要尺寸范围（mm）		
		外径 D	厚度 T	孔径 H
螺栓紧固平形砂轮	36	350/356～1060/1067	63～100	120～280
螺栓紧固筒形砂轮	37	300～600/610	100～125	350～540
8）去毛刺、荒磨和粗磨用砂轮（GB/T 4127.8—2007）				
平形砂轮	1	100～750/762	13～100	16～304.8
9）去毛刺、荒磨和粗磨用砂轮（GB/T 4127.9—2007）				
平形砂轮	1	406～914	40～152	152.4～304.8
10）直向砂轮机用去毛刺和荒磨砂轮（GB/T 4127.12—2008）				
平形砂轮	1	32～200	10～40	8～32
双斜边砂轮	4	80～200	20～25	20～32
11）立式砂轮机用去毛刺和荒磨砂轮（GB/T 4127.13—2008）				
杯形砂轮	6	100～150	50	20～32
粘结或夹紧用圆盘砂轮	35	200～250	50	127～152.4
螺栓紧固平形砂轮	36	125～250	63～80	25～150
12）角向轮机用去毛刺、荒磨和粗磨砂轮（GB/T 4127.14—2008）				
杯形砂轮(有螺纹接口)	6	100～150	50	M14
杯形砂轮(无螺纹接口)	6	100～150	50	22.23
碗形砂轮(有螺纹接口)	11	100～180	50～80	M14
碗形砂轮(无螺纹接口)	11	100～180	50～80	22.23
钹形砂轮	27	80～230	4～10	10～22.23
锥面钹形砂轮	28	180～230	6～8	22.23
13）固定式或移动式切割机用切割砂轮（GB/T 4127.15—2008）				
平形切割砂轮	41	63～1800	0.6～20	10～304.8
钹形切割砂轮	42	400/406～1250	4～16	40～127
14）手持式电动工具用切割砂轮（GB/T 4127.16—2008）				
平形切割砂轮	41	80～350/356	1～4	10～25.4
钹形切割砂轮	42	80～230	2～3.2	10～22.23

注 1. 表中砂轮的主要尺寸范围均为A系列，B系列尺寸参见原标准。

2. 砂轮的外径、厚度和孔径系列（GB/T 2484—2006）见下表：

mm

外径 D	6，8，10，13，16，20，25，32，40，50，63，80，100，115，125，150，180，200，230，250，300，350/356，400/406，450/457，500/508，600/610，750/762，800/813，900/914，1000/1015，1060/1067，1220，1250，1500，1800
厚度 T	0.5，0.6，0.8，1，1.25，1.6，2，2.5，3.2，4，6，8，10，13，16，20，25，32，40，50，63，80，100，125，150，160，200，250，315，400，500，600
孔径 H	1.6，2.5，4，6，10，13，16，20，22，23，25，32，40，50.8，60，76.2，80，100，127，152.4，160，203.2，250，304.8，400，508

2. 砂瓦（GB/T 2484—2006、GB/T 4127.5—2008）

砂瓦名称	砂瓦形状	形状代号	尺寸范围（mm）
平形砂瓦	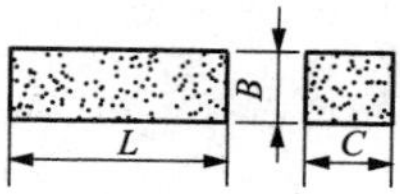 B, L, C	3101	$B \times C \times L$： A系列：50×25×150～120×4×200 B系列：90×35×150～80×50×200
平凸形砂瓦	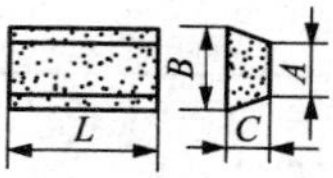 B, A, L, C	3102	$A/B \times C \times L$： （85/100×38×150）
凸平形砂瓦	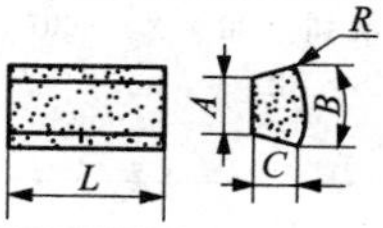 R, A, B, L, C	3103	$A/B \times C \times L$： （80/115×45×150）
扇形砂瓦	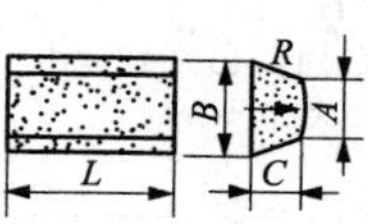 R, B, A, L, C	3104	$A/B \times R \times C \times L$： A系列：72/95×170×25×120～180/152×179×44×200 B系列：40/60×85×25×75，85/125×225×35×125
梯形砂瓦	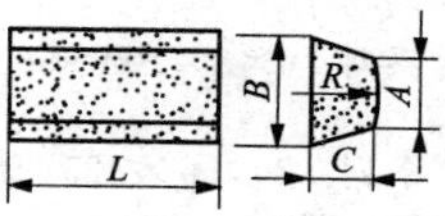 B, R, A, L, C	3109	$A/B \times C \times L$： A系列：54/60×22×110～135/152×63×250 B系列：50/60×15×125，85/100×35×150
用途	由数块拼装起来用于平面磨削		

3. 磨石（GB/T 2484—2006、GB/T 4127.10—2008、GB/T 4127.11—2008）

磨石名称	磨石形状	形状代号	主要尺寸（mm）	标准及用途
长方珩磨磨石	C B L	5410	B×C×L： A系列：3×2×30～15×12×150 B系列： 超精磨石 4×3×20～63×40×160 珩磨磨石 6×5×63～16×13×160	GB/T 4127.10—2008 主要用于珩磨作业
正方珩磨磨石	B L	5411	B×L： A系列：2×25～25×300 B系列： 超精磨石 3×20～63×160 珩磨磨石 4×40～25×250	
筒形珩磨磨石	H D L	5420	D×H×L： A系列：30×20×30～40×28×32	
杯形珩磨磨石	H D L	5421	D×H×L： A系列：40×12×40～65×20×50	
长方抛光磨石	C B L	9010	B×C×L： A系列：6×3×100～50×25×200 B系列：20×6×125～75×50×200	GB/T 4127.11—2008 主要用于抛光、去毛刺和各种钳工作业

续表

磨石名称	磨石形状	形状代号	主要尺寸（mm）	标准及用途
正方抛光磨石		9011	$B\times L$： A 系列：6×100～20×200 B 系列：8×100～40×250，50×100	GB/T 4127.11—2008 主要用于抛光、去毛刺和各种钳工作业
三角抛光磨石		9020	$B\times L$： A 系列：6×100～30×250 B 系列：8×150～25×300	
刀形抛光磨石		9021	$B\times C\times L$： B系列： 10×25×150～10×30×150 20×50×150	
圆形抛光磨石		9030	$B\times L$： A 系列：6×100～25×250 B系列：20×150	
半圆抛光磨石		9040	$B\times L$（$B=2C$）： A 系列：6×100～25×250 B系列：25×200	
用途	适用于机件的珩磨和超精加工以及研磨精车刀、铣刀等工具			

4. 超硬磨石（GB/T 6409.2—2009）

	类型	名称	形状	代号	主要尺寸（mm）
规格	带柄磨石	带柄长方磨石		HA	$L \times L_2 \times T \times W \times X$ 150×40×5×10×2
		带柄圆弧磨石		HH	$L \times L_2 \times T \times W \times X$ 150×40×5×10×2
		带柄三角磨石	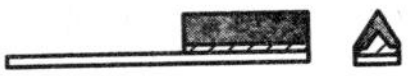	HEE	$L \times L_2 \times T \times W \times X$ 150×40×5×10×2
	不带柄磨石	圆头珩磨磨石		HMA/1	$L \times W \times T \times X$ （16～26）×（2.5～10）×（3.5，10）×1.2
		长方珩磨磨石		HMA/2	$L \times W \times T \times X$ （16～200）×（3～16）×（3.5～14）×（1～3）
		弧面珩磨磨石		HMH/1	$L \times W \times T \times X$ （16～200）×（3～16）×（3.5～14）×（1～3）
		弧面斜头珩磨磨石		HMH/2	$L \times W \times T \times X$ （16～200）×（3～16）×（3.5～14）×（1～3）
		长方带斜珩磨磨石		HMA/S	$L \times W \times T \times X$ 12×2.5×3.5×2.5×（1，15）
		平行带槽珩磨磨石		2×HMA	$L \times T \times W \times B \times X$ （40～250）×（6～12）×（5～10）×1.5×（2～3）
用途	带柄磨石		主要用于硬质合金或难磨钢材制作的模具的修磨，也可用于硬质合金刃具的修磨，除去刃口的缺口、不平直等缺陷		
	珩磨磨石		主要用于磨除量不大、表面粗糙度较低的精珩磨		
			主要用于硬、脆性材料的粗磨和半精珩磨		

注 总长（L），磨料层长（L_2），总厚度（T）；磨料层宽度（W）、深度（X），槽深（B）。

5. 磨头（GB/T 2484—2006，GB/T 4127.12—2008）

磨头名称	磨头形状	形状代号	主要尺寸（mm）
带芯圆锥磨头	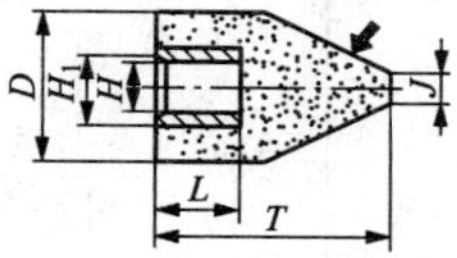 D H₁ H J L T	16	$D\times T\times H$： A 系列：32×50×M10～80×100×M16
带芯圆柱磨头	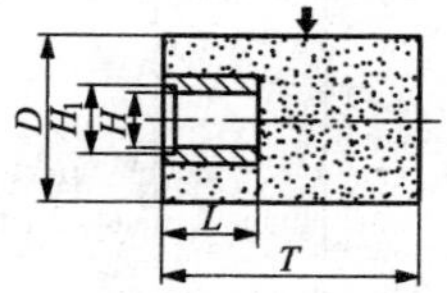 D H₁ H L T	18	$D\times T\times H$： A 系列：32×40×M10～80×80×M16
带芯半球形磨头	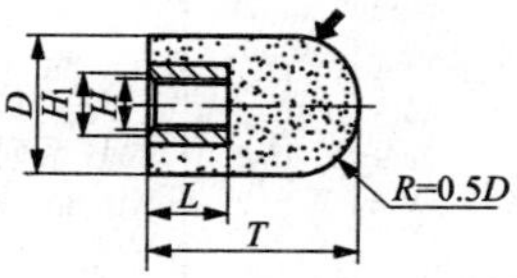 D H₁ H L T R=0.5D	18R	$D\times T\times H$： A 系列：32×40×M10～80×80×M16
带芯椭圆锥磨头	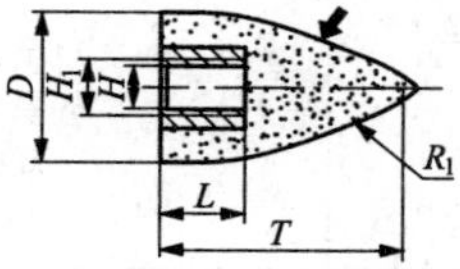 D H₁ H L T R₁	19	$D\times T\times H$： A 系列：40×63×M12～80×80×M16
圆柱磨头	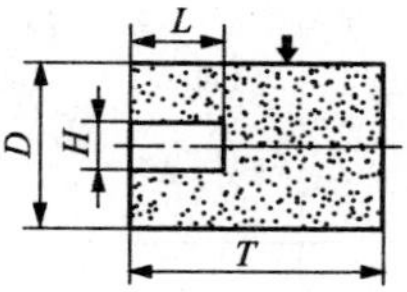 L D H T	18a	$D\times T\times H$： B系列：4×10×1.5～40×75×10
半球形磨头	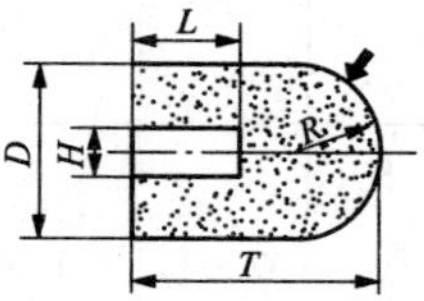 L D H R T	18b	$D\times T\times H$： B系列：25×25×6

续表

磨头名称	磨头形状	形状代号	主要尺寸（mm）
球形磨头	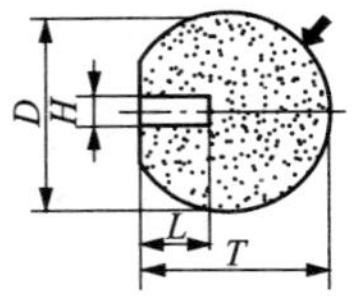 D H L T	19a	$D\times T\times H$： B系列：10×9×3～30×28.5×6
截锥磨头	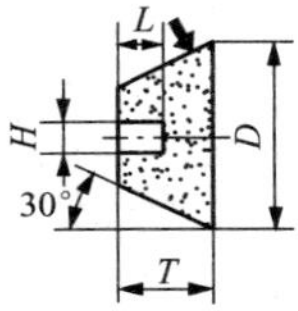 L H D 30° T	17c	$D\times T\times H$： B系列：16×8×3～30×10×6
椭圆锥磨头	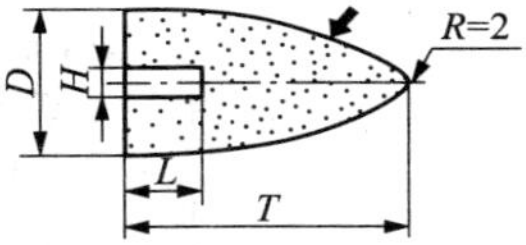 D H R=2 L T	16a	$D\times T\times H$： B系列：10×20×3～20×40×6
60°锥磨头	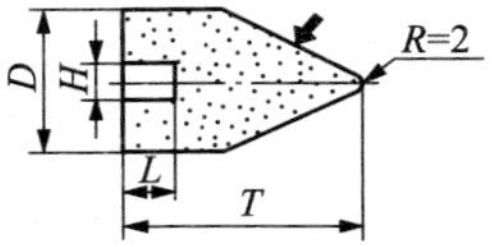 D H R=2 L T	17a	$D\times T\times H$： B系列：10×25×3～30×50×6
圆头锥磨头	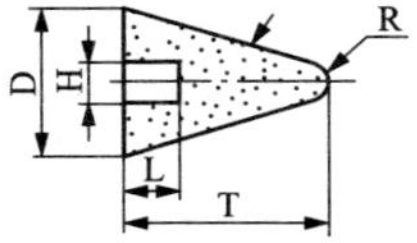 D H R L T	17b	$D\times T\times H$： B系列：16×16×3～35×75×10
带柄半球形磨头	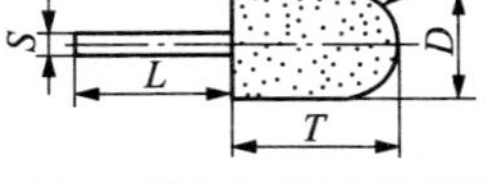 S L D T	5202	$D\times T\times S\times L$： B系列：25×25×6×40
带柄球形磨头	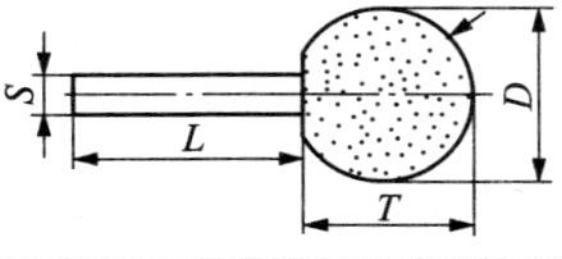 S L D T	5203	$D\times T\times S\times L$： B系列：10×9×3×30～30×28.5×6×40

续表

磨头名称	磨头形状	形状代号	主要尺寸（mm）
带柄截锥磨头	S L T D	5204	$D\times T\times S\times L$： B 系列：16×8×4×30～30×10×6×40
带柄椭圆锥磨头	S L T R=2 D	5205	$D\times T\times S\times L$： B 系列：10×20×4×30～20×40×6×40
带柄 60°锥磨头	S L T R=2 D	5206	$D\times T\times S\times L$： B 系列：10×25×3×30～30×50×6×40
带柄圆头锥磨头	S L T R D	5207	$D\times T\times S\times L$： B 系列：16×16×3×40～35×75×10×40
用途	当工件的几何形状不能用一般砂轮进行磨削加工时，可选用相应的磨头来进行磨削加工		

6. 超硬磨头

(1) 超硬磨头（GB/T 6409.2—2009）。

mm

	形状	代号	磨头直径	磨头长度	总长
规格	平形磨头	1A1W	3，4	4	66，70
			5，6	6	
			8，10	8	
			12，14	10	
			16，20	12	

(2) 电镀金刚石磨头（JB/T 11428—2013）。

mm

规格	形状	磨头		柄部	
		直径	长度	直径	全长
规格		0.5，0.6，0.7	2	3	30
		0.9，1.0，1.2	3	3	30
		1.5，1.7	4	3	30，40
		2.0，2.5，3.0			
		2，2.5	4.5	4	35，40
		3，3.5	4.5	4	35，40
		4，5，6	5	4	40，45
		7	8	5	50
		8，10	10	6	60
用途	用于磨削小平面、内外圆特殊表面、模具壁及清理毛刺、飞边等				

7. 砂盘（GB/T 19759—2005）

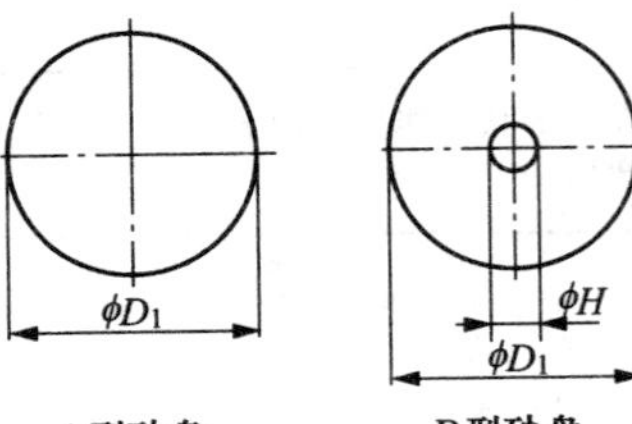

A型砂盘　　B型砂盘

mm

规格	型号	D_1	极限偏差	H	极限偏差
规格	A	80，100，115	±1.5		
		125，140，150，180	±2		
		200，235	±3		

续表

	型号	D_1	极限偏差	H	极限偏差
规格	B	80	±1.5	8	$^{+1}_{0}$
		100		8，12，22	
		115		8，12，22	
		125	±2	8，12，22	$^{+1}_{0}$
		140		12，22	
		150		12，22	
		180		12，22，40	
		200	±3	22，40	
		235		22，40	
用途	适用于机动或手持磨削机上使用				

8. 钢纸砂盘（GB/T 20963—2007）

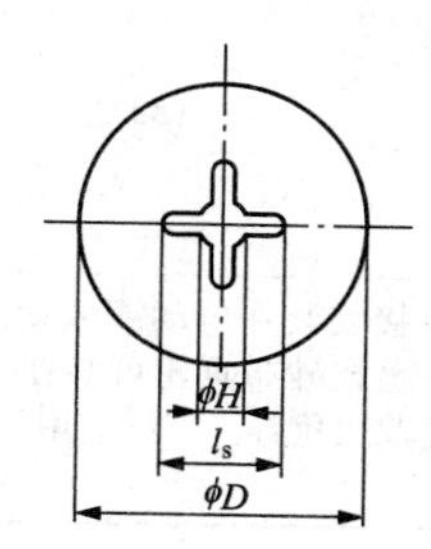

mm

规格									
规格	直径 D	基本尺寸	80	100	115	125	150	180	235
		极限偏差	±1.5			±2			
	孔径 H		16	16/22	22			22/40	22/40
	宽度 l_s		$l_s \leqslant 0.44D$ 和 $l_s \leqslant 80$						
用途	适用于手持式磨削机上使用								

9. 砂布页轮

<table>
<tr><td rowspan="11">规格</td><td colspan="4">（1）带柄砂布页轮</td></tr>
<tr><td>外径（mm）</td><td>厚度（mm）</td><td>轴径（mm）</td><td>最高线速度（m/s）</td></tr>
<tr><td>30，50，60</td><td>15，20，25</td><td>4</td><td rowspan="2">30</td></tr>
<tr><td>70，80</td><td>30，40，50</td><td>6.3</td></tr>
<tr><td colspan="4">（2）叠式砂布页轮</td></tr>
<tr><td>外径（mm）</td><td colspan="2">孔径（mm）</td><td>最高线速度（m/s）</td></tr>
<tr><td>100</td><td colspan="2">16</td><td>30</td></tr>
<tr><td>110</td><td colspan="2" rowspan="5">22</td><td>40</td></tr>
<tr><td>125</td><td>50</td></tr>
<tr><td>150</td><td>60</td></tr>
<tr><td>180</td><td>70</td></tr>
<tr><td>用途</td><td colspan="4">带柄砂布页轮可直接安装在电动或风动的手持工具上，用于修整毛刺、焊缝，除锈等；叠式砂布页轮可装在手持角向抛光机上，进行除锈，修整毛刺、焊缝及边角等。广泛应用于造船、机械、汽车制造及修理等行业</td></tr>
</table>

10. 砂布（JB/T 3889—2006）

<table>
<tr><td>形状代号</td><td colspan="4">砂页为 S，砂卷为 R</td></tr>
<tr><td>粘结剂分类代号</td><td colspan="4">动物胶为 G/G，半树脂 R/G，全树脂为 R/R，耐水为 WP</td></tr>
<tr><td rowspan="3">基材分类及代号</td><td>基材</td><td>轻型布</td><td>中型布</td><td>重型布</td></tr>
<tr><td>质量（g/m²）</td><td>≥110</td><td>≥170</td><td>≥250</td></tr>
<tr><td>代号</td><td>L</td><td>M</td><td>H</td></tr>
<tr><td>磨料分类及代号</td><td colspan="4">符合 GB/T 2476—1994 的规定</td></tr>
</table>

续表

项目		内容			
磨料粒度号（粒度号和组成符合GB/T 9258.1—2000的规定）		粗磨粒：P12，P16，P20，P24，P30，P36，P40，P50，P60，P80，P100，P120，P150，P180，P220 微粒：P240，P280，P320，P360，P400，P500，P600，P800，P1000，P1200			
尺寸（宽×长）（mm×mm）	砂布页（GB/T 15305.1—2005）	70×115，70×230，×93×230，115×140，115×280，140×230，230×280			
	砂布卷（GB/T 15305.2—2008）	（12.5，15，25，35，40，50，80，93）×（25000或50000），（100，115，200，230，300，600，690，920，1370）×50000			
砂布卷抗拉强度［kN/m（N/5cm）］		基材	L	M	H
		纵向	≥15(750)	≥(20)1000	≥32(1600)
		横向	≥6(300)	≥7.0(350)	≥8(400)
标准试样600N负荷时的纵向伸长率		基材	L	M	H
		伸长率（%）	≤5.0	≤4.5	≤3.0
用途		装于机具上或以手工磨削金属工件表面上的毛刺、锈斑或磨光表面。卷砂布主要用于金属工件或胶合板的机械磨削加工。粒度号小的用于粗磨，粒度号大的用于细磨			

11. 砂纸（JB/T 7498—2006）

形状代号	砂页为S，砂卷为R							
粘结剂分类代号	动物胶为G/G，半树脂为R/G，全树脂为R/R							
基材分类及代号	定量（g/m²）	≥70	≥100	≥120	≥150	≥220	≥300	≥350
	代号	A	B	C	D	E	F	G

续表

<table>
<tr><td colspan="2">磨料分类及代号</td><td colspan="8">符合 GB/T 2476—1994 的规定，天然磨料石榴石代号为 G</td></tr>
<tr><td colspan="2">磨料粒度号
（粒度号和组成符合 GB/T 9258.1—2000 的规定）</td><td colspan="8">粗磨粒：P12，P16，P20，P24，P30，P36，P40，P50，P60，P80，P100，P120，P150，P180，P220
微粒：P240，P280，P320，P360，P400，P500，P600，P800，P1000，P1200</td></tr>
<tr><td rowspan="2">尺寸
（宽×长）
（mm×mm）</td><td>砂纸页
（GB/T 15305.1—2005）</td><td colspan="8">70×115，70×230，93×230，115×140，115×280，140×230，230×280</td></tr>
<tr><td>砂纸卷
（GB/T 15305.2—2008）</td><td colspan="8">（12.5，15，25，35，40，50，80，93）×（25000 或 50000），（100，115，200，230，300，600，690，920，1370）×50000</td></tr>
<tr><td colspan="2" rowspan="3">砂纸卷抗拉强度
［kN/m（N/5cm）］</td><td>基材</td><td>A</td><td>B</td><td>C</td><td>D</td><td>E</td><td>F</td><td>G</td></tr>
<tr><td>纵向</td><td>≥4.8
(240)</td><td>≥7.0
(350)</td><td>≥8.4
(420)</td><td>≥15.0
(750)</td><td>≥24.0
(1200)</td><td>≥32.0
(1600)</td><td>≥40.0
(2000)</td></tr>
<tr><td>横向</td><td>≥2.6
(130)</td><td>≥3.2
(160)</td><td>≥3.6
(180)</td><td>≥6.0
(300)</td><td>≥9.0
(450)</td><td>≥12.0
(600)</td><td>≥15.0
(750)</td></tr>
<tr><td colspan="3">柔曲度</td><td colspan="7">任一裂缝的宽度不应超过砂纸厚度的 1.5 倍</td></tr>
<tr><td colspan="3">用途</td><td colspan="7">主要用于磨光木、竹器表面</td></tr>
</table>

12. 耐水砂纸（JB/T 7499—2006）

<table>
<tr><td>形状代号</td><td colspan="5">砂页为 S，砂卷为 R</td></tr>
<tr><td rowspan="2">基材分类
及代号</td><td>定量
(g/m²)</td><td>≥70</td><td>≥100</td><td>≥120</td><td>≥150</td></tr>
<tr><td>代号</td><td>A</td><td>B</td><td>C</td><td>D</td></tr>
<tr><td>磨料分类及代号</td><td colspan="5">符合 GB/T 2476—1994 的规定</td></tr>
<tr><td>磨料粒度号
（粒度号和组成符合 GB/T 9258.1—2000 的规定）</td><td colspan="5">粗磨粒：P12，P16，P20，P24，P30，P36，P40，P50，P60，P80，P100，P120，P150，P180，P220
微粒：P240，P280，P320，P360，P400，P500，P600，P800，P1000，P1200</td></tr>
</table>

续表

<table>
<tr><td rowspan="2">尺寸
（宽×长）
（mm×mm）</td><td>砂纸页
（GB/T 15305.1—2005）</td><td colspan="5">70×115，70×230，×93×230，115×140，115×280，140×230，230×280</td></tr>
<tr><td>砂纸卷
（GB/T 15305.2—2008）</td><td colspan="5">（12.5，15，25，35，40，50，80，93）×（25000 或 50000），（100，115，200，230，300，600，690，920，1370）×50000</td></tr>
<tr><td colspan="2" rowspan="3">砂纸卷抗拉强度
［kN/m（N/5cm）］</td><td>基材</td><td>A</td><td>B</td><td>C</td><td>D</td></tr>
<tr><td>纵向</td><td>≥4.8
（240）</td><td>≥7.0
（350）</td><td>≥9.0
（450）</td><td>≥15.0
（750）</td></tr>
<tr><td>横向</td><td>≥2.6
（130）</td><td>≥3.5
（175）</td><td>≥4.5
（225）</td><td>≥6.0
（300）</td></tr>
<tr><td colspan="2" rowspan="2">砂纸卷纵向湿抗拉强度［kN/m（N/5cm）］</td><td>基材</td><td>A</td><td>B</td><td>C</td><td>D</td></tr>
<tr><td>抗拉强度</td><td>≥2.0
（100）</td><td>≥2.4
（120）</td><td>≥3.0
（150）</td><td>≥5.0
（250）</td></tr>
<tr><td colspan="2">用途</td><td colspan="5">用于在水中或油中磨光金属或非金属工件表面</td></tr>
</table>

13. 金刚石修整笔

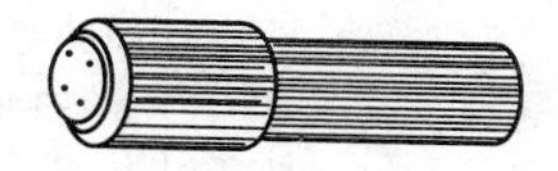

<table>
<tr><td rowspan="2">系列</td><td rowspan="2">金刚石分布型式</td><td rowspan="2">型号</td><td rowspan="2">金刚石总质量（g）</td><td rowspan="2">金刚石层数</td><td rowspan="2">金刚石粒数</td><td>笔端头直径</td><td>柄部长度</td><td>全长</td></tr>
<tr><td colspan="3">（mm）</td></tr>
<tr><td rowspan="4">L</td><td rowspan="4">链状分布</td><td>L1101～1110</td><td>0.02～0.20</td><td rowspan="4">—</td><td>1</td><td>8，10</td><td>25，30</td><td rowspan="4">50</td></tr>
<tr><td>L2105～2110</td><td>0.10～0.20</td><td>2</td><td>8，10</td><td>25，30</td></tr>
<tr><td>L3105～3110</td><td>0.10～0.20</td><td>3</td><td>10</td><td>25，30，30</td></tr>
<tr><td>L4103～4110</td><td>0.06～0.20</td><td>4</td><td>10</td><td>25，30</td></tr>
<tr><td rowspan="3">C</td><td rowspan="3">层状分布</td><td>C1308～1908</td><td>0.16</td><td>1</td><td>3，5，9</td><td rowspan="3">—</td><td>25，30</td><td rowspan="3">50</td></tr>
<tr><td>C2310～2315</td><td>0.20，0.30</td><td>2</td><td>3</td><td>25，30</td></tr>
<tr><td>C3305～3410</td><td>0.10，0.20</td><td>3</td><td>3，4</td><td>25，30</td></tr>
</table>

续表

系列	金刚石分布型式	型号	金刚石总质量（g）	金刚石层数	金刚石粒数	笔端头直径	柄部长度	全长
						（mm）		
P	排状分布	P3210	0.20	3	2	—	25，30	50
		P3215	0.30	3	2		25，30	
F	粉状均匀分布	F14	0.2，0.3	—	1600～1250（14号）	12，14	25，30	50
		F20			1000～800（20号）	12		
		F24			800～630（24号）			
		F36	0.1，0.2		500～400（36号）	—	—	
		F46			315～400（46号）			
		F60			250～315（60号）			
		F80			160～180（80号）			
		F100			125～160（100号）			
		F150			80～100（150号）			
		F180			60～80（180号）			
		F240			50～60（240号）			
用途	主要用于修整各种磨床上的砂轮，粉状修整笔专用于修整螺纹磨床或精密磨床的细粒度砂轮							

14. 金刚石砂轮整形刀

	金刚石型号	每粒金刚石含量		适用修整砂轮尺寸（直径×厚度）（mm×mm）
		克拉	mg	
规格	100～300	0.10～0.30	20～60	≤100×12
	300～500	0.30～0.50	60～100	100×12～200×12
	500～800	0.50～0.80	100～160	200×12～300×15
	800～1000	0.80～1.00	160～200	300×15～400×20
	1000～2500	1.00～2.50	200～500	400×20～500×30
	≥3000	≥3.00	≥600	≥500×40
用途	用于修整一般砂轮，使之平整和恢复锋利			

15. 砂轮整形刀

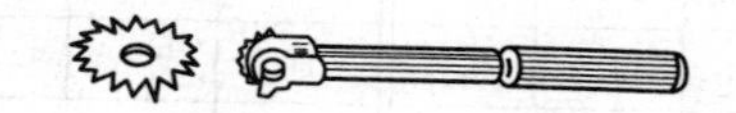

mm

		直径	孔径	厚度	齿数
规格	砂轮整形刀刀片尺寸	34	7	1.25	16
		34	7	1.5	16
		40	10	1.5	18
用途	用于修整砂轮，使之平整和恢复锋利				

六、丝锥、板牙和其他螺纹切削工具

1. 普通丝锥

（1）普通螺纹用丝锥品种。

1）通用柄机用和手用丝锥（GB/T 3464.1—2007）按结构分粗柄、粗柄带颈、细柄机用和手用丝锥三种。

2）细长柄机用丝锥（GB/T 3464.2—2003）。

3）短柄机用和手用丝锥（GB/T 3464.3—2007）按结构分粗短柄、粗短柄带颈、细短柄机用和手用丝锥三种。

4）螺母丝锥（GB/T 967—2008）和长柄螺母丝锥（JB/T 8786—1998）。

以上每种螺纹又分粗牙普通螺纹用和细牙普通螺纹用两种。

（2）通用柄机用和手用丝锥（GB/T 3464.1—2007）。

mm

公称直径	螺距		全长	刃长
	粗牙	细牙		
粗柄丝锥				
1～1.2	0.25	0.2	38.5	5.5
1.4	0.3	0.2	40	7
1.6，1.8	0.35	0.2	41	8
2	0.4	0.25	41	8
2.2	0.45	0.25	44.5	9.5
2.5	0.45	0.35	44.5	9.5
粗柄带颈和细柄丝锥				
3	0.5	0.35	48	11
3.5	(0.6)	0.35	50	13
4	0.7	0.5	53	13
4.5	(0.75)	0.5	53	13
5	0.8	0.5	58	16
5.5	5.5	—	0.5	62
6，7	6，7	1	0.75	66
8	8	—	0.5	66
8，9	8，9	—	0.75	66
8，9	8，9	1.25	1	72
10	10	—	0.75	73
10	1.5	1，1.25	80	24
细柄丝锥（部分）				
(11)	—	0.75，1	80	22
(11)	1.5		85	25
12	—	1	80	22

公称直径	螺距		全长	刃长
	粗牙	细牙		
12	1.75	1.25，1.5	89	29
14	—	1	87	22
14	2	1.25，1.5	95	30
15	—	1.5	95	30
16	—	1	92	22
16	2	1.5	102	32
17	—	1.5	102	32
18	—	1	97	22
18，20	2.5	1.5，2	112	37
20	—	1	102	22
22	—	1	109	24
22	2.5	1.5，2	118	38
24	—	1	114	24
24，25	—	1.5，2	130	45
24	3	—	130	45
26	—	1.5	120	35
27，(28)，30	—	1	120	25
27，(28)，30	—	1.5，2	127	37
27	3	—	135	45
30	3.5	3	138	48

续表

公称直径	螺距		全长	刃长
	粗牙	细牙		
(32),33	—	1.5，2	137	37
33	3.5	3	151	51
35，36	—	1.5	144	39
36	—	2	144	39
36	4	3	162	57
38	—	1.5	149	39
39,(40),42	—	1.5，2	149	39
39	4	3	170	60
40	—	3	170	60
42	4.5	3，(4)	170	60
45，48，(50)	—	1.5，2	165	45
45	4.5	3，(4)	187	67
48	5	3	187	67
(50)	—	1.5，2	187	67
52,(55),56	—	3，4	175	45
52	5	3，4	200	70
55	—	3，4	200	70
56	5.5	3，4	200	70
58，60，62	—	1.5，2	193	76
58，62	—	(3),(4)	209	76

公称直径	螺距		全长	刃长
	粗牙	细牙		
60	—	3，4	209	76
60	5.5	—	221	79
64，65	—	1.5，2	193	76
64	—	3，4	209	79
65	—	(3),(4)	209	79
64	6	—	224	79
68	6	—	234	79
68，70	—	1.5，2	203	79
72，75	—	—	—	—
70，75	—	(3),(4)	219	79
72	—	3，4	219	79
70，75	—	(6)	234	79
72	—	6	234	79
76，80	—	1.5，2	226	83
76，80	—	3，4	242	83
76，80	—	6	258	83
78	—	2	226	83
82，85，90	—	2	226	86
85，90	—	3，4	242	86
85，90	—	6	261	86
95，100	—	2	244	89
95，100	—	3，4	260	89
95，100	—	6	279	89

注　1. 括号内的尺寸和公称直径为 5.5、7、9mm 的细柄丝锥尽可能不采用。

2. 公称直径不大于 10mm 的丝锥可制成外顶尖。

2. 细长柄机用丝锥（GB/T 3464.2—2003）

mm

(1) 米制螺纹丝锥

公称直径	螺距		刃长	全长	公称直径	螺距		刃长	全长
	粗牙	细牙				粗牙	细牙		
3	0.5	0.35	11	66	12	1.75	1.25，1.5	119	29
3.5	0.6	0.35	13	68					
4	0.7	0.5	13	73	14	2	1.25，1.5	127	30
4.5	0.75	0.5	13	73					
5	0.8	0.5	16	79	15		1.5	127	30
5.5		0.5	17	84	16	2	1.5	137	32
6，7	1	0.75	19	89	17		1.5	137	32
8，9	1.25	1	22	97	18，20	2.5	1.5，2	149	37
10	1.5	1，1.25	24	108	22	2.5	1.5，2	158	38
11	1.5		115	25	24	3	1.5，2	172	45

(2) 英制螺纹丝锥

公称直径	螺距		刃长（max）	全长	公称直径	螺距		刃长（max）	全长
	UNC（粗牙）	UNF（细牙）				UNC（粗牙）	UNF（细牙）		
3.175	0.635	0.577	11	66	11.112	1.814	1.270	25	115
3.505	0.794	0.635	13	68	12.700	1.954	1.270	29	119
4.166	0.794	0.706	13	73	14.288	2.117	1.411	30	127
4.826	1.058	0.794	16	79	15.875	2.309	1.411	32	137
5.486	1.058	0.907	17	84	19.050	2.540	1.588	37	149
6.350	1.270	0.907	19	89	22.225	2.822	1.814	38	158
7.938	1.411	1.058	22	97	25.400	3.175	2.117	45	172
9.525	1.588	1.058	24	108					

3. 短柄机用和手用丝锥（GB/T 3464.3—2007）

mm

公称直径	螺距		刃长	全长
	粗牙	细牙		
粗短柄机用和手用丝锥				
1，1.1，1.2	0.25	0.2	5.5	28
1.4	0.3	0.2	7	28
1.6，1.8	0.35	0.2	8	32
2	0.4	0.25	8	36
2.2	0.45	0.25	9.5	36
2.5	0.45	0.35	9.5	36
粗柄带颈短柄机用和手用丝锥				
3	0.5	0.35	11	40
3.5	0.6	0.35	13	40
4	0.7	0.5	13	45
4.5	(0.75)	0.5	13	45
5	0.8	0.5	16	50
5.5	—	0.5	17	50
6	—	0.5，0.75	19	50
7		0.75	19	50
6，7	1		19	55
8	—	0.5	19	60
8，9	—	0.75	19	60
8，9	—	1	22	60
8，9	1.25	—	22	65
10	—	0.75	20	65
10	—	1，1.25	24	65
10	1.5		24	70

公称直径	螺距		刃长	全长
	粗牙	细牙		
细短柄机用和手用丝锥				
3	0.5	0.35	11	40
3.5	(0.6)	0.35	13	40
4	0.7	0.5	13	45
4.5	(0.75)	0.5	13	45
5	0.8	0.5	16	50
5.5	—	0.5	17	50
6，(7)	—	0.75	19	50
6，(7)	1	—	19	55
8，(9)	1.25	—	22	65
8，(9)	—	0.75	19	60
8，(9)	—	1	22	60
10	1.5	—	24	70
10	—	0.75	20	60
10	—	1，1.25	24	65
(11)	—	0.75，1	22	65
(11)	1.5	—	25	70
12	1.75	—	29	80
12，14	—	1	22	70
12	—	1.25，1.5	29	70
14	—	—	30	70
14	2	1.25，1.5	30	90
15	—	1.5	30	70
16	2	—	32	90
16	—	1	22	80
16，(17)	—	2.5	32	80

续表

公称直径	螺距		刃长	全长
	粗牙	细牙		
18，20	2.5	—	37	100
18，20	—	1	22	90
18，20	—	1.5，2	37	90
22	2.5	—	38	110
22	—	1	24	90
22	—	1.5，2	38	90
24，27	3		45	120
24	—	1	24	95
24，25	—	1.5，2	45	5
26	—	1.5	35	95
27	—	1	25	95
27	—	1.5，2	37	95
(28)，30	—	1	25	105
(28)，30	—	1.5，2	37	105
30	—	3	48	105
30	3.5	—	48	130
(32)，33	—	1.5，2	37	115
33	—	3	51	115
33	3.5	—	51	130
35	—	1.5	39	125
36	—	1.5，2	39	125
36	—	3	57	125
36	4	—	39	145
38	—	1.5	39	130
39，(40)，42	—	1.5，2	60	130
39，(40)，42	—	3	60	130
39	4	—	60	145
42	4.5	—	60	160
42	—	(4)	60	130
45	4.5	—	67	160
45	—	1.5，2	45	140
45	—	3，(4)	67	140
48	—	—	67	175
48，(50)	—	1.5，2	45	150
48	5	3，(4)	67	150
(50)	—	3	67	150
52	5	—	70	175
52	—	1.5，2	45	150
52	—	3，4	70	150

注 1. 括号内的尺寸尽可能不用。
2. 公称直径不大于 10mm 的丝锥可制成外顶尖。
3. 细牙 M14×1.25 丝锥仅用于火花塞。
4. 细牙 M35×1.5 丝锥用于滚动轴承锁紧螺母。

4.（短柄）螺母丝锥（GB/T 967—2008）和长柄螺母丝锥（JB/T 8786—1998）

mm

公称直径	螺距	全长			刃长			公称直径	螺距	全长			刃长		
		短柄	长柄		短柄	长柄				短柄	长柄		短柄	长柄	
			Ⅰ型	Ⅱ型		Ⅰ型	Ⅱ型				Ⅰ型	Ⅱ型		Ⅰ型	Ⅱ型
粗牙普通螺纹用螺母丝锥								33	3.5	150	280	340	84	70	105
2	0.4	36	—	—	12	—	—	36	4.0	175	—	—	96	—	—
2.2	0.45	36	—	—	14	—	—	39	4.0	175	—	—	96	—	—
2.5	0.45	36	—	—	14	—	—	42	4.5	195	—	—	108	—	—
3	0.5	40	80	120	15	10	15	45	4.5	195	—	—	108	—	—
3.5	0.6	45	80	120	18	12	18	48	5.0	220	—	—	120	—	—
4	0.7	50	100	140	21	14	21	52	5.0	220	—	—	120	—	—
4.5	0.75	—	100	160		15	22	细牙普通螺纹用螺母丝锥							
5	0.8	55	115	180	24	16	24	3	0.35	40	75	115	11	7	10.5
6	1.0	60	115	180	30	20	30	3.5	0.35	45	75	115	11	7	10.5
7	1.0	—	115	180	—	20	30	4	0.5	50	95	130	15	10	15
8	1.25	65	130	200	36	25	38	4.5	0.5	—	95	150	—	10	15
9	1.25	—	130	200	—	25	38	5	0.5	55	105	170	15	10	15
10	1.5	70	150	220	40	30	45	5.5	0.5	—	105	170	—	10	15
11	1.5	—	150	220	—	30	45	6	0.75	55	110	170	22	15	22
12	1.75	80	170	250	47	35	53	7	0.75	—	110	170	—	15	22
14	2.0	90	190	250	54	40	60	8	1.0	60	120	190	30	20	30
16	2.0	95	200	280	58	40	60	8	0.75	55	120	190	22	15	22
18	2.5	110	200	280	62	50	75	9	1.0	—	120	190	—	20	30
20	2.5	110	220	320	62	50	75	9	0.75	—	120	190	—	15	22
22	2.5	110	220	320	62	50	75	10	1.25	65	140	210	36	25	38
24	3.0	130	250	340	72	60	90	10	1.0	60	140	210	30	20	30
27	3.0	130	250	340	72	60	90	10	0.75	55	140	210	22	15	22
30	3.5	150	280	340	84	70	105	11	1.0	—	140	210	—	20	30

续表

公称直径	螺距	全长			刃长			公称直径	螺距	全长			刃长		
		短柄	长柄		短柄	长柄				短柄	长柄		短柄	长柄	
			Ⅰ型	Ⅱ型		Ⅰ型	Ⅱ型				Ⅰ型	Ⅱ型		Ⅰ型	Ⅱ型
11	0.75	—	140	210	—	15	22	26	1.5	—	230	310	—	30	45
12	1.5	80	160	240	45	30	45	27	2.0	110	230	310	54	40	60
12	1.25	70	160	240	36	25	38	27	1.5	100	230	310	45	30	45
12	1.0	65	160	240	30	20	30	27	1.0	90	230	310	30	20	30
14	1.5	80	180	240	45	30	45	28	2.0	—	230	310	—	40	60
14	1.0	70	180	240	30	20	30	28	1.5	—	230	310	—	30	45
14	1.25	—	180	240	—	25	38	28	1.0	—	230	310	—	20	30
15	1.5	—	180	240	—	30	45	30	3.0	—	270	320	—	60	90
16	1.5	85	190	260	45	30	45	30	2.0	120	270	320	54	40	60
16	1.0	70	190	260	30	20	30	30	1.5	110	270	320	45	30	45
17	1.5	—	190	260	—	30	45	30	1.0	100	270	320	30	20	30
18	2.0	100	190	260	54	40	60	32	2.0	—	270	320	—	40	60
18	1.5	90	190	260	45	30	45	32	1.5	—	270	320	—	30	45
18	1.0	80	190	260	30	20	30	33	3.0	—	270	320	—	60	90
20	2.0	100	210	300	54	40	60	33	2.0	120	270	320	55	40	60
20	1.5	90	210	300	45	30	30	33	1.5	110	270	320	45	30	45
20	1.0	80	210	300	30	20	30	35	1.5	—	280	340	—	30	45
22	2.0	100	210	300	54	40	60	36	3.0	160	280	340	80	60	90
22	1.5	90	210	300	45	30	45	36	2.0	135	280	340	55	40	60
22	1.0	80	210	300	30	20	30	36	1.5	125	280	340	45	30	45
24	2.0	110	230	310	54	40	60	38	1.5	—	280	340	—	30	45
24	1.5	100	230	310	45	30	45	39	3.0	160	280	340	80	60	90
24	1.0	90	230	310	30	20	30	39	2.0	135	280	340	55	40	60
25	2.0	—	230	310	—	40	60	39	1.5	125	280	340	45	30	45
25	1.5	—	230	310	—	30	45	40	3.0	—	280	340	—	60	90

续表

公称直径	螺距	全长			刃长			公称直径	螺距	全长			刃长		
		短柄	长柄		短柄	长柄				短柄	长柄		短柄	长柄	
			Ⅰ型	Ⅱ型		Ⅰ型	Ⅱ型				Ⅰ型	Ⅱ型		Ⅰ型	Ⅱ型
40	2.0	—	280	340	—	40	60	48	3.0	180	280	340	80	60	90
40	1.5	—	280	340	—	30	45	48	2.0	155	280	340	55	40	60
42	4.0	—	280	340	—	80	120	48	1.5	145	280	340	45	30	45
42	3.0	170	280	340	80	60	90	50	3.0	—	280	340	—	60	90
42	2.0	145	280	340	55	40	60	50	2.0	—	280	340	—	40	60
42	1.5	135	280	340	45	30	45	50	1.0	—	280	340	—	30	45
45	4.0	—	280	340	—	80	120	52	4.0	—	280	340	—	80	120
45	3.0	170	280	340	80	60	90	52	3.0	180	280	340	80	60	90
45	2.0	145	280	340	55	40	60	52	2.0	155	280	340	55	40	60
45	1.5	135	280	340	45	30	45	52	1.5	145	280	340	45	30	45
48	4.0	—	280	340	—	80	120								

注 1. 短柄丝锥结构：圆柄丝锥，直径不大于 30mm；方头（圆柄）丝锥，直径大于 5mm。

2. 长柄丝锥结构为方头圆柄结构。

3. 长柄丝锥公称直径（mm）5.5，7.0，9.0，11.0，15.0，17.0，28.0，32.0，35.0，40.0，50.0 及 M3.5×0.6，M4.5×0.75，M42×4，M45×4，M48×4，M52×4 尽可能不用。

5. 管螺纹丝锥

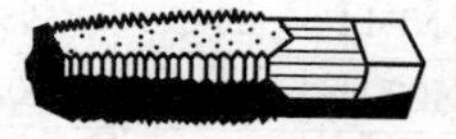

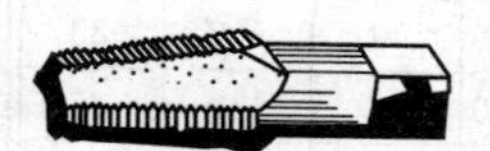

(1) G 系列圆柱管螺纹丝锥（GB/T 20333—2006）

螺纹尺寸代号	每英寸牙数	丝锥螺纹大径（mm）	全长（mm）	刃长（mm）	螺纹尺寸代号	每英寸牙数	丝锥螺纹大径（mm）	全长（mm）	刃长（mm）
G	28	7.723	52	14	G	19	13.157	67	19
G	28	9.728	59	15	G	19	16.662	75	21

续表

螺纹尺寸代号	每英寸牙数	丝锥螺纹大径（mm）	全长（mm）	刃长（mm）	螺纹尺寸代号	每英寸牙数	丝锥螺纹大径（mm）	全长（mm）	刃长（mm）
G	14	20.995	87	26	G1¾	11	53.764	132	39
G	14	22.991	91	26	G2	11	59.614	140	41
G	14	26.441	96	28	G2¼	11	65.710	142	42
G	14	30.201	102	29	G2½	11	75.184	153	45
G1	11	33.249	109	33	G2¾	11	81.534	163	46
G1⅛	11	37.897	116	34	G3	11	87.884	164	48
G1¼	11	41.910	119	36	G3½	11	100.330	173	50
G1½	11	47.803	125	37	G4	11	113.030	185	53

（2）Rc 系列和 60°圆锥管螺纹丝锥（GB/T 20333—2006、JB/T 8364.2—2010）

缧纹尺寸代号	Rc 系列圆锥管螺纹丝锥				缧纹尺寸代号	60°圆锥管螺纹丝锥		
	基面处大径	每英寸牙数	全长（mm）	刃长（mm）		每英寸牙数	全长（mm）	刃长（mm）
Rc 1/16	7.723	28—	52	14	NPT1/16	27	54	17
Rc ⅛	9.72	28	59	15	NPT⅛	27	54	19
Rc ¼	13.157	19	67	19	NPT¼	18	62	24
Rc ⅜	16.662	19	75	231	NPT⅜	18	65	27
Rc ½	20.955	14	87	26	NPT½	14	79	35
Rc ¾	26.441	14	96	28	NP¾	14	83	35
Rc 1	33.249	11	109	33	NPT1	11.5	95	44
Rc 1¼	41.910	11	119	36	NPT1¼	11.5	102	44
Rc 1½	47.803	11	125	37	NPT1½	11.5	108	44
Rc 2	59.614	11	140	41	NPT2	11.5	108	44
Rc 2½	75.184	11	153	45				
Rc 3	87.884	11	164	48				
Rc 3½	100.330	11	173	50				
Rc 4	133.030	11	185	53				
用途	铰制管路附件和一般机件上内管螺纹							

6. 统一螺纹丝锥（JB/T 8824.1—2012）

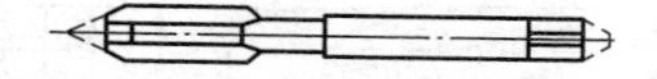

螺纹公称直径		粗牙丝锥（UNC）				粗牙丝锥（UNC）				
代号	*d*	每英寸牙数	螺距	全长	刃长	每英寸牙数	螺距	全长	刃长	用途
0（号）	1.524	—	—	—	—	80	0.318	41	8	用于加工工件上的统一螺纹的内螺纹
1（号）	1.854	64	0.397	41	8	72	0.353	41	8	
2（号）	2.814	56	0.454	44.5	9.5	64	0.397	44.5	9.5	
3（号）	2.515	48	0.529	44.5	9.5	56	0.454	44.5	9.5	
4（号）	2.854	40	0.635	48	11	48	0.529	48	11	
5（号）	3.175	40	0.635	48	11	44	0.577	48	11	
6（号）	3.505	32	0.794	50	13	40	0.635	50	13	
8（号）	4.166	32	0.794	53	13	36	0.706	53	13	
10（号）	4.826	24	1.058	58	16	32	0.794	58	16	
12（号）	5.486	24	1.058	62	17	28	0.907	62	17	
1/4	6.350	20	1.270	66	19	28	0.907	66	19	
5/16	7.938	18	1.411	72	22	24	1.058	69	19	
3/8	9.525	16	1.588	80	24	24	1.058	76	20	
7/16	11.112	14	1.814	85	25	20	1.270	82	22	
1/2	12.700	13	1.954	89	29	20	1.270	84	24	
9/16	14.288	12	2.117	95	30	18	1.400	90	25	
5/8	15.875	11	2.309	102	32	18	1.411	95	25	
3/4	19.050	10	2.540	112	37	16	1.588	104	29	
7/8	22.225	9	2.822	118	38	14	1.814	113	33	
1	25.400	8	3.175	130	45	12	2.117	120	35	

注　1. 用“号数”表示的统一螺纹公称直径代号，在文件中写成“No. ×”形式。例如 No. 1、No. 2。

2. 统一螺纹丝锥的全长和刃长与标准规定的尺寸不同。

3. 统一螺纹丝锥的结构形式有粗柄丝锥（$d \leqslant 12$）、粗柄带颈丝锥（$d = 1/4 \sim 3/8$）和细柄丝锥（$d \geqslant 7/16$）三种。d 为螺纹公称直径代号。

7. 螺旋槽丝锥（GB/T 3506—2008）

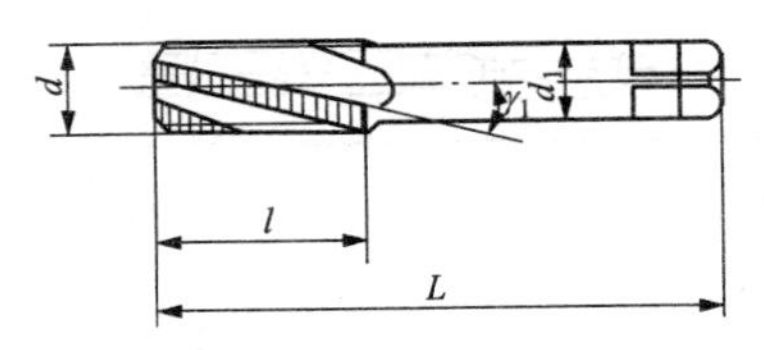

（1）粗牙普通螺纹螺旋槽丝锥。

mm

公称直径 d	螺距 P	丝锥全长 L	螺纹长度 l
3	0.5	48	11
3.5	0.6	50	13
4	0.7	53	
4.5	0.75		
5	0.8	58	16
6	1	66	19
7			
8	1.25	72	22
9			
10	1.5	80	24
11		85	25
12	1.75	89	29
14	2	95	30
16		102	32
18	2.5	112	37
20			
22		118	38
24	3	130	45
27		135	

（2）细牙普通螺纹螺旋槽丝锥。

mm

<table>
<tr><th>公称直径 d</th><th>螺距 P</th><th>丝锥全长 L</th><th>螺纹长度 l</th></tr>
<tr><td>3</td><td rowspan="2">0.35</td><td>48</td><td>11</td></tr>
<tr><td>3.5</td><td>50</td><td>13</td></tr>
<tr><td>4</td><td rowspan="3">0.5</td><td rowspan="2">53</td><td rowspan="2">13</td></tr>
<tr><td>4.5</td></tr>
<tr><td>5.5</td><td>58</td><td>16</td></tr>
<tr><td>6</td><td rowspan="2">0.75</td><td>62</td><td>17</td></tr>
<tr><td>7</td><td rowspan="2">66</td><td rowspan="2">19</td></tr>
<tr><td>8</td><td rowspan="3">1</td></tr>
<tr><td>9</td><td rowspan="3">72</td><td rowspan="3">22</td></tr>
<tr><td rowspan="2">10</td></tr>
<tr><td rowspan="2">1.25</td></tr>
<tr><td rowspan="2">12</td><td rowspan="2">80</td><td rowspan="2">24</td></tr>
<tr><td>1.5</td></tr>
<tr><td rowspan="2">14</td><td>1.25</td><td rowspan="2">89</td><td rowspan="2">29</td></tr>
<tr><td rowspan="5">1.5</td></tr>
<tr><td>15</td><td>95</td><td>30</td></tr>
<tr><td>16</td><td rowspan="2">102</td><td rowspan="2">32</td></tr>
<tr><td>17</td></tr>
<tr><td rowspan="2">18</td><td rowspan="4">112</td><td rowspan="4">37</td></tr>
<tr><td>2</td></tr>
<tr><td rowspan="2">20</td><td>1.5</td></tr>
<tr><td>2</td></tr>
<tr><td rowspan="2">22</td><td>1.5</td><td rowspan="2">118</td><td rowspan="2">38</td></tr>
<tr><td>2</td></tr>
</table>

续表

公称直径 d	螺距 P	丝锥全长 L	螺纹长度 l
24	1.5	130	45
	2		
25	1.5		
	2		
27	1.5	127	37
	2		
28	1.5		
	2		
30	1.5		
	2		
	3	138	48
32	1.5	137	37
	2		
33	1.5		
	2		
	3	151	51
用途	螺旋槽丝锥分为粗牙普通螺纹螺旋槽丝锥和细牙普通螺纹螺旋槽丝锥，是加工普通螺纹的机用丝锥。丝锥螺纹精度按H1、H2、H3三种公差带制造		

8. 手用和机用圆板牙（GB/T 970.1—2008）

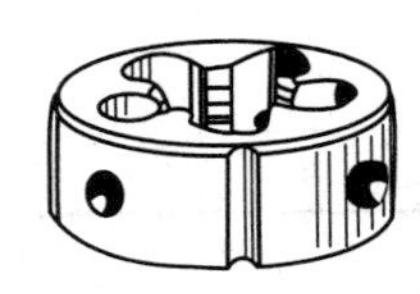

mm

公称直径	螺距		圆板牙	
	粗牙	细牙	外径	厚度
1，1.1，1.2	0.25	0.2	16	5
1.4	0.3	0.2	16	5
1.6，1.8	0.35	0.2	16	5
2	0.4	0.25	16	5
2.2	0.45	0.25	16	5
2.5	0.45	0.35	16	5
3	0.5	0.35	20	5
3.5	0.6	0.35	20	5
4～5.5	—	0.75	20	5
4	0.7	—	20	5
4.5	0.75	—	20	7
5	0.8	—	20	7
6	1	0.75	20	7
7	1	0.75	25	9
8，9	1.25	0.75，1	25	9
10	1.5	0.75，1，1.25	30	11
11	1.5	—	30	11
12，14	—	0.75，1	38	10
12	1.75	1，1.25，1.5	38	14
14	2	—	38	14
15	—	1.5	38	10
16	—	1，1.5	45	14
16	2	—	45	18
17	—	1.5	45	14
18，20	—	1，1.5，2	45	14
18，20	2.5	—	45	18
22，24	—	1，1.5，2	55	16
22	2.5	—	55	22
24	3	—	55	22
25	—	1.5，2	55	16
27～30	—	1，1.5，2	65	18
27	3	—	65	25
30，33	3.5	3	65	25
32，33	—	1.5，2	65	18
35	—	1.5	65	18
36	—	1.5，2	65	18
36	4	3	65	25
39～42	—	1.5，2	75	20
39	4	3	75	30
40	—	3	75	30
42	4.5	3，4	75	30
45～52	—	1.5，2	90	22
45	4.5	3，4	90	36
48，52	5	3，4	90	36
50	—	3	90	36
55，56	—	1.5，2	105	22
55，56	—	3，4	105	36
56，60	5.5	—	105	36
64，68	6	—	120	36

部分规格细牙普通螺纹用圆板牙厚度见下表。

mm

公称直径	螺距	圆板牙		公称直径	螺距	圆板牙	
		外径	厚度			外径	厚度
7，8，9	0.75	25	7	27，28，30，32，33，35，36	1.5	65	14
8，9	1	25	7				
10，11	0.75，1	30	8	39，40，42	1.5	75	16
12，14，15	1.5	38	14	45，48，50，52	1.5，2	90	18
16，18，20	1	45	10	45，48，50，52	3	90	22
22，24	1	55	12				
27，28，30	1	65	14	55，56	3	105	22
用途	供加工螺栓或其他机件上的普通外螺纹（即套螺纹）用。可装在圆板牙架中手工套螺纹或装在机床上套螺纹						

9. 55°圆柱管螺纹圆板牙（GB/T 20328—2006）

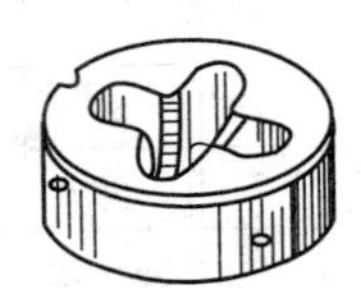

螺纹尺寸代号	每25.4mm牙数	板牙尺寸（mm）	
		外径	厚度
1/16	28	25	7
1/8	28	30	8
1/4	19	38	10
3/8	19	45	10
1/2	14	45	14
3/8	14	55	16
3/4	14	55	16
7/8	14	65	16
1	11	65	18
1 1/4	11	75	20
1 1/2	11	90	22

续表

螺纹尺寸代号	每 25.4mm 牙数	板牙尺寸（mm）	
		外径	厚度
1¾	11	105	22
2	11	105	22
2¼	11	120	22
用途	安装在圆板牙架上，铰制 55°圆柱管螺纹的外螺纹		

10. 55°和 60°圆锥管螺纹圆板牙（GB/T 20328—2006、JB/T 8364.1—2010）

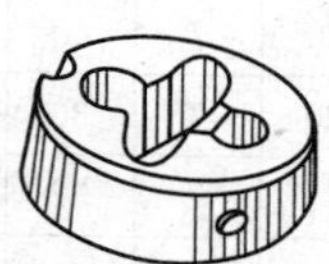

螺纹尺寸代号	每 25.4mm 牙数		板牙尺寸（mm）			
			外径		厚度	
	55°	60°	55°	60°	55°	60°
1/16		27	25	30	11	11
1/8	28	27	30	30	11	11
1/4	19	18	38	38	14	16
3/8	19	18	45	45	18	18
1/2	14	14	45	55	22	22
3/4	14	14	55	55	22	22
1	14	11.5	65	65	25	26
1¼	14	11.5	75	75	30	28
1½	11	11.5	90	90	30	28
2	11	11.5	105	105	36	30
用途	安装在圆板牙架上，铰制 55°、60°圆柱管螺纹的外螺纹					

11. 统一螺纹圆板牙（JB/T 8824.5—2012）

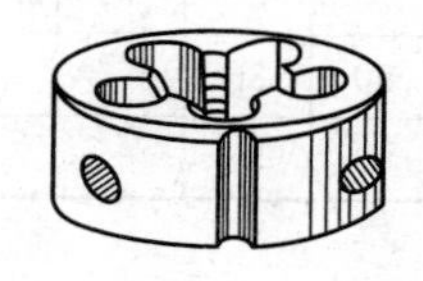

螺纹公称直径		粗牙圆板牙				细牙圆板牙				用途
代号	mm	每英寸牙数	螺距（mm）	外径（mm）	厚度（mm）	每英寸牙数	螺距（mm）	外径（mm）	厚度（mm）	
0（号）	1.524	—	—	—	—	80	0.318	16	5	用于加工工件上的统一螺纹的外螺纹
1（号）	1.854	64	0.397	16	5	72	0.353	16	5	
2（号）	2.814	56	0.454	16	5	64	0.397	16	5	
3（号）	2.515	48	0.529	16	5	56	0.454	16	5	
4（号）	2.854	40	0.635	20	5	48	0.529	20	5	
5（号）	3.175	40	0.635	20	5	44	0.577	20	5	
6（号）	3.505	32	0.794	20	7	40	0.635	20	7	
8（号）	4.166	32	0.794	20	7	36	0.706	20	7	
10（号）	4.826	24	1.058	20	7	32	0.794	20	7	
12（号）	5.486	24	1.058	20	7	28	0.907	20	7	
1/4	6.350	20	1.270	25	9	28	0.907	25	9	
5/16	7.938	18	1.411	25	9	24	1.058	25	9	
3/8	9.525	16	1.588	30	11	24	1.058	30	11	
7/16	11.112	14	1.814	30	11	20	1.270	30	11	
1/2	12.700	13	1.954	38	14	20	1.270	38	14	
9/16	14.288	12	2.117	38	14	18	1.400	38	14	
5/8	15.875	11	2.309	45	18	18	1.411	45	18	
3/4	19.050	10	2.540	45	18	16	1.588	45	18	
7/8	22.225	9	2.822	55	22	14	1.814	55	22	
1	25.400	8	3.175	55	22	12	2.117	55	22	
1	28.575	7	3.629	65	25	12	2.117	65	25	
1¼	31.750	7	3.629	65	25	12	2.117	65	25	
1	34.925	6	4.233	65	25	12	2.117	65	25	
1½	38.100	6	4.233	75	30	12	2.117	75	30	
1¾	44.450	5	5.080	90	36					
2	50.800	5	5.644	90	36					

12. 圆板牙架（GB/T 970.1—2008）

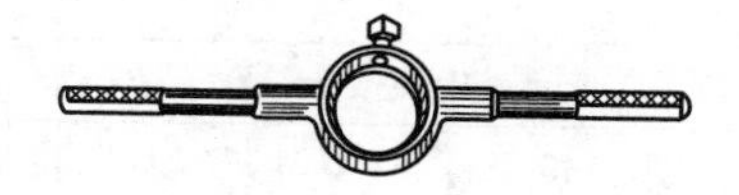

mm

适用圆板牙尺寸			适用圆板牙尺寸			适用圆板牙尺寸		
外径	厚度	加工螺纹直径	外径	厚度	加工螺纹直径	外径	厚度	加工螺纹直径
16 20 25 30	5 5，7 9 10	1～2.5 3～6 7～9 10～11	38 45 55 65	10，14 14，18 16，22 18，25	12～15 16～20 22～25 27～36	75 90 105 120	20，30 22，36 22，36 22，36	39～42 45～52 55～60 64～68
用途	装夹圆板牙，加工（铰制）机件上的外螺纹							

13. 丝锥扳手

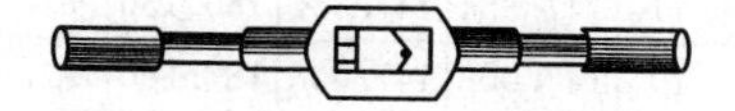

mm

扳手长度	130	180	230	280	380	480	600
适用丝锥公称直径	2～4	3～6	3～10	6～14	8～18	12～24	16～27
用途	装夹丝锥或手用铰刀，手工铰制工件上的内螺纹或铰制工件上的圆孔						

14. 滚丝轮（GB/T 971—2008）

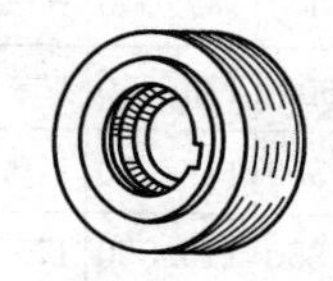

被加工螺纹（mm）		滚丝轮								
公称直径	螺距	螺纹头数			中径（mm）			宽度（mm）		
		45 型	54 型	75 型	45 型	54 型	75 型	45 型	54 型	75 型
粗牙普通螺纹用滚丝轮										
3	0.5	54	54	—	144.450	144.450	—	30	30	—
3.5	0.6	46	46	—	143.060	143.060	—	30	30	—
4	0.7	40	40	—	141.800	141.800	—	30	30	—
4.5	0.75	35	35	—	140.455	140.455	—	30	30	—
5	0.8	32	32	—	143.360	143.360	—	30	30	—
6	1.0	27	27	33	144.450	144.450	176.500	30，40	30，40	45
8	1.25	20	20	23	143.760	143.760	165.324	30，40	30，40	60，70
10	1.5	16	16	19	144.416	144.416	171.494	40，50	40，50	60，70
12	1.75	13	13	16	141.219	141.219	173.808	40，50	40，50	60，70
14	2.0	11	12	14	139.711	152.412	177.814	40，60	50，70	60，70
16	2.0	10	10	12	147.010	147.010	176.412	40，60	50，70	60，70
18	2.5	9	9	11	147.384	147.384	180.136	40，60	60，80	60，70
20	2.5	8	8	10	147.008	147.008	183.760	40，60	60，80	70，80
22	2.5	7	7	9	142.632	142.632	183.384	40，60	60，80	70，80
24	3	—	7	8	—	—	176.408	—	70，90	70，80
27	3	—	6	7	—	—	175.357	—	70，90	70，80
30	3.5	—	5	7	—	—	194.089	—	80，100	70，80
33	3.5	—	5	6	—	—	184.362	—	80，100	70，80
36	4.0	—	4	5	—	—	167.101	—	80，100	70，80
39	4.0	—	4	5	—	—	182.010	—	80，100	70，80
42	4.5	—	—	5	—	—	193.385	—	—	70，80
细牙普通螺纹用滚丝轮										
8	1.0	20	20	23	147.000	147.000	169.050	30，40	30，40	45
10	1.0	16	16	18	179.6000	179.600	168.300	40，50	40，50	50，60
12	1.0	13	13	15	147.550	147.550	170.250	40，50	40，50	50，60
14	1.0	11	11	13	146.850	146.850	173.550	50，70	50，70	50，60
16	1.0	9	10	11	138.150	138.150	153.500	50，70	50，70	50，60

续表

被加工螺纹（mm）		滚丝轮								
公称直径	螺距	螺纹头数			中径（mm）			宽度（mm）		
		45 型	54 型	75 型	45 型	54 型	75 型	45 型	54 型	75 型
10	1.25	16	16	19	147.008	147.008	174.572	40，50	40，50	45，50
12	1.25	13	13	16	145.444	145.444	179.008	40，50	40，50	45，50
14	1.25	11	11	13	145.068	145.068	171.444	50，70	50，70	45，50
12	1.5	13	13	16	143.338	143.338	176.416	40，50	40，50	45，50
14	1.5	11	11	14	143.286	143.286	182.364	50，70	50，70	45，50
16	1.5	10	10	12	150.260	150.260	180.312	50，70	50，70	45，50
18	1.5	8	8	10	136.208	136.208	170.260	50，70	60，80	60，70
20	1.5	7	8	9	133.182	152.208	171.234	50，70	60，80	60，70
22	1.5	7	7	9	147.182	147.182	189.234	50，70	60，80	60，70
24	1.5	6	6	8	138.156	138.156	184.208	50，70	70，90	60，70
27	1.5	5	5	7	130.130	130.130	182.182	50，70	70，90	60，70
30	1.5	5	5	6	145.130	145.130	174.156	50，70	80，100	60，70
33	1.5	4	4	6	128.104	128.104	192.156	50，70	80，100	70，80
36	1.5	4	4	5	140.104	140.104	175.130	50，70	80，100	70，80
39	1.5	3	3	5	114.078	152.078	190.130	50，70	80，100	70，80
42	1.5	—	3	4	—	123.078	164.104	—	80，100	70，80
45	1.5	—	3	4	—	132.078	176.104	—	80，100	70，80
18	2.0	9	9	11	150.309	150.309	183.711	40，60	60，80	50，60
20	2.0	8	8	10	149.608	149.608	187.01	40，60	60，80	50，60
22	2.0	7	7	9	144.907	144.907	186.309	40，60	60，80	50，60
24	2.0	6	6	8	136.206	136.206	181.608	40，60	70，90	50，60
27	2.0	5	5	7	128.505	128.505	179.907	40，60	70，90	50，60
30	2.0	4	4	6	143.505	143.505	172.206	40，60	80，100	60，70
33	2.0	4	4	6	126.804	126.804	190.206	40，60	80，100	60，70
36	2.0	3	4	5	138.804	138.804	173.505	40，60	80，100	60，70

续表

被加工螺纹（mm）		滚丝轮								
公称直径	螺距	螺纹头数			中径（mm）			宽度（mm）		
		45 型	54 型	75 型	45 型	54 型	75 型	45 型	54 型	75 型
39	2.0	3	4	5	113.103	150.804	188.505	40，60	80，100	60，70
42	2.0	—	3	4	—	122.103	162.804	—	80，100	70，80
45	2.0	—	3	4	—	131.103	174.804	—	80，100	70，80
36	2.0	—	4	5	—	136.204	170.255	—	80，100	90，100
39	3.0	—	3	5	—	148.204	185.255	—	80，100	90，100
42	3.0	—	3	5	—	120.153	200.255	—	80，100	90，100
45	3.0	—	3	4	—	129.153	172.204	—	80，100	90，100
滚丝轮精度等级					1 级		2 级		3 级	
适宜加工的外螺纹公差带等级					4，5 级		5，6 级		6，7 级	
用途	装在滚丝机上，供滚压机件上外螺纹用，由两只滚丝轮组成一副使用									

注 滚丝轮内孔直径（mm）：45 型为 45，54 型为 54，75 型为 75。

15. 搓丝板（GB/T 972—2008）

mm

(1) 普通螺纹用搓丝板外形尺寸									
适用螺纹直径	搓丝板长度		搓丝板		适用螺纹直径	搓丝板长度		搓丝板	
	活动	固定	宽度	厚度		活动	固定	宽度	厚度
1～3	50	45	15 20	20	3～8	125	110	60	25
1.6～3	55	45	22	22	5～10	170	150	50 60 70	30
1.4～3	60	55	20 25	25	5～14	210	190	80	40

续表

(1) 普通螺纹用搓丝板外形尺寸

适用螺纹直径	搓丝板长度		搓丝板		适用螺纹直径	搓丝板长度		搓丝板	
	活动	固定	宽度	厚度		活动	固定	宽度	厚度
1.6～3	65	55	30	28	5～14	210	190	55 80	40
1.6～4	70	65	20 25 30 40	25	8～14	220	200	50 60 70	40
1.6～5	80	70	30	28	12～16	250	230	60 70 80	45
2.5～5	85	78	20 25 30 40 50	25	16～22	310	285	70 80 105	50
3～8	125	110	40 50	25	20～24	400	375	80 100	50

(2) 搓丝板适宜加工的螺纹

粗牙	公称直径	1，1.1，1.2	1.4	1.6，1.8	2	2，2，2.5	3	3.5	4	4.5
	螺距	0.25	0.3	0.35	0.4	0.45	0.5	0.6	0.7	0.75
	公称直径	5	6	8	10	12	14，16	18，20，22	24	
	螺距	0.8	1	1.25	1.5	1.75	2	2.5	3	
细牙	公称直径	1，1.1，1.2，1.4，1.6，18	2，2.2	2.5，3，3.5	4，5	6	8，10	12	12，14，16，18，20，22	24
	螺距	0.2	0.25	0.35	0.5	0.75	1	1.25	1.5	2
用途	装在搓丝机上供搓制螺栓、螺钉或机件上普通外螺纹用，由活动搓丝板和固定搓丝板各一块组成一副使用									

16. 惠氏螺纹搓丝板（JB/T 8825.6—1998）

（1）细牙惠氏螺纹搓丝板。

螺纹代号	每 25.4mm 上牙数	公称直径 d（mm）	螺距 P（mm）
3/16 - 32BSF	32	4.762	0.794
7/32 - 28/BSF	28	5.556	0.907
1/4 - 26/BSF	26	6.350	0.977
9/32 - 26/BSF		7.144	
5/16 - 22/BSF	22	7.938	1155
3/8 - 20/BSF	20	9.525	1270
7/16 - 18/BSF	18	11.112	1411
1/2 - 16BSF	16	12.700	1.588
9/16 - 16/BSF		14.288	
5/8 - 14BSF	14	15.875	1814
11/16 - 14/BSF		17.462	
3/4/12BSF	12	19.050	2117
7/8 - 11/BSF	11	22.225	2309
1 - 10BSF	10	25.400	2540

（2）粗牙惠氏螺纹搓丝板。

螺纹代号	每 25.4mm 上牙数	公称直径 d（mm）	螺距 P（mm）
1/8 - 40 - BSW	40	3.175	0.635
3/16 - 24BSW	24	4.763	1.058
1/4 - 20BSW	20	6.350	1.270
5/16 - 18BSW	18	7.938	1.411
3/8 - 16BSW	16	9.525	1.588
7/16 - 14BSW	14	11.112	1.814
1/2 - 12BSW	12	12.700	2.117
5/8 - 11BSW		14.288	
11/16 - 11BSW	11	15.875	2.309
3/4 - 10BSW		17.462	
7/8 - 9BSW	10	19.050	2.540
1 - 8/BSW	9	22.225	2.822
/BSW	8	25.400	3.175
1 - 10BSF	10	25.400	2540

17. 55°圆锥管螺纹搓丝板（JB/T 9999—2013）

螺纹代号	25.4mm牙数	P	L_D		L_G		B		H
			基本尺寸	极限偏差	基本尺寸	极限偏差	基本尺寸	极限偏差	参考尺寸
R	28	0.907	170	0 −1.00	150	0 −1.00	50	0 −0.62	30
R									
R	29	1.337	210	0 −1.15	190	0 −1.15	60 70	0 −0.74	40
R			220		200				
R	14	1.814	250		230		60 70 80		45
R			310	0 −1.30	285	0 −1.30			
R1	11	2.309	400	0 −1.40	375	0 −1.40	80 100		50
R			420	0 −1.55	400			0 −0.87	

第八章　土木工具

一、土石方工具

1. 钢锹（QB/T 2095—1995）

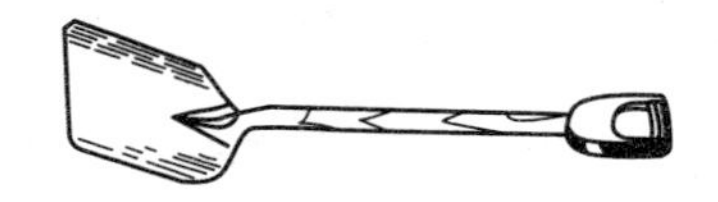

mm

品种	全长			身长			锹裤外径	厚度	用途
	1号	2号	3号	1号	2号	3号			
农用锹	345	345	345	290	290	290	37	1.7	用于挖渠、开河、水利等
尖锹	460	425	380	320	295	265	37	1.6	用于铲取沙质泥土等
方锹	420	380	340	295	280	235	37	1.6	用于铲取水泥、沙石
煤锹	550	510	490	400	380	360	42	1.6	多用于铲煤、铲垃圾等
深翻锹	450	400	350	300	265	225	37	1.7	多用于挖泥、翻土地等

2. 钢镐（QB/T 2290—1997）

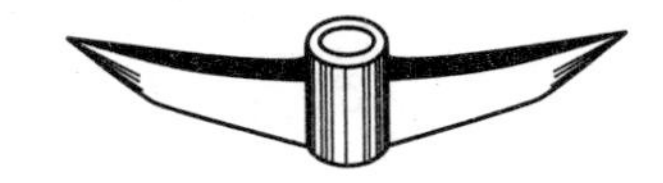

品种	型式代号	规格　质量（不连柄）(kg)						用途
		1.5	2	2.5	3	3.5	4	
		总长（mm）						
双尖A型钢镐	SJA	450	500	520	560	580	600	双尖式多用于凿挖岩石、混凝土和硬质土层。尖扁式多用于挖掘黏质、韧硬土层
双尖B型钢镐	SJB	—	—	—	500	520	540	
尖扁A型钢镐	JBA	450	500	520	560	600	620	
尖扁B型钢镐	JBB	420	—	520	550	570	—	

3. 八角锤（QB/T 1290.1—2010）

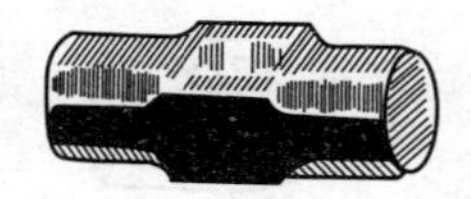

锤头重量(kg)	0.9	1.4	1.8	2.7	3.6	4.5	5.4	6.3	7.2	8.1	9	10	11
全长（mm）	105	115	130	152	165	180	190	198	208	216	224	230	236
用途	用于手工自由锻、锤击钢钎、铆钉，筑路时凿岩、碎石、打炮眼及安装机器等												

4. 钢钎

mm

六角形对边距离	长度	用途
25，30，32	1200，1400， 1600，1800	在建筑工程、筑路、打井勘探等作业中，用来穿凿岩石

5. 撬棍

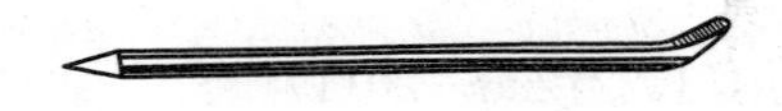

mm

直径	长度	用途
20，25，32，38	500，1000 1200，1500	在建筑工程、筑路、搬运重物时，用来撬重物、山石等

6. 石工锤（QB/T 1290.10—2010）

规格	锤头质量（kg）：0.80，1.00，1.25，1.5，2
用途	用于击碎硬石、砸碎混凝土，以及采石、石雕时敲击钎、錾等

7. 石工斧

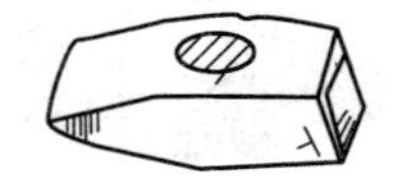

规格	斧头质量（kg）：1.5。刀口宽（mm）：135
用途	用于筑路、矿山及采石

8. 石工凿

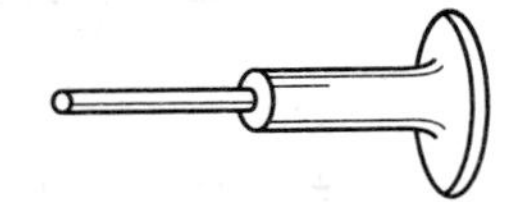

mm

规格	长	宽	厚	用途
1号	160	120	60	凿石用的专用工具
2号	160	100	60	
3号	160	80	60	

二、泥瓦工具

1. 砌刀（QB/T 2212.5—2011）

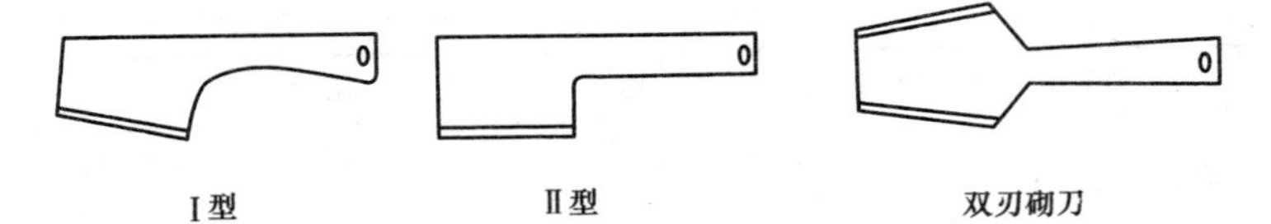

mm

刀体刃长	135	140	145	150	155	160	165	170	175	180
刀体前宽	50			55				60		
刀长	335	340	345	350	355	360	365	370	375	380
刀厚	≤8.0									
用途	砌墙时，用于披灰缝、砍断砖瓦、铺砖瓦、填泥灰等									

2. 砌铲（QB/T 2212.4—2011）

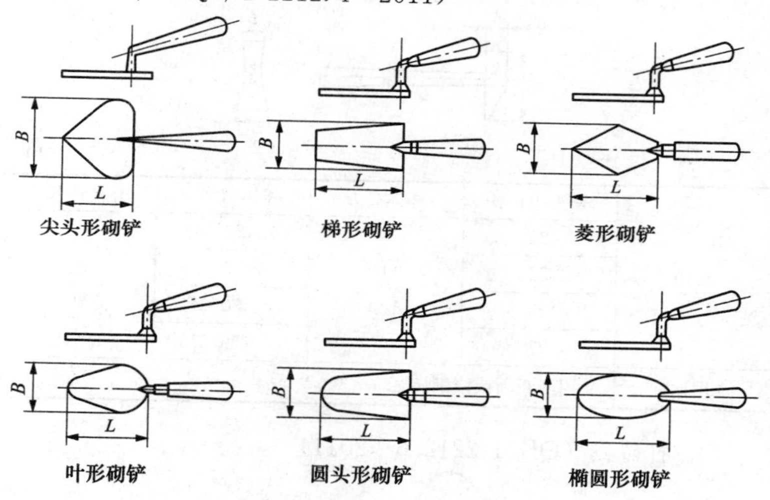

mm

铲板长 L			铲板宽 B		
尖头形	梯形、叶形、圆头形、椭圆形	菱形	尖头形	梯形、叶形、圆头形、椭圆形	菱形
140	125、130	180	170	60、65	125
145	140	200	175	70	140
150	150、155	230	180	75	160
155	165	250	185	80、85	175
160	170、180		190	90	
165	190		195	95	
170	200、205		200	100、105	
175	215		205	105、110	
180	225、230		210	115	
	240			120	
	250、255			125、130	

注 铲板厚不大于2.00mm。用于砌砖和铲灰等。

3. 打砖斧（QB/T 2212.6—2011）

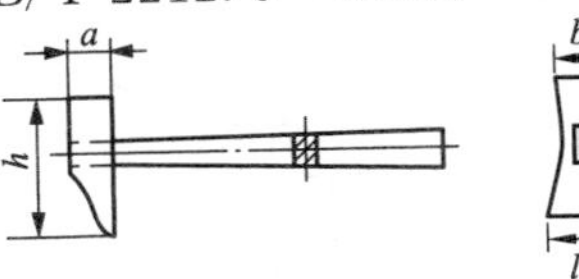

mm

	斧头边长 a	斧体高 h	斧体刃宽 l	斧体边长 b
规格	20	110 120	50	25 30
	22		55	
	25		50	
	27		55	
用途	用于斩断或修削砖瓦			

4. 打砖刀（QB/T 2212.6—2011）

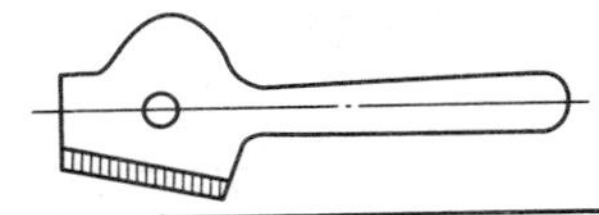

规格	刀体刃长×刀体头宽×刀长（mm×mm×mm）：110×75×300
用途	砌墙时用于斩断或修削砖瓦

5. 阴、阳角抹子（QB/T 2212.2—2011）

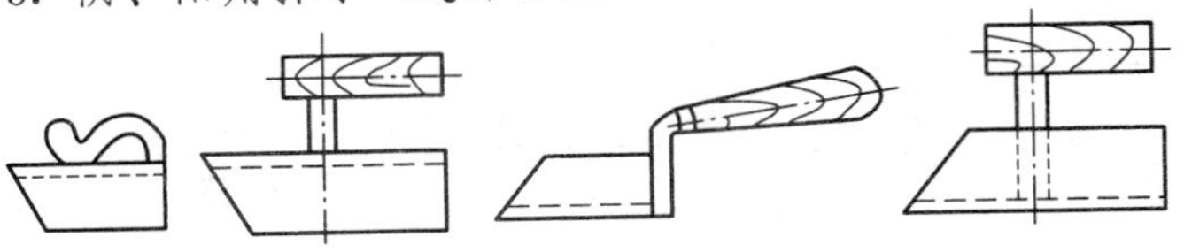

阳角抹子　　　　阴角抹子

阴抹子			阳抹子		
抹板长（mm）	抹板角度	抹板厚（mm）	抹板长（mm）	抹板角度	抹板厚（mm）
60，70，80，90，100，110，120，130，140，150，160，170，180	94°	≤2.0	80，90，100，110，120，130，140，150，160，170.180	86°	<2
用途	用于在垂直内角、外角及圆角处抹灰砂或砂浆				

6. 平抹子（QB/T 2212.2—2011）

mm

平抹板长	平抹板宽			平抹板厚		用途
	尖头形	长方形	梯形	尖头形	长方形、梯形	
220，225	80，85，90	85，90，95	90，95	≤2.5	≤2.0	用于在砌墙或做水泥平面时刮平、抹灰砂或水泥
230，235，240	80，85，90，95	90，95，100	95，100			
250	90，95 100	95，100 105	100，105			
260，265	95 100，105	100，105，110	105，110	≤2.5	≤2.0	
280	100，105，110	105，110 115	110，115			
300	105，110，115	110，115，120	118，120			

7. 压子（QB/T 2212.3—2011）

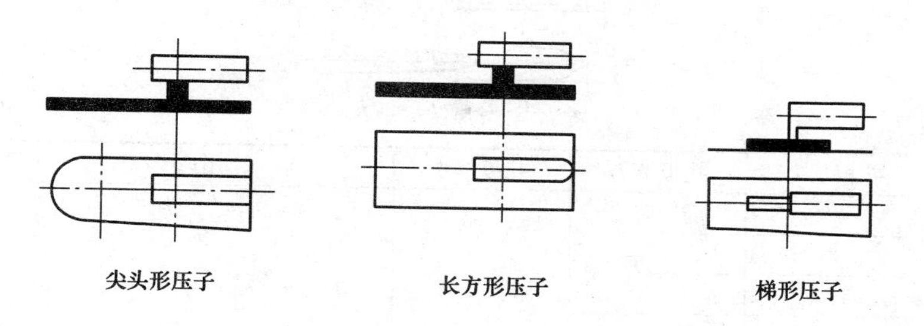

尖头形压子　　长方形压子　　梯形压子

mm

压板长	压板宽	压板厚	用途
190，195，200，205，210	50，55，60	≤2.0	用于对灰砂、水泥作业面的整平和压光

8. 分格器（抿板）（QB/T 2212.7—2011）

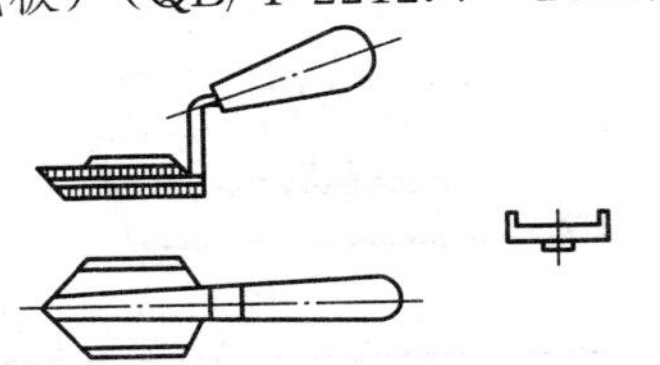

mm

抿板宽	抿板长	抿板厚	用途
45	80	≤2.0	用于抹灰地面、墙面的分格
60	100		
65	110		

9. 缝溜子（QB/T 2212.7—2011）

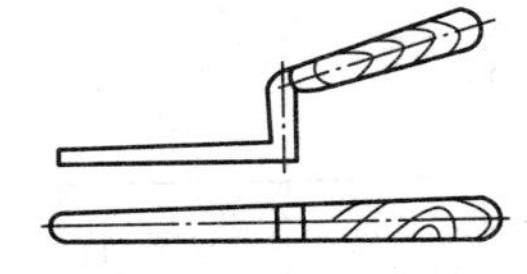

mm

溜板长	溜板宽	溜板厚	用途
100，110，120，130，140，150，160	10	≤3.0	用于溜光外砖墙的灰缝

10. 缝扎子（QB/T 2212.7—2011）

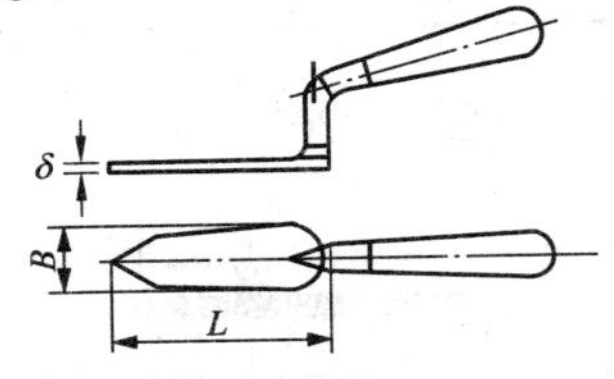

mm

扎板长 L	扎板宽 B	扎板厚 δ	用途
80	25	≤2.0	专用于墙体勾缝
90	30		
100	35		
110	40		
120	45		
130	50		
140	55		
150	60		

11. 线锤（QB/T 2212.1—2011）

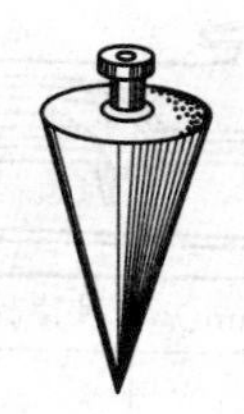

材料	质量（kg）	用途
铜质	0.0125，0.025，0.05，0.1，0.15，0.2，0.25，0.3，0.4，0.5，0.6，0.75，1，1.5	在建筑测量时，作垂直基准线用
钢质	0.1，0.15，0.2，0.25，0.3，0.4，0.5，0.75，1，1.25，2，2.5	

12. 墙地砖切割机

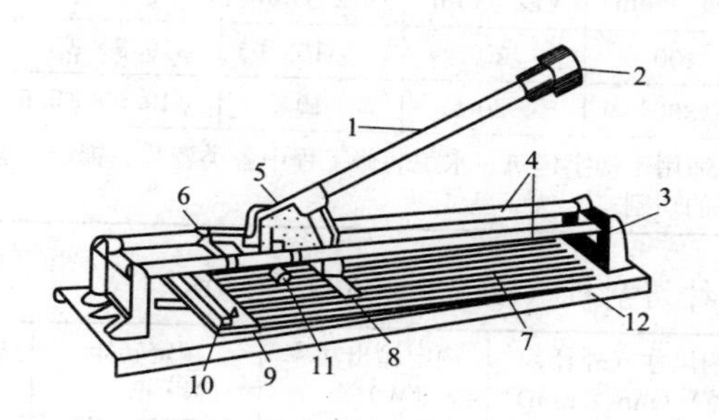

1—手柄；2—手球；3—支架；4—导轨；5—刀座；6—滑体；7—橡皮；8—压板；9—刻度表；10—角尺；11—刀片；12—底盘

切割宽度（mm）	切割厚度（mm）	质量（kg）	用途
300～400	5～12	6.5	用于手工切割各种墙砖、地板砖、玻璃装饰等

13. QA-300 型墙地砖切割机

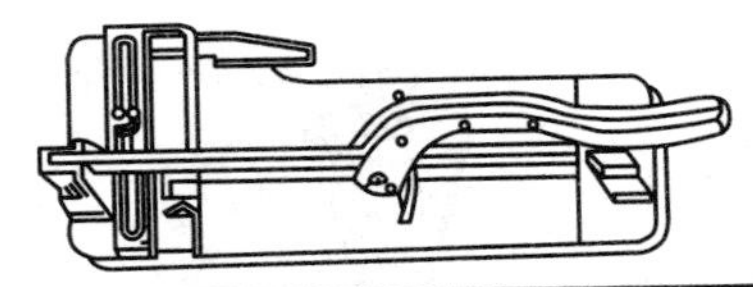

规格	切割宽度（mm）	切割深度（mm）	刀片寿命（m）
	300	5～10	累计 1000～2000
用途	用于切割墙地砖等		

14. 手提式锯片机

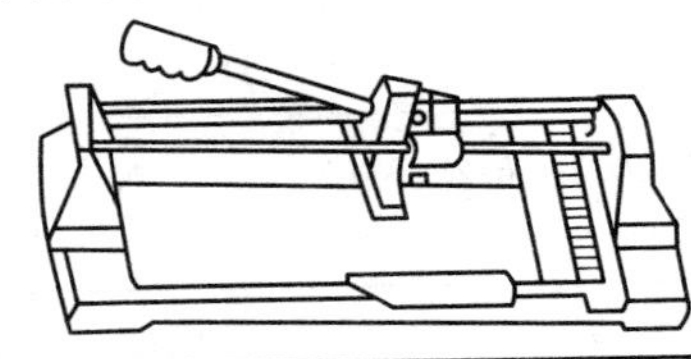

型号	最大切割长度（mm）	最小切割宽度（mm）	最大切割厚度（mm）	锯刀规格（mm）	质量（kg）
CJ-400	400	20	10	ϕ19.5×ϕ5.5×2	11
CJ-300	300	20	10	ϕ19.5×ϕ5.5×2	10
用途	适用于楼宇建筑、水工装修工程中各类瓷片、锦砖、彩地砖及玻璃等的切割				

15. 石材切割机（GB/T 22664—2008）

规格	切割尺寸（外径×内径）（mm×mm）	额定输出功率（W）≥	额定转矩（N·m）≥	最大切割深度（mm）≥
110C	110×20	200	0.3	20
110	110×20	450	0.5	30
125	125×20	450	0.7	40
150	150×20	550	1.0	50
180	180×25	550	1.6	60
200	200×25	650	2.0	70
250	250×25	730	2.8	75
用途	适用于用金刚石切割片对石材、大理石、瓷砖、水泥板等含硅酸盐的材料进行切割			

16. 混凝土切割机

型号	输入功率（W）	电源电压（V）	刀片转速（r/min）	最大切割深度（mm）	质量（kg）
Z1HQ-250	1450	220 交直流	2100	70	13
用途	用于对混凝土及其构件的切割，也可切割大理石、耐火砖、陶瓷等硬脆性材料；更换砂轮片后，可切割铸管和型材				

17. 混凝土钻孔机（JG/T 5005—1992）

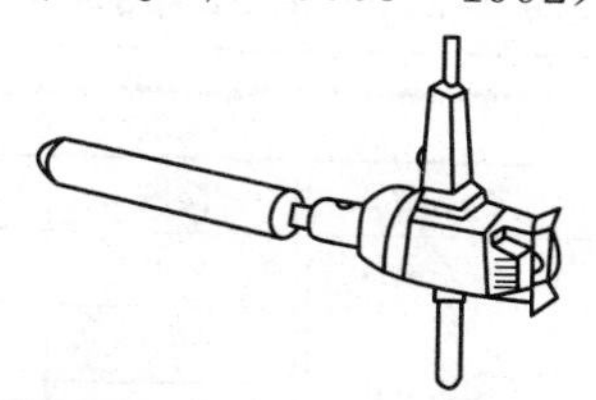

规格	最大钻头直径（mm）	110	160	200	250
	钻削率（m^3/min）	≥150	≥300	≥470	≥680
用途	用于对混凝土墙壁及楼板、砖墙、瓷砖、岩石、玻璃等硬脆性非金属材料的钻孔				

18. 瓷砖切割机

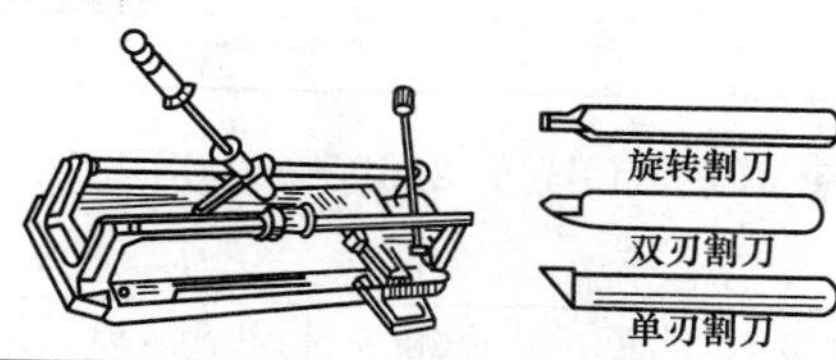

规格	最大切割长度（mm）	最大切割厚度（mm）	质量（kg）
	36	12	6.5
	切割刀具及用途	ϕ5mm 旋转割刀，切割瓷砖、玻璃 硬质合金单刃割刀，切割瓷砖、地板砖 硬质合金双刃割刀，备用	

19. 砖槽铣沟机

规格	型号	输入功率（W）	负载转速（r/min）	额定转矩（N·m）	铣沟能力（mm×mm）≤	质量（kg）
	A1R-16	400	800	2	20×16	3.1
用途	装上硬质合金专用铣刀，对砖墙、泥夹墙、石膏和木材等材料表面进行铣切沟槽作业					

三、木工工具

1. 木工锯条（QB/T 2094.1—2005）

mm

长度	宽度	厚度	长度	宽度	厚度
400	22，25	0.5	800	38.44	0.7
450			850		
500	25.32		900		
550			950		
600	32，38	0.6	1000	44，50	0.80，0.90
650			1050		
700	38，44	0.7	1100		
750			1150		
用途	装于框形木锯架上，用于手工锯割木材				

2. 细木工带锯条（GB/T 21690—2008）

mm

宽度 b	厚度 δ	齿距 p	厚度 δ	齿距 p	厚度 δ	齿距 p
6.3	(0.4)	(3.2)	0.5	4	(0.6)	(5)
10	(0.4)	(4)	0.5	6.3	(0.6)	(6.3)
12.5			(0.5)	(6.3)	0.6	6.3
16			(0.5)	(6.3)	0.6	6.3
20			0.5	6.3	0.7	8

续表

宽度 b	厚度 δ	齿距 p	厚度 δ	齿距 p	厚度 δ	齿距 p
25			0.5	6.3	0.7	8
(30)					0.7	10
32					0.7	10
(35)					0.7	10
40					0.8	10
(45)					0.8	10
50					0.9	12.5
63					0.9	12.5
用途	装在带锯机上，锯切木材					

3. 木工带锯条 (JB/T 8087—1999)

mm

宽度	厚度	最小长度	用途
6.3	0.40，0.50	7500	装于带锯机床上锯割木材。有开齿与未开齿两种
10，12.5，16	0.40，0.50，0.60		
20，25，32	0.40，0.50，0.60，0.70		
40	0.60，0.70，0.80		
50，63	0.60，0.70，0.80，0.90		
75	0.70，0.80，0.90		
90	0.80，0.90，0.95		
100	0.80，0.90，0.95，1.00	8500	
125	0.90，0.95，1.00，1.10		
150	0.95，1.00，1.10，1.25，1.30		
180	1.25，1.30，1.40	12 500	
200	1.30.1.40		

4. 木工圆锯片（GB/T 13573—1992）

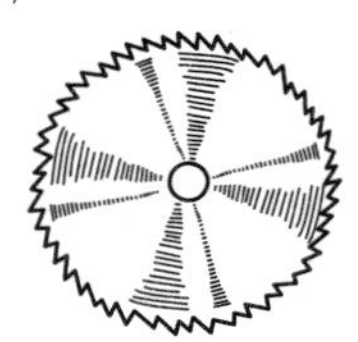

外径（mm）	孔径（mm）	厚度（mm）	齿数（个）	用途
160	20，(30)	0.8，1.0，1.2，1.6	80，100	装在木工锯床或手持电锯上，纵切或横切各种木板、木条
(180)，200，(225)，250，(280)	30，60	0.8，1.0，1.2，1.6，2.0		
315，(355)		1.0，1.2，1.6，2.0，2.5		
400	30，85	1.0，1.2，1.6，2.0，2.5		
(450)		1.2，1.6，2.0，2.5，3.2		
500，(560)		1.2，1.6，2.0，2.5，3.2	72，100	
630		1.6，2.0，2.5，3.2，4.0		
(710)，800	40，(50)	1.6，2.0，2.5，3.2，4.0		
(900)，1000		2.0，2.5，3.2，4.0，5.0		
1250	60	3.2，3.6，4.0，5.0		
1600		3.2，4.5，5.0，6.0		
2000		3.6，5.0，7.0		

注 1. 括号内的尺寸尽量不选用

2. 齿形分直背齿（N）、折背齿（K）、等腰三角齿（A）三种。

5. 木工绕锯条（QB/T 2094.4—2015）

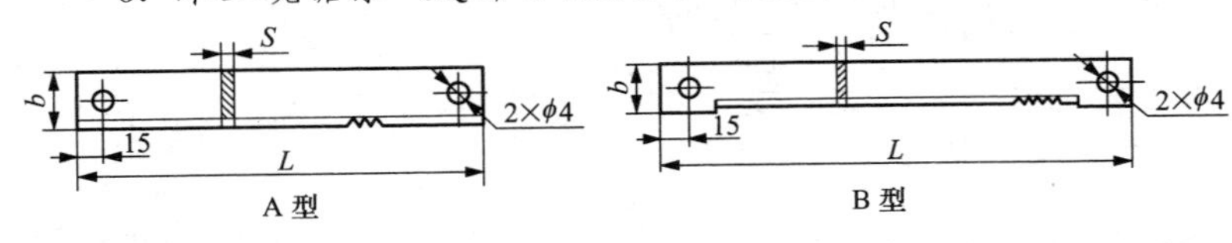

mm

规格	长度 L	宽度 b	厚度 S	用途
400	400	10	0.5	专门用于锯切木制品的圆弧、曲线、凹凸面
450	450			
500	500			

续表

规格	长度 L	宽度 b	厚度 S	用途
550	550	10	0.6 0.7	专门用于锯切木制品的圆弧、曲线、凹凸面
600	600			
650	650			
700	700			
750	750			
800	800			

注 根据用户的需要，锯条规格、基本尺寸可不受限制。

6. 鸡尾锯（QB/T 2094.5—2015）

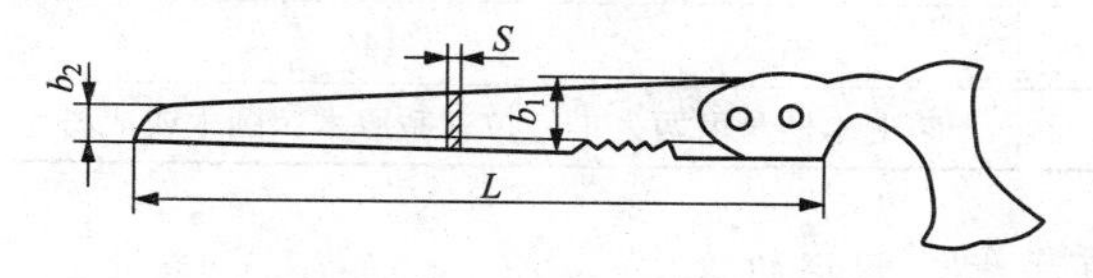

mm

规格	长度 L	厚度 S	大端宽 b_1	小端宽 b_2	用途
250	250	0.85	25	6 9	适用于高空作业中锯切小尺寸木料或狭小孔槽
300	300		30		
350	350		40		
400	400				

注 根据用户的需要，锯条其规格、基本尺寸可不受限制。

7. 手扳锯（QB/T 2094.3—2015）

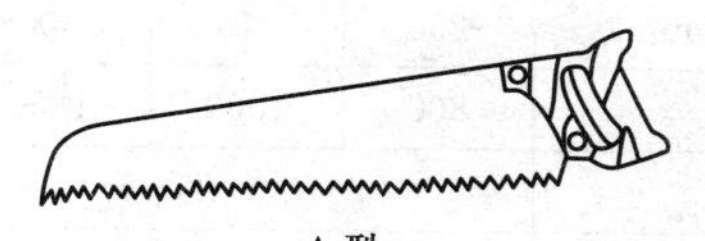

A 型

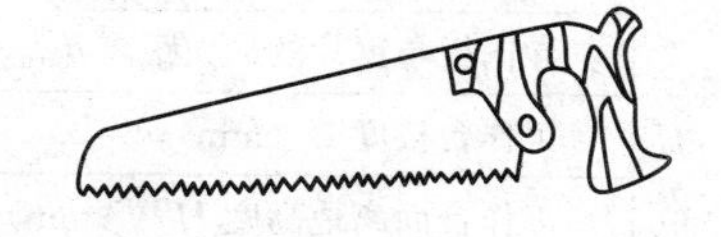

B 型

mm

锯身长度		300	350	400	450	500	550	600
锯身宽度	大端	90，100		100，110			125	
	小端	25			30		35	
锯身厚度		0.80，0.85，0.90			0.85，0.90，0.95，1.00			
用途		用于锯割操作位置受限制的木结构件及宽木板材，如三合板等						

8. 伐木锯条（QB/T 2094.2—1995）

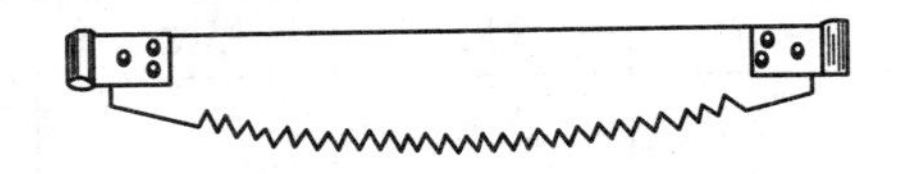

mm

长度	1000	1200	1400	1600	1800
宽度	110	120	130	140	150
厚度	1.0	1.2		1.4	1.4，1.6
齿型	三角形齿（用于软质木）	标准三角形齿		三角形齿（用于硬木）	
齿距	9	14		17	
用途	装上木柄，由两人推、拉锯截原木、圆木或成材等木材大料				

9. 万能木工圆锯机

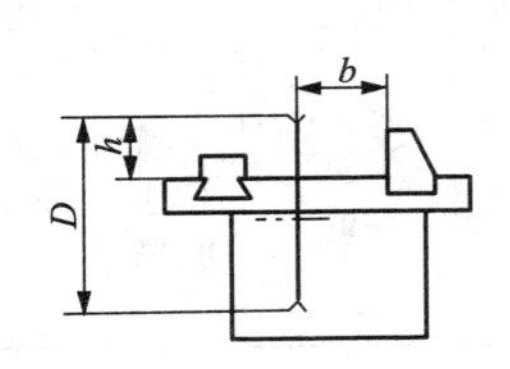

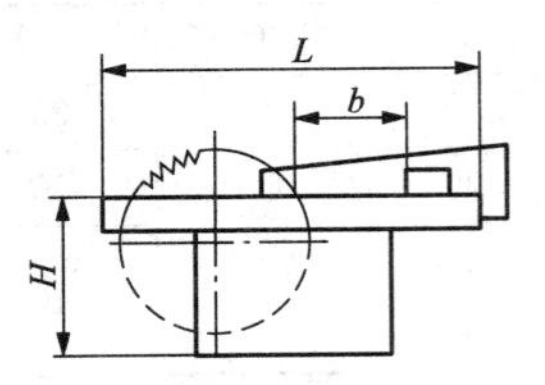

规格	最大锯片直径 D_{max}（mm）	315	400	500
	最大锯切高度 h_{max}（mm）≥	63	80	100
	导向板与锯片的最大距离 b_{max}（mm）≥	250	315	400
	工作台长度 L（mm）	800	1000	1250
	工作台面离地高度 H①（mm）	780，850		
	装锯片处轴径（按 JB/T 4173—1999）（mm）	30		
	电动机功率（kW）	3		4
	锯切速度（mm/s）≥	45		
用途	用于锯割木材、纤维板、塑料及其他类似材料			

① 工作台高度可调试，按最小高度计算。

10. 木工手用刨（QB/T 2082—1995）

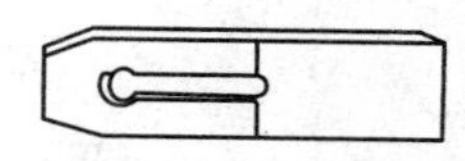
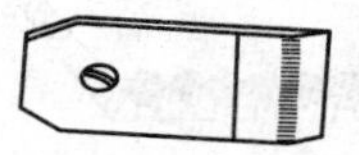
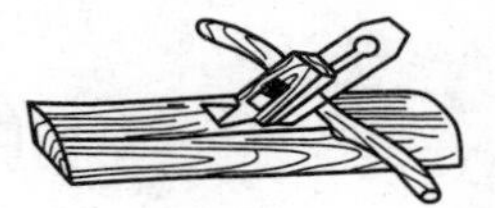

刨刀	规格	宽度（mm）：25，32，38，44，51，57，64 长度（mm）：≥175 刨刀厚度（mm）：3
	用途	装于刨壳中，配上盖铁，用于手工刨削各种木材的平面
盖铁	规格	宽度（mm）：25，32，38，44，51，57，64 长度（mm）：≥96 宽度/螺纹孔尺寸（mm/mm）：25/M8；≥32/M10
	用途	装在刨壳中，用于压紧和固定木工手用刨刀
刨台	规格	分粗刨和细刨两种。 宽度（mm）：38，44，51 长度（mm）：长型 450，中型 300，短型 200
	用途	装上木工手用刨刀、盖铁和楔木后，用于手工将木材的表面刨削平整光滑

11. 绕刨

mm

绕刨	规格	适用刨刀宽度：40，42，44，45，50，52，54 刨台用铸铁制成							
	用途	专门刨削曲面木工件，也可用于修光竹制品							
绕刨刀	规格	宽度	40	42	44	45	50	52	54
		长度	40	42	43	45	50	52	54
		镶钢长度	11	15.5	16	15.5	14.5	14.5	18
		厚度	2						
	用途	绕刨专用							

12. 木工机用电刨刀（JB/T 3377—1992）

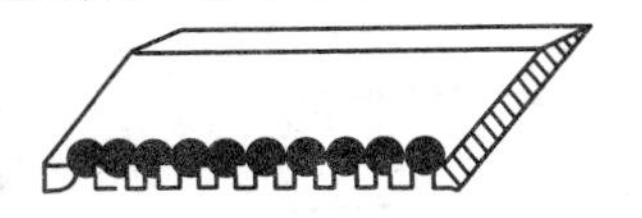

mm

型式		基本尺寸													
Ⅰ，Ⅱ	长	110	135	170	210	260	310	325	410	510	610	640	810	1010	1260
	宽	30（35，40）													
	厚	3，4													
Ⅲ	长	40	60	80	110	135	170	210	260	325					
	宽	90，100													
	厚	8，10													
用途	装在木工刨床上，刨削各种木材														

13. 木工手用异形刨刀

mm

	名称	外形	宽度 B	长度 L	厚度 H	镶钢长度
规格	木工手用拉刨刀	用于拉、刨木材的平面和斜面	38	80		50
			44	100		60
			51	105		65
			57	110		70
			62	115		70
			64	120		70
			68	125		70
			70	130		70
	斜刃刨刀	用于拉、刨木材的平面和斜面	38	96	$\theta=20°$	50
			44	108		55
			51	115		60
			57	120		60
			62	125		65
			64	125		65
			68	130		65
			70	130		65

续表

	名称	外形	宽度 B	长度 L	厚度 H	镶钢长度
规格	板刨刀	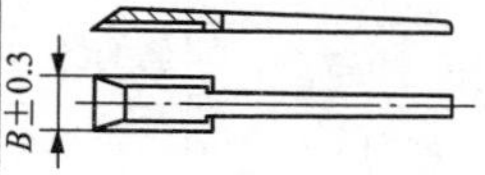 用于拉、刨木材的平面和斜面	13	124	150	60
			16	124	150	60
			19	124	150	60
			22	124	150	60
			25	124	150	60
			32	124	150	60
	槽刨刀	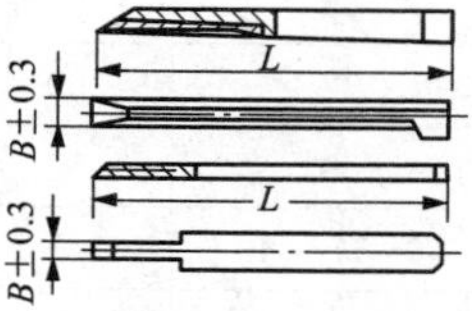 用于刨削木材的沟槽	3.2	124	150	60
			5	124	150	60
			6.5	124	150	60
			8	124	150	60
			9.5	124	150	60
			13	124	150	60
			16	124	150	60
			19	124	150	60
	圆线刨刀	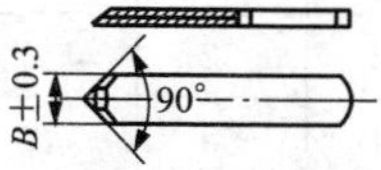 用于刨削木材的弧形面	宽度 B		镶钢长度	镶钢厚度
			5		0.55	0.5
			6		0.55	0.5
			8		0.55	0.5
			10		0.55	0.5
			13		0.55	0.5
			16		0.55	0.5
			19		0.55	0.5
	套刨刀	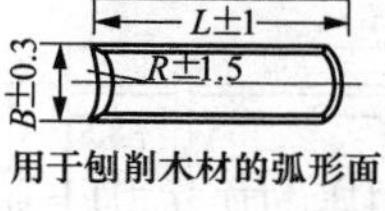 用于刨削木材的弧形面	8	29	20	6.5
			9	33	22	9.5
			10	37	24	12.5
			12	41	26	19
			13	45	28	25
			15	49	30	32
			16	53	32	38
			19	57	34	50
			23	61	36	76
			26	65	39	100
			29	68	41	127
			30	72	43	152

续表

	名称	外形	宽度 B		镶钢长度	镶钢厚度
规格	线刨刀	$B\pm0.3$ $B\pm0.3$ 用于刨削木材的弧形面	6.5		60	0.8
			9.5		60	0.8
			13		60	0.8
			16		60	0.8
			19		60	0.8
			25		60	0.8
			32		60	0.8
			38		60	0.8
	铁柄刨刀	b $L\pm0.5$ $B\pm0.5$ $H\pm0.2$ 用于刨削木材的曲面、棱角和修光竹制品	40	40	2	7
			42	42	2	7
			44	43	2	7
			45	45	2	7
			50	50	2	7
			52	52	2	7
			54	58	2	7
用途	异形刨刀包括拉刨刀、斜刃刨刀、板刨刀、槽刨刀、圆线刨刀、套刨刀、线刨刀、铁柄刨刀等多种。拉刨刀、斜刃刨刀、板刨刀用于拉刨各种木材的斜面、平面；槽刨刀用于刨削木材的槽沟；圆线刨刀、套刨刀用于刨削木材的弧形面；铁柄刨刀用于刨削木材的曲面、圆形、棱角及修光竹制品					

14. 木工机用直刃刨刀（JB/T 3377—1992）

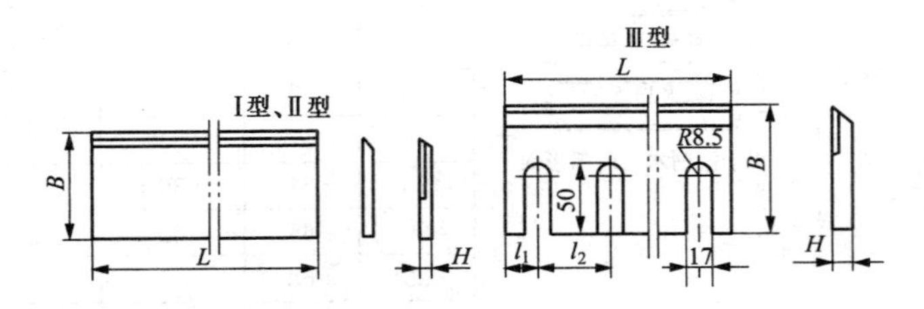

mm

规格		Ⅰ、Ⅱ型刨刀													
	长 L	110	135	170	210	260	(310)	325	410	510	(610)	640	810	1010	1260
	宽 B	30（35，40）								35，40					
	厚 H	3，4													
		Ⅲ型刨刀													
	长 L	40	60	80	110	135	170	210	260	325					
	宽 B	90，100													
	厚 H	8，10													
用途	木工机用直刃刨刀有三种类型：Ⅰ型—整体薄刨刀；Ⅱ型—双金属薄刨刀；Ⅲ型—带紧固槽的双金属厚刨刀。用在木工刨床上，刨削各种木材														

注 括号内的尺寸尽量避免采用。

15. 手用木工凿（QB/T 1201—1991）

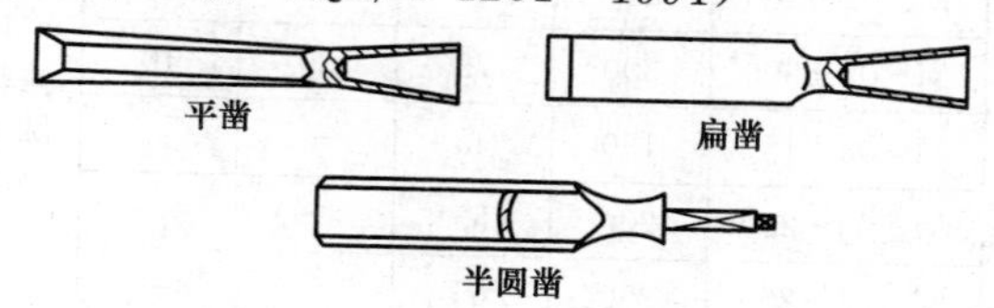

mm

品种	宽度	长度	用途
圆凿、平凿	6，4，8，10	≥150	用于在木料上凿制榫头、槽沟、起线、打眼及刻印等
	13，16，19，22，25	≥160	
扁凿	13，16，19	≥180	
	22，25，32，38	≥200	

16. 机用木工方凿（JB/T 3377—1992）

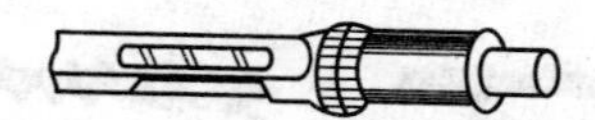

规格	凿套刃部尺寸（mm）：9.5，11，12.5，14，15.5，19
用途	专供打方孔木工机使用。使用时，凿芯刃部要伸出凿套刃部 1～2mm

17. 木锉（QB/T 2569.6—2002）

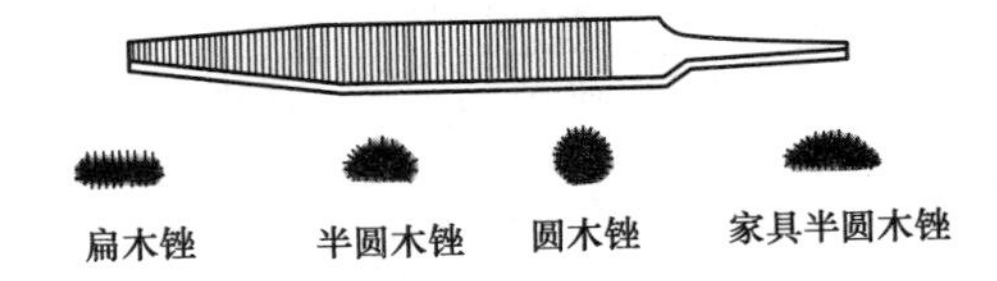

mm

名称	代号	长度	柄长	宽度	厚度	用途
扁木锉	M-01-200	200	55	20	6.5	用于锉削或修整木工件的圆孔、沟槽、槽眼及不规则表面
	M-01-250	250	65	25	7.5	
	M-01-300	300	75	30	8.5	
半圆木锉	M-02-150	150	45	16	6	
	M-02-200	200	55	21	7.5	
	M-02-250	250	65	25	8.5	
	M-02-300	300	75	30	10	
圆木锉	M-03-150	150	45	—	—	
	M-03-200	200	55	—	—	
	M-03-250	250	65	—	—	
	M-03-300	300	75	—	—	
家具半圆木锉	M-04-150	150	45	18	4	
	M-04-200	200	55	25	6	
	M-04-250	250	65	29	7	
	M-04-300	300	75	34	8	

18. 木工钻（QB/T 1736—1993）

双刃短柄

双刃长柄

单刃短柄

单刃长柄

mm

钻头直径	全长		用途
	短柄	长柄	
5	150	250	木材钻孔用。长柄钻把木柄装于柄孔中当执手，短柄钻装于弓摇钻或木工钻床上
6，6.5，8	170	380	
9.5，10，11，12，13	200	420	
14，16，19，20	230	500	
22，24，25，28，30	250	560	
32，38	280	610	

19. 弓摇钻（QB/T 2510—2001）

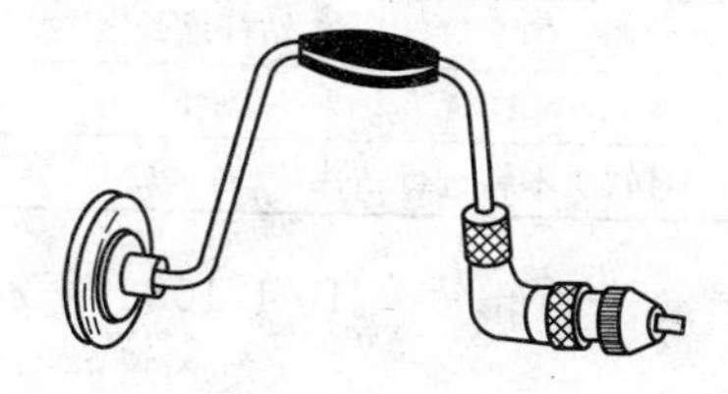

mm

型号	最大夹持木工钻规格	全长	回转半径	弓架距	用途
GZ25	22	320～360	125	150	用于夹持短柄木工钻，对木材进行钻孔
GZ30	28.5	340～380	150	150	
GZ35	38	360～400	175	160	

20. 木工机用长麻花钻（JB/T 5738—1991）

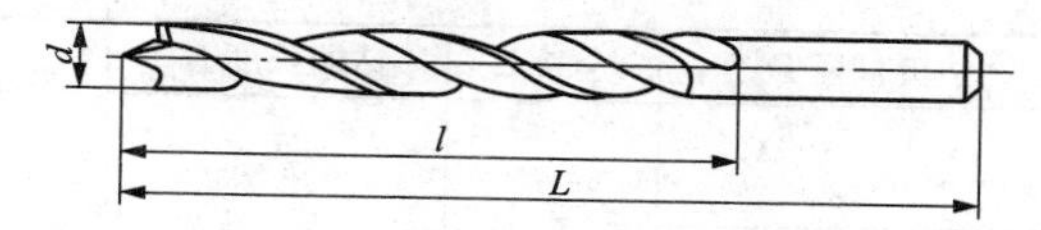

mm

钻头直径 d	全长 L	钻头长度 l
3，4，5	150	90
6，7，8，9，10，11，12	300	140
13，14，15，16，18，19，20，22，24，26，28，30，34，36，38，40，45，50	300	190

21. 活动木工钻

mm

型式	规格（总长）	配备刀片长度	钻孔
手动式	225	21，40	22～36
机动式	130		22～60
用途	用于安装门锁、抽屉锁时钻孔用，又称扩大钻		

22. 手推钻

mm

规格（总长）	钻孔直径	钻杆缩长度	钻头工作部分长度
228	2.5，3.5，4，4.5	≥50	30
用途	对软质木料进行钻孔		

23. 木工硬质合金销孔钻（JB/T 10849—2008）

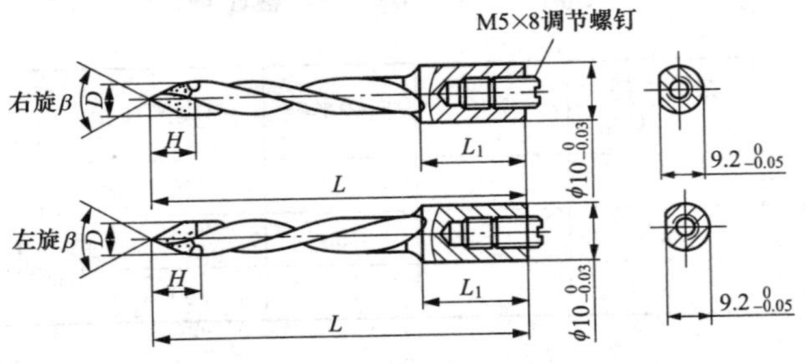

C型(单粒硬质合金通孔钻)

mm

型式	钻头直径 D	全长 L	钻柄长度 L_1	旋向
A型 B型	3，4，5，6，7，8	57，70	20，27	L（左旋）或R（右旋）
C型 D型	4，5，6，7，8，9，10，11，12，13，14，15，16			

注 其型式分为A型（整体硬质合金销孔钻）、B型（整体硬质合金不通孔钻）、C型（单粒硬质合金通孔钻）和D型（单粒硬质合金不通孔钻）4种。

24. 木工方凿钻（JB/T 3872—2010）

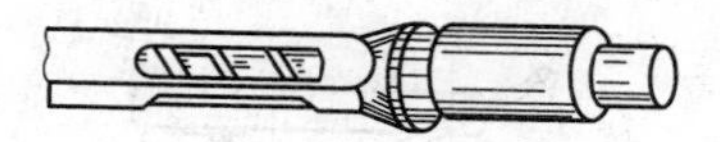

mm

空心凿刀			钻头	
凿刀宽度	柄直径	全长	钻头直径	全长
6.3	19	100～150	6	160～250
8			7.8	
9.5			9.2	
10			9.8	
11	19	100～150	10.8	160～250
12			11.8	
12.5			12.3	
14			13.8	
16			15.8	
20	28.5	200～220	19.8	255～315
22			21.8	
25			24.8	

25. 手持式木工电钻

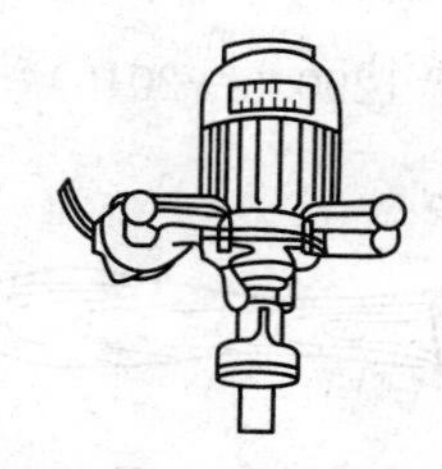

规格	型号	钻孔直径（mm）	钻孔深度（mm）	钻轴转速（r/min）	额定电压（V）	输出功率（W）	质量（kg）
	M3Z-26	≤26	800	480	380	600	10.5
用途	用于在木质工件及大型木构件上钻削大直径孔、深孔						

26. 立式单轴木工钻床

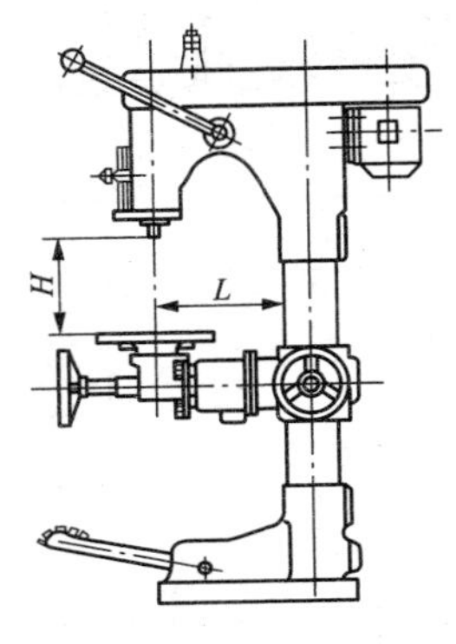

	参数名称	基本参数	
规格	最大钻孔直径（mm）	12　25	40
	最大钻孔深度（mm）	100	
	最大榫长度（mm）	150	200
	最大榫槽深度（mm）	100	
	主轴端面至工作台面的最大距离 L（mm）	400	
	主轴中心线到机床立柱表面的最大距离（mm）	320	400
	主轴转速（r/min）≥	2800	
用途	用于在木质工件上进行钻削		

27. 羊角锤（QB/T 1290.8—2010）

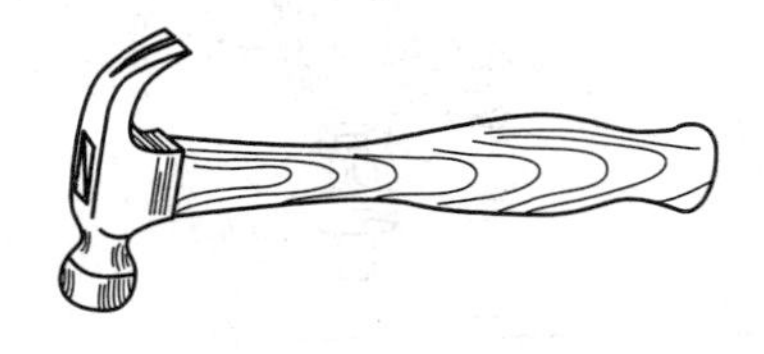

规格	敲击端截面形状种类	A、B、C、D、E 型
	锤头质量（kg）	0.25，0.35，0.45，0.50，0.55，0.65，0.75
用途	木工作业时敲打或起钉用，也可用来敲击其他物品	

28. 木工台虎钳

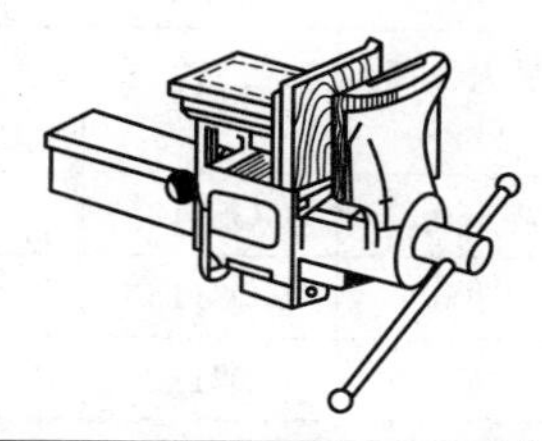

钳口长度×开口度（mm×mm）	夹紧力（kg）	用途
75×100	1500	装在工作台上，用以夹稳木制工件，进行锯、刨、锉等加工
100×125	2000	
125×150	2500	
160×175	3000	
200×225	4000	

29. 竹篾刀

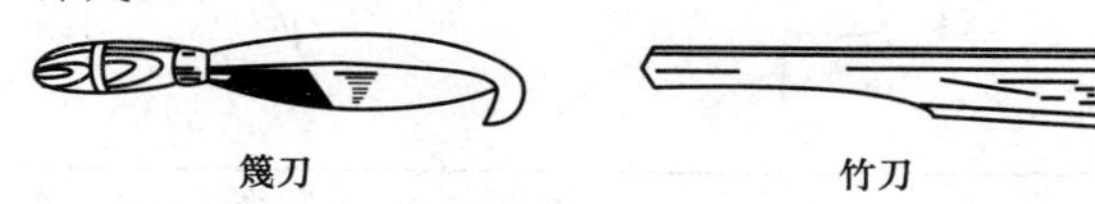

篾刀　　竹刀

规格	蔑刀刀身质量（kg）：0.7～0.8 竹刀刀身质量（kg）：0.7，0.8，0.9，1，1.1，1.2，1.3
用途	篾刀用于劈削竹材，竹刀用于劈竹片、竹篾及竹面修理

30. 木工夹

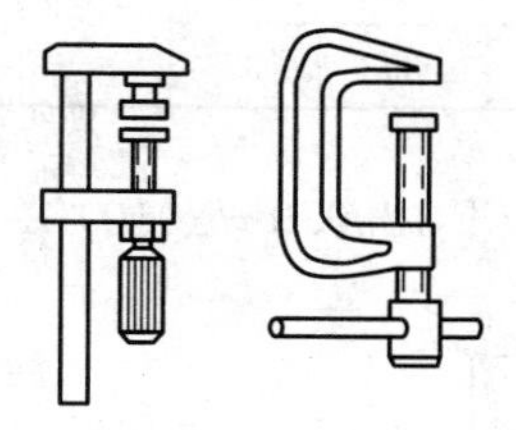

F型　　G型

型号	夹持范围（mm）	最大负荷（kg）	型号	夹持范围（mm）	最大负荷（kg）
FS150	150	180	FS250	250	140
FS200	200	160	FS300	300	100

续表

型号	夹持范围 (mm)	最大负荷 (kg)	型号	夹持范围 (mm)	最大负荷 (kg)
GQ8175	75	350	GQ81125	125	450
GQ8150	50	300	GQ81150	150	500
GQ81100	100	350	GQ81200	200	1000
用途	用于夹持两块木板或夹持待粘结构的构件。G 型为多功能夹；F 型为胶合板专用				

31. 木工斧（QB/T 2565.5—2002）

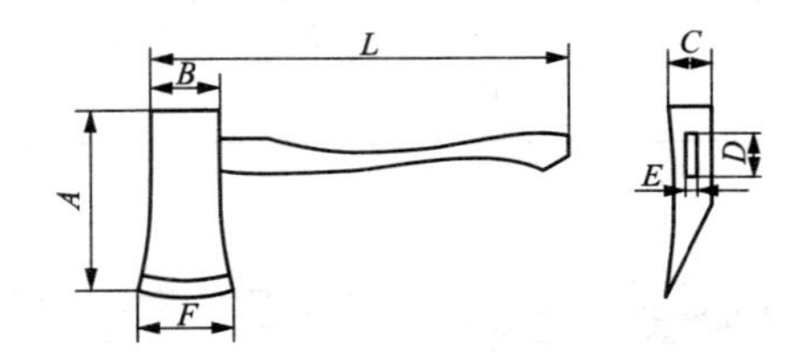

规格 质量 (kg)	A≥ (mm)	B≥ (mm)	C≥ (mm)	D (mm) 基本尺寸	D (mm) 偏差	E (mm) 基本尺寸	E (mm) 偏差	F≥ (mm)
1.0	120	34	26	32	0 −0.2	14	0 −1.0	78
1.25	135	36	28	32		14		78
1.5	160	48	35	32		14		78

32. 木工锤（QB/T 1290.9—2010）

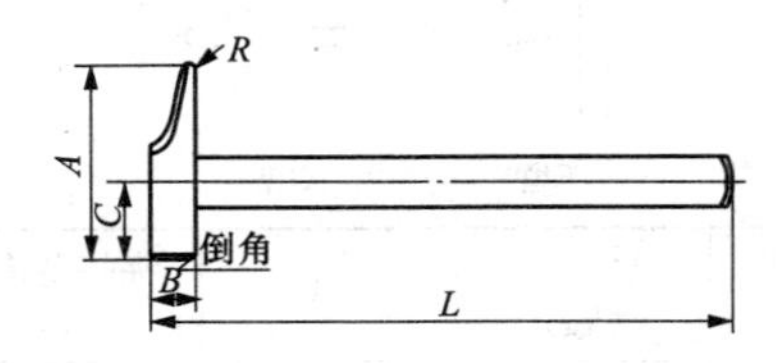

mm

规格质量(kg)	L		A		B		C		R≤	锤孔编号
	基本尺寸	偏差	基本尺寸	偏差	基本尺寸	偏差	基本尺寸	偏差		
0.20	280	±2.00	90	±1.00	20	±0.65	36	±0.80	6.0	B-04
0.25	285		97		22		40		6.5	
0.33	295	±2.50	104		25		45		8.0	B-05
0.42	308		111		28		48		8.0	
0.50	320		118		30		50		9.0	B-06

第九章　喷焊喷涂及油漆粉刷工具

一、喷焊喷涂工具

1. 金属粉末喷焊喷涂两用炬

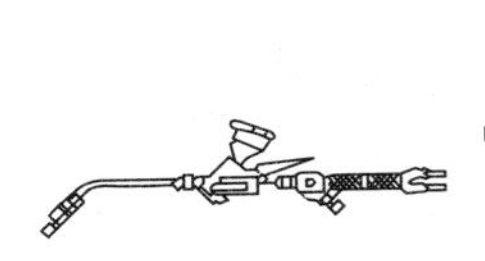
小型嘴枪

大型嘴枪(SPH-E)

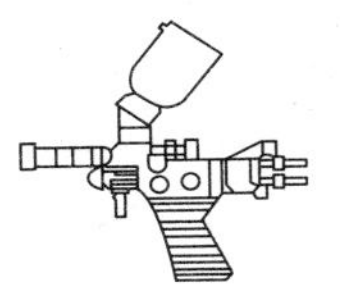
QHJ喷枪

	(1) QH和SPH型							
	喷焊嘴		工作压力（MPa）		气体消耗量（m^3/h）		送粉量（kg/h）	总质量（kg）
	喷嘴号	孔径（mm）	氧气	乙炔	氧气	乙炔		
规格	QH－1/h型（总长度：430mm）							
	1	0.9	0.20	0.05～0.10	0.16～0.18	0.14～0.15	0.40～1.0	0.55
	2	1.1	0.25		0.26～0.28	0.22～0.24		
	3	1.3	0.30		0.41～0.43	0.35～0.37		
	QH－2/h型（总长度：470mm）							
	1	1.6	0.30	0.05～0.10	0.65～0.70	0.55～0.65	1.0～2.0	0.59
	2	1.9	0.35		0.8～1.00	0.70～0.80		
	3	2.2	0.40		1.00～1.20	0.80～1.10		
	QH－4/h型（总长度：580mm）							
	1	2.6	0.40	0.05～0.10	1.6～1.7	1.45～1.55	2.0～4.0	0.75
	2	2.8	0.45		1.8～2.0	1.65～1.75		
	3	3.0	0.50		2.1～2.3	1.85～2.20		
	SPH－C型圆形多孔（总长度：730mm）							
	1	1.2（5孔）	0.5	≥0.05	1.3～1.6	1.1～1.4	4～6	1.25
	2	1.2（7孔）	0.6		1.9～2.2	1.6～1.8		
	3	1.2（9孔）	0.7		2.5～2.8	2.1～2.4		

续表

	(1) QH和SPH型							
	喷焊嘴		工作压力（MPa）		气体消耗量（m^3/h）		送粉量（kg/h）	总质量（kg）
	喷嘴号	孔径（mm）	氧气	乙炔	氧气	乙炔		
规格	SPH－D型排形多孔（总长度：1号730mm；2号780mm）							
	1	1.0（<10孔）	0.5	⩾0.05	1.6～1.9	1.40～1.65	4～6	1.55
	2	1.2（<10孔）	0.6		2.7～3.0	2.35～2.60		1.60

(2) QHJ－7hA型

	喷嘴号	预热孔		喷粉孔径	氧气工作压力（MPa）	气体消耗量（m^3/h）			送粉量（kg/h）
		孔数	孔径			氧气	乙炔、丙烷	空气	
			(mm)						
规格	氧-乙炔喷嘴								
	1	10	0.8	2.8	0.3～0.5	1.4～1.7	0.6～0.9	1.0～1.8	3～5
	2	10	0.9	3.0	0.4～0.6	1.5～1.8	0.8～1.0	1.0～1.8	4～7
	氧-丙烷喷嘴								
	1	18	*	2.8	0.4～0.5	1.4～1.7	0.7～1.0	1.0～1.8	4～6
	2	18	*	3.0	0.4～0.6	1.5～1.8	0.8～1.2	1.0～1.8	5～7
用途	可以进行喷焊或喷涂两用，装上氧-乙炔喷嘴，可利用氧-乙炔焰和压缩空气送粉机构，将喷焊或喷涂用合金粉末喷射在工件表面上。喷焊时，工件表面上形成一层冶金结合的喷焊层，以达到耐磨、耐蚀、抗氧化、耐热或耐冲击等特殊要求。通常采用两步法工艺，须用两用炬或重熔炬配合，对工件表面进行重熔。喷涂时，工件表面上形成一层机械结合的喷涂层，以达到耐磨或耐蚀等特殊要求。如装上氧-丙烷喷嘴，可利用氧-丙烷焰进行喷焊、喷涂工艺								

注　1. 带*喷嘴的预热孔孔径为0.4mm和1.3mm。

2. 其他气体工作压力（MPa）：乙炔>0.07，丙烷>0.1，空气0.2～0.5。

3. 合金粉末粒度150～250目/25.4mm。

2. 金属粉末喷焊炬

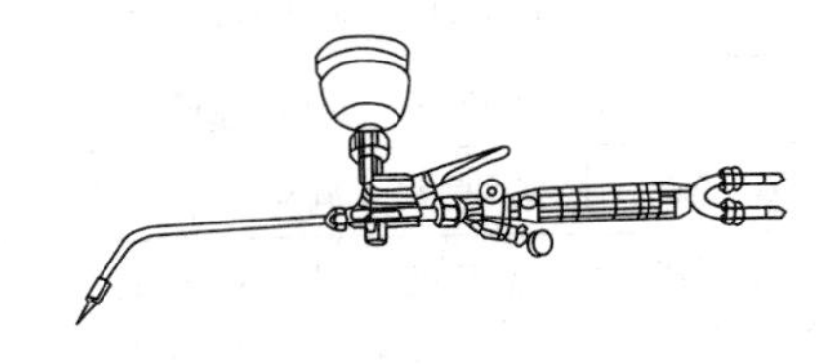

<table>
<tr><td rowspan="17">规格</td><td rowspan="2">型号</td><td colspan="2">喷焊嘴</td><td colspan="2">用气压力（MPa）</td><td rowspan="2">送粉量</td><td rowspan="2">总长度（mm）</td></tr>
<tr><td>号</td><td>孔径（mm）</td><td>氧</td><td>乙炔</td></tr>
<tr><td rowspan="3">SPH-1/h</td><td>1</td><td>0.9</td><td>0.20</td><td rowspan="3">≥0.05</td><td rowspan="3">0.4～1.0</td><td rowspan="3">430</td></tr>
<tr><td>2</td><td>1.1</td><td>0.25</td></tr>
<tr><td>3</td><td>1.3</td><td>0.30</td></tr>
<tr><td rowspan="3">SPH-2/h</td><td>1</td><td>1.6</td><td>0.3</td><td rowspan="3">>0.5</td><td rowspan="3">1.0～2.0</td><td rowspan="3">470</td></tr>
<tr><td>2</td><td>1.9</td><td>0.35</td></tr>
<tr><td>3</td><td>2.2</td><td>0.40</td></tr>
<tr><td rowspan="3">SPH-4/h</td><td>1</td><td>2.6</td><td>0.4</td><td rowspan="3">>0.5</td><td rowspan="3">2.0～4.0</td><td rowspan="3">630</td></tr>
<tr><td>2</td><td>2.8</td><td>0.45</td></tr>
<tr><td>3</td><td>3.0</td><td>0.5</td></tr>
<tr><td rowspan="3">SPH-C</td><td>1</td><td>1.5×5</td><td>0.5</td><td rowspan="3">>0.5</td><td rowspan="3">4.5～6</td><td rowspan="3">730</td></tr>
<tr><td>2</td><td>1.5×7</td><td>0.6</td></tr>
<tr><td>3</td><td>1.5×9</td><td>0.7</td></tr>
<tr><td rowspan="2">SPH-D</td><td>1</td><td>1×10</td><td>0.5</td><td rowspan="2">>0.5</td><td rowspan="2">8～12</td><td rowspan="2">730</td></tr>
<tr><td>2</td><td>1.2×10</td><td>0.6</td></tr>
<tr><td colspan="7"></td></tr>
<tr><td>用途</td><td colspan="7">利用氧气-乙炔焰和特殊粉机构，将喷焊用合金粉末喷射在工件表面上，以达到耐磨、耐蚀、抗氧化、耐热或耐冲击等特殊要求，适用于修复已磨损或有缺陷的中、小型零件</td></tr>
</table>

注 合金粉末粒度不大于150目。

3. 自熔性合金粉末喷焊喷涂枪

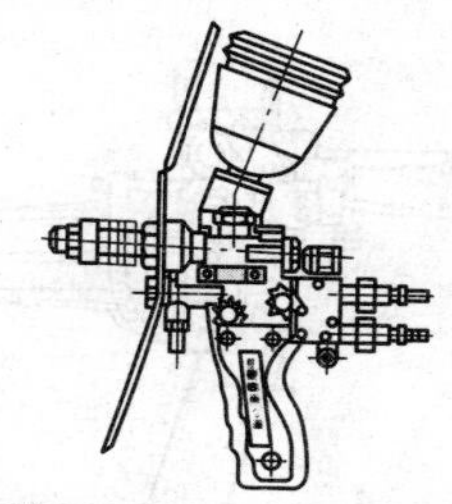

	喷嘴编号	喷嘴形式	孔径与孔数		气体压力（MPa）		送粉量（kg/h）	总质量（kg）
			预热孔（mm）	喷粉孔	氧气	乙炔		
规格	1	环形	—	ϕ2.8	0.45	≥0.04	5～7	1.6
	2	梅花	12×ϕ0.7	ϕ3.0	0.50			
	3	梅花	12×ϕ0.8	ϕ3.2	0.55			
用途	以氧-乙炔火焰为热源，主要用于喷涂自熔性合金粉末，也可进行喷焊							

4. 火焰线材气体喷涂枪

	型号			QX1	QX-Ⅰ	QX-Ⅱ
规格	工作压力（MPa）		氧气	0.4～0.5	0.4～0.5	
			乙炔	0.07～0.1	0.05～0.1	
			压缩空气	0.5～0.6	0.5～0.6	
	气体消耗量	氧气	（m³/h）	≈1.87	≈1.8	
		乙炔	（m³/h）	≈1.1	≈0.66	
		压缩空气	（m³/min）	≈1.2	1～1.2	
	适用线材直径（mm）			2.3，3	3	2.3
用途	利用氧气和乙炔作为热源，压缩空气为喷涂用线材进给气轮机构动力，并把被熔化的线材雾化成微粒（直径 4～60μm）喷射在工件表面上，形成一层具有耐磨、耐蚀或抗高温氧化等性能的喷涂层					

5. 手持式电弧喷涂枪

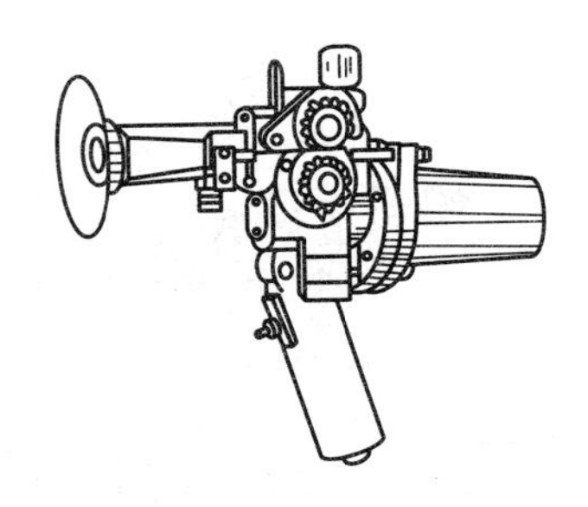

<table>
<tr><td colspan="2">压缩空气</td><td colspan="2">200A时最大喷涂量（kg/h）</td><td rowspan="2">送丝牵引力（N）</td><td rowspan="2">枪质量（kg）</td></tr>
<tr><td>工作压力（MPa）</td><td>消耗量（m³/h）</td><td>锌</td><td>铝</td></tr>
<tr><td>0.6～0.7</td><td>≈2.5</td><td>20</td><td>6.5</td><td>≥78</td><td>2.8</td></tr>
<tr><td rowspan="5">选用弧焊机时参考数据</td><td>喷涂材料</td><td>锌、铝、铅、锡</td><td>铜及铜合金</td><td>锌、铅</td><td>碳钢、不锈钢</td></tr>
<tr><td>线材直径（mm）</td><td colspan="2">1.2～1.3</td><td>2</td><td>1.6</td></tr>
<tr><td>弧焊机品种</td><td colspan="3">二氧化碳保护弧焊机</td><td>直流弧焊机</td></tr>
<tr><td>电压（V）</td><td>36</td><td colspan="2">44</td><td>60</td></tr>
<tr><td>电流（A）</td><td>80～100</td><td colspan="2">150～120</td><td>120～150</td></tr>
<tr><td rowspan="3">空气帽与滚轮选择</td><td>线材直径（mm）</td><td>1.2～1.3</td><td>2（锌）</td><td>2（铅）</td><td>1.6</td></tr>
<tr><td>空气帽孔径（mm）</td><td>6</td><td>8</td><td colspan="2">7</td></tr>
<tr><td>滚轮</td><td>带圆槽滚轮</td><td colspan="3">带直槽滚轮</td></tr>
<tr><td>用途</td><td colspan="5">利用电弧熔化喷涂用线材；压缩空气为输送线材气轮机构动力，将熔化的线材雾化成微粒，喷射在工件表面上，形成一层具有耐磨、耐蚀或抗高温氧化性能的喷涂层。常用于喷涂大面积表面要求防腐或耐磨的钢构件，加工零件的修复，电容和电瓷行业等。除用于手持操作外，也可固定在机床、设备上操作</td></tr>
</table>

6. SQP－1型射吸式气体金属喷涂枪

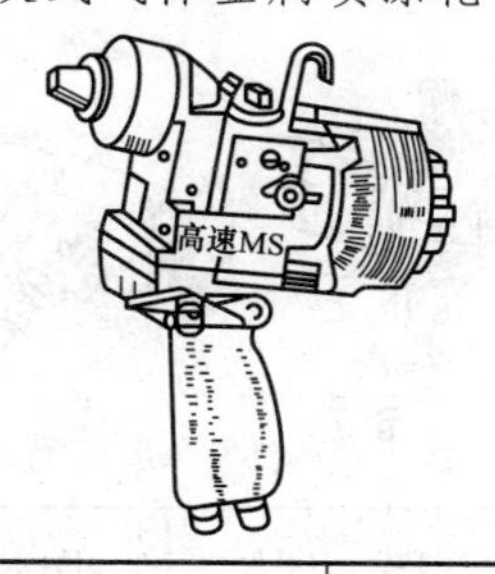

	项目		参数	
规格	喷涂材料		钢、不锈钢、铅、锌、铜、钼、铝、氧化铝	
	调速方式		离心力-离合器	
	质量（kg）		≤1.9	
	外形尺寸（mm×mm×mm）		90×180×215	
	使用热源		氧-乙炔火焰	
	气体压力（MPa）	氧气	0.4～0.5	
		乙炔	0.05 以上	
		压缩空气	0.4～0.6	
	气体消耗量（m^3/h）	氧气	1.8	
		乙炔	0.66	
		压缩空气	1～1.2	
	线材直径（mm）		ϕ2.3（中速），ϕ3.0（高速）	
	火花束角度		≤4°	
	喷涂效率（kg/h）	80 钢，ϕ2.3，1.6		低碳钢　ϕ3.0，2
		铝，ϕ3.0，2.65		不锈钢　ϕ2.3，1.8
		锌，ϕ3.0，8.2		铜　ϕ3.0，4.3
		Al_2O_3，ϕ2.0，0.4		铝　ϕ2.3，0.9
	喷射时颗粒直径（钢）（μm）	4～60		
	引力（N）	≥75		
用途	利用氧气和乙炔作为热源，将金属线材熔化并喷涂在工件表面上			

7. 高效电弧喷枪

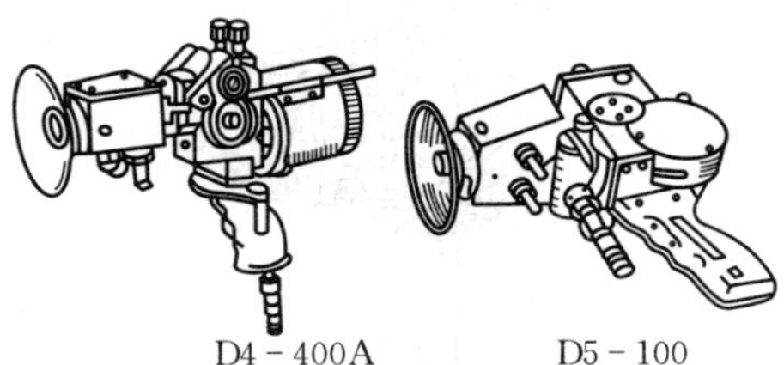

D4－400A　　D5－100

<table>
<tr><td rowspan="14">规格</td><td>项目</td><td colspan="3">D4－400A
（手持式）</td><td colspan="2">D4－400B
（固定式）</td><td colspan="2">D5－100
（手持、固定）</td></tr>
<tr><td>喷涂材料</td><td colspan="7">锌、铝、钢、不锈钢、锌锡合金等</td></tr>
<tr><td>喷枪质量（kg）</td><td colspan="3">2.8</td><td colspan="2">2.5</td><td colspan="2">2.1</td></tr>
<tr><td>压缩空气使用压力（MPa）</td><td colspan="3">0.6～0.7</td><td colspan="2">0.6～0.7</td><td colspan="2">0.5～0.7</td></tr>
<tr><td>压缩空气消耗量（m³/min）</td><td colspan="3">3.5</td><td colspan="2">2</td><td colspan="2">1.25</td></tr>
<tr><td>喷涂线材直径（mm）</td><td colspan="3">ϕ2</td><td colspan="2">ϕ2～ϕ3</td><td colspan="2">ϕ1～ϕ1.3 两根</td></tr>
<tr><td>喷枪引力（N）</td><td colspan="3">≥10</td><td colspan="2">≥150</td><td colspan="2">≥50</td></tr>
<tr><td rowspan="2">喷涂效率（kg/h）</td><td>铝</td><td>锌</td><td>不锈钢</td><td>锌（ϕ3）</td><td>铝（ϕ3）</td><td>铝（ϕ1）</td><td>锌（ϕ1.3）</td></tr>
<tr><td>5.5</td><td>15</td><td>8.5</td><td>25</td><td>9.5</td><td>1</td><td>6.9</td></tr>
<tr><td>输入电压</td><td colspan="5">380V　50Hz</td><td colspan="2">380V　50Hz</td></tr>
<tr><td>额定输入容量（kVA）</td><td colspan="5">18</td><td colspan="2">3</td></tr>
<tr><td>空载电压（V）</td><td colspan="5">36/45</td><td colspan="2">32</td></tr>
<tr><td>喷涂电流（A）</td><td colspan="5">300～400
400A 时额定负载持续率 60％</td><td colspan="2">50</td></tr>
<tr><td>质量（kg）</td><td colspan="5">22.5</td><td colspan="2">18.3</td></tr>
<tr><td>用途</td><td colspan="8">利用电弧熔化喷涂用的线材，并将熔化的线材喷涂到工件表面上</td></tr>
</table>

8. 重熔炬

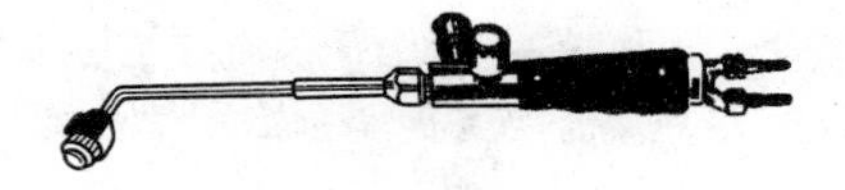

喷嘴号	喷嘴孔		工作压力（MPa）		气体消耗量（m³/h）		总长度（mm）	总质量（kg）
	孔径（mm）	孔数	氧气	乙炔	氧气	乙炔		
SCR－100型								
1	1.0	13	0.5	>0.05	2.7～2.9	2.4～2.6	645	0.94
2	1.2	13	0.6		4.1～4.3	3.7～3.9	710	0.97
SCR－120型								
3	1.3	13	0.6	>0.05	4.5～5.2	4.2～4.9	710	0.97
4	1.4	13	0.7		5.5～6.1	5.2～6.0	850	1.10
用途	利用氧气和乙炔作为热源，对采用两步法喷焊的工件进行喷粉后重熔，也可以对大面积喷涂、喷焊的工件进行喷前预热加温，保证喷涂、喷焊工艺的顺利进行							

9. 电动弹涂机

规格	型号	电动机转速（r/min）	弹头转速（r/min）	弹涂效率（m/h）	质量（kg）
	DT－110B	3000	60～500 无级调速	>10	3.7
	DT－120A		300～500	10	1.5
用途	用于建筑内外墙饰面的彩色弹涂。彩色弹涂能弹出各种美观大方、绚丽多彩、立面感强、近似水刷石和干粘石的内外墙饰面				

10. 高压无气喷涂机

空气工作压力(MPa)	气缸直径(mm)	喷枪移动速度(m/s)	喷枪与工件距离(mm)	用途
0.4～0.6	180	0.3～1.2	350～400	适用于桥梁、大型建筑物、家具等的油漆施工

11. 电动高压无气喷涂泵（DGP－1型）

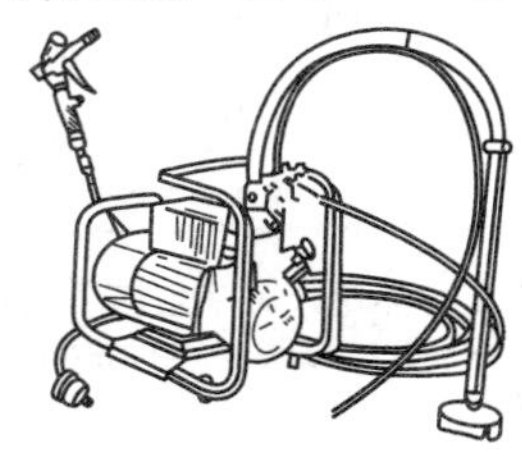

隔膜泵涂料压力调节范围（MPa）	最大排气量(L/min)	配高压胶管工作压力（MPa）	电动机技术参数	用途
18	1.8	25	电压：220V 输出功率：400W 输出转速：1450r/min	适用于桥梁、大型建筑物、家具等的油漆施工

12. 多彩喷枪

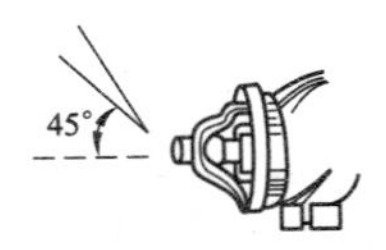

型号	储漆罐容量(L)	喷嘴孔径(mm)	空气压力(MPa)	有效喷涂距离(mm)	喷涂表面宽度(mm)	用途
DC－2	1	2.5	0.4～0.5	300～400	300	喷涂内墙涂料油漆黏合剂等，换上喷嘴可喷涂顶棚和天花板

二、油漆粉刷工具

1. 喷漆枪

型号	储漆量（L）	喷嘴孔径（mm）	工作时空气压力（kPa）	喷涂范围（mm）	
				喷漆有效距离	喷涂面积（直径或宽度）
PQ-1	0.6	1.8	300～380	250	圆形　直径 42
PQ-2	1	1.8	450～500	260	圆形　直径 50 扇形　宽 130～140
1	0.15	0.8	400～500	75～200	圆形　直径 6～75
2A	0.12	0.4	400～500	75～200	圆形　直径 3～30
2B	0.15	1.1	500～600	150～250	扇形　宽 10～110
3	0.90	2	500～600	50～200	圆形　直径 10～80 扇形　宽 10～150
用途	喷漆枪有小型和大型两种，小型枪以人力充气即可，大型枪则以压缩空气机械充气。建筑上一般用于工件的油漆、涂料的喷涂作业				

2. 喷笔

规格	型号	储液罐容量（mL）	出漆嘴孔径（mm）	空气工作压力（MPa）	喷涂有效距离（mm）	喷涂表面	
						形状	直径（mm）
	V-3	70	0.3	0.4～0.5	20～150	圆形	2～8
	V-7	2	0.4				
用途	供绘画、花样图案、模型、雕刻、翻拍照片等喷涂颜料、银浆等液体用						

注　动力为压缩空气。

3. 喷漆打气筒

型号	活塞行程（cm）	工作压力（MPa）	每次充气量（m³）	用途
QT-1	30	0.35	0.000 47	产生和储存供小型喷漆枪用的压缩空气

4. 滚涂辊子

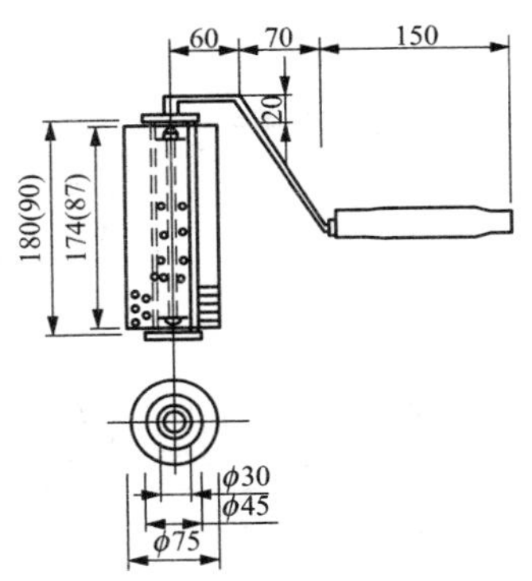

规格	用途
滚筒长 180mm	用于滚涂施工

5. 漆刷（QB/T 1103—2010）

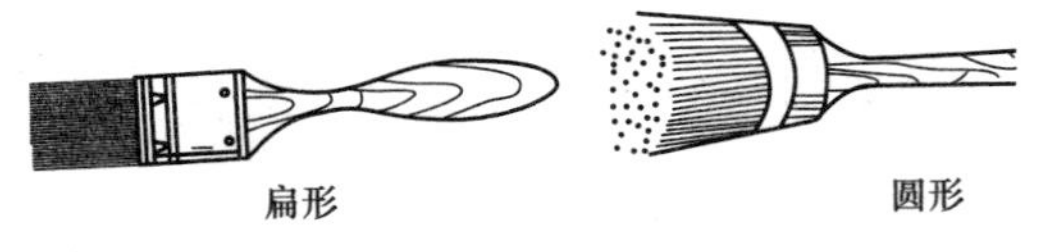

扁形　　　　圆形

mm

扁形	宽度	15，20，25，30，40，50，65，75，90，100，125，150
圆形	直径	15，20，25，40，50，65
用途	建筑上用于刷涂油漆和涂料作业，也可用于清除工件上的灰尘	

6. 平口式油灰刀（QB/T 2083—1995）

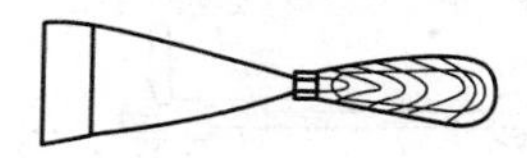

mm

规格	宽度	第一系列	30，40，50，60，70，80，90，100
		第二系列	25，38，45，65，75
	直径		0.4
用途	用于嵌油灰、调漆、铲除工件上的旧漆层等		

7. 多彩喷涂枪

规格	型号	储漆罐容量（L）	喷嘴孔径（mm）	喷嘴工作压力（MPa）	有效喷涂距离（mm）	喷涂表面	
						形状	直径或宽度（mm）
	DC-2	1	2.5	0.4～0.5	300～400	椭圆形	长轴 300
						扇形	300
用途	以压缩空气为动力，用于喷涂内墙涂料、油漆、黏合剂、密封剂等液体。换上斜向扇形喷嘴，可进行向上45°扇形喷涂，如喷涂天花板、顶棚等						

8. 电喷枪

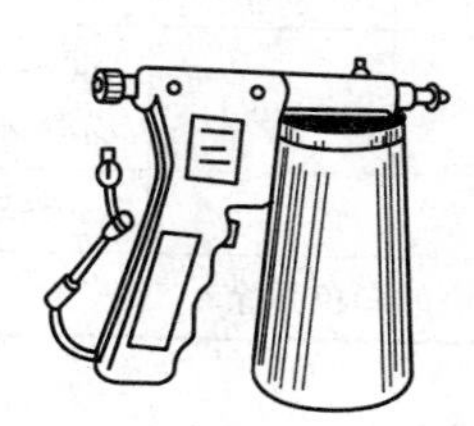

规格	型号	Q1P-50	Q10-100	Q1P-150	Q1P-260	Q1P-320
	流量（mL/min）	50	100	150	260	320
	最大输入功率（W）	25	40	60	80	100
	额定电压及频率	220V、50Hz				
	喷射压力（MPa）	>10				
用途	用于喷射漆、防霉剂、低黏度液体介质					

9. 气动油漆搅拌器

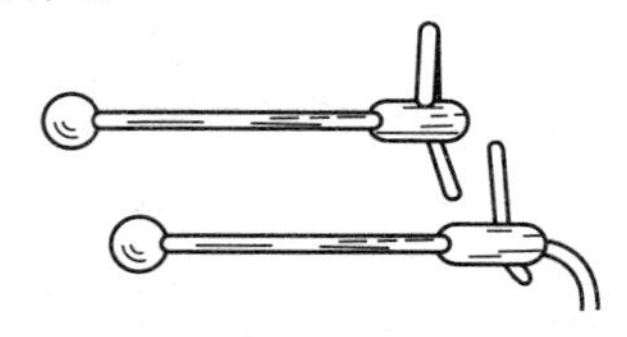

规格	型号	搅拌浆轮最大直径(mm)	工作压力(MPa)	空载转速(r/min)	空载耗气量(m^3/min)	全长(mm)	质量(kg)
	JB100-1	100	490	1800～2400	0.7	770	1.8
	JB100-2	100		400～600	0.5	790	2
用途	用于调和搅拌各种油漆、底浆、涂料和乳剂						

10. 电动弹涂器

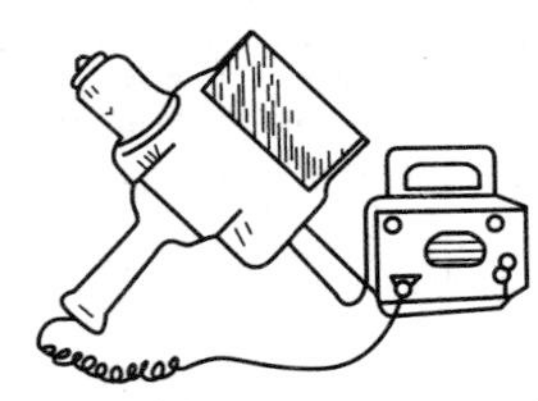

规格	型号	电源电压(V)	电动机转速(r/min)	弹头转速(r/min)	弹涂效率(m^2/h)	质量(kg)
	DT-110B	220	300	60～500 无级调速	10	3.7
	DT-120A	220		30～500	10	1.5
用途	用于建筑内外墙饰面的彩色弹涂					

第十章　电动工具

一、概述

1. 电动工具的分类及型号表示方法

电动工具是以电力驱动的小容量电动机通过传动机构带动作业装置进行工作的新型机械化工具，有手持式和可移式等。其主要优点是体积小、质量小、功能多、使用方便，能降低劳动强度、提高工作效率。

根据 GB 9088—2008《电动工具型号编制方法》规定，电动工具产品按其使用功能和作业对象分为金属切削类、砂磨类、装配类、林木类、农牧类、建筑道路类、矿山类、铁道类、其他类 9 大类。

电动工具使用电源多为 220V，为确保安全，目前发展了双重绝缘产品，单绝缘铝壳电动工具则采用接地保护，有些产品还另加剩余电流动作保护器。

电动工具的型号表示方法如下：

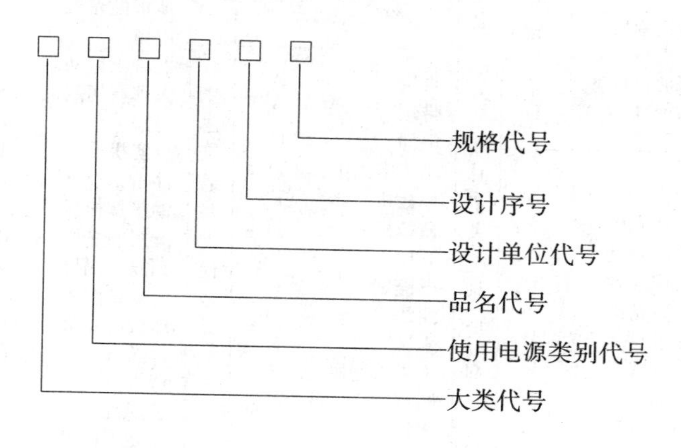

示例：

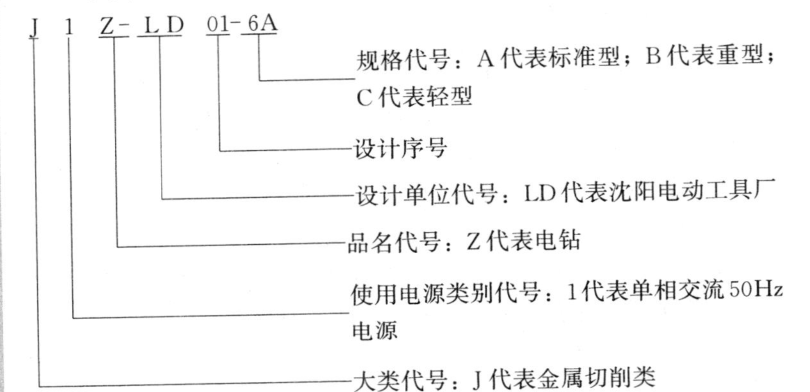

注：双重绝缘产品在产品型号前加“回”符号。

2. 电动工具产品大类品种代号（GB/T 9088—2008）

大类	品种	代号
一、金属切削类工具代号J	电钻	Z
	磁座钻	C
	电铰刀	A
	电刮刀	K
	电剪刀	J
	电冲剪	H
	电动锯管机	U
	电刀锯	F
	型材切割机	G
	攻丝机	S
	焊缝坡口机	P
	多用工具	D
二、砂磨类工具代号S	砂轮机	S
	角向磨光机	M
	盘式砂光机	A
	平板摆式砂光机	B
	带式砂光机	T
	抛光机	P
	车床电磨	C
	模具电磨	J
	气门座电磨	Q
三、装配类工具代号P	电扳手	B
	定扭矩电扳手	D
	螺钉旋具	L
	拉铆枪	M
	自攻螺钉旋具	U
	胀管机	Z
四、林木类工具代号M	带锯	A
	带刨	B
	电插	C
	木工多用工具	D
	修枝机	E
	截枝机	H
	开槽机	K
	电链锯	L
	曲线锯	Q
	木铣	R
	木工刃磨机	S
	圆锯	Y
	木钻	Z
五、农牧类代号N	采茶剪	A
	剪毛机	J
	粮食扦样机	L
	喷洒机	D
	修蹄机	T
六、建筑道路类代号Z	锤钻	A
	地板抛光机	B
	电锤	C
	混凝土振动器	D
	大理石切割机	E
	电镐	G
	夯实机	H
	冲击钻	J
	铆胀螺栓扳手	L
	湿式磨光机	M
	钢筋切割机	Q
	砖墙铣沟机	R
	地板砂光机	S
	套丝机	T
	弯管机	W
	铲刮机	Y
	混凝土钻机	Z

二、常用电动工具

（一）金属切削类

1. 电钻（GB/T 5580—2007）

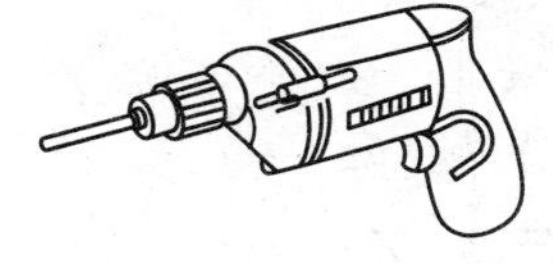

小型手电钻

大型手电钻

型号	规格（mm）	类型	额定输出功率（W）	额定转矩（N·m）	质量（kg）	用途
J1Z－4A	4	A型	≥80	≥0.35	—	用于在金属及其他非坚硬质脆的材料上钻孔，也可用于对木材、塑料件等钻孔
T1Z－6C	6	C型	≥90	≥0.50	1.4	
J1Z－6A		A型	≥120	≥0.85	1.8	
J1Z－6B		B型	≥160	≥1.20	—	
J1Z－8C	8	C型	≥120	≥1.00	1.5	
J1Z－8A		A型	≥160	≥1.60	—	
J1Z－8B		B型	≥200	≥2.20	—	
J1Z－10C	10	C型	≥140	≥1.50	—	
J1Z－10A		A型	≥180	≥2.20	2.3	
J1Z－10B		B型	≥230	≥3.00	—	
J1Z－13C	13	C型	≥200	≥2.5	—	
J1Z－13A		A型	≥230	≥4.0	2.7	
J1Z－13B		B型	≥320	≥6.0	2.8	
J1Z－16A	16	A型	≥320	≥7.0	—	
J1Z－16B		B型	≥400	≥9.0	—	
J1Z－19A	19	A型	≥400	≥12.0	5	
J1Z－23A	23	A型	≥400	≥16.0	5	
J1Z－32A	32	A型	≥500	≥32.0	—	

注　1. 电钻规格指电钻钻削45钢时允许使用的最大钻头直径。

2. 单相串励电动机驱动。电源电压为220V，频率为50Hz，软电缆长度为2.5m。

3. 按基本参数和用途分类：A型—普通型电钻；B型—重型电钻；C型—轻型电钻。

2. 磁座钻（JB/T 9609—2013）

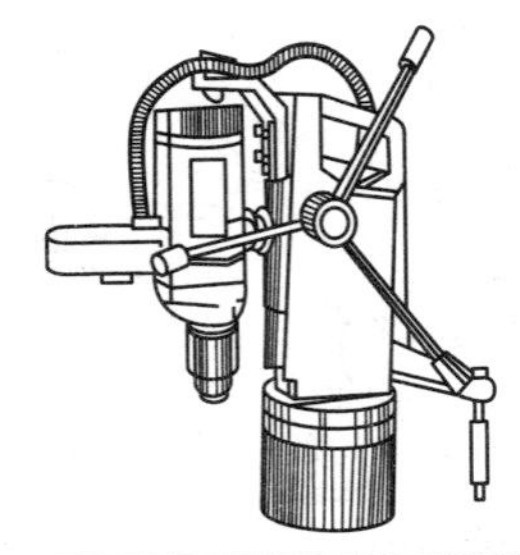

型号	钻孔直径(mm)	额定电压(V)	电钻主轴		磁座钻架		导板架最大行程≥(mm)	断电保护器		电磁铁的吸力(kN)	用途
			输出功率≥(W)	额定转矩≥(N·m)	回转角度≥	水平位移≥(mm)		保护时间≥(min)	保护吸力≥(kN)		
J1C-13	13	220	320	6	300°	20	140	10	7	8.5	磁座钻由电钻、机架、电磁吸盘、进给装置和回转机构等组成。使用时借助直流电磁铁吸附于钢铁等磁性材料工件上，用电钻进行切削加工。比一般电钻的劳动强度低、钻孔精度高，尤其适用于大型工件和高空钻孔
J1C-19 J3C-19	19	220 380	400 400	12	300°	20	180	8	8	10	
J1C-23 J3C-23	23	220 380	400 500	16	60°	20	180	8	8	11	
J1C-32 J3C-32	32	220 380	1000 1250	25	60°	20	200	6	9	13.5	

注　不带断电保护器的磁座钻应配带安全带，安全带长度为2.5～3m。

3. 充电式冲击电钻（进口产品）

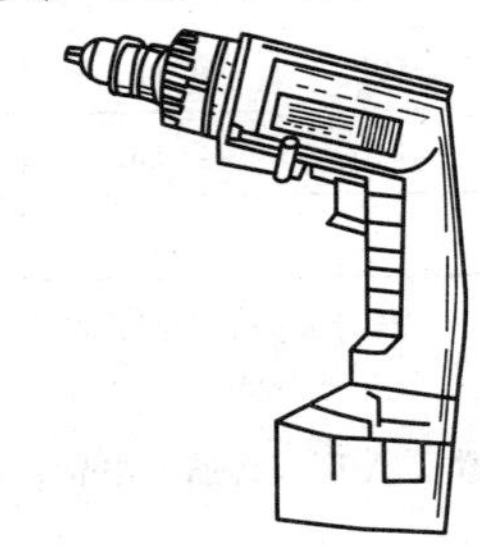

<table>
<tr><td rowspan="5">规格</td><td colspan="2">钻孔直径（mm）</td><td rowspan="2">额定电压（V）（直流）</td><td rowspan="2">充电时间（h）</td><td rowspan="2">额定转速（r/min）</td><td rowspan="2">质量（kg）</td></tr>
<tr><td>钢</td><td>混凝土</td></tr>
<tr><td>10</td><td>10</td><td>9.6</td><td>1</td><td>400/900</td><td>1.4</td></tr>
<tr><td>10</td><td>10</td><td>12</td><td>1</td><td>500/1100</td><td>1.5</td></tr>
<tr><td>10</td><td>10</td><td>12</td><td>1</td><td>750/1700</td><td>1.9</td></tr>
<tr><td>用途</td><td colspan="6">可以在无电源的现场进行钻孔或冲击钻孔。标准附件有电池、充电器、钻卡扳手等。有些型号还具有攻螺纹的功能</td></tr>
</table>

4. 充电式手电钻

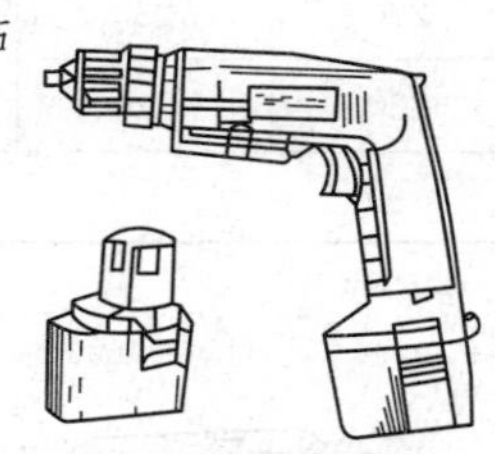

<table>
<tr><td rowspan="6">规格</td><td>最大钻孔系列（mm）</td><td>额定电压（V）</td><td>额定功率（W）</td><td>额定转速（r/min）</td><td>质量（kg）</td><td>充电时间（h）</td></tr>
<tr><td colspan="6">（1）充电式电钻</td></tr>
<tr><td>10</td><td>7.2</td><td></td><td>600</td><td>1.3</td><td>1</td></tr>
<tr><td>10</td><td>9.6</td><td></td><td>600</td><td>1.5</td><td>1</td></tr>
<tr><td colspan="6">（2）充电式角电钻</td></tr>
<tr><td>10</td><td>7.2</td><td></td><td>750</td><td>1.2</td><td>1</td></tr>
<tr><td>用途</td><td colspan="6">主要用于现场无电源或离电源较远安装导线不便时</td></tr>
</table>

5. 万能电钻

<table>
<tr><td rowspan="2">规格</td><td>最大钻孔系列（mm）</td><td>额定电压（V）</td><td>额定功率（W）</td><td>额定转速（r/min）</td><td>质量（kg）</td><td>紧固螺钉和攻螺纹直径（mm）</td></tr>
<tr><td>10</td><td>200</td><td>335</td><td>0～2600</td><td>1.6</td><td>6</td></tr>
<tr><td>用途</td><td colspan="6">转动旋钮即可由钻孔功能变换至刚性离合器攻螺纹功能或旋入螺钉功能。变换钻头可以选择砂盘进行磨削，选择锉具可进行锉削</td></tr>
</table>

6. 角电钻

	最大钻孔系列（mm）	额定电压（V）	额定功率（W）	额定转速（r/min）	质量（kg）
规格	10	220	230	650	1.4
	13	220	720	400～900	4.3
用途	在狭窄处使用				

7. 电池式电钻旋具

	型号规格	最大钻孔系列（mm）	螺钉直径	额定直流电压（V）	转速（r/min）	质量（kg）
规格	J0Z-SD33-10	ϕ10	M6	9.6，12	0～500	1.5
	J0Z-SD34-10	ϕ10	M6	9.6，12	0～500	1.5
	J0Z-SD61-10	ϕ10	M6	12，14.4	0～340/0～1200	1.9
	J0Z-SD62-10	ϕ10	M6	12，14.4	0～370/0～1300	1.85
	J0Z-SD63-10	ϕ10	M6	18	0～360/0～1300	2.2
用途	配用麻花钻头或一字形、十字形螺钉旋具头，进行钻孔和装拆机器螺钉、木螺钉等作业，适用于野外、高空、管道、无电源及有特殊安全要求的场合					

8. 电剪刀（GB/T 22681—2008）

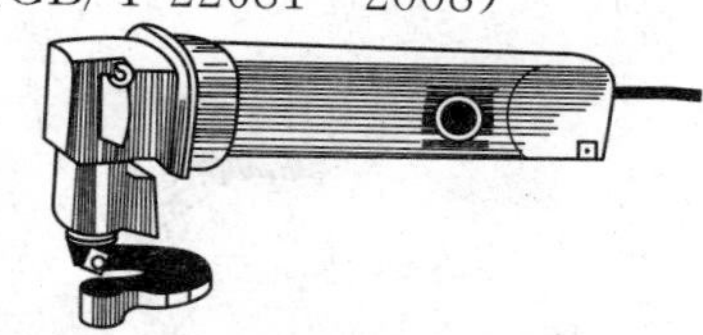

型号	规格（mm）	额定输出功率（W）	刀杆额定每分钟往复次数	剪切进给速度（m/min）	剪切余料宽度（mm）	用途
J1J-1.6	1.6	≥120	≥2000	2～2.5	45	用于剪裁金属板材，修剪工件边角等
J1J-2	2	≥140	≥1100	2～2.5		
J1J-2.5	2.5	≥180	≥800	1.5～2	40	
J1J-3.2	3.2	≥250	≥650	1～1.5	35	
JIJ-4.5	4.5	≥540	≥400	0.5～1	30	

9. 电冲剪

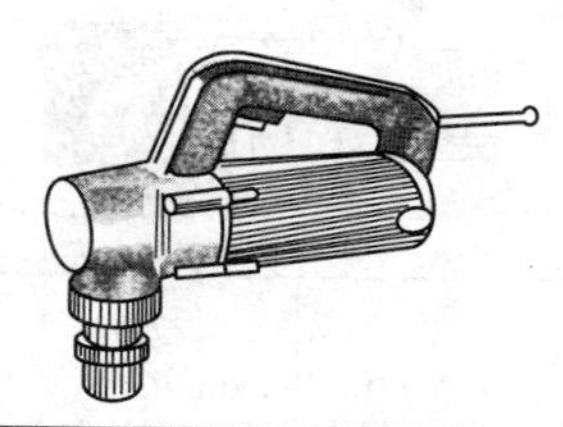

型号	规格（mm）	功率（W）	每分钟冲切次数	质量（kg）	用途
J1H-1.3	1.3	230	1260	2.2	又称压穿式电剪。用于冲剪金属板以及塑料板、布层压板、纤维板等非金属材料。尤其适用于冲剪不同几何图形的内孔
J1H-1.5	1.5	370	1500	2.5	
J1H-2.5	2.5	430	700	4	
J1H-3.2	3.2	650	900	5.0	

10. 双刃电剪刀（JB/T 6208—2013）

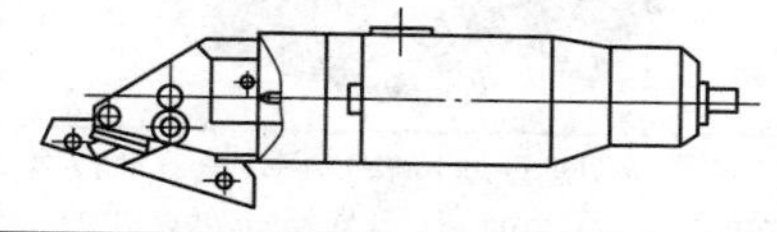

	规格尺寸（mm）	最大剪切厚度（mm）	额定输出功率（W）	额定往复次数（次/min）
规格	1.5	1.5	≥130	≥1850
	2	2	≥180	≥1500
用途	专为各种薄壁金属型材的剪切用。剪切后的金属薄板不产生变形			

11. 电动刀锯（GB/T 22678—2008）

规格（mm）	额定输出功率（W）	额定转矩（N·m）	空载往复次数（次/min）
24	≥430	≥2.3	≥2400
26			
28	≥570	≥2.6	≥2700
30			
用途	用于锯割金属板、管、棒等材料以及合成材料、木材		

12. 轻便带锯

规格	最大切割能力（mm）		输入功率（W）	无负载速度（m/min）	锯条尺寸（长×宽×厚）（mm×mm×mm）	质量（kg）
	圆	方				
	100	100×125	440	30～76	1140×12.7×0.5	4.5
用途	用于切割各种钢管、铝铜等各种型材，以及塑料管材、型材。对切割低熔点的塑料制品和木材更为方便					

13. 电动自爬式锯管机

规格	型号	锯割管径（mm）	切割壁厚（mm）	输出功率（W）	铣刀轴转速（r/min）	爬行进给速度（mm/min）	质量（kg）
	J3UP－35	ϕ133～1000	35	1500	35	40	80
	J3UP－70	ϕ200～1000	20	1000	70	85	60
用途	使用铣刀割断大口径钢管、铸铁管和加工焊件的坡口。J3UP－35型适用于锯割高合金钢管、不锈钢管，为厚壁型锯管机；J3UP－70型适用于锯割铸铁管、普碳钢管和低合金钢管，为薄壁型锯管机						

14. 电动焊缝坡口机

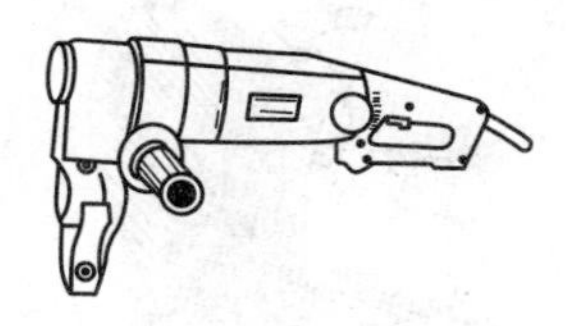

型号	切口斜边最大宽度(mm)	输入功率(W)	加工速度(m/min)	加工材料厚度(mm)	质量(kg)	用途
J1P1－10	10	2000	≤2.4	4～25	14	用于气焊或电焊之前对金属构件开各种形状（如V形、Y形等）、各种角度（20°～60°）的坡口

15. 型材切割机（JB/T 9608—2013）

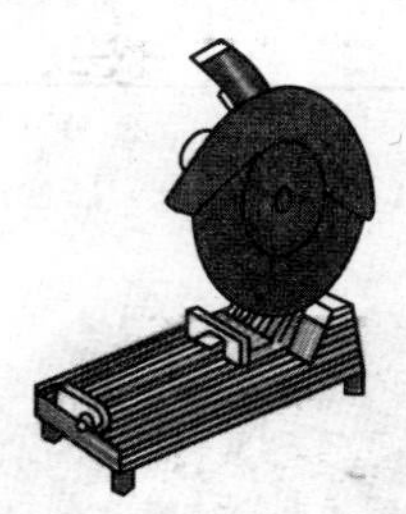

型号	薄片砂轮外径(mm)	额定输出功率≥(W)	额定转矩≥(N·m)	切割圆钢直径(mm)	砂轮线速度（m/s）			用途
					60	70	80	
					主轴空载转速≤（r/min）			
J1G－200	200	60	2.3	20	5730	6680	7640	用纤维增强薄片砂轮对圆形或异型钢管、铸铁管、圆钢、角钢、槽钢等型材进行切割。可转切割角度范围为45°
J1G－250	250	700	3.0	25	4580	5340	6110	
J1G－300	300	800	3.5	30	3820	4450	5090	
J1G－350	350	900	4.2	35	3270	3820	4360	
J1G－400	400	1100	5.5	50	2860	3340	3820	
J1G－400	400	2000	6.7	50	2860	3340	3820	

16. 自动切割机

型号	片砂轮线速度(m/s)	可转切削角度	最大钳口开口(mm)	切割圆钢直径(mm)	电动机转速(r/min)	工作电流(A)	电动机额定功率(kW)	额定电压(V)	频率(Hz)	外包装尺寸(mm×mm×mm)	用途
J3G 93-400	60	0°～45°	125	65	2880	10	2.2	380	50	520×360×430	靠电动机自重自动进给切割金属管材、角钢、圆钢用
J1G 93-400					2900	20		220			

17. 钢筋切断机（JG/T 5085—1996）

项目	数值						
钢筋公称直径（mm）	12	20	25	32	40	50	65
钢筋抗拉强度（N/mm²）≤	450（600）						
液压传动切断一根（或一束）钢筋所需的时间（s）≤	2	3	5	12		15	
机械传动刀片每分钟往复运动次数（次/min）≥	32					20	
两刀刃间开口度（mm）≥	15	23	28	37	45	57	72

（二）砂磨类

1. 盘式砂光机

型号	砂纸直径（mm）	输入功率（W）	转速（r/min）	质量（kg）	用途
S1A－180 进口产品	180 150 125	570 180 180	4000 12 000 12 000	2.3 1.3 1.1	配用圆形砂纸，对金属构件和木制品表面砂磨和抛光，也可用于清除工件表面涂料及其他打磨作业，工件表面形状不限

2. 台式砂轮机（JB/T 4143—2014）

型号	砂轮外径×厚度×孔径（mm×mm×mm）	输入功率（W）	电压（V）	转速（r/min）	质量（kg）	用途
MD3215	150×20×32	250	220	3000	18	固定在工作台上，用于修磨刀具、刃具，也可磨削小机件及去毛刺、磨光、除锈等
MD3220	200×25×32	500	220	3000	35	
M3215	150×20×32	250	380	3000	18	
M3220	200×25×32	500	380	3000	35	
M3225	250×25×32	750	380	3000	40	

3. 轻型台式砂轮机（JB/T 6092—2007）

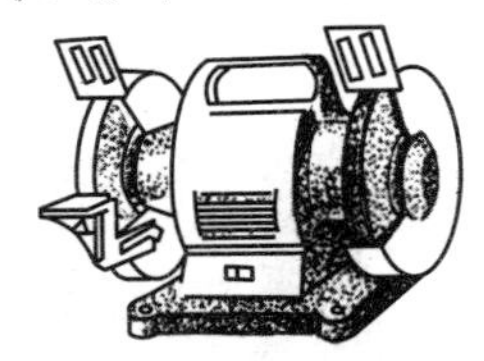

砂轮最大直径（mm）	100	125	150	175	200	250
砂轮厚度（mm）	16	16	16	20	20	25
额定输出功率（W）	90	120	150	180	250	400
电动机同步转速（r/min）	3000					
最大砂轮直径（mm）	100，125，150，175，200，250			150，175，200，250		
使用电动机	单相感应电动机			三相感应电动机		
额定电压（V）	220			380		
额定频率（Hz）	50			50		
用途	与台式砂轮机相同					

4. 落地砂轮机（JB/T 3770—2000）

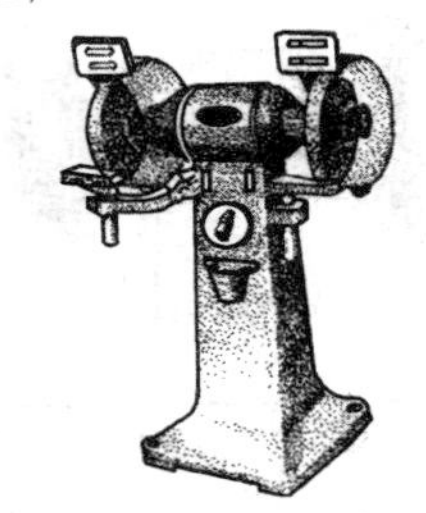

新型号	砂轮外径（mm）	输入功率（W）	电压（V）	转速（r/min）	工作定额（%）	砂轮安全线速度（m/s）	用途
M3020	200	500	380	2850	60	35	固定于地面上，用于修磨刀具、刃具，磨削小零件，清理及去毛刺等
M3025	250	750	380	2850		40	
M3030	300	1500	380	1420		35	
M3030A	300	1500	380	2900		50	
M3035	350	1750	380	1440		35	
M3040	400	2200	380	1430		35	

5. 软轴砂轮机

新型号	砂轮外径×厚度×孔径(mm×mm×mm)	功率(W)	转速(r/min)	软轴(mm)		软管(mm)		用途
				直径	长度	内径	长度	
M3415	150×20×32	1000	2820	13	2500	20	2400	用于对大型笨重及不易搬动的机件或铸件进行磨削，去除毛刺，清理飞边
M3420	200×25×32	1500	2850	16	3000	25	3000	

注　砂轮安全线速为35m/s。

6. 直向砂轮机（GB/T 22682—2008）

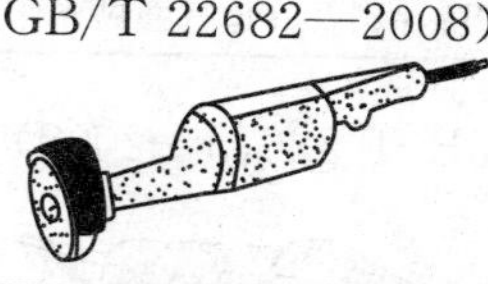

规格尺寸(mm×mm×mm)		额定输出功率(W)	额定转矩(N·m)	最高空载转速(r/min)	许用砂轮安全线速度(m/s)	用途
（1）单相串励及三相中频砂轮机						用于对不易搬动的大型机件、铸件进行磨削加工，清除飞边、毛刺、金属焊缝和割口等。换上抛光轮，可用于抛光、除锈等
φ80×20×20	A	≥200	≥0.36	≤11900	≥50	
	B	≥280	≥0.40			
φ100×20×20	A	≥200	≥0.50	≤9500		
	B	≥350	≥0.60			
φ125×20×20	A	≥380	≥0.80	≤7600		
	B	≥500	≥1.10			
φ150×20×32	A	≥520	≥1.35	≤6300		
	B	≥750	≥2.00			
φ175×20×32	A	≥800	≥2.40	≤5400		
	B	≥1000	≥3.15			
（2）三相工频砂轮机						
φ125×20×20	A	≥250	≥0.85	<3000	≥35	
	B	≥350	≥1.20			
φ150×20×32	A	≥350	≥1.20			
	B	≥500	≥1.75			
φ175×20×32	A	≥500	≥1.70			
	B	≥750	≥2.40			

7. 摆动式平板砂光机（GB/T 22675—2008）

<table>
<tr><td rowspan="9">规格</td><td>型号</td><td>规格</td><td>额定输入功率（W）</td><td>空载每分钟摆动次数</td><td>空载噪声（声功率级）dB（A）</td><td>平板尺寸（mm×mm）</td><td>砂纸尺寸（mm×mm）</td></tr>
<tr><td>S1B-120</td><td>120</td><td>120</td><td rowspan="8">10 000</td><td>82</td><td rowspan="8">93×185
110×110
112×110
114×234</td><td rowspan="8">93×228
114×140
114×140
114×280</td></tr>
<tr><td>S1B-140</td><td>140</td><td>140</td><td>82</td></tr>
<tr><td>S1B-160</td><td>160</td><td>160</td><td>84</td></tr>
<tr><td>S1-180B</td><td>180</td><td>180</td><td>84</td></tr>
<tr><td>S1B-200</td><td>200</td><td>200</td><td>84</td></tr>
<tr><td>S1B-250</td><td>250</td><td>250</td><td>84</td></tr>
<tr><td>S1B-300</td><td>300</td><td>300</td><td>86</td></tr>
<tr><td>S1B-350</td><td>350</td><td>350</td><td>86</td></tr>
<tr><td>用途</td><td colspan="7">在平板上配装刚玉或其他磨料的砂纸（砂布），对木材、金属材料等表面进行砂磨，也可用于清除涂料及其他打磨抛光作业</td></tr>
</table>

8. 平板砂光机（GB/T 22675—2008）

<table>
<tr><td rowspan="11">规格</td><td>规格尺寸（mm）</td><td>最小额定输入功率（W）</td><td>空载摆动次数（次/min）</td></tr>
<tr><td>90</td><td>100</td><td>≥10 000</td></tr>
<tr><td>100</td><td>100</td><td>≥10 000</td></tr>
<tr><td>125</td><td>120</td><td>≥10 000</td></tr>
<tr><td>140</td><td>140</td><td>≥10 000</td></tr>
<tr><td>150</td><td>160</td><td>≥10 000</td></tr>
<tr><td>180</td><td>180</td><td>≥10 000</td></tr>
<tr><td>200</td><td>200</td><td>≥10 000</td></tr>
<tr><td>250</td><td>250</td><td>≥10 000</td></tr>
<tr><td>300</td><td>300</td><td>≥10 000</td></tr>
<tr><td>350</td><td>350</td><td>≥10 000</td></tr>
<tr><td>用途</td><td colspan="3">配用条状砂纸，主要用于金属构件和木制品表面的砂磨和抛光，也可用于清除涂料及其他打磨作业</td></tr>
</table>

9. 带式砂光机

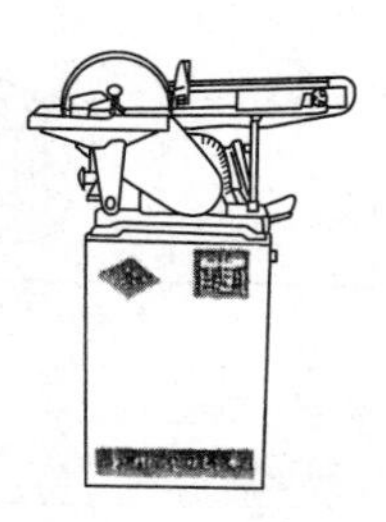

	形式	规格 (mm)	砂带尺寸 (宽×长) (mm×mm)	砂带速度 (双速) (m/min)	额定电压 (V)	额定功率 (W)	质量 (kg)
规格	手持式	76	76×533	450/360	220	950	4.4
	手持式	110	110×620	350/300	220	950	7.3
	台式	150	150×1200	640 (单速)	380	750	60
用途	用于砂磨木板、地板，也可用于清除涂料、金属表面除锈等						

10. 磨光机

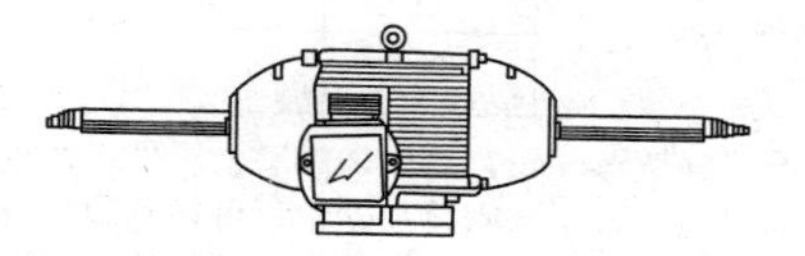

	型号	功率 (W)	电压 (V)	电流 (A)	工作定额 (%)	转速 (r/min)	质量 (kg)
规格	JP2-31-2	3000	380/220	6.2/10.7	60	290	48
	JP2-32-2	4000	380/220	8.2/14.2	60	290	55
	JP2-41-2	5500	380/220	10.2/17.6	60	290	75
用途	磨光机两端伸长轴制有锥形螺纹，可以旋入磨轮、抛轮，用以磨光、抛光各类零件						

11. 角向磨光机（GB/T 7442—2007）

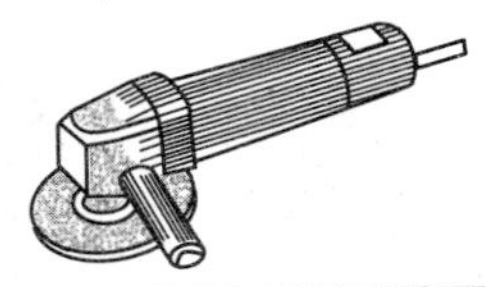

	规格		额定输出功率（W）	额定转矩（N·m）
	砂轮直径（外径×内径）（mm×mm）	类型		
规格	100×16	A	≥200	≥0.30
		B	≥250	≥0.38
	115×22	A	≥250	≥0.38
		B	≥320	≥0.50
	125×22	A	≥320	≥0.50
		B	≥400	≥0.63
	150×22	A	≥500	≥0.80
	180×22	C	≥710	≥1.25
		A	≥1000	≥2.00
		B	≥1250	≥2.50
	230×22	A	≥1000	≥2.80
		B	≥1250	≥3.55
用途	若用纤维增强钹形砂轮，可用来修磨金属件、切割型材、焊前开坡口清除毛刺与飞边。若用金刚石片砂轮，可切割砖、石。配用专用砂轮可磨玻璃。配用钢丝刷可用于除锈。配用橡胶垫及圆形砂纸，可作砂光用			

12. 地板磨光机

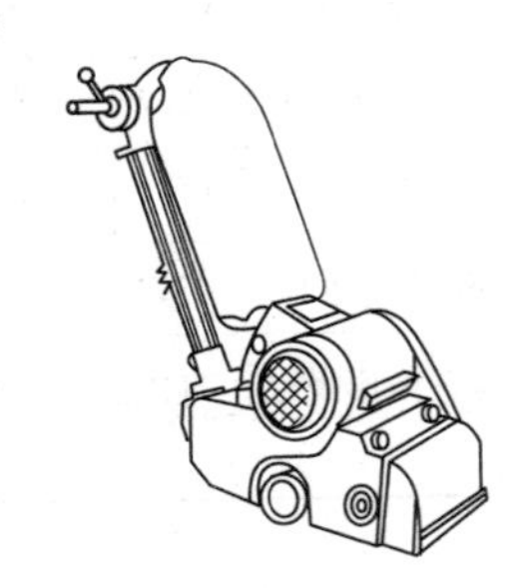

<table>
<tr><td rowspan="5">规格</td><td rowspan="2">型号</td><td colspan="2">适配电源</td><td rowspan="2">功率
(kW)</td><td rowspan="2">滚筒宽度
(mm)</td></tr>
<tr><td>电压（V）</td><td>频率（Hz）</td></tr>
<tr><td>SD300A</td><td>220</td><td>50</td><td>2.2</td><td rowspan="3">300</td></tr>
<tr><td>SD300B</td><td>380</td><td>50</td><td>3</td></tr>
<tr><td>SD300C</td><td>110</td><td>50</td><td>2.2</td></tr>
<tr><td>用途</td><td colspan="5">在滚筒上可装置不同粒度的砂带，对磨削对象进行粗磨、细磨。用于地板的磨平、抛光，旧地板去漆、翻新，钢板除锈除漆除脏，环氧树脂自流坪、塑胶跑道打磨，水泥地面打毛、磨平（均配吸尘器）</td></tr>
</table>

13. 砂带磨光机

<table>
<tr><td rowspan="3">规格</td><td>型式</td><td>规格尺寸
(mm)</td><td>砂带尺寸
（宽×长）
(mm×mm)</td><td>输入功率
(W)</td><td>砂带速度
（双速）
(min)</td><td>质量
(kg)</td></tr>
<tr><td rowspan="2">手持式</td><td>76</td><td>76×533</td><td>950</td><td>450/360</td><td>4.4</td></tr>
<tr><td>110</td><td>110×620</td><td>950</td><td>350/300</td><td>7.3</td></tr>
<tr><td>用途</td><td colspan="6">进口产品。装上砂带，用于砂磨木板、地板，清除涂料，打磨斧头，以及对平整的金属表面除锈等</td></tr>
</table>

14. 气门座电磨

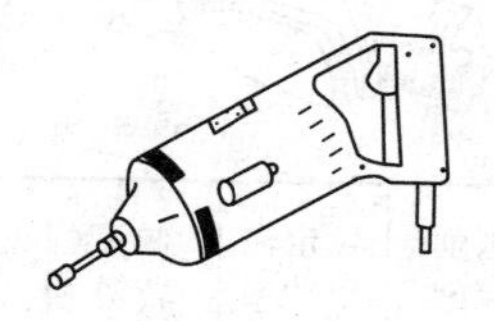

<table>
<tr><td rowspan="2">规格</td><td>型号</td><td>砂轮直径
(mm)</td><td>额定电流
(A)</td><td>转速
(r/min)</td><td>质量
(kg)</td></tr>
<tr><td>J1Q-62</td><td>≤62</td><td>1.8</td><td>≤14 500</td><td>4</td></tr>
<tr><td>用途</td><td colspan="5">专用于修磨内燃机（汽车、拖拉机发动机）等的钢或铸铁气门座</td></tr>
</table>

注　1. 电磨配装砂轮应是特级氧化铝砂轮，规格（直径）有 30、38、42、48、52、62mm；分别适用的气门座直径为 7～8，8～9，9～10，11～12，12～13，14～15mm。

2. 单相串励电动机驱动，电源电压为 220V，软电缆长度为 2.5m。

15. 模具电磨（JB/T 8643—2013）

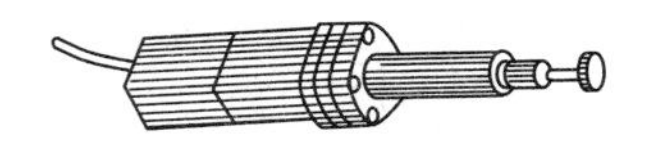

	型号	磨头尺寸（mm）	额定输出功率（W）	额定转矩（N·m）	转速（r/min）	质量（kg）
规格	S1J-10	ϕ10×16	≥40	≥0.022	≤47 000	0.6
	S1J-25	ϕ25×32	≥110	≥0.08	≤26 700	1.3
	S1J-30	ϕ30×22	≥150	≥0.12	≤22 200	1.9
用途	配装各种形式的磨头或各种成形铣刀，对金属表面进行磨削和铣削。主要用于金属模具中型腔和复杂零件的磨削，是以磨代粗刮的工具					

注 1. 单相串励电动机驱动，电源电压为220V，软电缆长度为2.5m。

2. 使用安全工作线速度不低于25m/s的磨头。

（三）林木类

1. 电刨（JB/T 7843—2013）

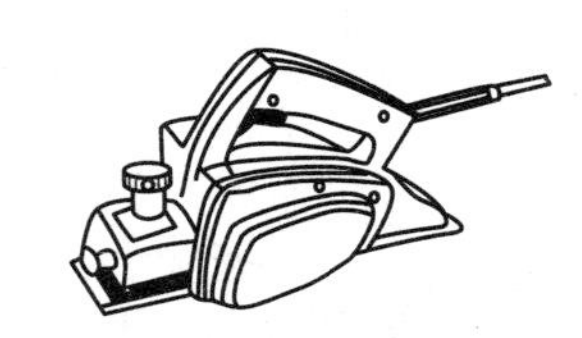

型号	刨削宽度（mm）	刨削深度（mm）	额定输出功率（W）	额定转矩（N·m）	质量（kg）	用途
M1B-60×1	60	1	≥180	≥0.16	2.2	用于锯割木材、纤维板、塑料以及其他类似材料
M1B-80×1	80	1	≥250	≥0.22	2.5	
M1B-80×2	80	2	≥320	≥0.30	4.2	
M1B-80×3	80	3	≥370	≥0.35	5	
M1B-90×2	90	2	≥370	≥0.35	5.3	
M1B-90×3	90	3	≥420	≥0.42	5.3	
M1B-100×2	100	2	≥420	≥0.42	4.2	

2. 电圆锯（GB/T 22761—2008）

规格尺寸（mm×mm）	额定输出功率（W）	额定转矩（N·m）	最大锯割深度（mm）	最大调节角度（°）
160×30	≥550	≥1.70	≥55	≥45
180×30	≥600	≥1.90	≥60	≥45
200×30	≥700	≥2.30	≥65	≥45
235×30	≥850	≥3.00	≥84	≥45
270×30	≥1000	≥4.20	≥98	≥45

注　表中规格尺寸为可使用的最大锯片外径×孔径。

3. 电链锯（LY/T 1121—2010）

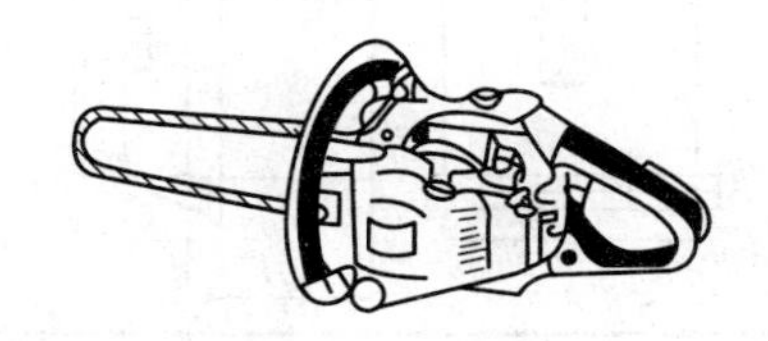

规格（mm）	额定输出功率（W）	链条线速度（m/s）	额定转矩（N·m）	质量（不含导板链条）（kg）
305（12in）	≥420	6～10	≥1.5	≤3.5
355（14in）	≥650	8～14	≥1.5	≤4.5
405（16in）	≥850	10～15	≥2.5	≤5
用途	用于一般条件下对树枝、木材及类似材料切割			

4. 电动曲线锯（GB/T 22680—2008）

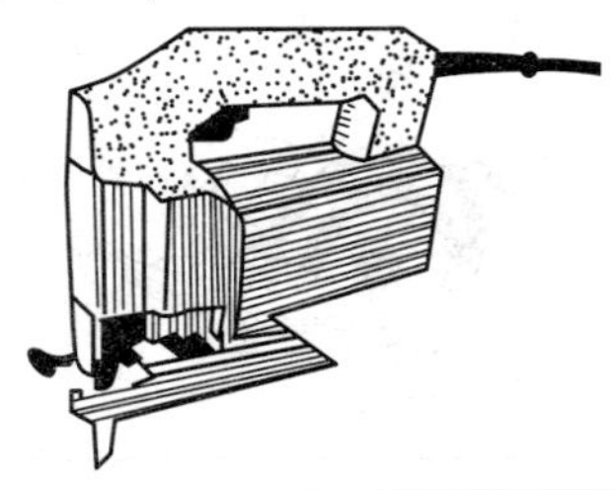

型号	锯割厚度（mm）≤		额定输出功率（W）	工作轴每分钟额定往复次数	往复行程（mm）	质量（kg）
	硬木	钢板				
M1Q-40	40	3	≥140	≥1600	18	
M1Q-55	55	6	≥200	≥1500	18	2.5
M1Q-65	65	8	≥270	≥1400	18	2.5
M1Q-80	80	10	≥420	1200	18	
用途	用曲线锯条，对木材、金属、塑料、皮革、橡胶等板材进行直线或曲线锯割。装上锋利刀片可裁切橡胶、皮革、纤维织物、纸板、泡沫塑料等					

5. 横截面木工圆锯机

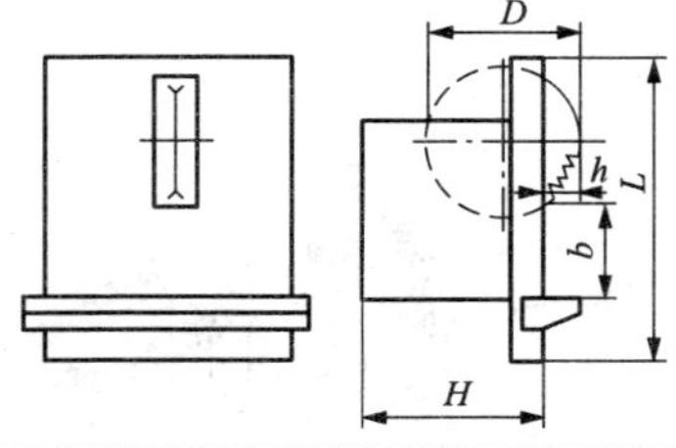

最大锯片直径 D_{max}（mm）	315	400	500	630	800	1000
最大锯切高度 h_{max}（mm）	63	80	100	140	190	280
导向板与锯片的最大距离 b_{max}（mm）≥	250	280	315	400	500	630
工作台长度 L①（mm）	750	900	1060	—	—	
工作台面离地高度 H②（mm）	780～850					
装锯片处轴径（按 JB/T 4173—1999）（mm）	30			40		
电动机功率（kW）	3		4	5.5	7.5	11
锯切速度（mm/s）≥	45					

① 对于制材用机床和锯轴移动式机床，用户可根据情况自己安装工作台。

② 工作台高度可调时，按最小高度计算。

6. 纵剖木工圆锯机

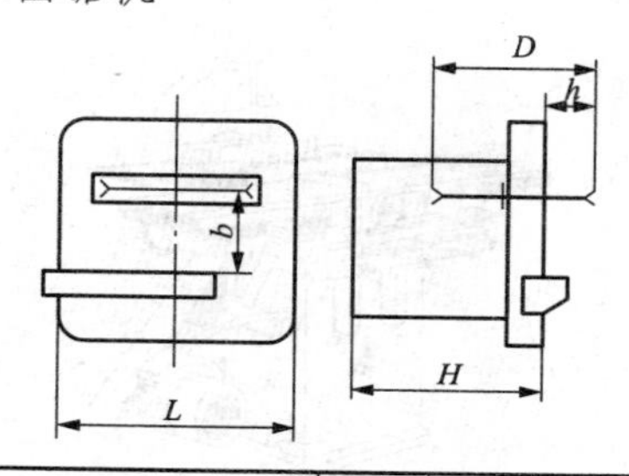

最大锯片直径 D_{max}① (mm)	315	400	500	630	800	1000 (900)
最大锯切高度 h_{max} (mm)	63	80	100	140	190	280
导向板与锯片的最大距离 b_{max} (mm) ⩾	250	280	315	355	400	450
工作台长度 L (mm)	630	800	1000	1000	1250	1600
工作台面离地高度 H② (mm)	780～850					
装锯片处轴径（按 JB/T 4173—2005）(mm)	30			40		
电动机功率 (kW)	3		4	5.5	7.5	11
锯切速度 (mm/s) ⩾	45					

① 括号内尺寸在新设计中不允许采用。

② 工作台高度可调时，按最小高度计算。

7. 木工电钻

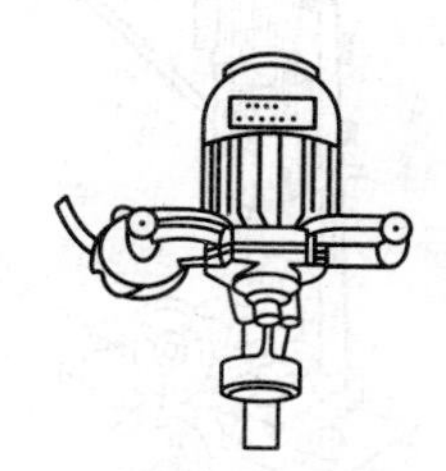

型号	钻孔直径 (mm)	钻孔深度 (mm)	钻轴转速 (r/min)	额定电压 (V)	输出功率 (W)	质量 (kg)
M3Z-26	⩽26	800	480	380	600	10.5
用途	用于在木质工件上钻大直径孔					

8. 木工多用机

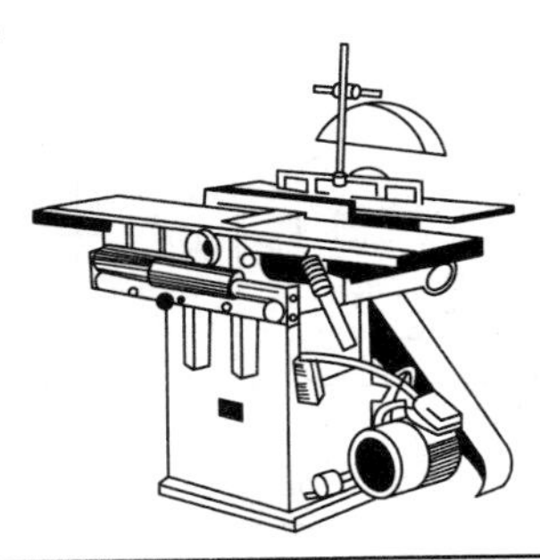

<table>
<tr><th rowspan="3">型号</th><th rowspan="2">刀轴转速 (r/min)</th><th rowspan="2">刨削宽度</th><th rowspan="2">锯割厚度 ≤</th><th rowspan="2">锯片直径</th><th colspan="2">工作台升降范围</th><th rowspan="3">电动机功率 (W)</th><th rowspan="3">用途</th></tr>
<tr><th>刨削</th><th>锯割</th></tr>
<tr><th></th><th colspan="6">(mm)</th></tr>
<tr><td>MQ421</td><td>3000</td><td>160</td><td>50</td><td>200</td><td>5</td><td>65</td><td>1100</td><td rowspan="7">用于对木材及木制品进行锯、刨及其他加工</td></tr>
<tr><td>MQ422</td><td>3000</td><td>200</td><td>90</td><td>300</td><td>5</td><td>95</td><td>1500</td></tr>
<tr><td>MQ422A</td><td>3160</td><td>250</td><td>100</td><td>300</td><td>5</td><td>100</td><td>2200</td></tr>
<tr><td>MQ433A/1</td><td>3960</td><td>320</td><td>—</td><td>350</td><td>5～120</td><td>140</td><td>3000</td></tr>
<tr><td>MQ472</td><td>3960</td><td>200</td><td>—</td><td>350</td><td>5～100</td><td>90</td><td>2200</td></tr>
<tr><td>MJB180</td><td>5500</td><td>180</td><td>60</td><td>200</td><td>—</td><td>—</td><td>1100</td></tr>
<tr><td>MDJB180-2</td><td>5500</td><td>180</td><td>60</td><td>200</td><td>—</td><td>—</td><td>1100</td></tr>
</table>

9. 电动木工凿眼机

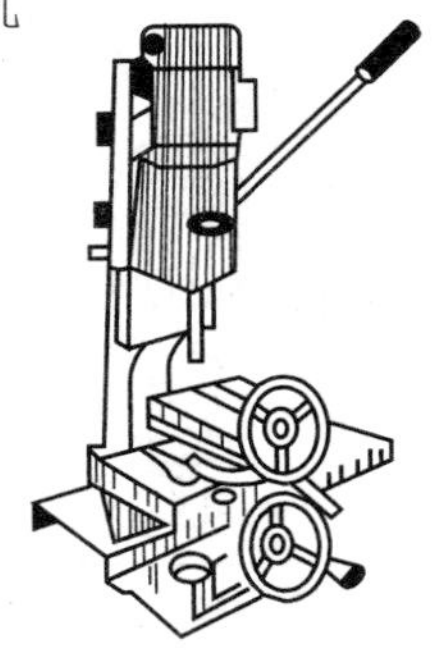

型号	凿眼宽度 (mm)	凿孔深度 (mm)	夹持工件尺寸 (mm×mm) ≤	电机功率 (W)	质量 (kg)
ZMK-16	8～16	≤100	100×100	550	74
用途	用方眼钻头在木工件上凿方眼。换掉方眼钻头的方壳，可钻圆孔				

10. 电动雕刻机（进口产品）

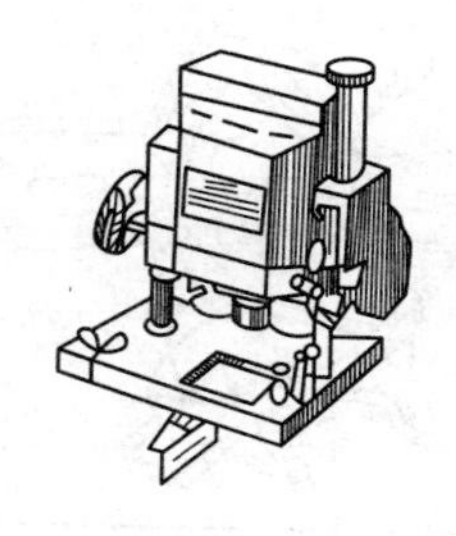

铣刀直径（mm）	主轴转速（r/min）	输入功率（W）	套爪夹头（mm）	整机高度（mm）	电缆长度（m）	质量（kg）
8	10 000～25 000	800	8	255	2.5	2.8
12	22 000	1600	12	280	2.5	5.2
12	8000～20 000	1850	12	300	2.5	5.3
用途	用各种成型铣刀，在木料上铣出各种形状的沟槽，或雕刻各种花纹图案					

11. 电动木工修边机（进口产品）

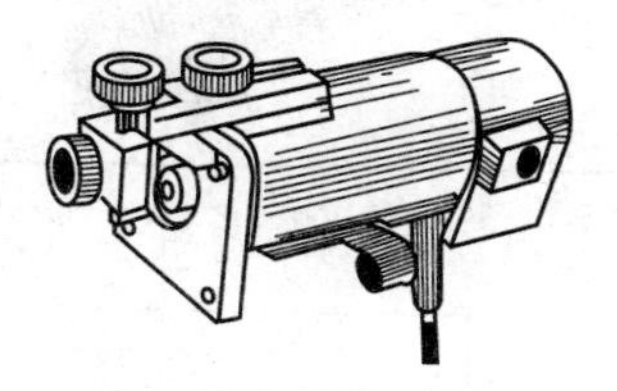

铣刀直径（mm）	主轴转速（r/mm）	输入功率（W）	底板尺寸（mm×mm）	整机高度（mm）	质量（kg）
6	30000	440	82×90	220	3
用途	用各种成型铣刀修整木制件的边棱、整平、斜面加工、图形切割及开槽等				

12. 木材斜断机（进口产品）

锯片直径（mm）	额定电压（V）	输入功率（W）	空载转速（r/min）	质量（kg）	用途
ϕ255	220	1380	4100	22	有旋转工作台，用于木材的直口或斜口的锯割
ϕ255	220	1640	4500	20	
ϕ380	220	1640	3400	25	

13. 电动木工开槽机

最大刀宽（mm）	可刨槽深（mm）	额定电压（V）	输入功率（W）	空载转速（r/min）
25	20	220	810	11 000
3～36	23～64	220	1140	5500

（四）建筑及道路类

1. 电锤（GB/T 7443—2007）

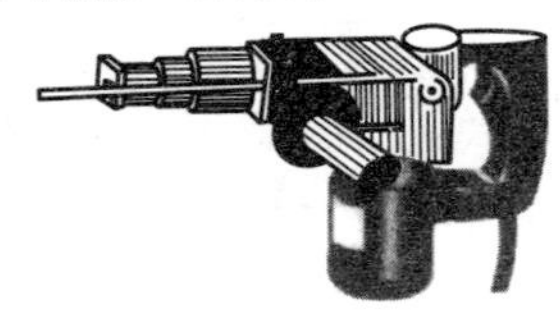

型号	在300号混凝土上的最大钻孔直径（mm）	钻削率（cm^3/min）≥	脱扣力矩（N·m）	质量（kg）	用途
ZIC－16	16	15	35	3	用于对混凝土、岩石、砖石墙等钻孔。装上附件也可在金属、木材、塑料等材料上钻孔、开槽、凿毛
ZIC－18	18	18		3.1	
Z1C－20	20	21		—	
Z1C－22	22	24	45	4.2	
Z1C－26	26	30		4.4	
Z1C－32	32	40	50	6.4	
ZIC－38	38	50		7.4	
Z1C－50	50	70	60	—	

2. 冲击电钻（GB/T 22676—2008）

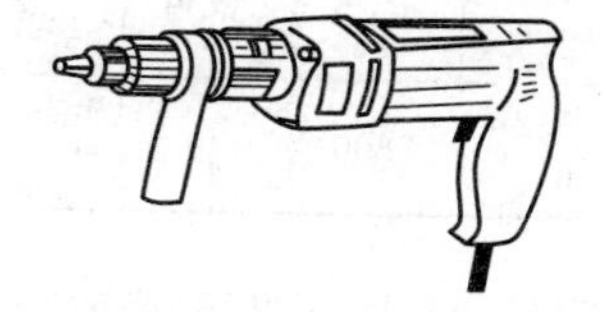

规格尺寸（mm）	额定输出功率（W）	额定转矩（N·m）	每分钟额定冲击次数（次/min）
10	≥220	≥1.2	≥46 400
13	≥280	≥1.7	≥43 200
16	≥350	≥2.1	≥41 600
20	≥430	≥2.8	≥38 400
用途	冲击电钻具有两种运动形式。冲击带旋转状态时，可用硬质合金冲击钻头在砖、轻质混凝土、陶瓷等脆性材料上钻孔。当调节至旋转状态时，用麻花钻，与电钻一样，适用于在金属、木材、塑料等材料上钻孔		

注　1. 冲击电钻规格尺寸指加工砖石、轻质混凝土等材料时的最大钻孔直径（mm）。

2. 对于双速冲击电钻，表中的基本参数指高速挡时的参数；对于电子调速冲击电钻，表中的基本参数是电子装置到给定转速最高值时的参数。

3. 电动湿式磨光机（JB/T 5333—1999）

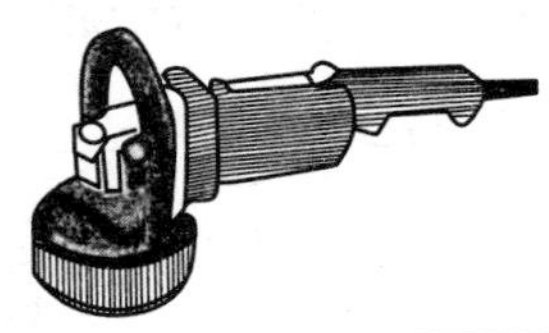

型号	额定输出功率 ≥ (W)	额定转矩 ≥ (N·m)	砂轮结合剂 陶瓷	砂轮结合剂 树脂	质量 (kg)	用途
			最高空载转速 (r/min)			
Z1M-80A M1M-80B	200 250	0.4 1.1	7150	8350	3.1	配用安全线速度大于或等于 30m/s（陶瓷结合剂）或 35m/s 的杯形砂轮，对水磨石板、混凝土、石料等表面进行水磨削作业，换上不同的砂轮可用于金属表面去锈、打磨、抛光
M1M-100A M1M-100B	340 500	1.0 2.4	5700	6600	3.9	
M1M-125A M1M-125B	450 500	1.5 2.5	4500	5300	5.2	
M1M-150A M1M-150B	850 1000	5.2 6.1	3800	4400	—	

4. 电动石材切割机（GB/T 22664—2008）

规格	切割锯片尺寸（外径×内径）(mm×mm)	额定输出功率 (W)	额定转矩 (N·m)	最大切割深度 (mm)
110C	110×20	≥200	≥0.3	≥20
110	110×20	≥450	≥0.5	≥30
125	125×20	≥450	≥0.7	≥40
150	150×20	≥550	≥1.0	≥50
180	180×20	≥550	≥1.6	≥60
200	200×25	≥650	≥2.0	≥70

5. 电动锤钻

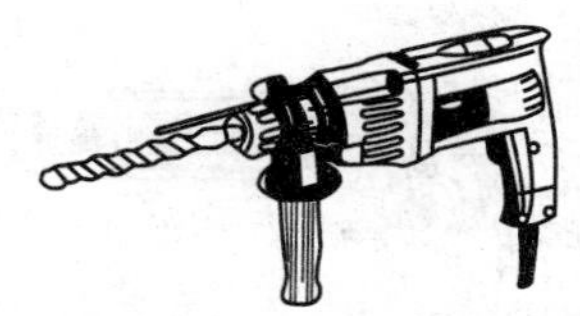

规格(mm)	钻孔能力(mm)			转速(r/min)	每分钟冲击次数(次/min)	输入功率(W)	输出功率(W)	质量(kg)
	混凝土	钢	木材					
20*	20	13	30	0～900	0～4000	520	260	2.6
26*	26	13	—	0～550	0～3050	600	300	3.5
38	38	13	—	380	3000	800	480	5.5
16	16	10	—	0～900	0～3500	420	—	3
20*	20	13	—	0～900	0～3500	460	—	3.1
22*	22	13	—	0～1000	0～4200	500	—	2.6
25*	25	13	—	0～800	0～3150	520	—	4.4
用途	冲击带旋转时，配用电锤钻头，可在混凝土地、岩石、砖墙等脆性材料上进行钻孔、开槽、凿毛等作业；有旋转而无冲击时，配用麻花钻头或机用木工钻头，可对金属、塑料、木材等进行钻孔作业							

注 1. 带*的规格，带有电子调速开关。

2. 单相串励电动机驱动，电源电压为220V，频率为50Hz，软电缆长度为2.5m。

3. 规格25mm及38mm锤钻可配用50～90mm空心钻，用于在混凝土上钻大口径孔。

6. 水磨石机

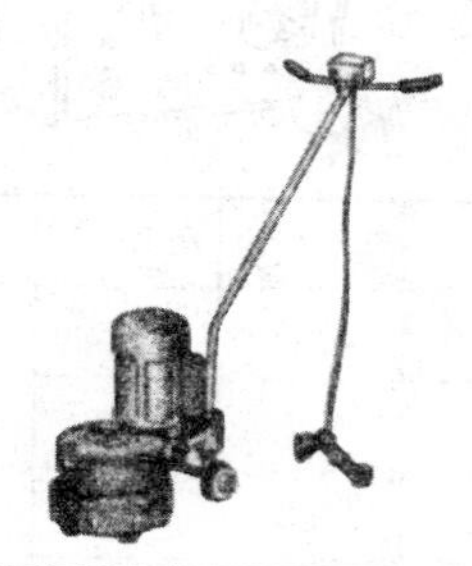

型号	磨盘直径(mm)	磨盘转速(r/min)	砂轮规格(mm)	电动机		湿磨生产率(m^2/h)	质量(kg)
				功率(kW)	转速(r/min)		
2MD-300	300	392	75×75	3	1430	7～10	210
用途	用碳化硅砂轮湿磨大面积混凝土地面、台阶面等。湿磨分粗磨与细磨两种工序						

7. 砖墙铣沟机

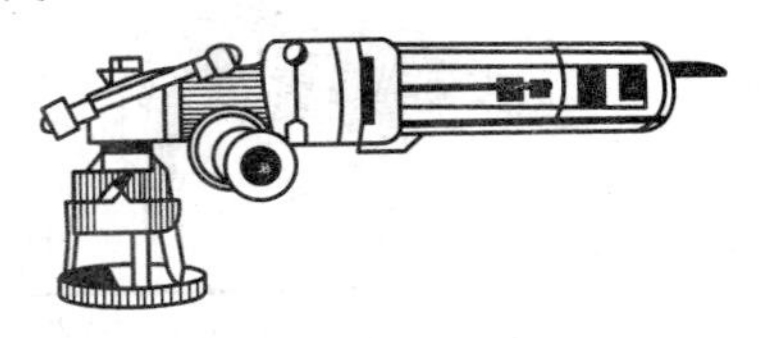

型号	输入功率（W）	转速（r/min）	额定转矩（N·m）	铣沟能力（mm×mm）≤	质量（kg）	用途
Z1R－16	400	800	2	20×16	3.1	配用硬质合金专用铣刀，对砖墙、泥夹墙、石膏和木材等材料表面进行铣切沟槽作业

注　单相串励电动机驱动，电源电压为220V，频率为50Hz，软电缆长度为2.5m。

8. 电动胀管机

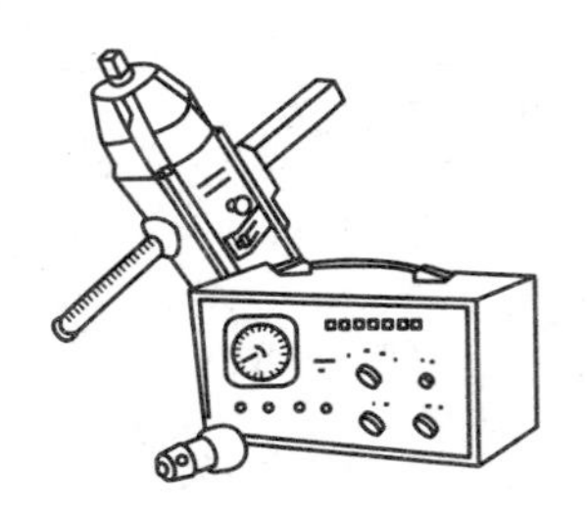

型号	P3Z－13	P3Z－19	P3Z－25	P3Z－38	P3Z－51	P3Z－76
胀管直径（mm）	8～13	13～19	19～25	25～38	38～51	51～76
输入功率（W）	510		700	800	1000	
额定转矩（N·m）	5.6	9.0	17.0	39.0	45.0	200.0
额定转速（r/min）	500	310	240	180	90	42
主轴方头尺寸（mm）	8	12		16		20
用途	用于扩大金属管道端部的直径，使其与锅炉管板连接部位紧密胀合。带有自动控制仪，能自动控制胀紧度，避免渗漏、裂痕和管板翘曲变形等缺陷					

9. 电动管道清理机

（1）移动式电动管道清理机。

型号	清理管道直径（mm）	清理管道长度（m）	额定电压（V）	电动机功率（W）	清理最高转速（r/min）
Z-50	12.7～50	12	220	185	400
Z-500	50～250	16	220	750	400
GQ-75	20～100	30	220	180	400
GQ-100	20～100	30	220	180	380
GQ-200	38～200	50	220	180	700

（2）手持式电动管道清理机。

型号	疏道直径（mm）	软轴长度（m）	额定功率（W）	额定转速（r/min）	质量（kg）	特征
QIGRES-19～76	19～76	8	300	0～500	6.75	倒、顺、无级调速
QIG-SC-10～50	12.7～50	4	130	300	3	倒、顺、恒速
GT-2	50～200	2	350	700		管道疏通和钻孔两用
GT-15	50～200	15	430	500		
T15-841	50～200	2，4，6，8，15	431	500	14	下水道用
T15-842	25～75	2			3.3	大便器用

10. 电动捣固镐（TB/T 1347—2004）

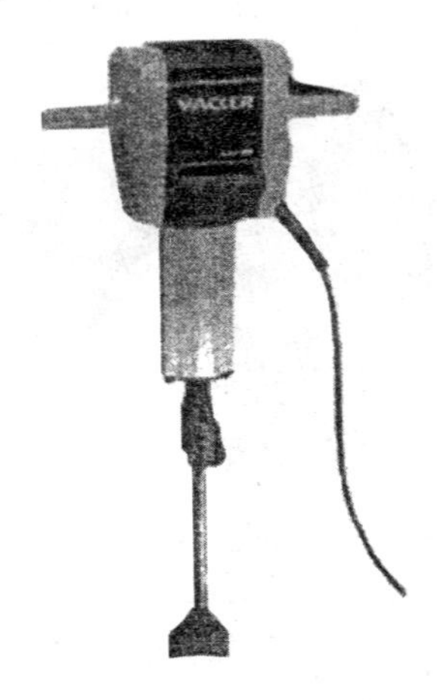

项目	基本参数	项目	基本参数
激振力（N）	≥2940	工作方式	连续（SI 工作制）
激振频率（Hz）	47.3	绝缘等级	B
电源	AC380 V50Hz	整机质量（kg）	≤24
额定功率（kW）	≥0.4		

11. 手持式电动捣碎机

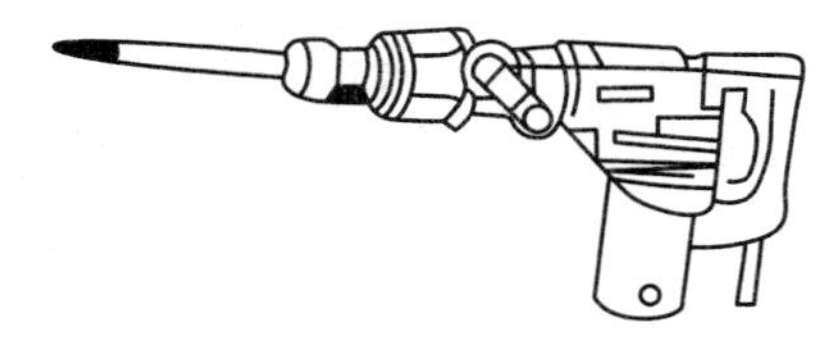

输入功率（W）	冲击频率（Hz）	质量（kg）	用途
870	50.0	5.6	捣碎混凝土块、石块、砖块
1050	50.0	5.5～5.9	
1140	24.7/35.0	8.0～9.5	
1240	23.3	15.0	

12. 蛙式夯实机（JG/T 27—1999）

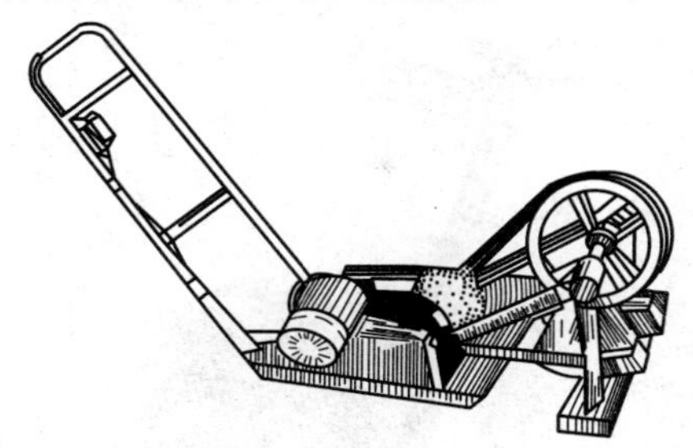

	项目	HW20	HW60
规格	夯击能量（J）	200	600
	夯头抬高（mm）	100～170	200～260
	前进速度（m/min）	6～8	8～13
	夯击次数（次/min）	140～142	140～150
	电动机型号	JO_2 - 21 - 4	JO_2 - 32 - 4
	功率（kW）	1.1	3
	转数（r/min）	1420	1430
	夯板尺寸（mm×mm）	500×120	650×120
	质量（kg）	130	280
用途	用于建筑、水利、筑路等土方工程中夯实素土、灰土		

13. 陶瓷瓷质砖抛光机（JG/T 970.1—2005）

项目		参数						
最大工作宽度（mm）		450	650	800	1000	1200	1500	1800
最小工作宽度（mm）		300	400	500	600	800	1000	1200
磨头数量（个）	粗抛	2、3、4、5、6、7、8						
	精抛	6、9、12、14、16、18、20、22、24、26、28						
精抛磨头的行程（mm）		≥110						
粗抛磨头的行程（mm）		≥50						
磨头磨具横向覆盖最大宽度①（mm）		≥工作宽度+100×2						
最大加工瓷质砖厚度（mm）		20			30			

① 磨头磨具横向覆盖最大宽度指磨头做横向摆动时磨具可磨削覆盖的最大横向宽度。

14. 地板磨光机（JG/T 5068—1995）

<table>
<tr><th colspan="3" rowspan="2">主参数</th><th colspan="4">三相</th><th colspan="4">单相</th></tr>
<tr><th>200</th><th>(250)</th><th>300</th><th>350</th><th>200</th><th>(250)</th><th>300</th><th>350</th></tr>
<tr><td rowspan="6">基本参数</td><td colspan="2">电动机功率（kW）</td><td>≤1.5</td><td colspan="2">≤2.2</td><td>≤3</td><td>≤1.5</td><td colspan="2">≤2.2</td><td>≤3</td></tr>
<tr><td colspan="2">滚筒线速度（m/s）</td><td colspan="8">≥18</td></tr>
<tr><td colspan="2">吸尘器风速（m/s）</td><td colspan="8">≥26</td></tr>
<tr><td rowspan="2">整机质量（kg）</td><td>铝合金外壳</td><td>≤55</td><td>(≤76)</td><td>≤86</td><td>≤92</td><td>≤55</td><td>(≤76)</td><td>≤86</td><td>≤92</td></tr>
<tr><td>铸铁外壳</td><td>≤65</td><td>(≤86)</td><td>≤96</td><td>≤108</td><td>≤65</td><td>(≤86)</td><td>≤96</td><td>≤108</td></tr>
<tr><td colspan="2">外形尺寸（长×宽×高）（mm×mm×mm）≤</td><td colspan="2">1000×450×1000</td><td colspan="2">1150×500×1000</td><td colspan="2">1000×450×1000</td><td colspan="2">1150×500×1000</td></tr>
</table>

注 括号内的尺寸一般不采用。

15. 地面抹光机（JG/T 5069—1995）

<table>
<tr><td rowspan="2">规格</td><td>名称</td><td>主参数系列</td></tr>
<tr><td>抹头叶片直径或抹盘直径（mm）</td><td>300，400，500，600，700，800，900，1000</td></tr>
<tr><td>用途</td><td colspan="2">适用于电动机或内燃机为动力的对混凝土及水泥砂浆地面进行抹光作业，按配套动力设备不同可分为电动式和内燃式两种型式</td></tr>
</table>

16. 路面铣刨机（JG/T 5074—1995）

<table>
<tr><th colspan="2" rowspan="2">项目</th><th colspan="3">系列</th></tr>
<tr><th>窄型</th><th>中宽型</th><th>宽型</th></tr>
<tr><td colspan="2">铣刨宽度（mm）</td><td>250，320，400，500，630，800</td><td>1000，(1200)，1300，1500，1700</td><td>1900，2100，2400，2700，3000，3400，3800</td></tr>
<tr><td rowspan="2">行驶速度</td><td>工作时速度（m/min）</td><td colspan="3">0～50</td></tr>
<tr><td>行走时速度（km/h）</td><td colspan="3">0～30</td></tr>
<tr><td colspan="2">最大爬坡能力</td><td colspan="3">≥10%</td></tr>
</table>

注　括号内的尺寸一般不采用。

17. 墙壁开槽机（进口产品）

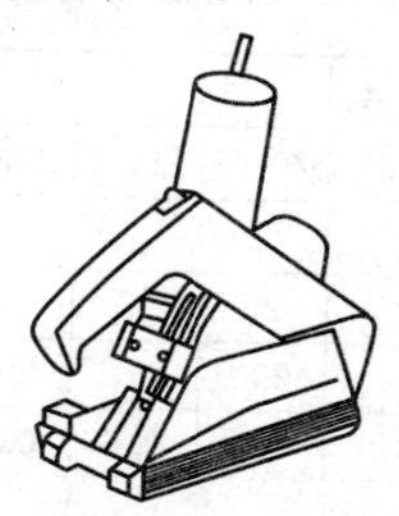

<table>
<tr><td rowspan="2">规格</td><td>型号</td><td>输入功率（W）</td><td>空载转速（r/min）</td><td>可调槽深（mm）</td><td>铣槽宽度（mm）</td><td>质量（kg）</td></tr>
<tr><td>CNF20GA</td><td>900</td><td>9300</td><td>0～20</td><td>3～23</td><td>28</td></tr>
<tr><td>用途</td><td colspan="6">配用硬质合金专用铣刀，对砖墙、石膏和木材等材料表面进行铣切沟槽作业</td></tr>
</table>

注　单相串励电动机驱动，电源电压为220V，频率为50Hz，软电缆长度为2.5m。

18. 混凝土振动器

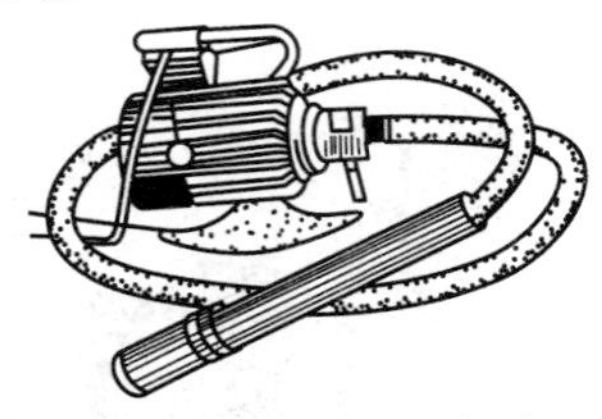

（1）电动软轴偏心插入式混凝振动器（JG/T 44—1999）。

规格	型号				
	APN25	APN30	APN35	APN42	APN50
	数值				
振动棒直径（mm）	25	30	35	42	50
空载振动频率标称值（Hz）	270	250	230	200	200
振动棒空载最大振幅（mm）≥	0.5	0.75	0.8	0.9	1.0
电动机输出功率（W）	370	370	370	370	370
混凝土坍落度为 3～4cm 时生产率（m^3/h）≥	1.0	1.7	2.5	3.5	5.0
振动棒质量（kg）≤	1.0	1.4	1.8	2.4	3.0
软轴直径（mm）	8.0	8.0	10	10	10
软管外径（mm）	24	24	30	30	30

（2）电动软轴行星插入式混凝土振动器（JG/T 45—1999）。

规格	型号						
	ZN25	ZN30	ZN35	ZN42	ZN50	ZN60	ZN70
	基本参数						
振动棒直径（mm）	25	30	35	42	50	60	70
空载振动频率（Hz）≥	230	215	200	183			
空载最大振幅（mm）≥	0.5	0.6	0.8	0.9	1	1.1	1.2
电动机功率（kW）	0.37		1.1 0.75			1.5	
混凝土坍落度为 3～4cm 时生产率（m^3/h）≥	2.5	3.5	5	7.5	10	15	20
振动棒质量（kg）≤	1.5	2.5	3.0	4.2	5.0	6.5	8.0
软轴直径（mm）	8		10		13		
软管外径（mm）	24		30		36		

（3）电机内装插入式混凝土振动器（JG/T 46—1999）。

规格	型号							
	ZDN42	ZDN50	ZDN60	ZDN70	ZDN85	ZDN100	ZDN125	ZDN150
振动棒直径（mm）	42	50	60	70	85	100	125	150
振动频率名义值（Hz）≥	200				150		125	
空载最大振幅（mm）≥	0.9	1	1.1	1.2			1.6	
混凝土坍落度为 3～4cm 时生产率（m³/h）≥	7.0	10	15	20	35	50	70	120
振动棒质量（kg）≤	5	7	8	10	17	22	35	90
电动机　电动机额定电压（V）	42							
电动机　额定输出功率（kW）	0.37	0.55	0.75	1.1		1.5	2.2	4
用途	用于建筑基建的施工、振捣、密实各种干硬和塑性混凝土							

（五）其他电动工具

1. 电动套丝机（JB/T 5334—2013）

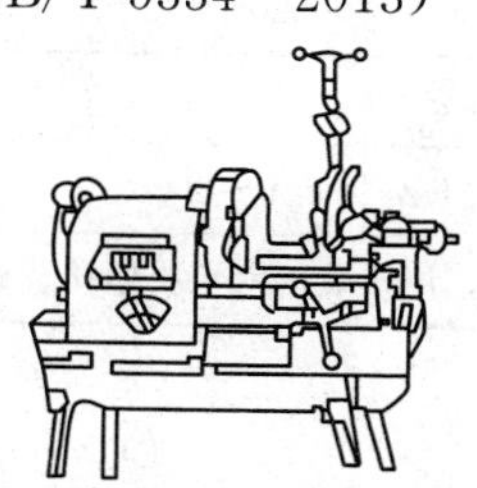

	型号	规格尺寸（mm）	套制圆锥管螺纹范围（尺寸代号）	电源电压（V）	电动机额定功率（W）	主轴额定转速（r/min）	质量（kg）
规格	Z1T-50 Z3T-50	50	½～2	220 380	≥600	≥16	71
	Z1T-80 Z3T-80	80	½～3	220 380	≥750	≥10	105
	Z1T-100 Z3T-100	100	½～4	220 380	≥750	≥8	153
	Z1T-150 Z3T-150	150	2½～4	220 380	≥750	≥5	260
用途	用于在钢、铸铁、铜、铝合金等管材上铰制圆锥或圆柱或圆柱管螺纹、切断钢管、管子内口倒角等作业，为多功能电动工具，适用于水暖、建筑等行业流动性大的管道现场施工						

2. 电动冲击扳手（GB/T 22677—2008）

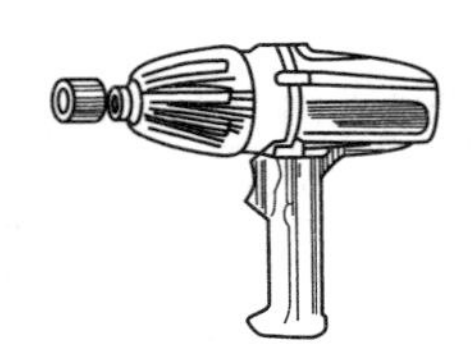

	规格	适用范围	力矩范围 （N·m）	方头公称尺寸 （mm×mm）	边心距 （mm）
规格	8	M6～M8	4～15	10×10	≤26
	12	M10～M12	15～60	12.5×12.5	≤36
	16	M14～M16	50～150	12.5×12.5	≤45
	20	M18～M20	120～220	20×20	≤50
	24	M22～M24	220～400	20×20	≤50
	30	M27～M30	380～800	20×20	≤56
	42	M36～M42	750～2000	25×25	≤66
用途	配用六角套筒头，用于装拆六角头螺栓及螺母				

3. 定扭矩电扳手

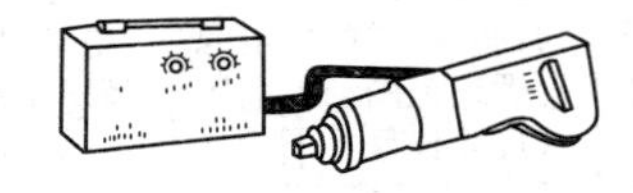

	型号	额定扭矩可调范围（N·m）		扭矩控制精度（%）	主轴方头尺寸 边心距（mm）		工作头空载转速（r/min）	质量（kg）	
								主机	控制仪
规格	P1D-60	600	600	±5	25	47	10	6.5	3
	P1D-150	1500		±5	25	58	8	10	3
用途	配用六角套筒头，用于装拆六角头螺栓及螺母								

4. 简便型电动旋具

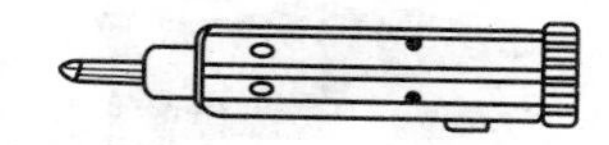

<table>
<tr><td rowspan="2">规格</td><td>额定直流电压
(V)</td><td>适用螺钉</td><td>供电方式</td><td>外形尺寸
(mm×mm)</td><td>质量
(kg)</td></tr>
<tr><td>3～6</td><td>M2～M6</td><td>电池式或
充电式</td><td>ϕ42×220</td><td>0.45</td></tr>
<tr><td>用途</td><td colspan="5">适用于五金电器、仪器仪表、钟表和玩具等行业及家庭进行螺钉装拆的场合。用于仪器仪表、家电行业的装配线上装拆对紧固转矩要求严格的螺钉</td></tr>
</table>

5. 充电式电钻（旋具）

<table>
<tr><td>型号</td><td>钻孔直径
(mm)</td><td>适用螺钉规格
(mm)</td><td>额定输出功率
(W)</td><td>空载转速
(r/min)</td><td>额定转矩
(N·m)</td></tr>
<tr><td rowspan="2">J0ZS－6</td><td>钢板≤6</td><td>机器螺钉 M6</td><td rowspan="2">55</td><td>慢挡≥250</td><td>慢挡>2</td></tr>
<tr><td>硬木≤10</td><td>木螺钉 5×25</td><td>快挡≥900</td><td>快挡>0.5</td></tr>
</table>

6. 电动旋具（GB/T 22679—2008）

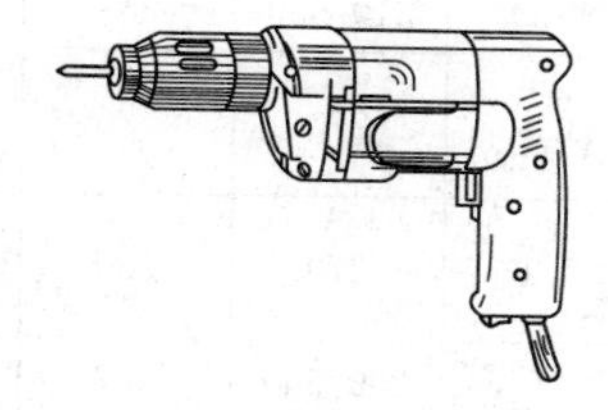

<table>
<tr><td rowspan="2">规格</td><td>规格尺寸
(mm)</td><td>适用范围（mm）</td><td>额定输出功率
(W)</td><td>拧紧力矩
(N·m)</td></tr>
<tr><td>M6</td><td>机螺钉 M4，M6
木螺钉≤4
自攻螺钉 ST3.9，ST4.8</td><td>≥85</td><td>2.45，8.0</td></tr>
<tr><td>用途</td><td colspan="4">用于拧紧或拆卸一字槽或十字槽的机螺钉、木螺钉和自攻螺钉</td></tr>
</table>

7. 电动自攻螺钉旋具（JB/T 5343—2013）

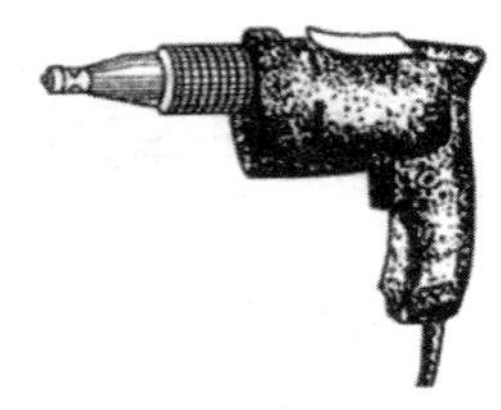

	型号	规格尺寸（mm）	适用自攻螺钉范围	输出功率（W）	工作头空载转速（r/min）	质量（kg）
规格	P1U-5	5	ST3	≥140	≥1600	1.8
	P1U-6	6	ST6	≥200	≥1500	1.8
用途	用于装拆十字槽自攻螺钉					

8. 电动攻螺钉机

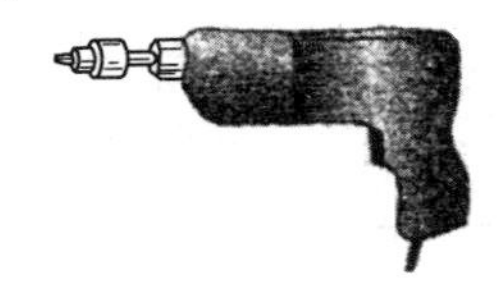

型号	攻丝范围（mm）	额定电流（A）	额定转速（r/min）	输入功率（W）	质量（kg）	用途
J1S-8	M4～M8	1.39	310/650	288	1.8	用于在黑色和有色金属工件上加工内螺纹。能快速反转退出，过载时能自动脱扣
J1S-8（固定式）	M4～M8	1.1	270	230	1.6	
J1S-8（活动式）	M4～M8	1.1	270	230	1.6	
J1S-12	M6～M12		250/560	567	3.7	

9. 热熔胶枪（国产）

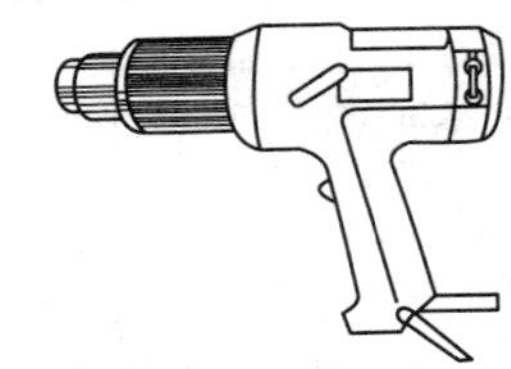

规格	出胶速率（g/min）	胶杆长度（mm）	进给方式	质量（kg）
	12	45	手动进给	0.3
	30	200	机械进给	0.37
用途	对塑料制品如管道、门窗进行热熔合			

10. 热熔胶枪（进口）

规格	型号	胶水流出量（g/min）	胶条长度（mm）	质量（kg）
	PKP18E	20	200	0.35
	PKP30LE	30	300	0.37
用途	用于胶贴装饰材料			

注　电源为220V，50Hz。

11. 热风枪（进口产品）

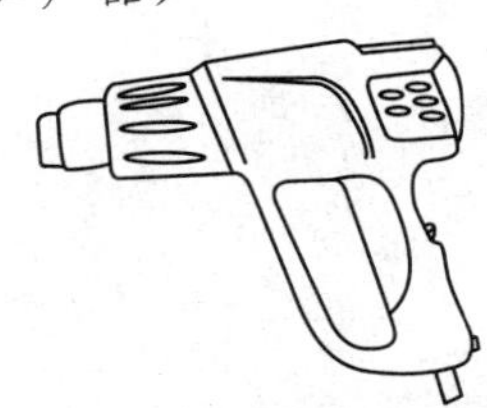

规格	型号	温度（℃）	空气流量（L/min）	输入功率（kW）	降温设置（℃）	质量（kg）	备注
	GHG500－2	300/500	240/450	1.6		0.75	两种设置
	GHG600－3	50/400/600	250/350/500	1.8	50	0.8	三种设置
	GHG630DCE	50～630	150/300/500	2.0	50	0.9	温度可调
用途	用于塑料变形，玻璃变形，胶管熔接，去除墙纸、墙漆等						

12. 电钉枪（进口产品）

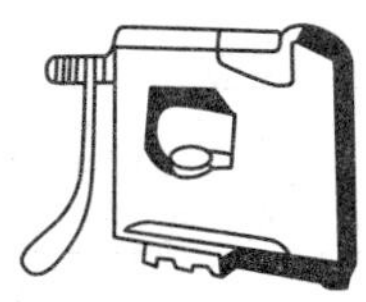

<table>
<tr><td rowspan="3">规格</td><td colspan="2">钉长（mm）</td><td rowspan="2">额定电压
（V）</td><td rowspan="2">效率
（枚/min）</td><td rowspan="2">质量
（kg）</td></tr>
<tr><td>码钉</td><td>直钉</td></tr>
<tr><td>6～14</td><td>46</td><td>220</td><td>20</td><td>1.1</td></tr>
<tr><td>用途</td><td colspan="5">用于将码钉（门形钉）或直钉钉于包装纸箱或板上</td></tr>
</table>

第十一章　气动工具

一、气动工具型号表示方法（JB/T 1590—2006）

1. 气动工具型号组成形式

气动工具是以压缩空气为动力的机械化工具，具有诸如单位质量输出功率大、使用方便、安全可靠、维修容易等优点，具有扳、锤、磨、钻等多种功能，广泛应用于冶金、机械制造、造船、石油化工、轻工、建筑和医疗等部门。

气动工具产品型号的编制一般由类、组、型代号，特性代号和主要参数组成：

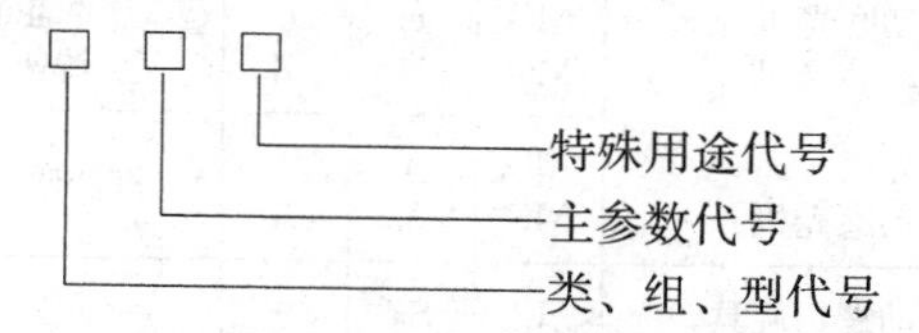

其中类、组、型代号和特性代号以大写印刷体汉语拼音字母表示，该字母应是类、组、型和特性名称有代表性的汉字拼音字头；主参数代号用阿拉伯数字表示。

2. 气动工具类及气动机械类产品型号表示方法

产品名称	代号			主参数及其单位
	组别	型别	特性	
1）气动工具类产品（无类别代号）				
直柄式气钻	Z	Z	—	① 钻孔直径（mm） ② 转速（10^2 r/min）
枪柄式气钻	Z	Q	—	
侧柄式气钻	Z	C	—	
万向式气钻	Z	W	—	
双向式气钻	Z	S	—	
角式气钻	Z	J	—	
组合气钻	Z	ZH	—	

续表

产品名称	代号			主参数及其单位
	组别	型别	特性	
气动开颅钻	Z	—	L	钻孔直径（mm）
透平式牙钻 叶片式气动牙钻	Z Z	T Y	Y Y	转速（10^4 r/min）
直柄式气动砂轮机 主轴加长直柄式气动砂轮机 角式气动砂轮机 端面气动砂轮机	S S S S	Z Z J D	— C — —	① 砂轮直径（mm） ② 转速（10^2 r/min） ③ 主轴加长量（10mm）
钹形砂轮端面气动砂轮机	S	D	B	砂轮直径（mm）
气动砂带机	DS	—	—	砂带宽度（mm）
端面式气动抛光机 圆周式气动抛光机 角式气动抛光机	PG PG PG	D Z J	— — —	① 抛轮直径（mm） ② 转速（10^2 r/min）
回转式端面气动磨光机 回转式圆周气动磨光机	MG MG	H H	D Z	① 磨轮直径（mm） ② 转速（10^2 r/min）
移动式气动磨光机 移动式吸尘气动磨光机	MG MG	Y Y	— X	机器质量（kg）
直柄式双向气动螺钉旋具 直柄式双向磁刀头气动螺钉旋具 直柄式定扭矩气动螺钉旋具 枪柄式双向气动螺钉旋具 枪柄式双向磁刀头气动螺钉旋具 直柄式单向气动螺钉旋具 直柄式单向磁刀头气动螺钉旋具	L L L L L L L	SZ SZ SZ SQ SQ Z Z	— C N — C — C	① 拧螺纹直径（mm） ② 转速（10^2 r/min）
枪柄式单向气动螺钉旋具 枪柄式单向磁刀头气动螺钉旋具	L L	Q Q	— C	① 拧螺纹直径（mm） ② 转速（10^2 r/min）
纯扭式气动螺钉旋具	L	T	—	拧螺纹直径（mm）
直柄式气动攻丝机 枪柄式气动攻丝机	GS GS	Z Q	— —	① 攻丝直径（mm） ② 转速（10^2 r/min）
（直柄、环柄、侧柄式）气扳机 （直柄、环柄、侧柄式）储能型气扳机	B B	— —	— E	拧螺纹直径（mm）

续表

产品名称	代号			主参数及其单位
	组别	型别	特性	
（直柄、环柄、侧柄式）高转速气扳机 （直柄、环柄、侧柄式）短扳轴高转速气扳机	B B	S S	G GD	① 拧螺纹直径（mm） ② 转速（10^2 r/min）
枪柄式气扳机	B	Q	—	拧螺纹直径（mm）
高转速枪柄式气扳机	B	Q	G	① 拧螺纹直径（mm） ② 转速（10^2 r/min）
扳轴加长枪柄式气扳机	B	Q	C	① 拧螺纹直径（mm） ② 扳轴加长量（10mm）
可装螺刀头枪柄式气扳机 储能型枪柄式气扳机 角式气扳机 角式定扭矩气扳机	B B B B	Q Q J J	LD E — N	拧螺纹直径（mm）
高转速角式气扳机	B	J	G	① 拧螺纹直径（mm） ② 转速（10^2 r/min）
角式纯扭气扳机 （直柄、环柄、侧柄式）定扭矩气扳机 枪柄式定扭矩气扳机 内藏扭力棒枪柄式定扭矩气扳机 扳轴加长定扭矩气扳机 活塞式气扳机	B B B B B B	J — Q Q — H	T N N NN CN —	拧螺纹直径（mm）
组合用气扳机 组合式气扳机 电显组合式气扳机 组合式定扭矩气扳机	B B B B	— Z Z Z	Y — DX N	扭矩（10N·m）
棘轮式气扳机 单向棘轮式气扳机	B B	L L	— D	拧螺纹直径（mm）
气镐	G	—	—	机器质量（kg）
气铲 铲石用气铲	C C	— —	— CS	

续表

产品名称	代号			主参数及其单位
	组别	型别	特性	
(弯柄、环柄式)气动铆钉枪 直柄式气动铆钉枪 枪柄式气动铆钉枪 枪柄式偏心气动铆钉枪 气动拉铆机 气动压铆机	M M M M M M	— Z Q Q L Y	— — — P — —	铆钉直径(mm)
顶把 偏心顶把 冲击式顶把	DB DB DB	— — C	— P —	铆钉直径(mm)
针束气动除锈器 冲击式气动除锈器	X X	C C	Z —	机器质量(kg)
冲击式多头气动除锈器	X	C	D	① 机器质量(kg) ② 头数(个)
回转式气动除锈器	X	H	—	① 除锈轮直径(mm) ② 转速(10r/min)
气剪刀 气冲剪 活塞式气剪刀	JD JD JD	— C H	— — —	剪切厚度(mm)
气动羊毛剪 气动地毯剪	JD JD	— —	M T	机器质量(kg)
气动捣固机 片状阀气动捣固机	D D	— —	— P	机器质量(kg)
齿轮式气动捆扎拉紧机 齿轮式气动捆扎锁紧机 蜗轮式气动捆扎拉紧机 蜗轮式气动捆扎锁紧机 气动捆扎机	K K K K K	C C W W Z	L S L S —	捆扎带宽(mm)
带式气锯 链式气锯 圆片式气锯	J J J	— L Y	— — —	锯割直径(mm)
气动订合机 (圆盘钉式)气动打钉枪 条形钉气动打钉枪 U形钉气动打钉枪	H DD DD DD	— — — —	— — T U	钉长(mm)

续表

产品名称	代号			主参数及其单位
	组别	型别	特性	
气动扎网机	W	—	—	钢丝直径（mm）
冲击式气动振动器 回转式气动振动器	ZD ZD	C H	— —	机器质量（kg）
冲击式气动雕刻矶 回转式气动雕刻机	DK DK	C H	— —	机器质量（kg） 转速（10^4r/min）
气铣刀 角式气铣刀	XD XD	— J	— —	转速（10^4/min）
气锉刀	CD	—	—	机器质量（kg）
气动油枪	Q	—	—	容油量（mL）
气动钳 气动液压封口机	N FK	— —	— Y	挤压力（kN）
2）气动机械类产品（类别代号 T）				
叶片式气动马达 起动用叶片式气动马达 活塞式气动马达 无连杆活塞式气动马达 滑杆活塞式气动马达 齿轮式气动马达 透平式气动马达	M M M M M M M	Y Y H H H C T	— QD — G H — —	功率（kW）
气动油泵 气动预供油油泵 气动水泵 气动隔膜泵	B B B B	Y Y S M	— YG — —	流量（L/min）
气动吊 气动绞车 气动打桩机 气动涂油机 气动搅拌机 铸型用冲击器 穿孔用冲击器	D JC Z Y J C C	— — — — — — —	— — — — — ZX CK	起重质量（kg） 拉力（10N） 冲击能量（10J） 油容量（L） 机器质量（kg） 冲击能量（10J） 穿孔直径（mm）

二、常用气动工具

（一）切削类

1. 气钻（JB/T 9847—2010）

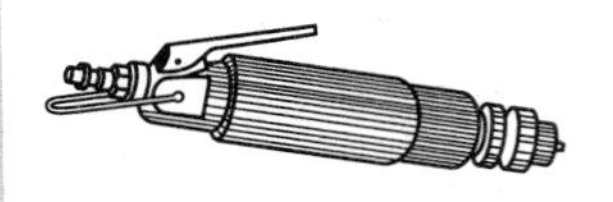

直柄式气钻

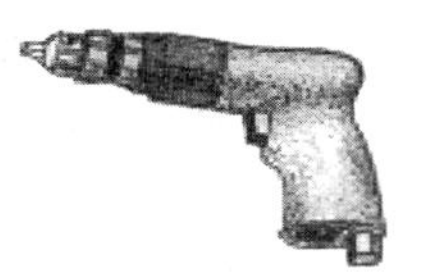

枪柄式气钻

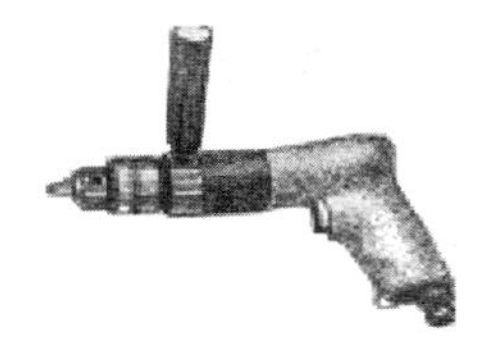

侧柄式气钻

产品系列（mm）	功率（kW）≥	空转转速（r/min）≥	耗气量（L/s）≤	气管内径（mm）	质量（kg）≤	用途
6	0.2	900	44	10	0.9	用钻头在金属件、木材、塑料件上钻孔
8		700			1.3	
10	0.29	600	36	12.5	1.7	
13		400			2.6	
16	0.66	360	35	16	6	
22	1.07	260	33		9	
32	1.24	180	27		13	
50	2.87	110	26	20	23	
80		70			35	

2. 多用途气钻

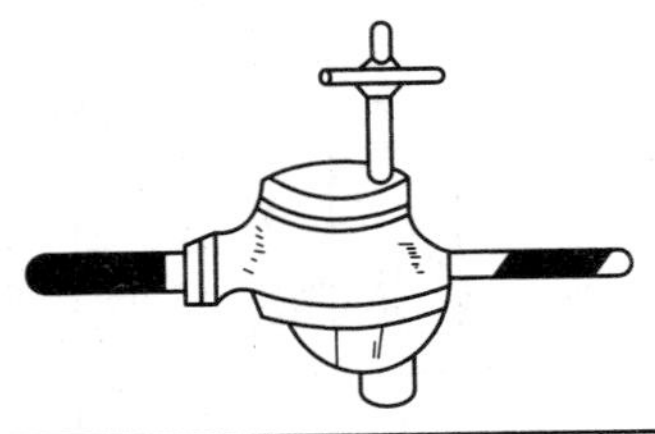

钻孔直径（mm）	攻螺纹直径（mm）	负荷转速（r/min）	负荷耗电量（L/s）	功率（kW）	主轴莫氏锥度	气管内径（mm）	工作气压（MPa）	用途
22	M24	300	28.3	0.956	2	16		用于金属结构件的钻孔、绞孔、扩孔、攻螺纹等
32		225	33.3	1.140	3	16	0.49	

3. 气剪刀

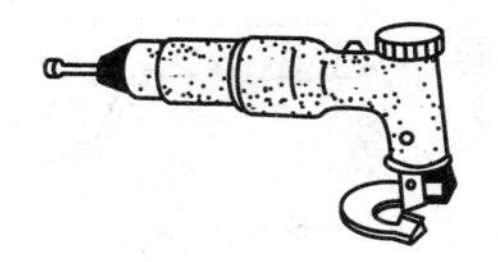

JD2型

JD3型

型号	剪切厚度（mm）	剪切频率（Hz）	气管内径（mm）	工作气压（MPa）	质量（kg）
JD2	2.0	30	10	0.63	1.6
JD3	2.5				1.5
用途	主要用于直线或曲线剪切金属板材。JD3 型还可剪切竹席、草席等，尤其适用于修剪边角。可广泛用于航空、汽车、机械、仪器等制造与修配行业				

4. 气冲剪（进口产品）

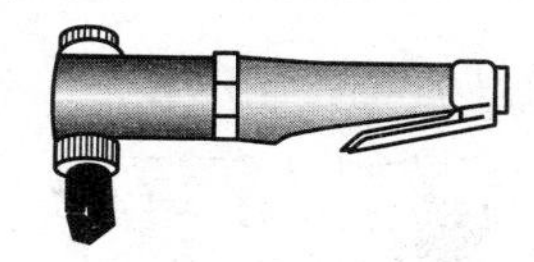

规格	冲剪厚度（mm）		每分钟冲剪次数	工作气压（MPa）	耗气量（L/min）	用途
	钢	铝				
16	16	14	3500	0.63	170	用于冲剪钢、铝等金属板材及塑料板、纤维板、布质层压板等非金属材料。保证冲剪板料不变形

5. 气动剪线钳

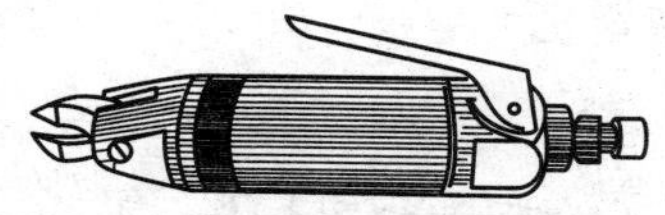

型号	剪切铜丝直径（mm）	工作气压（MPa）	外形尺寸（mm×mm）	质量（kg）	用途
XQ3	1.2	0.63	ϕ29×120	0.17	主要用于剪切铜丝、铝丝制成的导线，也可剪切其他金属丝
XQ2	2	0.49	ϕ32×150	0.22	

6. 气动攻丝机

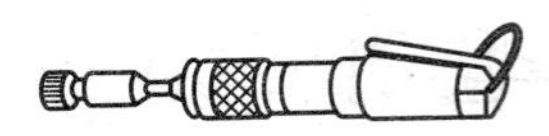

直柄式

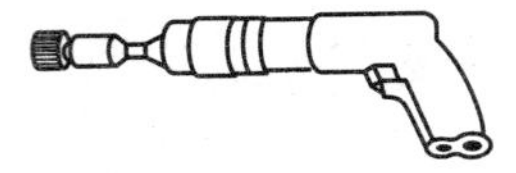

枪柄式

型号		2G8－2	GS6Z10	GS6Q10	GS8Z09	GS8Q09	GS10Z06	GS10Q06
攻丝直径（mm）	钢	—	M5		M6		M8	
	铝	M8	M6		M8		M10	
空载转速（r/min）	正	300	1000		900		550	
	反	300	1000		1800		1100	
功率（W）		170			190			
质量（kg）		1.5	1.1	1.2	1.55	1.7	1.55	1.7
柄部型式		枪柄	直柄	枪柄	直柄	枪柄	直柄	枪柄
用途		用于在工件上攻螺纹孔						

7. 气动手持式切割机（进口产品）

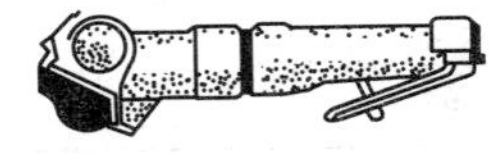

规格	锯片规格（mm）	转速（r/min）	适用切割材料	质量（kg）
	ϕ50	620（低速）	厚度1.2mm以下中碳钢、铝合金、铜	1.0
		3500（中速）	塑料、塑钢、木材	
		7000（高速）	钢、玻璃纤维、瓷砖	
用途	用于切割钢、铝合金、塑料、玻璃纤维、瓷砖等材料			

8. 气动往复切割机

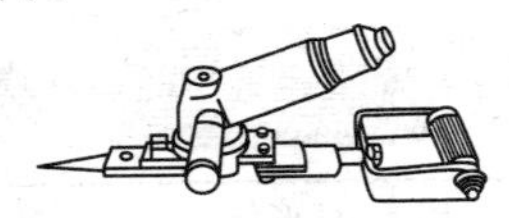

规格	切割频率（Hz）	主轴功率（kW）	单位功耗气量[L/(s・kW)]	气管内径（mm）	质量（kg）
	76	0.6	36	13	3.2
用途	适用于切割厚度50mm以下各类橡胶及类似材料				

9. 气动管子坡口机（JB/T 7783—2012）

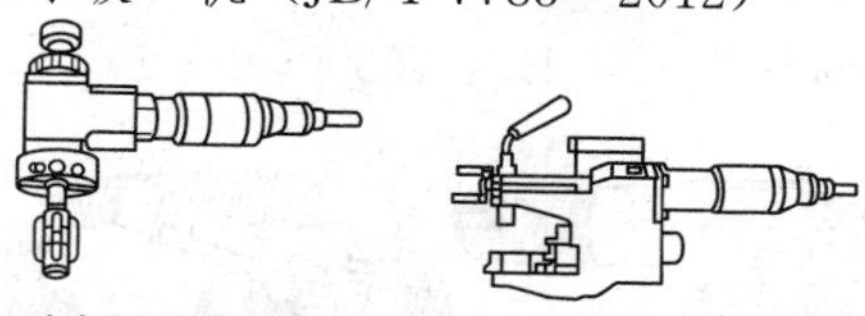

内定位钢管倒角机　　外定位钢管倒角机

	基本参数	产品规格尺寸（mm）				
		30	80	150	350	630
规格	坡口管子外径（mm）	11～30	29～80	73～158	158～350	300～630
	胀紧管子内径（mm）	10～29	28～78	70～145	145～300	280～600
	气动马达功率（W）	350	440	580	740	740
	驱动力盘空转转速（r/min）	220	150	34	12	8
	最大耗气量（L/min）	550	650	960	1000	1000
	轴向进刀最大行程（mm）	10	35	50	55	40
	A声级噪声（dB）	94	103	92	100	100
	清洁度（mg）	600	800	1510	1510	1510
	寿命指标（h）	800	800	800	600	600
	质量（kg）	2.7	7	12.5	42	55
用途	用于对金属管端部进行修整加工坡口，以便进行焊接					

10. 气动坡口机

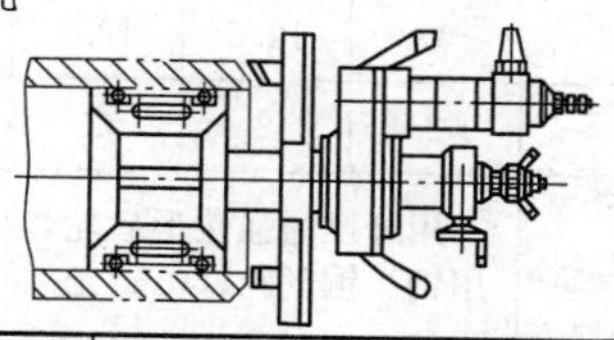

	型号	耗气量（L/min）	马达（额定）		刀盘	管子外径坡口范围（mm）	切削管子壁厚（mm）	质量（kg）
			功率（kW）	转速	转速			
				（r/min）				
GPK型规格	630－Ⅰ	900～1200	0.88	7500	10	3510～630	≤15	40
	630－Ⅱ	900～1200	0.88	7500	10	351～630	≤75	48
	350－Ⅰ	900～1100	0.66	8500	14	159～351	≤15	30
	350－Ⅱ	900～1100	0.66	8500	14	159～351	≤75	35
	150	900	0.44	16 000	34	65～159	≤15	12
	80	900	0.44	16 000	34	28～80	≤15	5.5
用途	用以对管子端开任意角度坡口，及对法兰车平面、沟槽、台阶等							

注　1. 坡口机的完整型号由“GPK”和“型号”两部分组成。例如GPK630－Ⅰ。
2. 气源的工作压力为0.6MPa。

（二）砂磨类

1. 角式气动砂轮机（JB/T 10309—2011）

普通式　　　　吸尘式

型号		SD100	SD125	SD150	SD180	SD125 吸尘式
树脂砂轮最大直径	(<75m/s)(mm)	100	125	150	180	125
陶瓷砂轮最大直径	(<35m/s)(mm)	—	70	80	90	—
空载转速（r/min）≤		14 000	12 000	10 000	8400	12 000
空载耗气量（L/min）≤		30	34	35	36	36
工作气压（MPa）		0.63	0.63	0.63	0.63	0.63
气管内径（mm）		—	12.5	12.5	12.5	12.5
质量（kg）		2	2	2	2.5	2.7
用途		用纤维增强钹形砂轮，可修整、磨光金属表面；用钢、铜丝轮，可抛光				

注　主轴与输出轴线间夹角有 90°、110°、120°三种。

2. 端面气动砂轮机（JB/T 5128—2010）

<table>
<tr><th rowspan="2">产品系列</th><th colspan="2">配装砂轮直径（mm）</th><th rowspan="2">空载转速（r/min）max</th><th rowspan="2">功率（kW）min</th><th rowspan="2">单位功率耗气量[L/(s·kW)] max</th><th rowspan="2">空转噪声（声功率级）[dB·(A)] max</th><th rowspan="2">气管内径（mm）</th><th rowspan="2">接头螺纹</th><th rowspan="2">质量（kg）max</th></tr>
<tr><th>钹形</th><th>碗形</th></tr>
<tr><td>100</td><td>100</td><td></td><td>13 000</td><td>0.5</td><td>50</td><td rowspan="2">102</td><td rowspan="2">13</td><td rowspan="2">ZG1/4″</td><td>2.0</td></tr>
<tr><td>125</td><td>125</td><td rowspan="2">100</td><td>11 000</td><td>0.6</td><td rowspan="2">48</td><td>2.5</td></tr>
<tr><td>150</td><td>150</td><td>10 000</td><td>0.7</td><td>106</td><td rowspan="3">16</td><td rowspan="3">ZG3/8″</td><td>3.5</td></tr>
<tr><td>180</td><td>180</td><td rowspan="2">150</td><td>7500</td><td>1.0</td><td>46</td><td rowspan="2">113</td><td rowspan="2">4.5</td></tr>
<tr><td>200</td><td>205</td><td>7000</td><td>1.5</td><td>44</td></tr>
</table>

注　1. 验收气压为0.63MPa。

2. 配装砂轮的允许线速度：钹形砂轮应不低于80m/s；碗形砂轮应不低于60m/s。

3. 质量不包括砂轮。

3. 直柄式气动砂轮机（JB/T 7172—2006）

<table>
<tr><th>产品系列（mm）</th><th>工作气压（MPa）</th><th>空载转速（r/min）≤</th><th>主轴功率（kW）≥</th><th>耗气量（L/s）≤</th><th>质量（kg）</th><th>用途</th></tr>
<tr><td>40</td><td>0.63</td><td>17 500</td><td>—</td><td>—</td><td>1.0</td><td rowspan="6">配用砂轮，可修磨铸件的浇冒口、大型机件、模具及焊缝；配用布轮，可进行抛光；配用钢丝轮，可清除金属表面铁锈及旧漆层</td></tr>
<tr><td>50</td><td>0.63</td><td>17 500</td><td>—</td><td>—</td><td>1.2</td></tr>
<tr><td>60</td><td>0.63</td><td>16 000</td><td>0.36</td><td>13.1</td><td>2.1</td></tr>
<tr><td>80</td><td>0.63</td><td>12 000</td><td>0.44</td><td>16.3</td><td>3.0</td></tr>
<tr><td>100</td><td>0.63</td><td>9500</td><td>0.73</td><td>27.0</td><td>4.2</td></tr>
<tr><td>150</td><td>0.63</td><td>6600</td><td>1.14</td><td>37.5</td><td>6</td></tr>
</table>

4. 气动磨光机

圆盘式(MG型)

平板摆动式(其余型号)

型号	底板面积(mm×mm)	工作气压(MPa)	空载转速(r/min)	功率(W)	耗气量(L/min)	外形尺寸(mm×mm×mm)	质量(kg)	用途
N3	102×204	0.5	7500	150	≤500	280×102×130	3	底板贴上砂纸或抛光布，对金属、木材等表面进行砂光、抛光、除锈等
F66	102×204	0.5	5500	150	≤500	275×102×130	2.5	
322	75×150	0.4	4000	1.0	≤400	225×75×120	1.6	
MG	ϕ146	0.49	8500	0.18	≤400	250×70×125	1.8	

5. 砂轮机

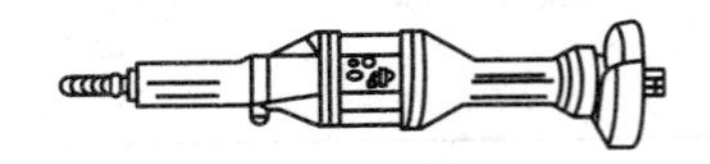

	砂轮直径(mm)	空载转速(r/min)	主轴功率(W)	单位功率耗气量(L/min)	工作气压(MPa)	气管内径(mm)	质量(kg)
规格	40	19 000			0.49	6.35	0.6
	60	12 700	0.36	36.00	0.49	13.00	2.0
	100	8000	0.66	30.22	0.49	16.00	3.8
	150	6400	1.03	27.88	0.49	16.00	5.4
用途	以压缩空气为动力，适合在各种机械制造和维修工作中用来清除毛刺和氧化皮、修磨焊缝、砂光和抛光等						

6. 气砂轮机

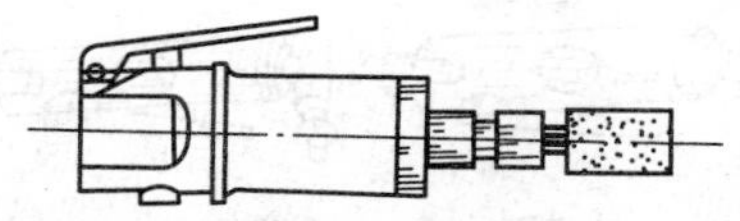

规格	工作气压（MPa）	转速（r/min）	耗气量（L/min）	气管内径（mm）	砂轮直径（mm）	质量（kg）
	0.60～0.65	2000	0.5	6	40	0.6
用途	适用于各种工件的修磨去毛刺、倒圆等					

7. 气动抛光机

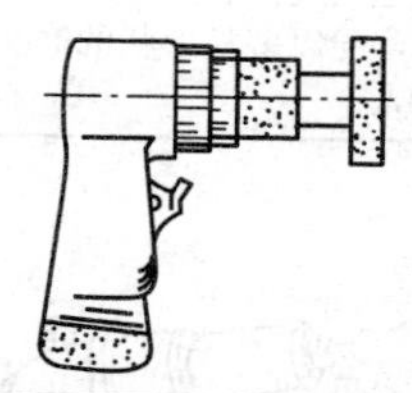

规格	型号	工作气压（MPa）	转速（r/min）	耗气量（L/min）	气管内径（mm）	质量（kg）
	GT125	0.60～0.65	≥1700	0.45	10	1.15
用途	用于装饰工程各种金属结构、构件的抛光					

8. 气动水冷抛光机

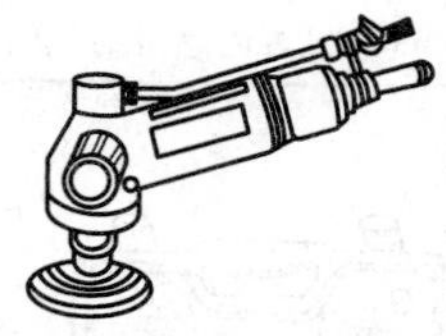

规格	型号	最大磨片直径	气管内径	水管内径	空载转速（r/min）	耗气量（L/s）	质量（kg）
		（mm）					
	PG100 J100S	100	13	8	11 000	32	2
用途	具有边磨削、边进水冷却的功能。适用于水磨大理石、花岗石、机床等表面光整加工						

9. 气动模具磨

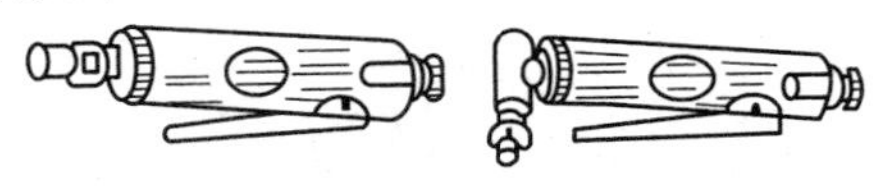

直柄　　　　角向

规格	空载转速 (r/min)		空气消耗量 (m^3/min)	工作气压 (MPa)	长度 (mm)		质量 (kg)	
	普通	加长			普通	加长	普通	加长
直柄	25 000	3600	0.1～0.23	0.63	140	223	0.34	1
角向	20 000	2800	0.11～0.2	0.63	146	235	0.45	1
用途	以压缩空气为动力，配以多种形状的磨头或抛光轮，用于对各类模具的型腔进行修磨和抛光							

10. 气门研磨机

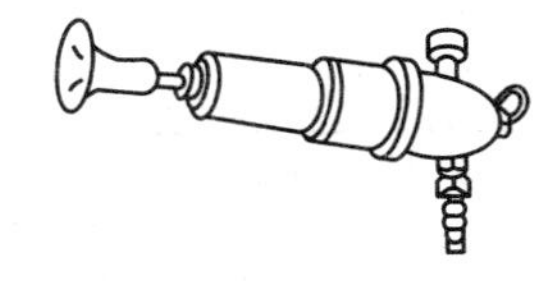

规格	型号	工作能力 (mm)	冲击次数 (次/min)	工作气压 (MPa)	柱塞行程 (mm)	外形尺寸 (mm×mm×mm)	质量 (kg)
	H9-006	60	1500	0.3～0.5	6～9	250×145×56	1.3
用途	用于研磨柴油机、汽油机等内燃机的气门						

11. 气铣

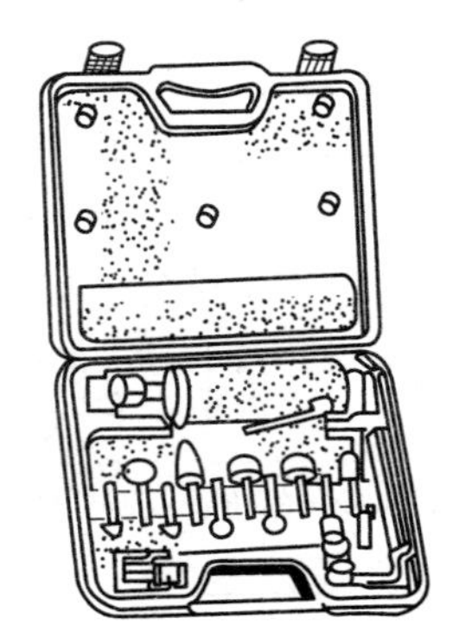

	型号	工作头直径（mm）		空载转速（r/min）	耗气量（L/s）	气管内径（mm）	长度（mm）	质量（kg）
		砂轮	旋转锉					
规格	S8	8	8	80 000～10 000	2.5	6	140	0.28
	S12	12	8	40 000～42 000	7.17	6	185	0.6
	S25	25	8	20 000～24 000	6.7	6.35	140	0.6
	S25A	25	10	20 000～24 000	8.3	6.35	212	0.65
	S40	25	12	16 000～175 000	7.5	8	227	0.7
	S50	50	22	16 000～18 000	8.3	8	237	1.2
用途	配以各种形状的砂轮磨头、旋转锉进行磨削或铣削。用于各种大型机件表面光整加工，各种模具的整形及抛光							

（三）建筑施工类

1. 气铲（JB/T 8412—2006）

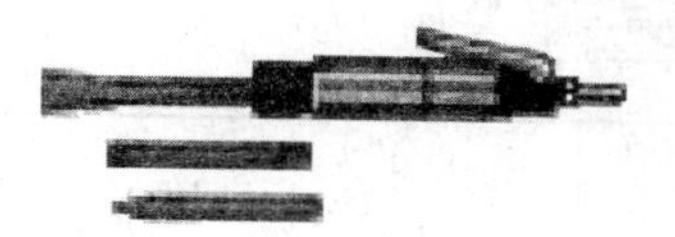

直柄式

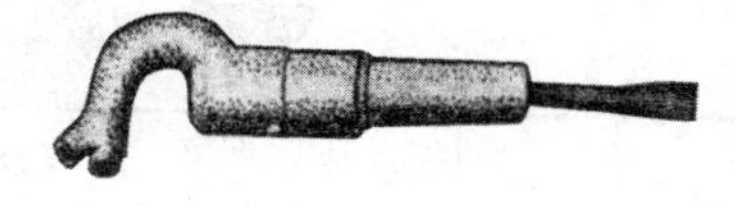

弯柄式

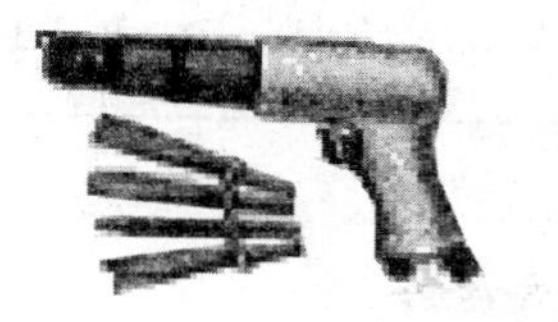

枪柄式

环柄式

规格	质量（kg）	冲击能（J）≥	耗气量（L/s）≤	冲击频率（Hz）≥	缸径（mm）	气管内径（mm）	镐钎尾柄（mm×mm）	用途
2	2.4	0.7	7	45	18	10	12×45	用于铸件清砂、铲除浇冒口、毛边披锋，电焊缝除渣、铲平焊缝、开坡口，冷铆钢或铝铆钉，砖墙或混凝土开口及岩石制品整形等
		2		60	25			
5	5.4	8	19	35	28	13	17×60	
6	6.4	14	15	20	28	13	17×60	
		10	21	32	30			
7	7.4	17	16	13	28	13	17×60	

2. 气镐（JB/T 9848—2011）

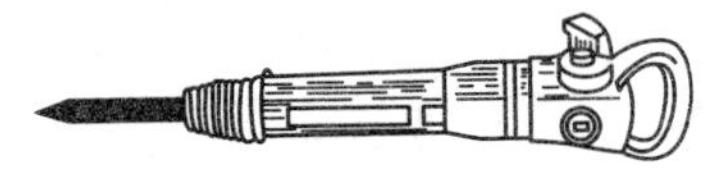

规格质量（kg）≤	冲击能（J）≥	耗气量（L/s）≤	冲击频率（Hz）	缸径（mm）	气管内径（mm）	镐钎尾柄（mm×mm）
8	30	20	18	34	16	25×75
10	43	26	16	38		
20	55	28	16	—	16	30×87
用途	用于截断煤层，打碎软岩石，破碎混凝土层路面、冻土与冰层，以及土木工程中凿洞、穿孔					

3. 气锹

型号	工作气压（MPa）	冲击能（J）	冲击频率（Hz）	耗气量（L/min）	气管内径（mm）	外形尺寸（mm×mm）	用途
SP27E	0.63	22	35	1500	13	22.4×8.25	主要用于筑路、挖冻土层等施工作业

4. 气动捣固机（JB/T 9849—2011）

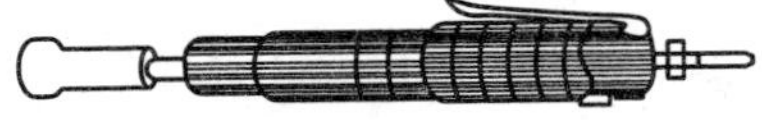

规格	2		4	6	9	18
耗气量（L/s）≥	7	9.5	10	13	15	19
冲击频率（Hz）≥	18	16	15	14	10	8
缸径（mm）	18	20	22	25	32	38
活塞工作行程（mm）	55	80	90	100	120	140
气管内径（mm）	10		13			
工作气压（MPa）	0.63					
用途	适用于铸造砂型的捣固。在砂型成批生产时采用气动捣固机捣固，能够减轻劳动强度，提高生产率，保证铸件外表质量。同时可在建筑工程中用来捣实混凝土及砖坯					

5. 手持式凿岩机（JB/T 7301—2006）

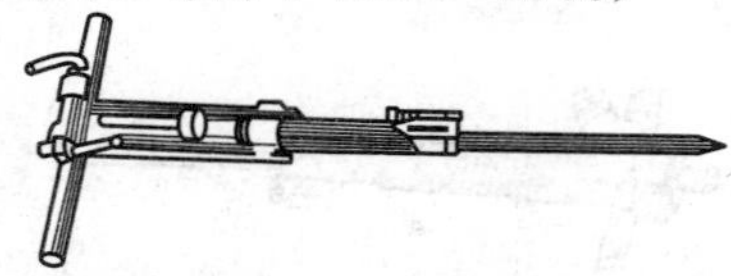

产品系列	验收气压 0.4MPa							气管内径（mm）	水管内径（mm）	钎尾规格（mm）
	空转转速（r/min）	冲击能量（J）	冲击频率（Hz）	凿岩耗气量（L/s）	噪声（声功率级）dB（A）	每米岩孔耗气量（L/m）	凿孔深度（m）			
轻	≥200	2.5～15	45～60	≤20	≤114	≤18.8×10³	1	8 或 13		生产厂自定
中		15～35	25～45	≤40	≤120		3	16 或 20（19）	8 或 13	H22×108 或 H19×108
重		30～50	22～40	≤55	≤124		5	20（19）	13	H22×108 或 H25×108
用途	用于在岩石、砖墙、混凝土等构件上凿孔，作安装管道、架设动力线路和安装地脚螺栓等用									

6. 气腿式凿岩机（JB/T 1674—2004）

产品系列	产品质量（kg）	空转转速（r/min）	冲击能（J）	凿岩冲击频率（Hz）	凿岩耗气量（L/s）	每米岩孔耗气量（L/s）	凿孔深度（m）	气管内径（mm）	水管内径（mm）	钎尾规格尺寸（mm×mm）
轻	≤22	250～500	≥55	30～50	≤70	≤11×10³	3	20 或 25	13	22×108 或 19×108
中	>22～25		≥65		≤80		5			22×108 或 25×108
重	>25		≥70		≤85		5			

7. 气动破碎机

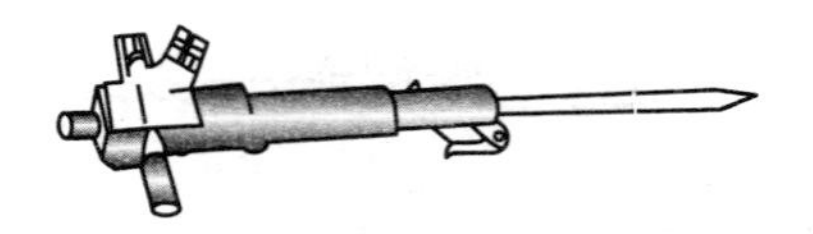

型号	B87C	B67C	B37C
冲击能（J）	100	40	26
冲击频率（Hz）	18	25	29
耗气量（L/min）	3300	2100	960
气管内径（mm）	19		16
工作气压（MPa）	0.63		
总长（mm）	686	615	550
用途	主要用于混凝土基础的破碎清除工作以及水泥路面、沥青路面的破碎清除，也可破碎大形石块		

8. 气动搅拌机

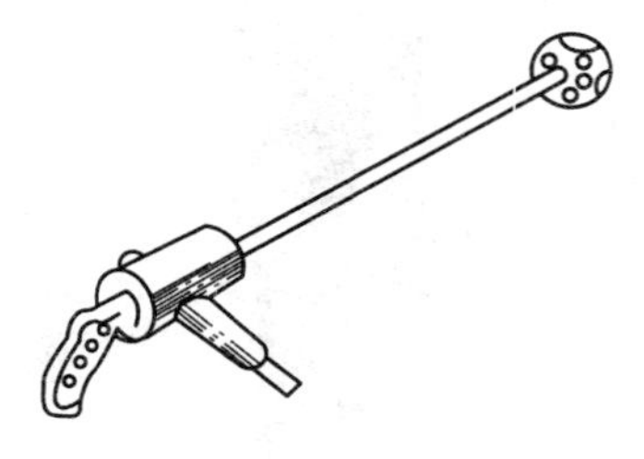

型号	功率（kW）	搅拌轮直径（mm）	空载转速（r/min）	空载耗气量（L/s）	工作气压（MPa）	质量（kg）
TJ3	0.5	100	2000	22	0.63	3
用途	用于调和搅拌各种油漆、涂料和乳剂等。特别适于建筑装修工程中搅拌有挥发性和可燃性的油漆或涂料					

9. 气动混凝土振动器

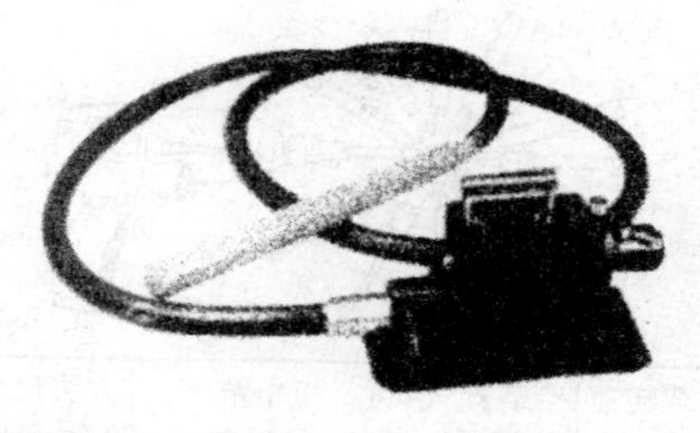

振动频率（Hz）	耗气量（L/s）	气管内径（mm）	质量（kg）
200	37	10	22

注 振动棒直径为50mm，与电动插入式混凝土振动器的振动棒通用。质量不含振动棒质量。

（四）装配作业类

1. 冲击式气扳机（JB/T 8411—2012）

产品系列	适用螺纹规格	拧紧力矩（N·m）	负荷耗气量（L/s）≤	减速机构 无	减速机构 有	用途
mm				质量（kg）≤		
6	5～6	20	10	1.0	1.5	用于拆装六角头螺栓或螺母。广泛应用于汽车、拖拉机、机车车辆等机器制造业的组装线
10	8～10	70	16	2.0	2.2	
14	12～14	150	16	2.5	3.0	
16	14～16	196	18	3.0	3.5	
20	18～20	490	30	5.0	8.0	
24	22～24	735	30	6.0	9.5	
30	24～30	882	40	9.5	13	
36	32～36	1350	25	12	12.7	
42	32～42	1960	50	16	20	
56	45～56	6370	60	30	40	
76	58～76	14 700	75	36	56	
100	78～100	34 300	90	76	96	

2. 定扭矩气扳机

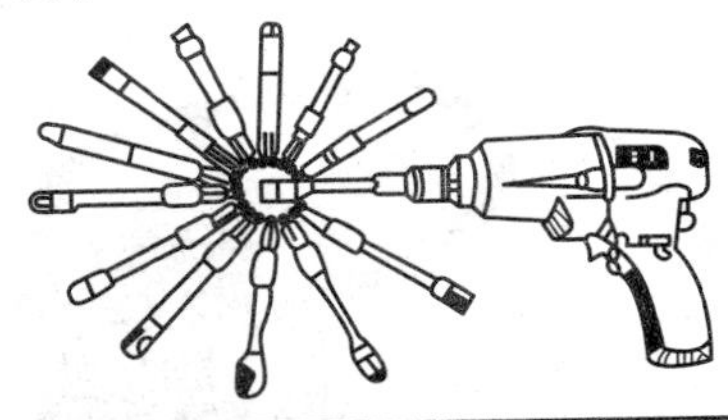

	工作气压 (MPa)	空载转速 (r/min)	空载耗气量 (L/s)	扭矩范围 (N·m)	方头尺寸 (mm)	气管内径 (mm)	质量 (kg)
规格	0.49	1450	5.83	26.5～122.5	12.700	9.5	3.1
	0.49	1250	4.50	68.6～205.9	15.875	9.5	4.8
用途	适用于汽车、拖拉机、内燃机、飞机等制造、装配和修理工作中的螺母和螺栓的旋紧和拆卸。尤其适用于连续生产的机械装配线						

3. 定转矩气扳机

	适用螺纹 (mm)	扭矩范围 (N·m)	工作气压 (MPa)	空载转速 (r/min)	空载耗气量 (L/s)	外形尺寸 (mm×mm×mm)	质量 (kg)
规格	≤M10	70～150	0.63	7000	900	197×220×55	2.6
用途	适用于机械、航空、航天、大型桥梁等行业对拧紧力矩有较高精度要求的六角头螺栓或螺母的装拆						

4. 高速气扳机

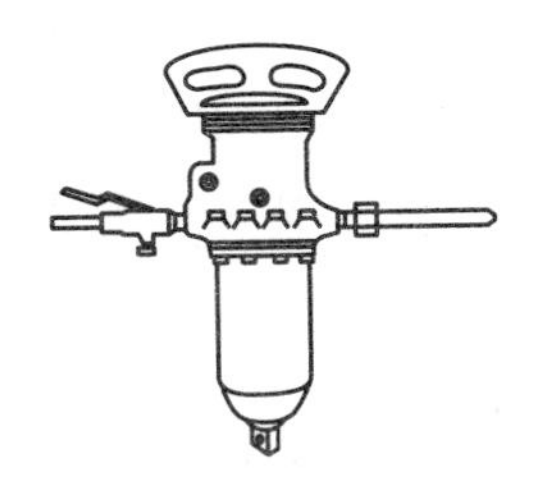

型号	拧紧螺栓直径(mm)	工作气压(MPa)	空载转速(r/min)	空载耗气量(L/s)	积累转矩(N·m)	边心距(mm)	气管内径(mm)	用途
BG110	≤M100	0.49～0.63	4500	116	36 400	105	25	具有转矩大、反转矩小等特点，适用于大型六角头螺栓或螺母的装拆

5. 气动棘轮扳手

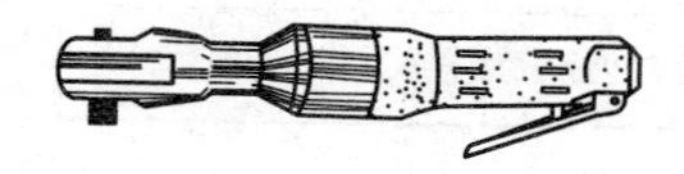

型号	装拆螺栓规格(mm)	工作气压(MPa)	空载转速(r/min)	空载耗气量(L/s)	外形尺寸(mm×mm)	用途
BL10	≤M10	0.63	120	6.5	ϕ45×310	适于用 12.5mm 六角套筒装拆六角头螺栓或螺母。适于在狭窄场所使用

6. 纯扭式气动螺钉旋具（JB/T 5129—2014）

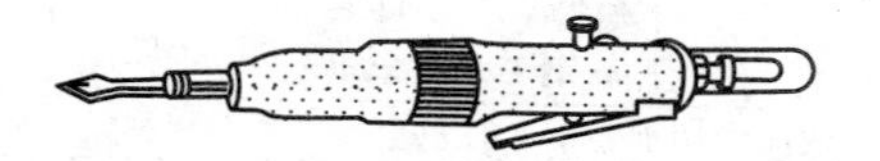

	产品系列	拧紧螺纹规格(mm)	扭矩范围(N·m)	空转耗气量(L/s)	空转转速(r/min)	空转噪声声功率级dB(A)	质量(kg)	
							直柄	枪柄
规格	2	M1.6～M2	0.128～0.264	≤4.00	≥1000	≤93	≤0.5	≤0.55
	3	M2～M3	0.264～0.935	≤5.00	≥1000	≤93	≤0.7	≤0.77
	4	M3～M4	0.935～2.300	≤7.00	≥1000	≤98	≤0.8	≤0.88
	5	M4～M5	2.300～4.200	≤8.50	≥800	≤103	≤1.0	≤1.1
	6	M5～M6	4.200～7.220	≤10.50	≥600	≤105	≤1.0	≤1.1
用途	配用一字形或十字形螺钉刀头，用于装拆各种螺钉							

7. 气动圆锯（进口产品）

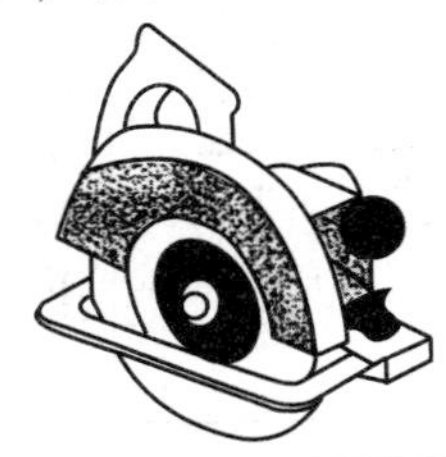

锯片外径（mm）	转速（r/min）	耗气量（L/min）	工作气压（MPa）	锯切深度（mm）	用途
180	4500	228	0.65	60	用于切割木材、胶合板、石棉板、塑料板

8. 气动曲线锯

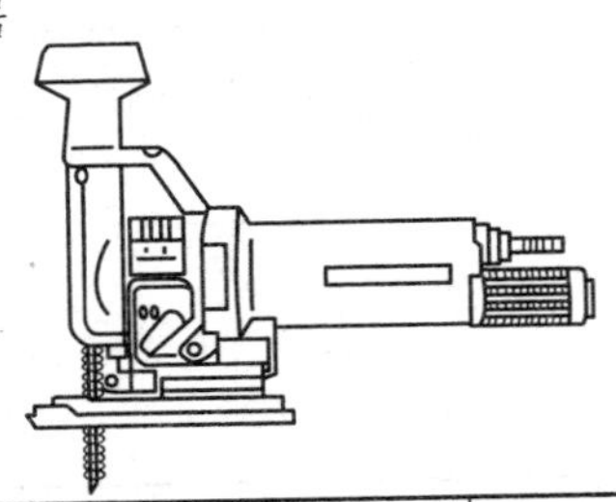

	输出功率（W）	拉锯率（r/min）	切割厚度（mm）≤	负载耗气率（L/s）	气管内径（mm）	质量（kg）
规格	400	2200	塑料 30，铝材 15，软钢 10，木材 85	12	10	1.8
用途	用于直线或曲线切割软钢、有色金属、塑料板材及木板					

9. 气动拉铆枪（1）

型号	拉力（N）	工作气压（MPa）	拉铆枪头孔径（mm）	适用抽芯铆钉直径（mm）	外形尺寸（mm×mm×mm）	用途
QLM-1	7200	0.63	2，2.5，3，3.5	2.4～5	290×92×260	用于单面拉铆结构件上的抽芯铆钉

10. 气动拉铆枪（2）

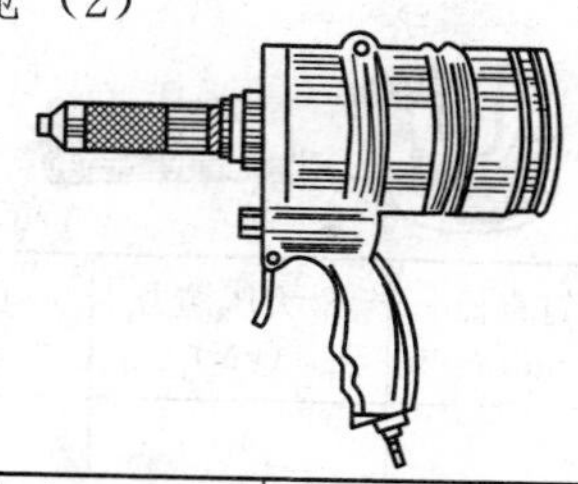

<table>
<tr><td rowspan="2">规格</td><td>型号</td><td>铆钉直径（mm）</td><td>拉力（N）</td><td>工作气压（MPa）</td><td>质量（kg）</td></tr>
<tr><td>MLQ-1</td><td>35.5</td><td>7200</td><td>0.49</td><td>2.25</td></tr>
<tr><td>用途</td><td colspan="5">用于抽芯铆钉，对结构件进行拉铆作业</td></tr>
</table>

11. 气动铆钉机（JB/T 9850—2010）

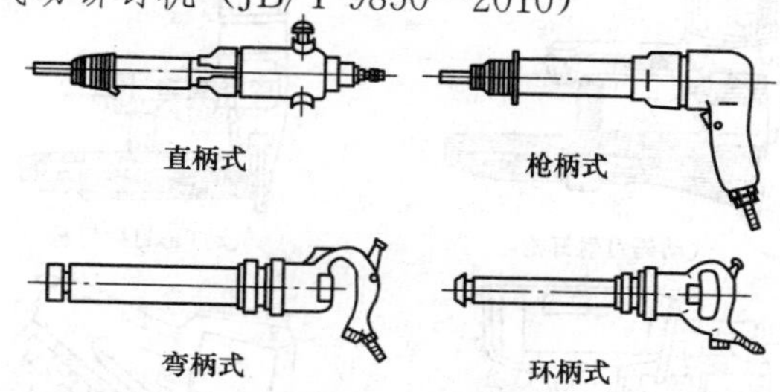

<table>
<tr><td rowspan="13">规格</td><td rowspan="2">产品规格</td><td colspan="2">铆钉直径（mm）</td><td rowspan="2">窝头尾柄规格（mm×mm）</td><td rowspan="2">质量（kg）</td><td rowspan="2">验收气压（MPa）</td><td rowspan="2">冲击能（J）</td><td rowspan="2">冲击频率（Hz）</td><td rowspan="2">耗气量（L/s）</td><td rowspan="2">气管内径（mm）</td></tr>
<tr><td>冷铆硬铝2A10</td><td>热铆钢2C</td></tr>
<tr><td>4</td><td>4</td><td></td><td rowspan="2">10×32</td><td>≤1.2</td><td rowspan="11">0.63</td><td>≥2.9</td><td>≥35</td><td>≤6.0</td><td>10</td></tr>
<tr><td rowspan="2">5</td><td rowspan="2">5</td><td rowspan="2"></td><td>≤1.5</td><td rowspan="2">≥4.3</td><td>≥24</td><td rowspan="2">≤7.0</td><td rowspan="5">12.5</td></tr>
<tr><td rowspan="3">12×45</td><td>≤1.8</td><td>≥28</td></tr>
<tr><td rowspan="2">6</td><td rowspan="2">6</td><td rowspan="2"></td><td>≤2.3</td><td rowspan="2">≥9.0</td><td>≥13</td><td>≤9.0</td></tr>
<tr><td>≤2.5</td><td>≥20</td><td>≤10</td></tr>
<tr><td>12</td><td>8</td><td></td><td>17×60</td><td>≤4.5</td><td>≥16.0</td><td>≥15</td><td>≤12</td></tr>
<tr><td>16</td><td></td><td>16</td><td rowspan="5">31×70</td><td>≤7.5</td><td>≥22.0</td><td>≥20</td><td rowspan="2">≤18</td><td rowspan="5">16</td></tr>
<tr><td>19</td><td></td><td>19</td><td>≤8.5</td><td>≥26.0</td><td>≥18</td></tr>
<tr><td>22</td><td></td><td>22</td><td>≤9.5</td><td>≥32.0</td><td>≥15</td><td rowspan="2">≤19</td></tr>
<tr><td>28</td><td></td><td>28</td><td>≤10.5</td><td>≥40.0</td><td>≥14</td></tr>
<tr><td>36</td><td></td><td>36</td><td>≤13.0</td><td>≥60.0</td><td>≥10</td><td>≤22</td></tr>
<tr><td>用途</td><td colspan="10">用于在建筑、航空、车辆、造船和电信器材等行业的金属结构件上铆接钢铆钉或硬铝铆钉</td></tr>
</table>

12. 气动压铆枪

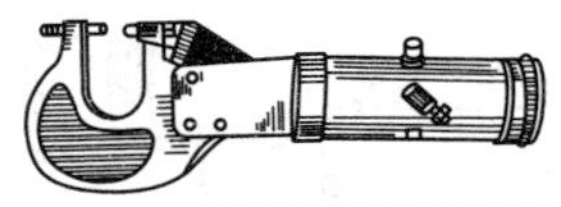

规格	型号	铆钉直径（mm）	最大压铆力（kN）	工作气压（MPa）	质量（kg）
	MY5	5	40	0.49	3.3
用途	用于压铆接宽度较小的工件或大型工件的边缘				

13. 气动射钉枪

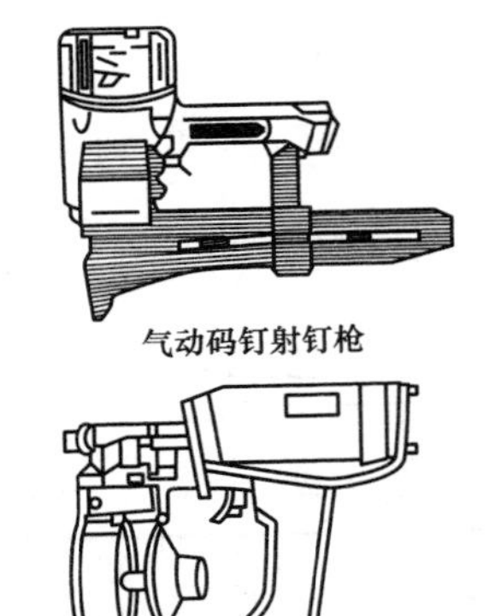

气动码钉射钉枪

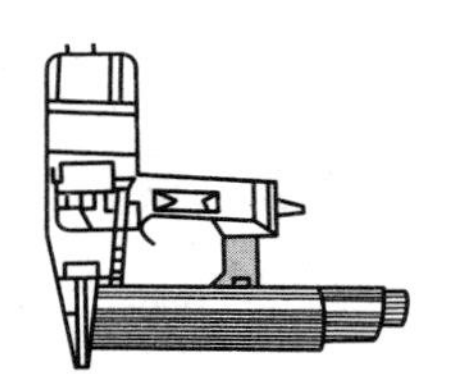

气动T形钉射钉枪

气动圆盘射钉枪

气动圆头钉射钉枪

种类	空气压力（MPa）	射钉频率（枚/s）	射钉容量（枚）	质量（kg）	用途
气动圆盘射钉枪	0.4～0.7	4	385	2.5	将直射钉发射到混凝土构件、砖砌体、岩石、钢铁件上，以紧固被连接的构件
	0.45～0.75	4	300	3.7	
	0.4～0.7	4	385/300	3.2	
	0.4～0.7	3	300/250	3.5	
气动圆头钉射钉枪	0.45～0.7	3	64/70	5.5	将码钉射入建筑构件内，以起连接作用。广泛用于装饰工程的木装修
	0.4～0.7	3	64/70	3.6	

续表

种类	空气压力（MPa）	射钉频率（枚/s）	射钉容量（枚）	质量（kg）	用途
气动码钉射钉枪	0.4～0.7	6	110	1.2	将T形钉射入被紧固物体上，起加固、连接作用
	0.45～0.85	5	165	2.8	
气动T形钉射钉枪	0.4～0.7	4	120/104	3.2	

14. 射钉器

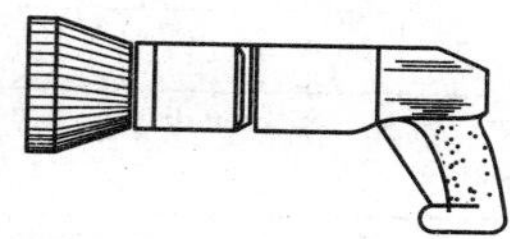

型号	枪管口径（mm）	射钉螺纹规格（mm）	弹壳直径（mm）	钉体直径（mm）	枪体外形尺寸（mm×mm×mm）	质量（kg）	用途
SDQ-77	8	M8	6.35	3.9	305×80×150	3	在建筑工程中，用来发射射钉，以固定被连接的构件
SDQ-A		M6			300×85×160		
SDQ-B		M4				2.4	

15. 气动打钉枪（JB/T 7739—2010）

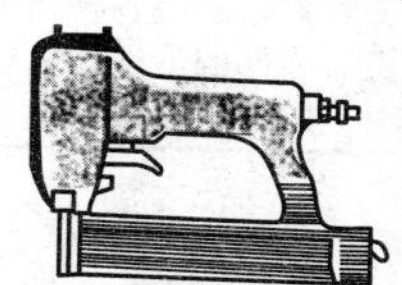

	型号	机重	冲击能≥	缸径	清洁度≤	钉子规格（mm）				
		kg	J	mm	mg	*d*（*A*）	*B*	*D*（*c*）	*E*	*L*
规格	DDP80	4	40.0	52	450	3	—	8	—	20～80
	DDT30	1.3	2.0	27	280	(1.1)	1.3	(1.9)	—	10～30
	DDT32	1.2	2.0	27	280	(1.05)	1.26	(2)	—	6～32
	DDP45	2.5	10.0	44	400	3		10		22～45

续表

	型号	机重	冲击能≤	缸径	清洁度≤	钉子规格（mm）				
		kg	J	mm	mg	*d*（*A*）	*B*	*D*（*c*）	*E*	*L*
规格	DDu14	1．2	1．4	27	200	（1）	1	—	10	14
	DDu16	1．2	1．4	27	200	（0．6）	1	—	12．7	16
	DDu22	1．2	1．4	27	200	（0．56）	1．16	—	5．1	10～22
	DDu22A	1．2	1．4	27	200	（0．56）	1．16	—	11．2	6～22
	DDu5	1．1	2．0	27	260	（0．56）	1	—	12	10～25
	DDu40	4	10.0	45	400	（1）	1．26	—	8．5	40
用途	广泛应用于制箱、包装、家具、装修、皮革、藤器和制鞋等行业对木材、塑料、皮革等材料打钉、拼装等									

（五）其他气动工具

1. 气动洗涤枪

型号与规格	型号及名称	工作气压（MPa）	质量（kg）
	XD型洗涤枪	0.3～0.5	0.56
用途	又称清洗喷枪，是一种高效洗涤工具，可将洗涤剂以一定压力喷射至洗涤对象，能有效地清除各种污垢。适用于航空、汽车、拖拉机、工程机械、机器零件的清洗作业，也可以用自来水为介质冲洗建筑物积尘、污垢，以保持环境清洁		

2. 气动针束除锈器

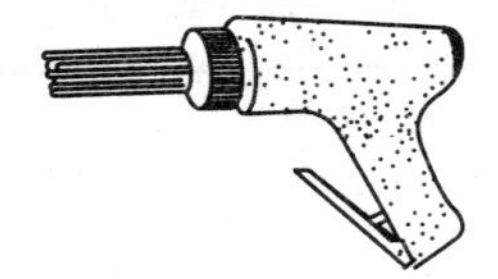

型号	除锈针径及长度（mm×mm）	冲击频率（Hz）≥	耗气量（L/s）≤	气管内径（mm）	工作气压（MPa）	质量（kg）
XCD2	ϕ2×29	60	5	10	0.63	2
用途	适用于造船、桥梁、车辆、机械、建筑等行业对机械设备凹凸表面的除锈作业，还可用于清除焊渣，修凿岩石和混凝土，进行铸件清砂等作业					

3. 喷砂枪

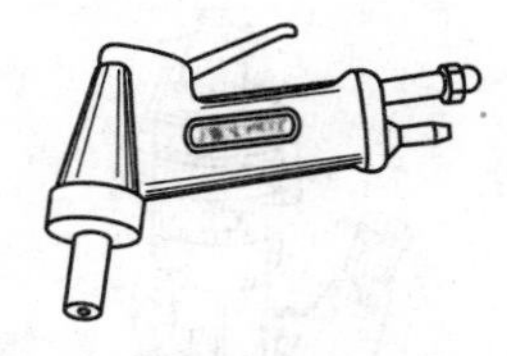

规格	型号	工作气压（MPa）	石英砂规格（目）	耗气量（L/min）	喷砂效率（kg/h）
	FC1-6.5	0.6	≤4	1000～1500	40～60
用途	喷砂轮是金属喷涂前表面处理的必用工具，适用于小范围除漆除锈、焊缝除渣，也可用于喷制毛玻璃，非金属零件的喷毛处理。主要用于造船、汽车、化工、压力容器和各种机械行业				

4. 气刻笔

规格	型号	刻写深度（mm）	空载频率（Hz）	外形尺寸（mm×mm）	工作气压（MPa）	耗气量（L/min）	质量（kg）
	KB型	0.1～0.3	216	145×ϕ12	0.49	20	0.07
用途	用于在玻璃、陶瓷、金属、塑料等材料的表面上刻字或刻线						

5. 气动吸尘器

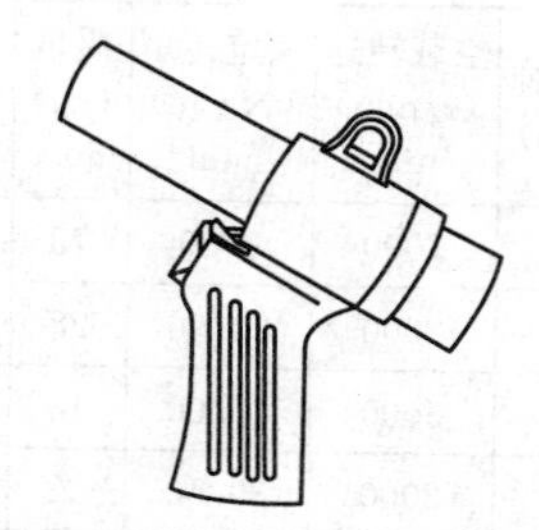

规格	耗气量（L/s）	真空度（Pa）	全长（mm）	质量（kg）
	10	>7500	145	0.35
用途	适用于吸除灰尘、铁屑等脏物，也可用于吸取钢球、铜嵌件之类细小零件。在狭小地方尤显方便			

6. 气动泵

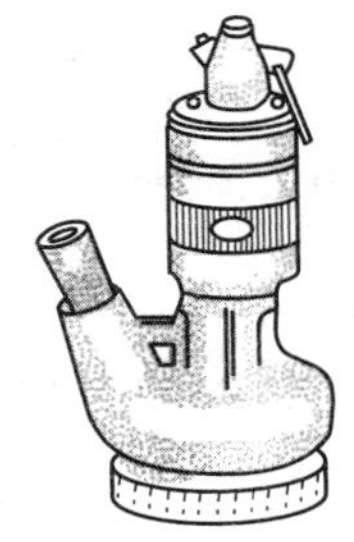

规格	型号	工作能力		空载转速 (r/min)	负荷耗气量 (L/s)	气管内径 (mm)	排水螺纹 (mm)	高度 (mm)
		扬程 (m)	流量 (L/min)					
	TB335A TB335B	≥20	≥335	≤6000	≤50 ≤45	13	M85×4	500 390
用途	用于造船、煤矿、电站、化工、建筑等行业排除污水、积水、污油							

7. 活塞式和叶片式气动马达（JB/T 7737—2006）

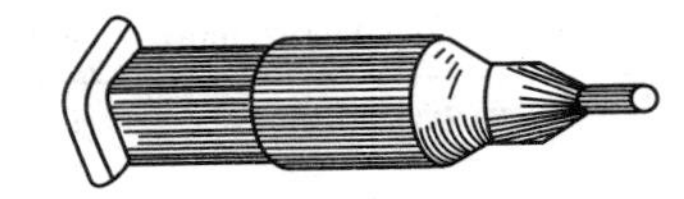

（1）活塞式气动马达。

产品型号	额定功率 (kW) min	额定转速 (r/min)	空载转速 (r/min) min	额定转矩 (N·m) min	质量 (kg) max	耗气量 (L/s) max	验收气压 (MPa)	备注
TMH1	1.00	4000	7000	2.39	13	20	0.50	滑杆式
TMH2	2.20	1050	2000	20.00	28	40	0.50	
TMH3	2.94	2800	5000	10.00	16	60	0.63	滑杆式
TMH3.2	3.20	1000	2000	30.50	22	80	0.63	
TMH4	4.00	2000	4000	19.10	25	80	0.63	滑杆式
TMH4A	4.00	1000	2000	38.00	50	80	0.63	带操作阀
TMH4C	4.00	2000	4000	19.10	26	80	0.63	滑杆式
TMH4C	4.00	1000	2000	38.00	40	80	0.63	

续表

产品型号	额定功率(kW) min	额定转速(r/min)	空载转速(r/min) min	额定转矩(N·m) min	质量(kg) max	耗气量(L/s) max	验收气压(MPa)	备注
TMH5.5	5.50	2000	4000	26.30	35	110	0.63	滑杆式
TMH6	5.90	900	1900	62.60	85	117	0.50	
TMH6.5	6.50	1700	3500	36.50	40	133	0.63	滑杆式
TMH8	8.00	650	1300	117.50	90	156	0.50	
TMH8.8	8.80	900	1900	93.30	85	172	0.63	
TMH11	11.30	650	1200	166.00	136	220	0.63	
TMH15	14.70	600	1200	234.00	184	300	0.63	
TMH18	18.40	600	1200	286.50	214	358	0.63	

(2)叶片式气动马达。

产品型号	额定功率(kW) min	额定转速(r/min)	空载转速(r/min) min	额定转矩(N·m) min	质量(kg) max	耗气量(L/s) max	验收气压(MPa)	备注
TMY1	0.10	9000	20 000	0.11	0.6	4	0.5	
TMY0.5	0.50	8000	17 000	0.60	1	12	0.5	
TMY0.59	0.59	4500	9000	1.27	2	15	0.5	
TMY0.7	0.66	4500	9000	1.40	4	17	0.5	
TMY0.7B	0.80	4500	9000	1.73	4	18	0.5	单向
TMY1	0.94	4000	8000	2.43	4	22	0.5	
TMY1.5	1.47	4000	8000	3.57	6	34	0.5	
TMY2	2.00	3500	7000	5.46	7	45	0.5	
TMY2E	2.00	2800	5000	6.82	5	45	0.5	非对称
TMY2.2	2.20	1800	4000	12.00	5	55	0.5	
TMY3	2.94	3200	7200	8.90	12	68	0.5	
TMY3.7	3.70	2800	6000	12.60	12	84	0.5	
TMY4	4.40	3200	6000	13.10	18	100	0.5	
TMY5	5.00	2800	5500	17.56	11	102	0.5	单向

续表

产品型号	额定功率(kW) min	额定转速(r/min)	空载转速(r/min) min	额定转矩(N·m) min	质量(kg) max	耗气量(L/s) max	验收气压(MPa)	备注
TMY6	5.88	2800	5500	20.00	19.5	122	0.5	
TMY7	6.60	2800	5500	22.50	19.5	140	0.5	非对称
TMY7S	6.60	3200	6000	19.70	20	140	0.5	
TMY8	8.00	3500	7000	21.80	22	200	0.5	
TMY9	10.30	2500	5000	39.30	50	180	0.5	
TMY13	13.00	3500	7000	35.50	34	390	0.5	
TMY15	14.70	2500	5000	56.12	55	350	0.5	非对称
TMY15A	14.70	2500	5000	56.12	55	350	0.5	非对称
用途	将气压的压力能转换回转机械能的气动机，也可改装为其他气动工具用。分为活塞式气动马达和叶片式气动马达							

8. 多用途气锤

规格	型号	气缸直径(mm)	每分钟冲击次数	工作气压(MPa)	气管内径(mm)	耗气量(L/s)	质量(kg)
	8KM	24	2800	0.5	ϕ16	450	2.75
用途	用于铆接、推锯、铸造清砂、清除焊渣，常用于机械、金属结构件等的制造						

第十二章 液 压 工 具

1. 角钢切断机

<table>
<tr><td rowspan="6">规格</td><td>型号</td><td>JQ80A</td></tr>
<tr><td>工作压力（MPa）</td><td>63</td></tr>
<tr><td>可切断最大角钢规格（mm×mm×mm）</td><td>80×80×10</td></tr>
<tr><td>最大剪切力（kN）</td><td>294</td></tr>
<tr><td>外形尺寸（mm×mm×mm）</td><td>270×185×332</td></tr>
<tr><td>质量（kg）</td><td>30</td></tr>
<tr><td>用途</td><td colspan="2">用于切断角钢及其制品。调换刀片还可用于切断直径25mm以下的圆钢等</td></tr>
</table>

2. 生铁管铡断器

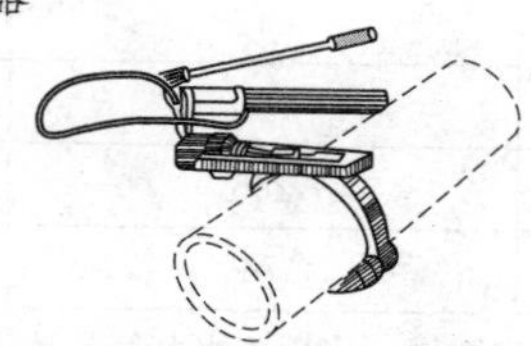

<table>
<tr><td rowspan="7">规格</td><td rowspan="2">铡管公称直径（mm）</td><td colspan="3">主要尺寸（mm）</td><td rowspan="2">质量（kg）</td><td rowspan="2">外形尺寸（长×宽×高）（mm×mm×mm）</td><td rowspan="2">净重（kg）</td><td rowspan="2">载荷（t）≤</td><td rowspan="2">行程（mm）≤</td><td rowspan="2">工作压力（MPa）</td></tr>
<tr><td>长</td><td>宽</td><td>厚</td></tr>
<tr><td>100</td><td>226</td><td>192</td><td>60</td><td>8</td><td rowspan="5">工作油缸：
140×97×177
手动油泵：
174×190×145</td><td rowspan="5">工作油缸：
7.5
手动油泵：
12.5</td><td rowspan="5">10</td><td rowspan="5">60</td><td rowspan="5">63</td></tr>
<tr><td>150</td><td>292</td><td>264</td><td rowspan="2">80</td><td>13.5</td></tr>
<tr><td>200</td><td>357</td><td>324</td><td>17</td></tr>
<tr><td>250</td><td>420</td><td>380</td><td>73</td><td>26.5</td></tr>
<tr><td>300</td><td>500</td><td>460</td><td>90</td><td>36</td></tr>
<tr><td>用途</td><td colspan="10">供水或煤气管道工程的修理中用于铡断灰铸铁管</td></tr>
</table>

3. 液压弯管机

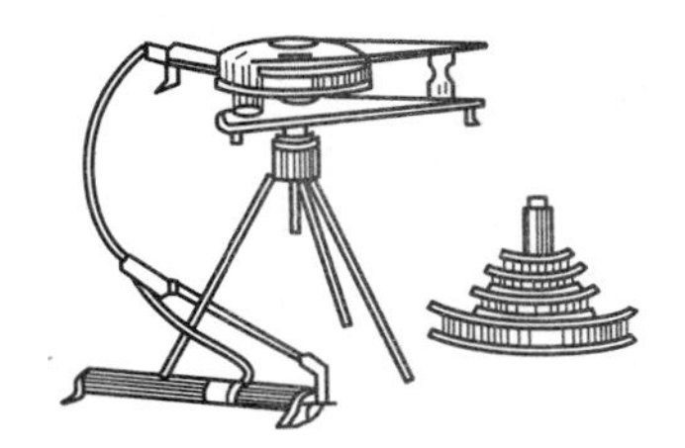

LWG$_1$-10B型
(三脚架式)

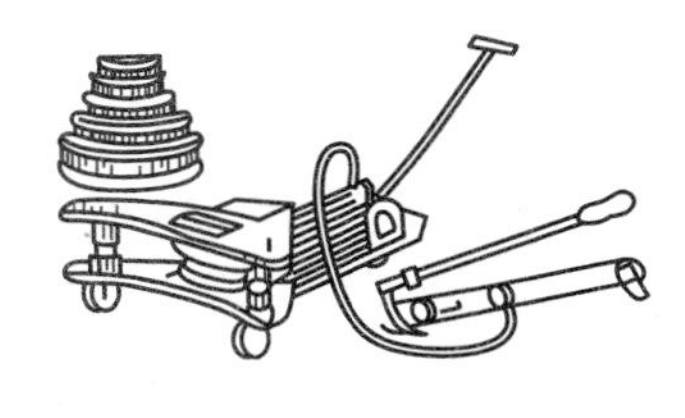

LWG$_2$-10B型
(小车式)

	型号		LWG$_2$ - 10B（小车式）	LG$_1$ - 10B（脚架式）
规格	管子公称 通径×壁厚/弯曲半径 (mm×mm×mm)		15×2.75/65	15×2.75/130
			20×2.75/80	20×2.75/160
			25×3.25/100	25×3.25/200
			32×3.25/125	32×3.25/250
			40×3.5/145	40×3.5/290
			50×3.5/165	50×3.5/360
	弯曲角度（°）		120	90
	外形尺寸（mm）	长	642	642
		宽	760	760
		高	255	860
	质量（kg）		76	81
用途	用于把管子变成一定弧度。多用于水蒸气、油等管路的安装和维修			

注 工作压力（MPa）：63。最大载荷（t）：10。最大行程（mm）：200。

4. 液压弯排机

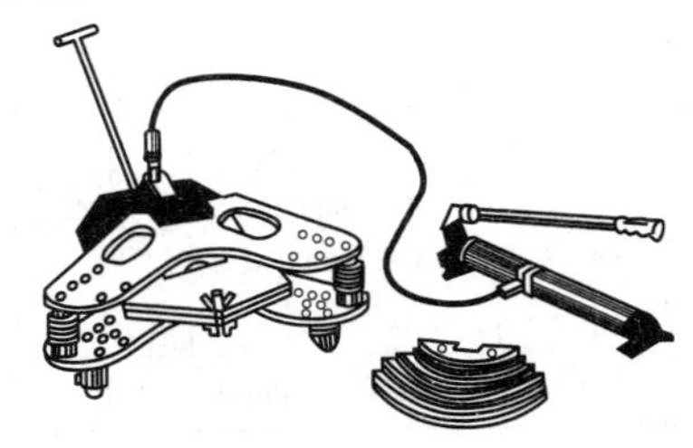

<table>
<tr><td rowspan="4">规格</td><td rowspan="2">弯排范围
(mm)</td><td>排宽</td><td>40，50，
60</td><td>80，100，
120</td><td>弯曲半径
(mm)</td><td>2.5×排宽</td></tr>
<tr><td>排厚</td><td>4，5，6，
8，10</td><td>8，10</td><td>弯曲度
(°)</td><td>≥90</td></tr>
<tr><td>工作压力
(MPa)</td><td>0.63</td><td>最大载荷
(t)</td><td>10</td><td>最大行程
(mm)</td><td>200</td></tr>
<tr><td colspan="3">外形尺寸（长×宽×高）
(mm×mm×mm)</td><td>826×780×255</td><td>质量（kg）</td><td>82</td></tr>
<tr><td>用途</td><td colspan="6">在电力线路安装工作中，用于把铝排、铜排弯制成一定弧度</td></tr>
</table>

5. 自动液压弯排机

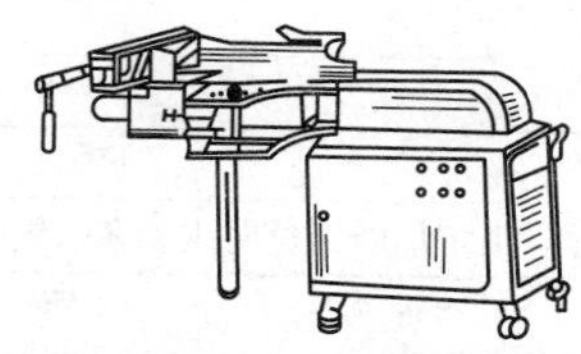

规格	型号	弯管外径 (mm)	弯曲角度	弯曲半径	液压系统工作压力（MPa）
	YW60C	13～60	0°～100°	$3D$～$4D$	10
用途	用于冷弯各种金属管及对型钢进行调直或弯曲				

6. 铜排、铝排液压切排机

规格	型号	压力（t）	宽度（mm）	最大厚度（mm）	质量（kg）
	CWC－150	15	150	10	26
	CWC－200	20	200	10	35
	CWC－150V	15	150	10	23
	CWC－200V	20	200	10	36
用途	适用于切断铜排，制造电控箱及输配电建设工程的施工				

7. 液压钢丝绳切断器

规格	型号	YQ 型
	可切断钢丝绳直径（mm）	10～32
	手柄作用力（kN）	0.2
	剪切力（kN）	75
	活动刀主刃口厚度（mm）	0.3～0.4
	外形尺寸（mm×mm×mm）	400×200×104
	质量（kg）	15
用途	用于切断钢丝缆绳，也可切断钢丝网兜和牵引钢丝绳索	

8. 电动式液压钢筋切断器

型号	电压（V）	工作压力（kN）	功率（W）	剪切速度（s）	剪切材料及能力（mm）	外形尺寸（mm×mm×mm）	质量（kg）
DC－13LV	210230	130		1.5	SD345（ϕ13）	380×220×105	6
DC－16W	220	130		2.5	SD345（ϕ16）	460×150×115	8
DC－20WH	220	150		3	SD345（ϕ20）	410×110×210	11.5
DC－20W	220，230	150		3	SD345（ϕ20）	500×150×135	10.5
DC－20HL	220，230	150		3	SD345（ϕ20）	395×112×220	11.5
DC－25X	220	300		5	SD345（ϕ25）	515×150×250	22.5
DC－25W	220	300		4	SD345（ϕ25）	525×145×250	22
DC－32WH	220			12	SD345（ϕ32）	591×180×272	35.8

续表

型号	电压（V）	工作压力（kN）	功率（W）	剪切速度（s）	剪切材料及能力（mm）	外形尺寸（mm×mm×mm）	质量（kg）
HPD-13B	220	65	430	I=4.5A	RL400（ϕ13）	347×230×89	5.9
HPD-16	220	115	850	I=8.8A	RL400（ϕ16）	485×4170×80	7.0
HPD-19	220	147	850	I=8.8A	RL400（ϕ19）	500×170×90	7.9
DBC-16H	220			2.5（切） 5.5（弯）	SD345（ϕ16） 弯曲角度0°～8°	645×165×230	17
DBC-25X	220			3切 6（弯）	SD345（ϕ25） 弯曲半径 20～48	700×680×440	129
用途	用于切断钢筋						

9. 液压剪刀

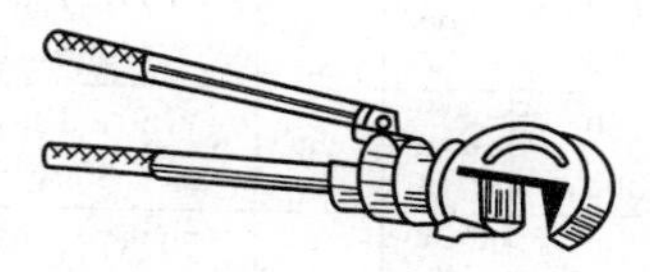

规格	型号	最大剪切力（kN）	最大工作行程（mm）	最大剪切截面（钢芯铝绞线）（mm^2）
	YJ-2	88.2	31	400
	JY-3	78.4	23	240
用途	用于剪切钢芯铝绞线。最适用于无能源、高空等场所的剪切作业			

10. 导线压接钳

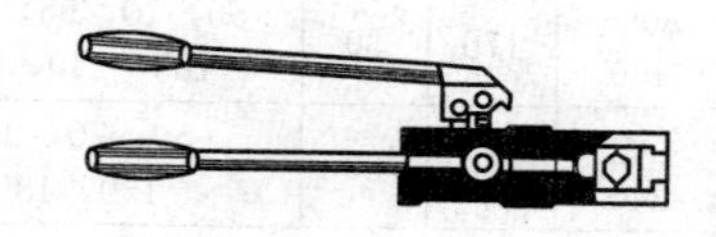

<table>
<tr><td rowspan="3">规格</td><td colspan="2">适用导线断面积（mm²）</td><td rowspan="2">活塞最大行程（mm）</td><td rowspan="2">最大作用力（kN）</td><td rowspan="2">压模规格（mm²）</td></tr>
<tr><td>铜线</td><td>铝线</td></tr>
<tr><td>16～150</td><td>16～240</td><td>17</td><td>100</td><td>16，25，35，50，70，95，120，150，185，240</td></tr>
<tr><td>用途</td><td colspan="5">专用于压接多股铜、铝芯电缆的接头或封头</td></tr>
</table>

11. 液压压接钳

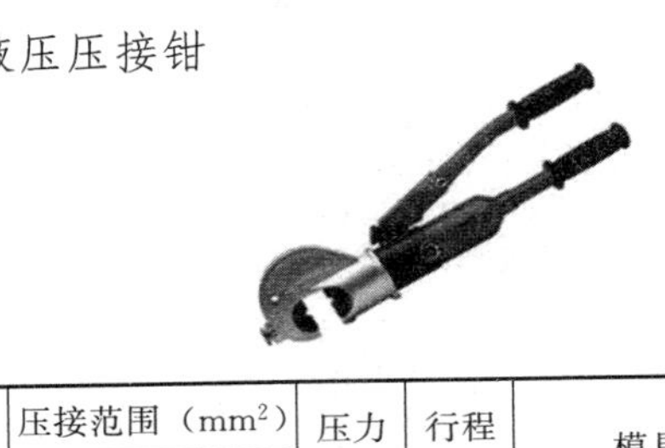

<table>
<tr><td rowspan="12">规格</td><td rowspan="2">型号</td><td colspan="2">压接范围（mm²）</td><td rowspan="2">压力（kN）</td><td rowspan="2">行程（mm）</td><td rowspan="2">模具配置（mm²）</td><td rowspan="2">压接形式</td></tr>
<tr><td>铜端子</td><td>铝端子</td></tr>
<tr><td>CO－1000</td><td>300～800</td><td>400～1000</td><td>550</td><td>24</td><td>400，500，630，800，1000</td><td>六角</td></tr>
<tr><td>CO－630B</td><td>120～150</td><td>150～630</td><td>300</td><td>24</td><td>150，185，240，300，400，500，630</td><td>六角</td></tr>
<tr><td>CO－630A</td><td>120～150</td><td>150～630</td><td>350</td><td>26</td><td>150，185，240，300，400，500，630</td><td>六角</td></tr>
<tr><td>EP－410H</td><td>10～240</td><td>16～300</td><td>120</td><td>30</td><td>50，70，95，120，150，185，240，300</td><td>六角</td></tr>
<tr><td>EP－510H</td><td>10～300</td><td>16～400</td><td>130</td><td>38</td><td>50，70，95，120，150，185，240，300，400</td><td>六角</td></tr>
<tr><td>CYO－400B</td><td>10～300</td><td>50～400</td><td>120</td><td>30</td><td>50，70，95，120，150，185，240，300，400</td><td>六角</td></tr>
<tr><td>CPO－150B</td><td>8～150</td><td>14～150</td><td>100</td><td>17</td><td>公模：8～38，60～150
母模：14～22，38～60，70～80，100～150</td><td>六式</td></tr>
<tr><td>KYQ－300C</td><td>16～300</td><td>16～300</td><td>100</td><td>17</td><td>16，25，35，50，70，95，120，150，185，240，300</td><td>六角</td></tr>
<tr><td>CO－400B</td><td>10～300</td><td>50～400</td><td>170</td><td>30</td><td>50，70，95，120，150，185，240，300，400</td><td>六角</td></tr>
<tr><td>CO－500B</td><td>10～300</td><td>35～240</td><td>170</td><td>30</td><td>50，70，95，120，150，185，240</td><td>六角</td></tr>
<tr><td>用途</td><td colspan="7">用于压接多股铜、铝芯电缆导线的接头或封端</td></tr>
</table>

12. 液压快速拔管机

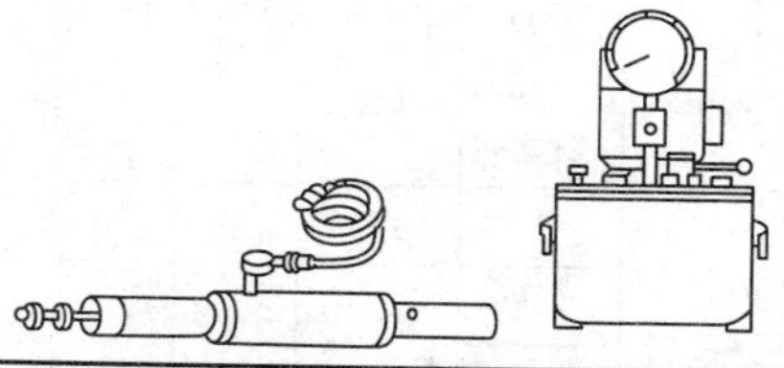

	型号	被拔管材	被拔管径（mm）	管壁厚度（mm）	额定拉力（N）	拔管机质量（kg）
规格	YKB－4	铜、铝、钛	15～28	0.5～2.5	50 000	2.2
	YKB－5	铜、铝、钛、不锈钢	18～28	0.5～2.5	55 000	2.2
用途	适用于电厂、制冷等行业的冷凝器、冷油器、加热器、换热器等更换铜（或铝、钛不锈钢）管的作业中，用以将铜管从容器的胀管板中拔出					

13. 超高压电动液压泵

	型号	工作压力（MPa）	流量（L/min）	电动机功率（kW）	储油量（L）	外形尺寸（mm×mm×mm）	质量≈（kg）
规格	CZB6302	63	0.4	0.55	7.5	290×200×420	16
用途	用作分离式液压千斤顶、起顶机、弯管机、角钢切断机、铡管机等的液压动力源						

14. 超高压电动液压泵站

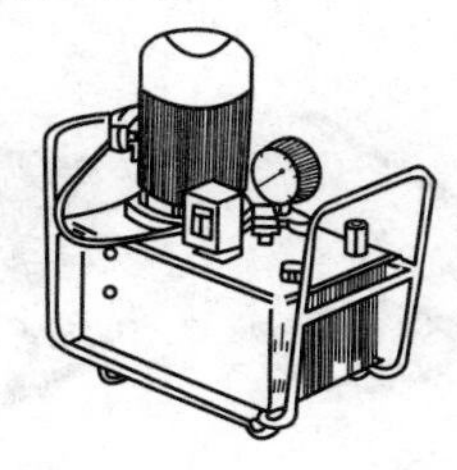

<table>
<tr><td rowspan="6">规格</td><td rowspan="2">型号</td><td rowspan="2">工作压力（MPa）</td><td rowspan="2">流量（L/min）</td><td rowspan="2">电动机功率（kW）</td><td rowspan="2">高压软管（m）</td><td rowspan="2">储油量（L）</td><td colspan="3">外形尺寸（mm）</td><td rowspan="2">质量≈（kg）</td></tr>
<tr><td>长</td><td>宽</td><td>高</td></tr>
<tr><td>BZ70－1</td><td rowspan="4">68.6</td><td>1</td><td>1.5</td><td rowspan="4">3×2根</td><td>20</td><td>490</td><td>325</td><td>532</td><td>88</td></tr>
<tr><td>BZ70－2.5</td><td>2.5</td><td>4</td><td rowspan="3">50</td><td rowspan="3">800</td><td rowspan="3">500</td><td>760</td><td>150</td></tr>
<tr><td>BZ70－4</td><td>4</td><td>5.5</td><td>763</td><td>160</td></tr>
<tr><td>BZ70－6</td><td>6</td><td>7.5</td><td>858</td><td>180</td></tr>
<tr><td>用途</td><td colspan="10">用作各类液压工具的动力源</td></tr>
</table>

15. 手摇液压泵

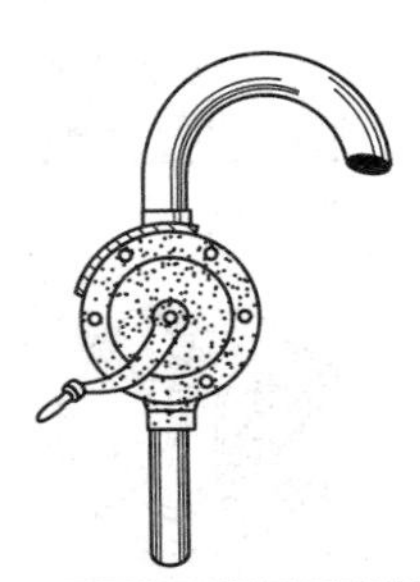

<table>
<tr><td rowspan="4">规格</td><td>油管直径（规格）（mm）</td><td>吸程（m）</td><td>压程（m）</td><td>流量（L/min）</td><td>结构式</td></tr>
<tr><td>22</td><td>1.5</td><td>3</td><td>40（在100r/min条件下）</td><td>刮板式</td></tr>
<tr><td>25</td><td>1</td><td>2</td><td>43（在90r/min条件下）</td><td>刮板式</td></tr>
<tr><td>25</td><td>1</td><td>2</td><td>40（在90r/min条件下）</td><td>刮板式</td></tr>
<tr><td>用途</td><td colspan="5">用以抽吸大桶内的煤油、润滑油、植物油或其他中性液体。有金属制和塑料制两种，后者可用于有腐蚀性的液体</td></tr>
</table>

16. 手动液压泵

规格	型号	输出压力（MPa）		油量（mL/min）		储油量（mL）	质量（kg）	备注
		低压	高压	低压	高压			
	CP－180	2.4	68.6	13	2.3	350	5.5	手动式
	CP－700	2.4	68.6	13	2.3	900	10	手动式
	CFP－800－1	2.4	68.6	13	2.3	400	14	脚踏式
用途	适用于千斤顶、穿孔器、电缆剪、螺母剖切器、铜排弯曲、切断等工具，分单段式与双段式							

17. 液压开孔器

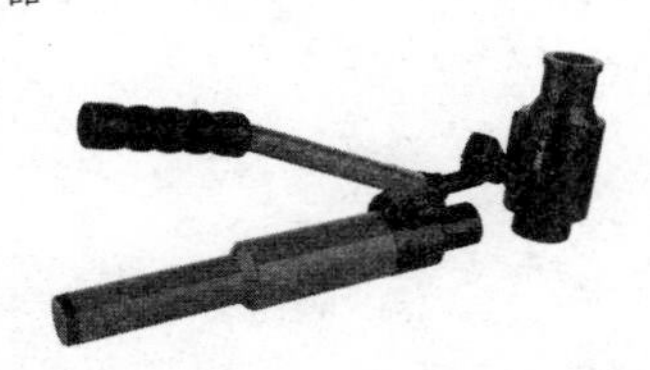

规格	项目	数值	
规格	最大液压剪切力（kN）	105	
	油泵额定工作压力（MPa）	60	
	最大手动压力（kN）	0.4	
	活塞行程（mm）	20	
	液压用油	20 号机械油 No.20	
	开孔范围（mm）	厚度 4 以下	厚度 3 以下
		尺寸 15～60	尺寸 63～114
	质量（kg）	整机 12.5	
	外形尺寸（mm×mm×mm）	420×245×120	
用途	可在 4mm 以下的金属板上开孔，供冶金、石油、化工、电子、电器、船舶、机械等行业安装维修电线管道、指示灯、仪表开关等开孔，更适用于已成形的仪表面板底板、开关箱分线电器盒的壁面开孔		

18. 快速液压接头

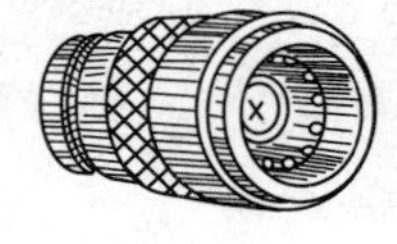

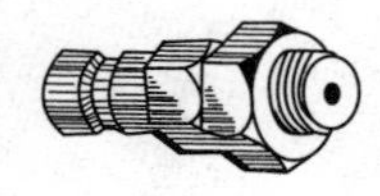

<table>
<tr><td rowspan="3">规格</td><td rowspan="2">型号</td><td rowspan="2">工作压力（MPa）</td><td colspan="5">主要尺寸（mm）</td></tr>
<tr><td>外径</td><td>全长</td><td>接头外螺纹</td><td>外套内螺纹</td><td>质量（kg）</td></tr>
<tr><td>LKJ1</td><td>70</td><td>27</td><td>85</td><td>M16×1.5</td><td>M10×1.5</td><td>0.4</td></tr>
<tr><td>用途</td><td colspan="7">用作各种超高压的分离式液压管路、设备之间的连接件，其特点是连接迅速、安全可靠</td></tr>
</table>

第十三章　焊割工具和器具

一、焊割工具

1. 电焊钳（QB/T 1518—1992）

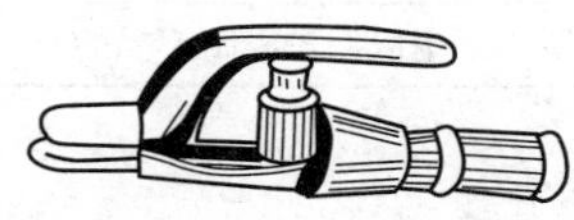

规格（A）	额定焊接电流（A）	负载持续率（%）	工作电压（V）≈	适用焊条直径（mm）	能接电缆截面积（mm^2）	温升≤（℃）
160（150）	160（150）	60	26	2.0～4.0	≥25	35
250	250	60	30	2.5～5.0	≥35	40
315（300）	315（300）	60	32	3.2～5.0	≥35	40
400	400	60	36	3.2～6.0	≥50	45
500	500	60	40	4.0～（8.0）	≥70	45

2. 电焊面罩（GB/T 3609.1—2008）

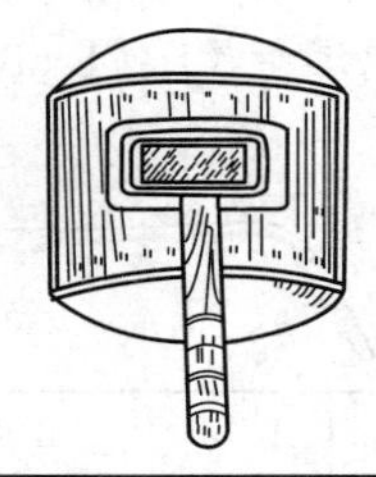

品种	外形尺寸（mm）≥			厚度（mm）≥	质量（g）≤	用　途
	长度	宽度	深度			
头戴式	310	210	120	1.5	500	保护电焊人员的眼、脸以避免被紫外线灼伤。头戴式多用于高空作业
手持式	310	210	100	1.5	500	
组合式	230	210	120	1.5	500	

3. 电焊玻璃（护目镜片）（GB/T 3609.1—2008）

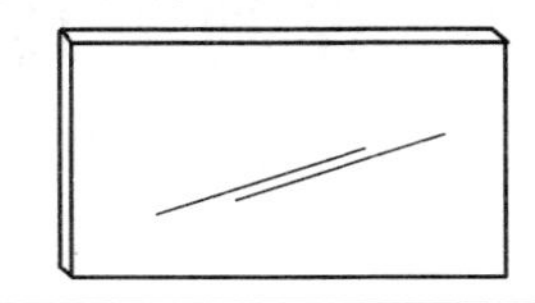

规格（mm）	外形尺寸（mm）：长×宽≥180×50，厚度≤3.8 颜色：不能用单纯色，最好为黄色、绿色、茶色和灰色等混合色；左右眼滤光的颜色差、光密度（d）应≤0.4
用　途	安装在电焊面罩上，用以保护眼睛不受灼伤

4. 电焊手套、脚套

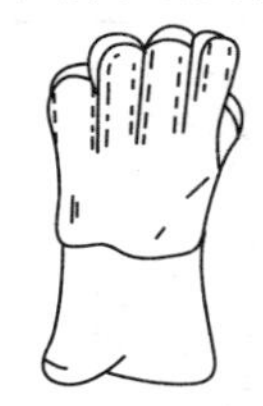

电焊手套

电焊脚套

规格	制造材料：牛皮、猪皮、帆布 型号：大、中、小号
用途	供焊工操作时穿戴在手脚上，以保护手脚不受灼伤

5. 射吸式焊炬（JB/T 6969—1993）

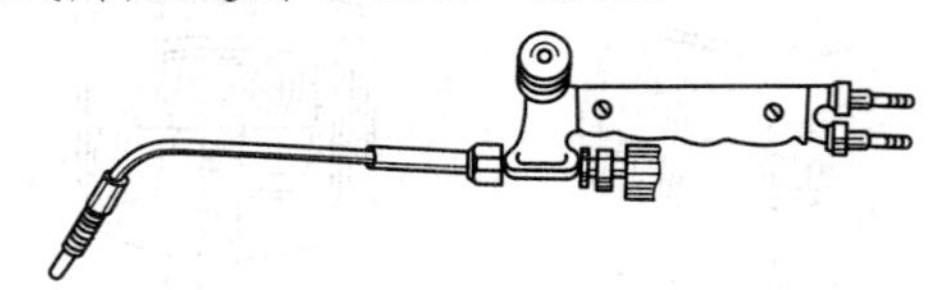

型　号	焊接厚度（mm）	工作压力（MPa）		可换焊嘴个数	焊嘴孔径范围（mm）	焊炬总长度（mm）	用途
		氧气	乙炔				
H01-2	0.5～2	0.1～0.25	0.001～0.12	5	0.5～0.9	300	以氧气和乙炔为加热源，焊接或预热黑色和有色金属材料
H01-6	2～6	0.2～0.4		5	0.9～1.3	400	
H01-12	6～12	0.4～0.7		5	1.4～2.2	500	
H01-20	12～20	0.6～0.8		5	2.4～3.2	600	

6. 射吸式割炬（JB/T 6970—1993）

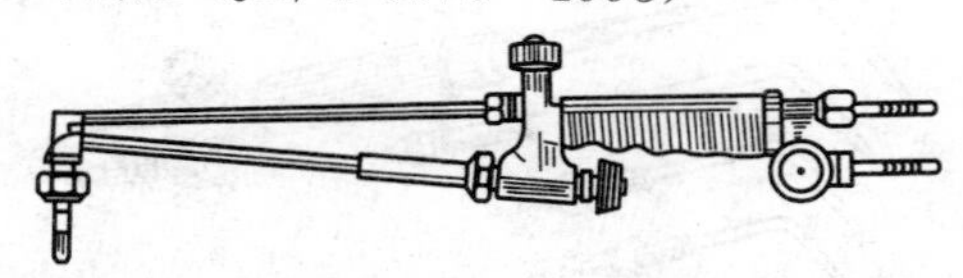

型　号	切割低碳钢厚度（mm）	工作压力（MPa）		可换割嘴个数	割嘴孔径范围（mm）	割炬总长度（mm）	用途
		氧气	乙炔				
G01－30	3～30	0.2～0.3	0.001～0.1	3	0.7～1.1	500	以氧气和乙炔作为热源，以高压氧气作为切割氧流，切割低碳钢材
G01－100	10～100	0.3～0.5		3	1.0～1.6	550	
G01－300	100～300	0.5～1.0		4	1.8～3.0	650	

7. 射吸式焊割两用炬

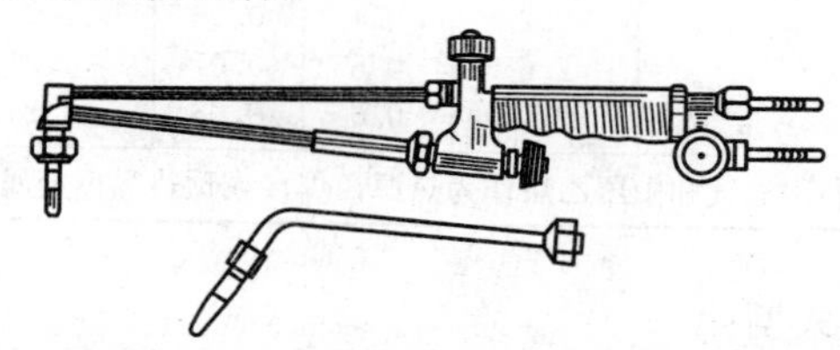

型　号	适用低碳钢厚度（mm）	气体压力（MPa）		焊割嘴数（个）	焊割嘴孔径范围（mm）	焊割炬总长度（mm）	用　途
		氧气	乙炔				
HG01－3/50A	0.5～3	0.2～0.4	0.001～0.1	5	0.6～1.0	400	兼备射吸式焊炬和割炬功能，焊接和切割各种金属和低碳钢
	3～50	0.2～0.6	0.001～0.1	2	0.6～1.0		
HG01－6/60	1～6	0.2～0.4	0.001～0.1	5	0.9～1.3	500	
	3～60	0.2～0.4	0.001～0.1	4	0.7～1.3		
HG01－12/200	6～12	0.4～0.7	0.001～0.1	5	1.4～2.2	550	
	10～200	0.3～0.7	0.001～0.1	4	1.0～2.3		

8. 等压式焊炬

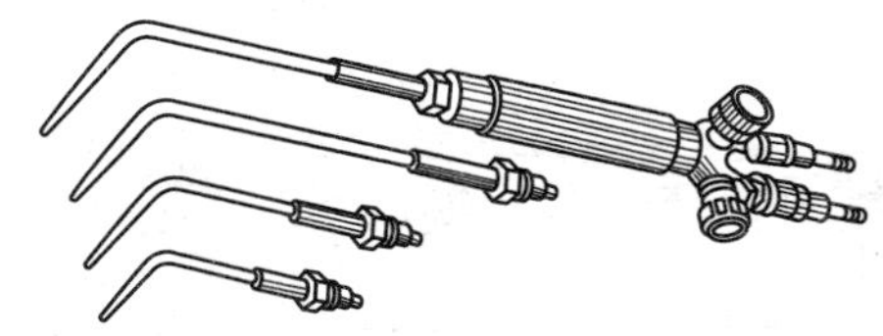

焊炬型号	焊接低碳钢厚度（mm）	焊嘴		工作压力（MPa）		焰芯长度（mm）	焊炬总长度（mm）
		嘴号	孔径（mm）	氧气	乙炔		
H02－12	0.5～12	1 2 3 4 5	0.6 1.0 1.4 1.8 2.2	0.2 0.25 0.3 0.35 0.4	0.02 0.03 0.04 0.05 0.06	≥4 ≥11 ≥13 ≥17 ≥20	500
H02－20	0.5～20	1 2 3 4 5 6 7	0.6 1.0 1.4 1.8 2.2 2.6 3.0	0.2 0.25 0.3 0.35 0.4 0.5 0.6	0.02 0.03 0.04 0.05 0.06 0.07 0.08	≥4 ≥11 ≥13 ≥17 ≥20 ≥21 ≥21	600
用途	利用氧气和中压乙炔作为热源，焊接或预热黑色金属或有色金属						

9. 等压式割炬

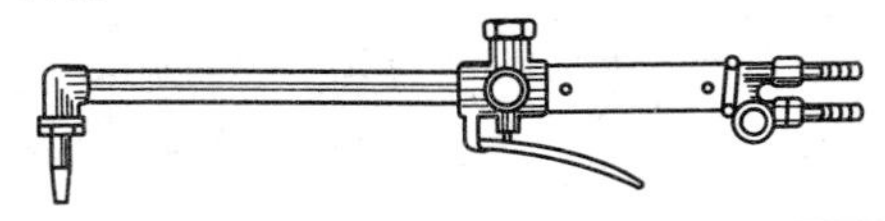

割炬型号	切割低碳钢厚度（mm）	割嘴		工作压力（MPa）		可见切割氧流长度（mm）	割炬总长度（mm）
		嘴号	切割孔径（mm）	氧气	乙炔		
G02－100	3～100	1 2 3 4 5	0.7 0.9 1.1 1.3 1.6	0.2 0.25 0.3 0.4 0.5	0.04 0.04 0.05 0.05 0.06	≥60 ≥70 ≥80 ≥90 ≥100	550

续表

<table>
<tr><th rowspan="2">割炬型号</th><th rowspan="2">切割低碳钢厚度（mm）</th><th colspan="2">割嘴</th><th colspan="2">工作压力（MPa）</th><th rowspan="2">可见切割氧流长度（mm）</th><th rowspan="2">割炬总长度（mm）</th></tr>
<tr><th>嘴号</th><th>切割孔径（mm）</th><th>氧气</th><th>乙炔</th></tr>
<tr><td rowspan="9">G02－300</td><td rowspan="9">3～300</td><td>1</td><td>0.7</td><td>0.2</td><td>0.04</td><td>≥60</td><td rowspan="9">650</td></tr>
<tr><td>2</td><td>0.9</td><td>0.25</td><td>0.04</td><td>≥70</td></tr>
<tr><td>3</td><td>1.1</td><td>0.3</td><td>0.05</td><td>≥80</td></tr>
<tr><td>4</td><td>1.3</td><td>0.4</td><td>0.05</td><td>≥90</td></tr>
<tr><td>5</td><td>1.6</td><td>0.5</td><td>0.06</td><td>≥100</td></tr>
<tr><td>6</td><td>1.8</td><td>0.5</td><td>0.06</td><td>≥110</td></tr>
<tr><td>7</td><td>2.2</td><td>0.65</td><td>0.07</td><td>≥130</td></tr>
<tr><td>8</td><td>2.6</td><td>0.8</td><td>0.08</td><td>≥150</td></tr>
<tr><td>9</td><td>3.0</td><td>1.0</td><td>0.09</td><td>≥170</td></tr>
<tr><td>用途</td><td colspan="7">利用氧气和中压乙炔作为热源，以高压氧气作为切割氧流，主要用于切割低碳钢材，也可用于切割中碳钢和低合金结构钢</td></tr>
</table>

10. 等压式焊割两用炬

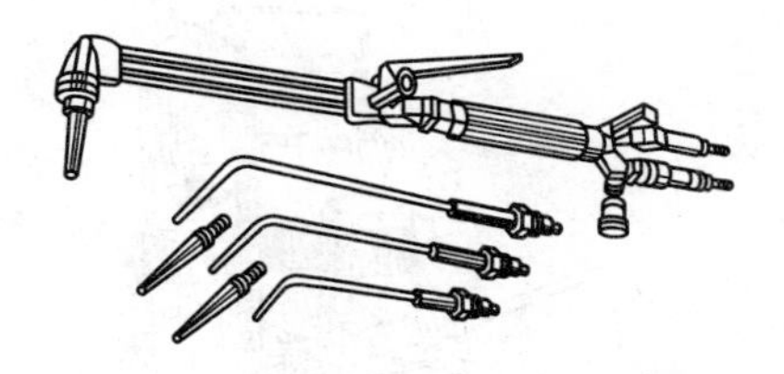

<table>
<tr><th rowspan="2">两用炬型号</th><th rowspan="2">适用低碳钢厚度（mm）</th><th rowspan="2" colspan="2">嘴号</th><th rowspan="2">孔径（mm）</th><th colspan="2">工作压力（MPa）</th><th rowspan="2">焰芯长度（mm）</th><th rowspan="2">可见切割氧流长度（mm）</th><th rowspan="2">焊炬总长度（mm）</th></tr>
<tr><th>氧气</th><th>乙炔</th></tr>
<tr><td rowspan="6">HG02－12/200</td><td rowspan="3">0.5～12</td><td rowspan="3">焊嘴号</td><td>1</td><td>0.6</td><td>0.2</td><td>0.02</td><td>≥4</td><td rowspan="3">—</td><td rowspan="6">550</td></tr>
<tr><td>3</td><td>1.4</td><td>0.3</td><td>0.04</td><td>≥13</td></tr>
<tr><td>5</td><td>2.2</td><td>0.4</td><td>0.06</td><td>≥20</td></tr>
<tr><td rowspan="3">3～100</td><td rowspan="3">割嘴号</td><td>1</td><td>0.7</td><td>0.2</td><td>0.04</td><td rowspan="3">—</td><td>≥60</td></tr>
<tr><td>3</td><td>1.1</td><td>0.3</td><td>0.05</td><td>≥80</td></tr>
<tr><td>5</td><td>1.6</td><td>0.5</td><td>0.06</td><td>≥100</td></tr>
</table>

续表

两用炬型号	适用低碳钢厚度（mm）	嘴号		孔径（mm）	工作压力（MPa）		焰芯长度（mm）	可见切割氧流长度（mm）	焊炬总长度（mm）
					氧气	乙炔			
HG02-20/200	0.5～20	焊嘴号	1	0.6	0.2	0.02	≥4	—	600
			3	1.4	0.3	0.04	≥13		
			5	2.2	0.4	0.06	≥20		
			7	3.0	0.6	0.08	≥21		
	3～200	割嘴号	1	0.7	0.2	0.04	—	≥60	
			3	1.1	0.3	0.05		≥80	
			5	1.6	0.5	0.06		≥100	
			6	1.8	0.5	0.06		≥110	
			7	2.2	0.65	0.07		≥130	
用途	利用氧气和中压乙炔作为热源，以高压氧气作为切割氧流，作割炬用；换上焊炬部件，作焊炬用。多用于焊割任务不重的维修车间								

11. 便携式微型焊炬（JB/T 6968—1993）

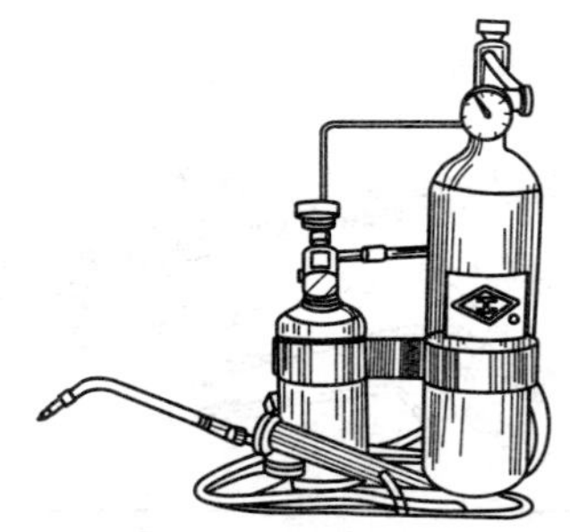

型号	焊嘴号	工作压力（MPa）		焰芯长度（mm）	焊接厚度（mm）
		氧气	丁烷气		
H03-BB-1.2	1 2 3	0.5～0.25	0.02～0.25	≥5 ≥7 ≥10	0.2～0.5 0.5～0.8 0.8～1.2
H03-BC-3	1 2 3	0.1～0.3	0.02～0.35	≥6 ≥8 ≥11	0.5～3
用途	由焊炬、氧气瓶、丁烷气瓶、压力表和回火防止器等部件组成。其中两个气瓶固定在手提架中，便于携带外出进行现场焊接				

12. 碳弧气刨炬

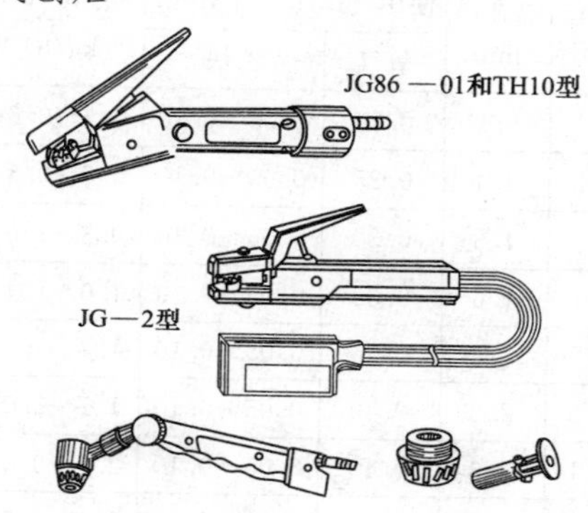

型号	适用电流（A）	夹持力（N）	外形尺寸（mm×mm×mm）	质量（kg）
JG86-01	≤600	30	275×40×105	0.7
TH-10	≤500	30	—	—
JG-2	≤700	30	235×32×90	0.6
78-1	≤600	机械紧固	278×45×80	0.5
用途	供夹持碳弧刨碳棒，配合直流（交流）电焊机和空气压缩机，用于对各种金属工件进行碳弧气刨加工			

注 1. 压缩空气工作压力为0.5～0.6MPa。

2. 适用碳棒规格：圆形（直径）为4～10mm，矩形（厚×宽，mm×mm）为4×12～5×20。

3. 78-1型配备夹持直径6mm圆形碳棒夹头一只，另备有夹持不同规格碳棒的夹头供选用：圆形（直径）为4，5，6，7，8，10mm；矩形（厚×宽，mm×mm）为4×12～5×12。

13. QH系列金属粉末喷焊炬

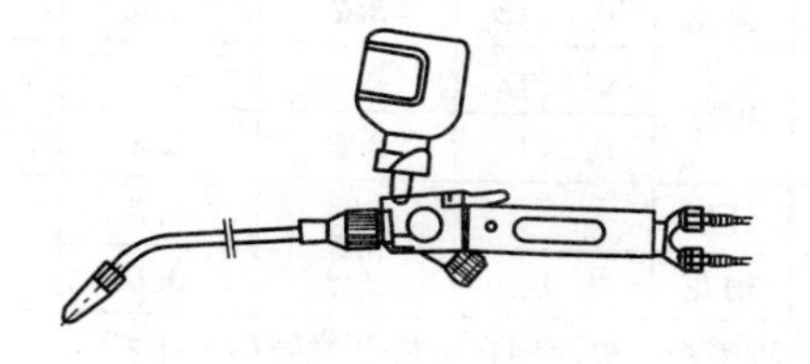

	型号	嘴号	嘴孔径(mm)	使用气体压力(MPa)		送粉量(kg/h)	总长度(mm)	总质量(kg)
				氧气	乙炔			
规格	QH-1/h	1	0.9	0.20	0.05～0.10	0.4～0.6	430	0.55
		2	1.1	0.25	0.05～0.10	0.6～0.8		
		3	1.3	0.30	0.05～0.10	0.8～1.0		
	QH-2/h	1	1.6	0.30	0.05～0.10	1.0～1.4	470	0.59
		2	1.9	0.35	0.05～0.10	1.4～1.7		
		3	2.2	0.40	0.05～0.10	1.7～2.0		
	QH-4/h	1	2.6	0.40	0.05～0.10	2.0～3.0	580	0.75
		2	2.8	0.45	0.05～0.10	3.0～3.5		
		3	3.0	0.50	0.05～0.10	3.5～4.0		
用途	用氧-乙炔焰和一特殊的送粉机构，将喷焊或喷涂合金粉末喷射在工件表面							

14. 金属粉末喷焊喷涂两用炬

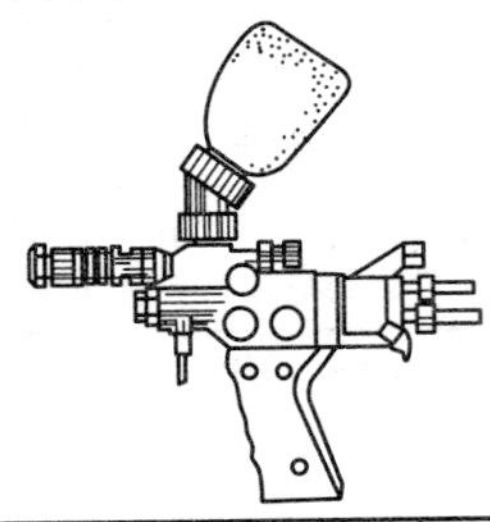

型号	喷嘴号	喷嘴型式	预热孔孔径/孔数(mm/个)	喷粉孔径(mm)	气体压力(MPa)		送粉量(kg/h)
					氧气	乙炔	
QT-7/h	1	环形	—	2.8	0.45	≥0.04	5～7
	2	梅花	0.7/12	3.0	0.50		
	3	梅花	0.8/12	3.2	0.55		
QT-3/h	1	梅花	0.6/12	3.0	0.7	≥0.04	3
	2		0.7/12	3.2	0.8		
SPH-E	1	环形	—	3.5	0.5	≥0.05	≤7
	2	梅花	1.0/8		0.6		
用途	将一种喷焊或喷涂用合金粉末喷射在工件表面上						

15. 等压式割嘴

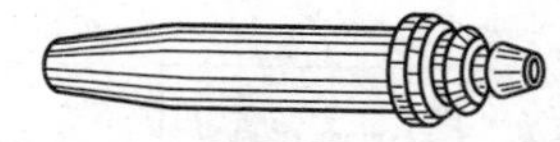
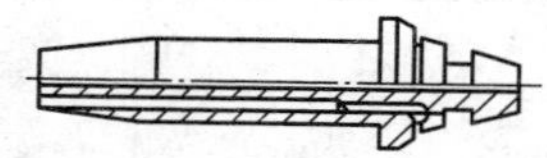

割嘴号	切割嘴孔径(mm)	切割钢板厚度(mm)	工作压力（MPa）		气体消耗量（m^3/h）		切割速度(mm/min)
			氧气	乙炔	氧气	乙炔	
00	0.8	5～10	0.2～0.3	0.03	0.9～1.3	0.34	600～450
0	1.0	10～20	0.2～0.3	0.03	1.3～1.8	0.34	480～380
1	1.2	20～30	0.25～0.35	0.03	2.5～3.0	0.47	400～320
2	1.4	30～50	0.25～0.35	0.03	3.0～4.0	0.47	350～280
3	1.6	50～70	0.3～0.4	0.04	4.5～6.0	0.62	300～240
4	1.8	70～90	0.3～0.4	0.04	5.5～7.0	0.62	260～200
5	2.0	90～120	0.4～0.6	0.04	8.5～10.5	0.62	210～170
6	2.4	120～160	0.5～0.8	0.05	12～15	0.78	180～140
7	2.8	160～200	0.6～0.9	0.05	21～24.5	1.0	150～110
8	3.2	200～270	0.6～1.0	0.05	26.5～32	1.0	120～90
9	3.6	270～350	0.7～1.1	0.05	40～46	1.3	90～60
10	4.0	350～450	0.7～1.2	0.05	49～58	1.6	70～50
用途	使用氧气和中压乙炔的自动或半自动气割机上的配件，其特点是结构紧凑、使用灵活、效率高，并能防止回火，主要用于造船、锅炉、金属结构等工厂的钢材的落料和切割焊件坡口						

16. 快速割嘴

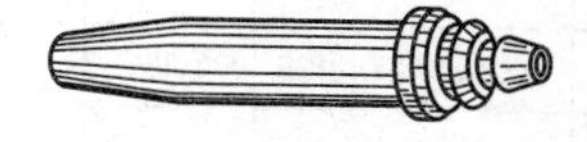
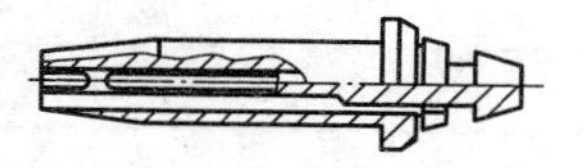

（1）各种规格、品种快速割型号

加工方法	切割氧压力(MPa)	燃气	尾锥面角度	品种代号	型号
电铸法	0.7	乙炔	30°	1	GK1-1～7
			45°	2	GK2-1～7
		液化石油气	30°	3	GK3-1～7
			45°	4	GK4-1～7

续表

（1）各种规格、品种快速割型号

加工方法	切割氧压力（MPa）	燃气	尾锥面角度	品种代号	型号
电铸法	0.5	乙炔	30°	1	GK1－1A～7A
			45°	2	GK2－1A～7A
		液化石油气	30°	3	GK3－1A～7A
			45°	4	GK4－1A～7A
机械加工法	0.7	乙炔	30°	1	GKJ1－1～7
			45°	2	GKJ2－1～7
		液化石油气	30°	3	GKJ3－1～7
			45°	4	GKJ4－1～7
	0.5	乙炔	30°	1	GKJ1－1A～7A
			45°	2	GKJ2－1A～7A
		液化石油气	30°	3	GKJ3－1A～7A
			45°	4	GKJ4－1A～7A

（2）快速割嘴切割性能

割嘴规格号	割嘴喉部直径（mm）	切割厚度（mm）	切割速度（mm/min）	气体压力（MPa）			切口宽（mm）	可见切割氧流长度（mm）
				氧气	液化石油气	乙炔		
1	0.6	5～10	750～600	0.7	0.03	0.025	≤1	≥80
2	0.8	10～20	600～450	0.7	0.03	0.025	≤1.5	≥100
3	1.0	20～40	450～380	0.7	0.03	0.025	≤2	≥100
4	1.25	40～60	380～320	0.7	0.035	0.03	≤2.3	≥120
5	1.5	60～100	320～250	0.7	0.035	0.03	≤3.4	≥120
6	1.75	100～150	250～160	0.7	0.04	0.035	≤4	≥150
7	2.0	150～180	160～130	0.7	0.04	0.035	≤4.5	≥180
1A	0.6	5～10	560～450	0.5	0.03	0.025	≤1	≥80
2A	0.8	10～20	450～340	0.5	0.03	0.025	≤1.5	≥100

续表

(2)快速割嘴切割性能								
割嘴规格号	割嘴喉部直径(mm)	切割厚度(mm)	切割速度(mm/min)	气体压力(MPa)			切口宽(mm)	可见切割氧流长度(mm)
				氧气	液化石油气	乙炔		
3A	1.0	20~40	340~250	0.5	0.03	0.025	≤2	≥100
4A	1.25	40~60	250~210	0.5	0.035	0.03	≤2.3	≥120
5A	1.5	60~100	210~180	0.5	0.035	0.03	≤3.4	≥120
用途	用于火焰切割机械及手工割炬和快速割嘴，可与 JB/T 7947—1999《等压式焊炬、割炬》和 JB/T 6970—1993《射吸式割炬》规定的割炬配套使用							

二、焊割器具

1. 乙炔发生器

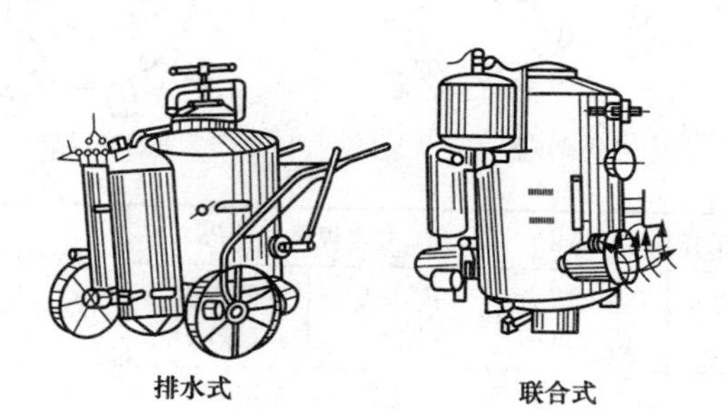

排水式　　联合式

型号	YJP0.1~0.5	YJP0.1~1	YJP0.1~2.5	YDP0.1~5	YDP0.1~1.0
结构形式	(移动)排水式		(固定)排水式	(固定)联合式	
正常生产率(m^3/h)	0.5	1	2.5	6	10
工作压力(MPa)	0.045~0.1		0.045~0.1	0.045~0.1	0.045~0.1

续表

外形尺寸（mm）	长	515	1210	1050	1450	1700
	宽	505	675	770	1375	1800
	高	930	1150	1730	2180	2690
净重（kg）		30	50	260	750	980
用途	将电石（碳化钙）和水装入发生器内，使之产生乙炔气体，供气焊、气割用					

2. 乙炔减压器和氧气减压器

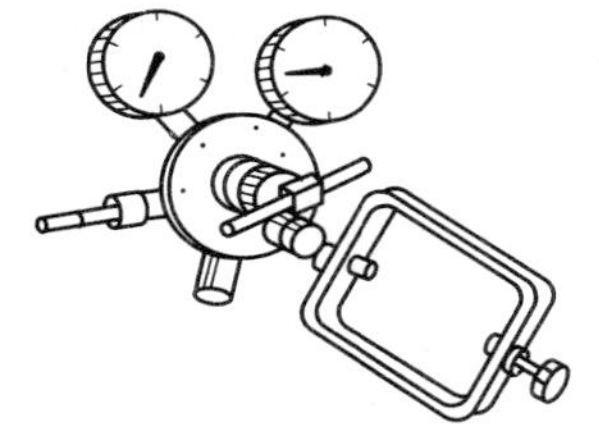

乙炔减压器

氧气减压器

型号	工作压力（MPa）		压力表规格（MPa）		公称流量（m^3/h）	质量（kg）
	输入 ≤	输出压力调节范围	高压表（输入）	低压表（输出）		
氧气减压器（气瓶用）						
YQY-1A YQY-12 YQY-6 YQY-352	15	0.1～2.5 0.1～1.6 0.02～0.25 0.1～1	0～25	0～4 0～2.5 0～0.4 0～1.6	250 160 10 30	3.0 2.0 1.9 2.0
乙炔减压器（气瓶用）						
YQE-222	3	0.01～0.15	0～4	0～0.025	6	2.6
用途	氧气减压器接在氧气瓶出口处，将氧气瓶内的高压氧气调节到所需的低压氧气。乙炔减压器接在乙炔发生器出口处，将乙炔压力调到所需的低压					

3. 氧气瓶

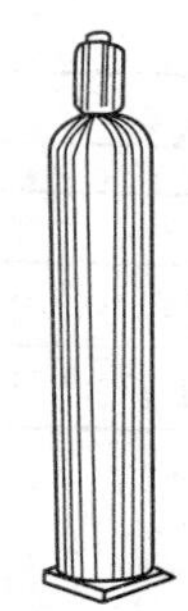

容积 (m³)	工作压力 (MPa)	尺寸（mm）		质量 (kg)	用 途
		外径	高度		
40	14.71	219	1370	55	贮存压缩氧气，供气焊和气割之用
45	14.71	219	1490	57	

4. 喷灯

煤油喷灯

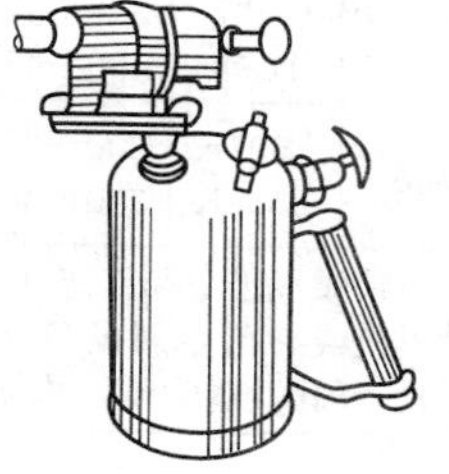

汽油喷灯

品种	型号	燃料	火焰有效长度 (mm)	火焰温度 (℃)	贮油量 (kg)	耗油量 (kg/h)	灯净重 (kg)	用途
煤油喷灯	MD-1 MD-2.5 MD-3.5	灯用煤油	60， 110， 180	>900	0.8 2.0 3.0	0.5 1.5 1.6	1.20 2.45 4.00	常用于焊接时加热烙铁，烘烤铸造用砂型，清除钢铁结构上的废漆，加热热处理工件等，用途广泛
汽油喷灯	QD-0.5 QD-1 QD-2.5 QD-3 QD-3.5	工业汽油	70， 85， 170 190， 210	>900	0.4 0.7 2.0 2.5 3.0	0.45 0.9 2.1 2.5 3.0	1.10 1.60 3.20 3.40 3.75	

5. 紫铜烙铁

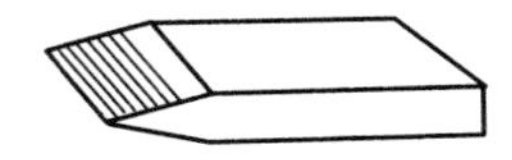

规格（kg）	0.125，0.25，0.3，0.5，0.75
用　途	用锡铅焊料钎焊的一种常用焊接工具

6. 碳弧气刨碳棒

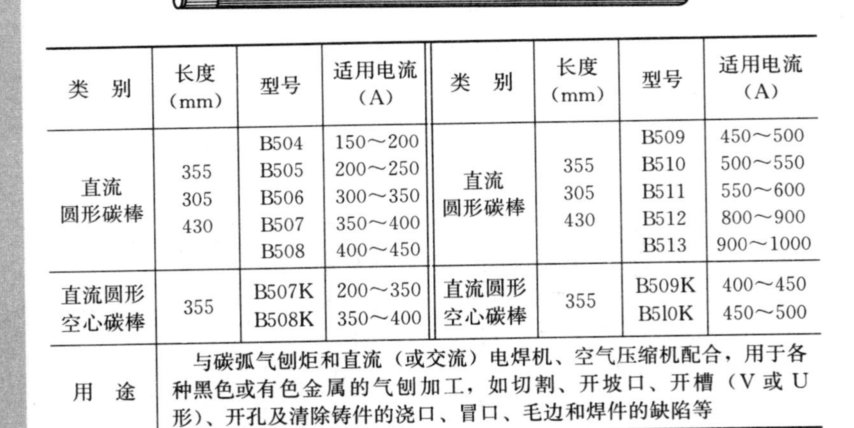

类　别	长度（mm）	型号	适用电流（A）	类　别	长度（mm）	型号	适用电流（A）
直流圆形碳棒	355 305 430	B504 B505 B506 B507 B508	150～200 200～250 300～350 350～400 400～450	直流圆形碳棒	355 305 430	B509 B510 B511 B512 B513	450～500 500～550 550～600 800～900 900～1000
直流圆形空心碳棒	355	B507K B508K	200～350 350～400	直流圆形空心碳棒	355	B509K B510K	400～450 450～500
用　途	与碳弧气刨炬和直流（或交流）电焊机、空气压缩机配合，用于各种黑色或有色金属的气刨加工，如切割、开坡口、开槽（V或U形）、开孔及清除铸件的浇口、冒口、毛边和焊件的缺陷等						

7. 乙炔瓶

公称容积（L）	2	24	32	35	41
公称内径（mm）	102	250	228	250	250
总长度（mm）	380	705	1020	947	1030
贮气量（kg）	0.35	4	5.7	6.3	7
最小设计壁厚（mm）	1.3	3.9	3.1	3.9	3.9
公称质量（kg）	7.1	36.2	48.5	51.7	58.2
用途	用于贮存溶解乙炔，供气焊用。其方便、安全、卫生，有逐步取代乙炔发生器的趋势				

注　1. 气瓶在基准温度15℃时限定压力值为1.52MPa。
2. 公称质量包括瓶阀、瓶帽和丙酮

8. SPH－E200型火焰粉末喷枪

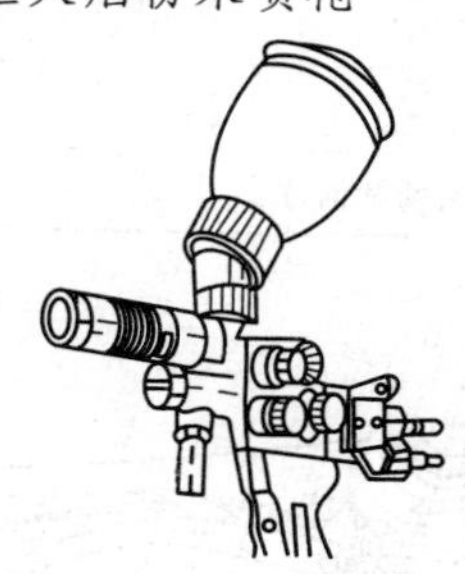

	项目	参数
规格	型式	手持、固定
	带粉气体	氧气，流量1300L/h
	气体压力	氧气压力0.5～0.6MPa，流量1200L/h 乙炔压力0.05MPa，流量950L/h
	焰芯长度（mm）	7
	火焰气体混合方式	射吸式
	送粉方式	射吸式
	粉口最大抽吸力（kPa）	14
	最大出粉量（kg/h）	7（镍基合金粉）
	粉末附着率	氧化铝粉末：38%，42%（涂层质量/总用粉量×100%）
用途	利用氧-乙炔焰和特殊的送粉机构，将一种喷焊或喷涂用合金粉末喷涂在工件表面上	

9. 吸式喷砂枪

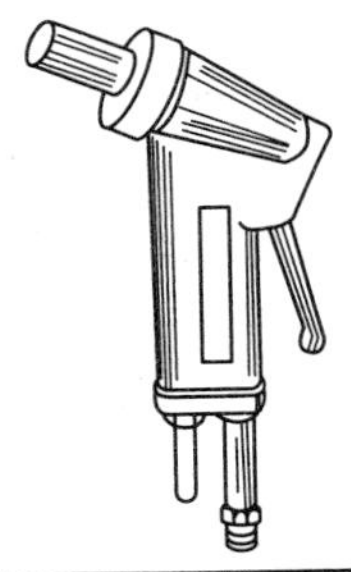

规格	型号	QJ-Ⅱ
	外形尺寸（mm×mm×mm）	420×110×70
	工作压力（MPa）	氧气≤0.7，乙炔≤0.1
	气体流量（m^3/h）	氧气≤30，乙炔≤7
	质量（kg）	2.3
用途	适用于焊接、切割现场和流水线作业	

10. 焊接对口钳

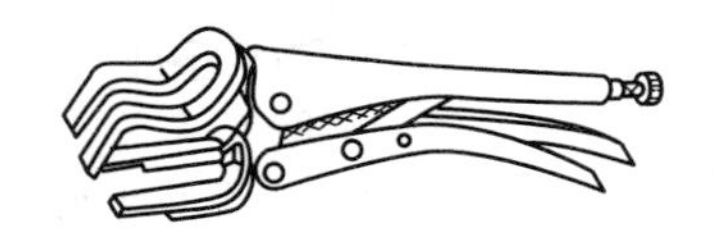

型号	适用范围（mm）	质量（kg）	备注
CQ-1	管子外径 8～108	0.5	焊管用
CQ-100	管子外径 60～260	4.0	
CQB-8	钢板厚度≤45	0.35	焊板用
用途	用以将待焊接的钢管或钢板夹紧、对准，以便进行焊接		

11. 敲锈锤（QB/T 1290.6—2010）

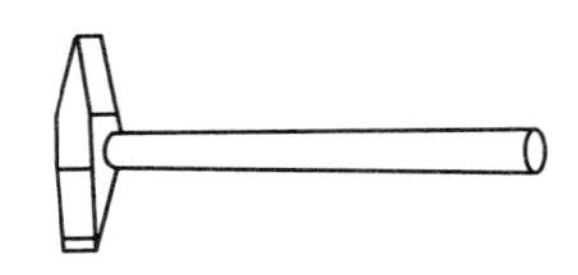

锤质量（kg）	0.2	0.3	0.4	0.5
锤高（mm）	115	126	134	140
全长（mm）	285	300	310	320
用途	用于船舶、锅炉等行业及电焊加工中除锈、除焊渣			

12. 手动坡口机

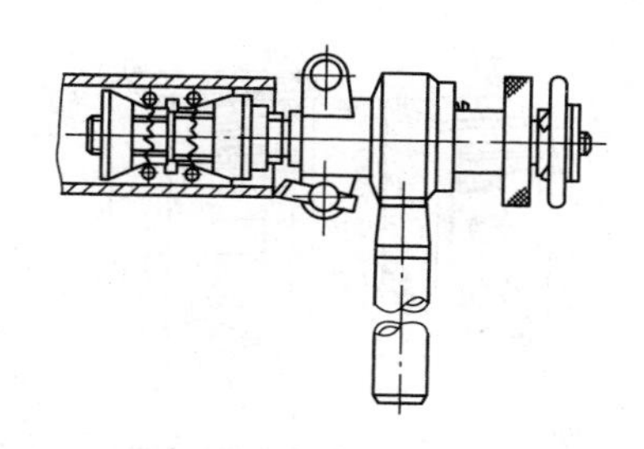

型号	转速（r/min）	质量（kg）	型号	转速（r/min）	质量（kg）
PK－ϕ25	22	1.5	PK－ϕ48	22	1.5
PK－ϕ32	22	1.5	PK－ϕ51	22	2.2
PK－ϕ38	22	1.5	PK－ϕ57	22	2.2
PK－ϕ42	22	1.5	PK－ϕ60	20	2.4
PK－ϕ76	20	3.6	PK－ϕ108	18	5.5
PK－ϕ83	20	3.7	PK－ϕ133	18	10.5
PK－ϕ89	20	4.0	PK－ϕ159	18	11.5
PK－ϕ102	18	5.5			
用途	用以手工加工待焊接的钢管任何角度和形状的坡口。用于电力、石化及锅炉制造等行业				

13. 电动焊缝坡口机

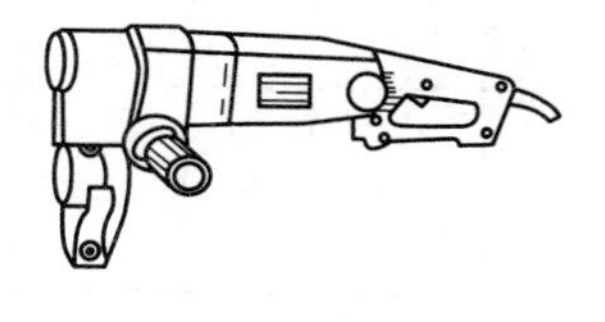

型号	切口斜边最大宽度(mm)	输入功率(W)	加工速度(m/min)	加工材料厚度(mm)	质量(kg)
J1P1-10	10	2000	≤2.4	4～25	14
用途	用于各种金属构件，在气焊或电焊之前开各种形状及各种角度的坡口				

14. 整流式直流弧焊机（JB/T 7835—1995）

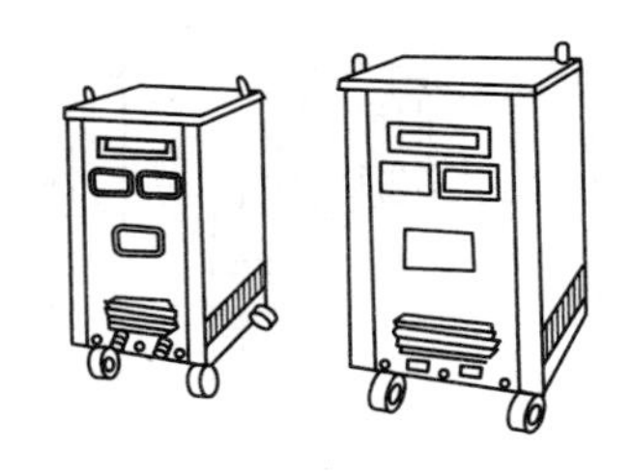

型式	型号	额定焊接电流(A)	电流调节范围(A)	额定工作电压(V)	输入电压(V)	额定输入容量(kV·A)	质量(kg)	用途
磁放大器式	ZX-160	160	20～200	21～28	380	12	170	焊条电弧焊、钨极氩弧焊电源
	ZX-250	250	30～300	21～32	380	19	200	焊条电弧焊、钨极氩焊等离子弧焊、碳弧气刨电源
	ZX-400	400	40～480	21.6～40	380	34.9	330	
动圈式	ZX3-160	160	40～192	26	380	11	138	焊条电弧焊电源，也可作钨及氩弧焊等离子焊电源
	ZX3-250	250	62～300	30	380	17.3	182	焊条电弧焊电源，适于中厚钢板焊接
	ZX3-400	400	100～480	36	380	27.8	238	焊条电弧焊电源，适于厚钢板焊接

续表

型式	型号	额定焊接电流（A）	电流调节范围（A）	额定工作电压（V）	输入电压（V）	额定输入容量（kV·A）	质量（kg）	用途
晶闸管式	ZX5-250	250	50～250	30	380	15	160	焊条电弧焊电源
	ZX5-400	400	40～400	36	380	24	200	焊条电弧焊电源
	ZX5-630	630	80～630	44	380	46	280	焊条电弧焊电源

15. 交流弧焊机（JB/T 7834—1995）

型式	型号	额定焊接电流（A）	电流调节范围（A）	输入电压（V）	额定工作电压（V）	额定输入容量（kV·A）	质量（kg）	用途
动铁心式	BX1-135	135	25～150	380	30	8.7	98	焊条电弧焊及电弧切割电源，适于1～8mm厚低碳钢焊接
	BX1-160	160	40～192	380	27.8	13.5	93	
	BX1-300	300	50～360	380	22	21	160	焊条电弧焊电源，适于中厚钢板焊接
		300	63～300	220/380	32	25	110	

续表

型式	型号	额定焊接电流(A)	电流调节范围(A)	输入电压(V)	额定工作电压(V)	额定输入容量(kV·A)	质量(kg)	用途
动圈式	BX3-120	120	20～160	380	25	9	100	焊条电弧焊及电弧切割电源，适于薄钢板焊接
	BX3-300	300	40～400	380	30	20.5	190	用途与BX3-120相同，适于中等厚度钢板焊接
	BX3-500	500	60～670	380	30	38.6	220	用途与BX3-300相同，适用于较厚钢板焊接
抽头式	BX6-120	120	45～160	220/380	22～26	6.24	22	手提式焊条电弧焊电源
	BX6-200	200	65～200	380	22～28	15	49	
	BX6-250	250	50～250	220/380	22～30	15	80	

第十四章　消防工具和器具

1. 手提式灭火器（GB 4351.1—2005）

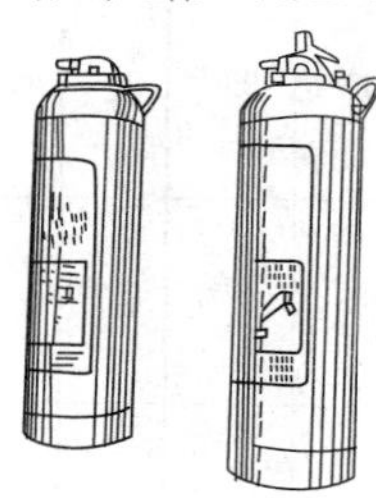

手提式
水基型灭火器

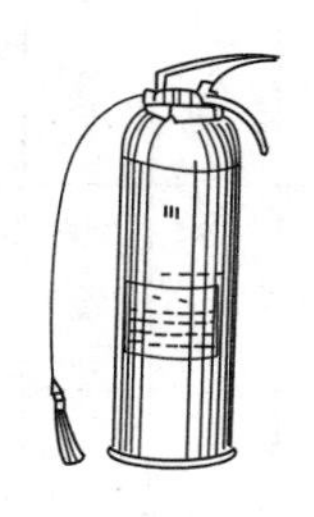

手提式干粉型灭火器

手提式
洁净气体灭火器

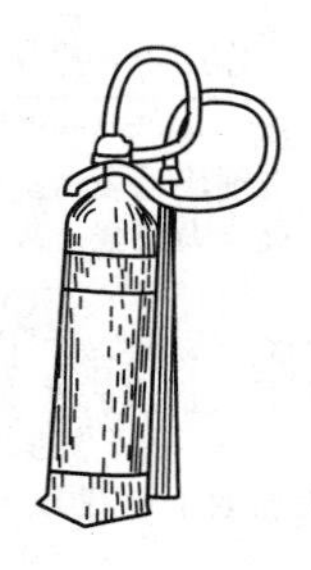

手提式
二氧化碳型灭火器

（1）水基型灭火器

规格（灭火剂量）（L）	20℃时最小有效喷射时间（s）	20℃时最小喷射距离（mm）				
		A类火				B类火
		1A、2A	3A	4A	6A	
2	15	30	3.5	4.5	5.0	3.0
3	15					3.0
6	30					3.5
9	40					4.0

续表

(2) 洁净气体、二氧化碳、干粉灭火器												
类型	规格(灭火剂量)(kg)	20℃时最小有效喷射时间(s)						20℃时最小喷射距离(mm)				
		A类火		B类火				A类火				B类火
		1A	≥2A	21B~34B	55B~89B	(113B)	≥114B	1A、2A	3A	4A	6A	
洁净气体	1 2 4 6	8	13	8	9	12	15	3.0	3.5	4.5	5.0	2.0 2.0 2.5 3.0
二氧化碳	2 3 5 7	8	13	8	9	12	15	3.0	3.5	4.5	5.0	2.0 2.0 2.5 2.5
干粉	1，2 3，4 5，6 8，9 12	8	13	8	9	12	15	3.0	3.5	4.5	5.0	3.0，3.0 3.5，3.5 3.5，4.0 4.5，5.0 5.0
用途	能在其内部压力作用下，将所装的灭火剂喷出扑救火灾，并可手提移动											

注 1. 推荐使用温度范围为5~55℃。
2. 灭火性能以级别代号表示。代号中字母表示扑灭火灾类别；数字表示级别，数字大者灭火能力也强。A类火—固体有机物质燃烧的火，通常燃烧后会形成炽热的余烬；B类火—液体或可熔化固体燃烧的火；C类火—气体燃烧的火；D类火—金属燃烧的火；E类火—燃烧时物质带电的火。
3. 水基型灭火器包括清洁水或带添加剂的水，如湿润剂、增稠剂、阴燃剂或发泡剂等。
4. 干粉型灭火器的干粉有BC或ABC型或可以为D类火特别配制的。

2. 推车式灭火器

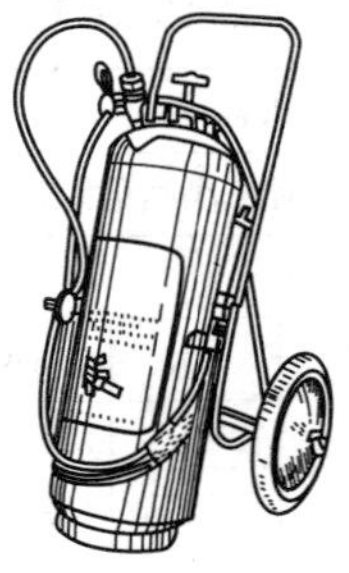

推车式
水基型灭火器

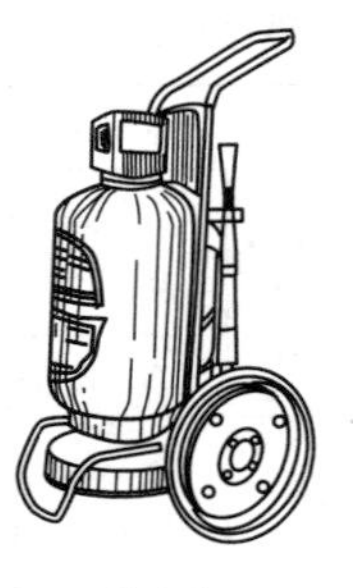

推车式
干粉灭火器

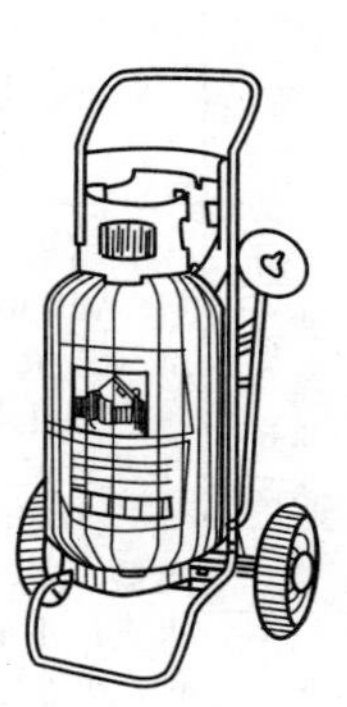
推车式
洁净气体灭火器

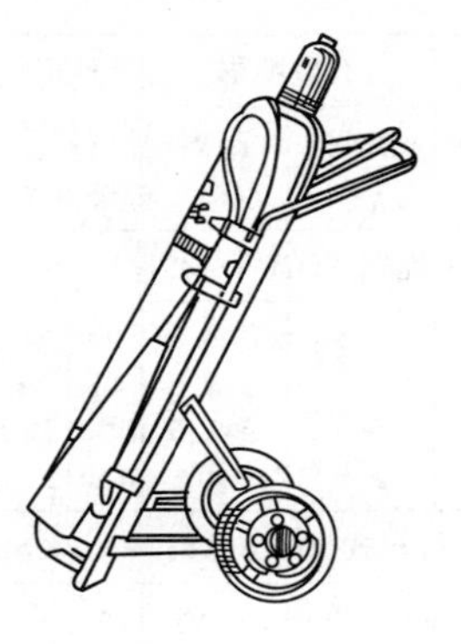
推车式
二氧化碳灭火器

类型	规格（额定充装量）	有效喷射时间（s）	喷射距离（m）
推车式水基型灭火器	20、45、60、125L	40～210	≥3
推车式干粉灭火器	20、50、100、125kg	≥30	≥6
推车式二氧化碳灭火器和推车式洁净气体灭火器	10、20、30、50kg	≥20	≥3
用途	灭火器装有轮子，可由一人推（或拉）至火场，并能在其内部压力作用下，将所装的灭火剂喷出以扑救火灾		

3. 1211 灭火器

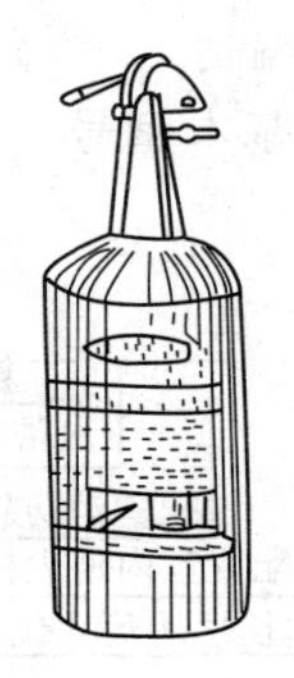

型号	灭火剂量(kg)	有效喷射		外形尺寸(mm)			总质量(kg)≈	用途
		时间(s)	距离(m)	长	宽	高		
手提式(GB/T 4351.1—2005)								利用灭火器内氮气压力(1.5MPa)喷射1211灭火剂(二氟一氯一溴甲烷),快速遏止燃烧连锁反应,扑灭火灾。适用于扑灭油类、有机溶剂、精密仪器、电器、文物档案等的初起火灾,不宜用于扑灭钠、钾、铝等金属的火灾
MY 1	1	>6	≥2.5	90	90	281	2.0	
MY 2	2	≥8	≥3.5	97	97	425	3.2	
MY 4	4	≥9	≥4.5	133	133	490	6.5	
MY 6	6	≥9	≥5	145	145	555	9.3	
推车式(GB/T 8109—2005)								
MYT25	25	≥25	7~8	465	520	1000	67	
MYT40	40	≥40	7~8	465	520	1600	84	

4. 消火栓箱(GB 14561—2003)

(1)消火栓箱的分类。

1)栓箱按安装方式可分为:①明装式;②暗装式;③半暗装式。

2)栓箱按箱门型式可分为:①左开门式;②右开门式;③双开门式;④前后开门式。

3)栓箱按箱门材料可分为:①全钢型;②钢框镶玻璃型;③铝合金框镶玻璃型;④其他材料型。

4)栓箱按水带安置方式可分为:①挂置式;②盘卷式;③卷置式;④托架式。

(2)消火栓箱的型号编制。

消火栓箱的型号由“基本型号”和“型式代号”两部分组成,其形式如下:

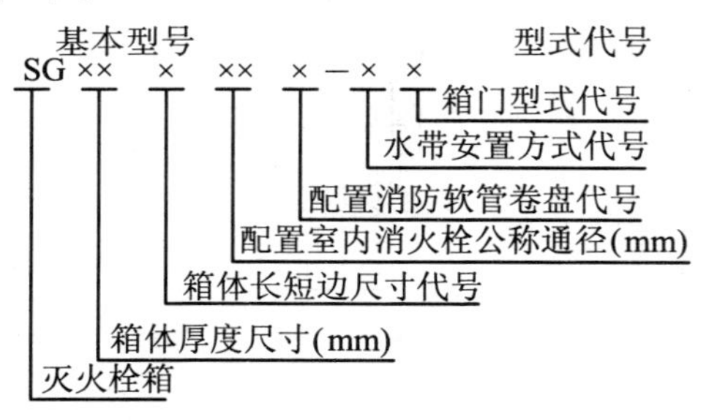

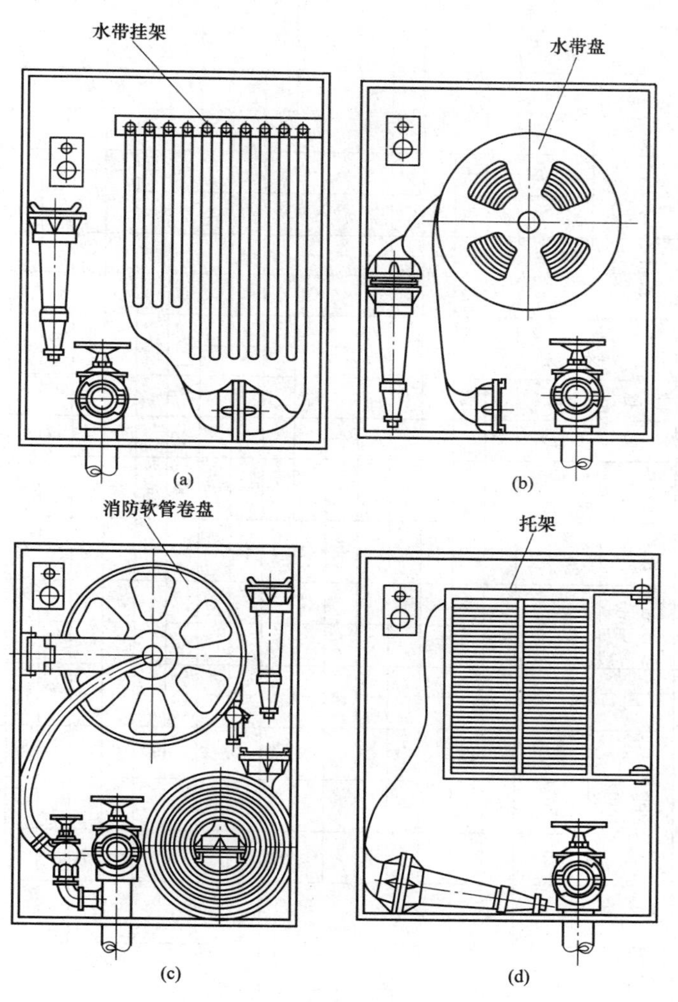

水带安置方式

(a) 挂置式栓箱；(b) 盘卷式栓箱；(c) 卷置式栓箱；(d) 托架式栓箱

1）基本型号。箱体的长短边尺寸代号按 3）规定。栓箱内配置消防软管卷盘时用代号“Z”表示，不配置者不标注代号。

消火栓箱基本型号	箱体基本参数				室内消火栓				消防水带				消防水枪			基本电器设备				消防软管卷盘		
	长短边尺寸			厚度(mm)	公称通径(mm)			出口数量	公称通径(mm)		长度(m)	根数	当量喷嘴直径(mm)		支数	控制按钮		指示灯		软管内径(mm)		软管长度(m)
	代号	长边(mm)	短边(mm)		25	50	65		50	65	20或25		16	19		防水	数量	防水	数量	19	25	20或25
SG20A50	A	800	650	200		☆		1	☆		☆	1	☆		1	☆	1	☆	1			
SG20A65							☆	1		☆	☆	1		☆	1	☆	1	☆	1			
SG24A50				240		☆		1	☆		☆	1	☆		1	☆	1	☆	1			
SG24A65							☆	1		☆	☆	1		☆	1	☆	1	☆	1			
SG24AZ					★		☆	1								☆	1	☆	1	☆	★	☆
SG32A50				320		☆		1	☆		☆	1	☆		1	☆	1	☆	1			
SG32A65							☆	1		☆	☆	1		☆	1	☆	1	☆	1			
SG32AZ					★		☆	1								☆	1	☆	1	☆	★	☆
SG20B50	B	1000	700	200		☆		1	☆		☆	1	☆		1	☆	1	☆	1			
SG20B65							☆	1		☆	☆	1		☆	1	☆	1	☆	1			
SG24B50				240		☆		1或2	☆		☆	1或2	☆		1或2	☆	1	☆	1			
SG24B65							☆	1或2		☆	☆	1或2		☆	1或2	☆	1	☆	1			
SG24B50Z					★	☆		1	☆		☆	1	☆		1	☆	1	☆	1	☆	★	☆
SG24B65Z					★		☆	1		☆	☆	1		☆	1	☆	1	☆	1	☆	★	☆
SG32B50				320		☆		1或2	☆		☆	1或2	☆		1或2	☆	1	☆	1			
SG32B65							☆	1或2		☆	☆	1或2		☆	1或2	☆	1	☆	1			
SG32B50Z					★	☆		1	☆		☆	1	☆		1	☆	1	☆	1	☆	★	☆
SG32B65Z					★		☆	1		☆	☆	1		☆	1	☆	1	☆	1	☆	★	☆

续表

消火栓箱基本型号	箱体基本参数				室内消火栓				消防水带				消防水枪			基本电器设备				消防软管卷盘		
	长短边尺寸			厚度(mm)	公称通径(mm)			出口数量	公称通径(mm)		长度(m)	根数	当量喷嘴直径(mm)		支数	控制按钮		指示灯		软管内径(mm)		软管长度(m)
	代号	长边(mm)	短边(mm)		25	50	65		50	65	20或25		16	19		防水	数量	防水	数量	19	25	20或25
SG20C50	C	1200	75	200		☆		1	☆		☆	1	☆		1	☆	1	☆	1			
SG20C65							☆	1		☆	☆	1		☆	1	☆	1	☆	1			
SG24C50				240		☆		1或2	☆		☆	1或2	☆		1或2	☆	1	☆	1			
SG24C65							☆	1或2		☆	☆	1或2		☆	1或2	☆	1	☆	1			
SG24C50Z					★	☆		1	☆		☆	1	☆		1	☆	1	☆	1	☆	★	☆
SG24C65Z				320	★		☆	1		☆	☆	1		☆	1	☆	1	☆	1	☆	★	☆
SG32C50						☆		1或2	☆		☆	1或2	☆		1或2	☆	1	☆	1			
SG32C65							☆	1或2		☆		1或2		☆	1或2	☆	1	☆	1			
SG32C50Z					★	☆		1	☆		☆	1	☆		1	☆	1	☆	1	☆	★	☆
SG32C65Z					★		☆	1		☆	☆	1或2		☆	1或2	☆	1	☆	1	☆	★	☆

注 1. ☆表示栓箱内所配置的器材的规格。
2. 出口数量："1"表示一个单出口室内消火栓；"2"表示一个双出口室内消火栓或两个单出口室内消火栓。
3. ★表示可选用。当消防软管卷盘进水控制阀选用其他类型阀门时，公称通径不小于20mm。
4. 箱体基本参数还可选用厚度为210、280mm的箱体。
5. 表中消防器材的配置为最低配置。
6. 组合式消火栓箱（带灭火器）的长边尺寸可选用1600、1800、1850mm。

2）型式代号。（盘）水带为挂置式不用代号表示，其余方式代号为：“P”（盘）—盘卷式；“J”（卷）—卷置式；“T”（托）—托架式。箱门为单开门型式不用代号表示，其余型式为：“S”（双）—双开门式；“H”（后）—前后开门式。

3）栓箱的基本参数及消防器材的配置。

5．室内消火栓（GB 3445—2005）

（SN型）室内消火栓

<table>
<tr><th rowspan="2">公称通径
D_N
（mm）</th><th rowspan="2">型号</th><th colspan="2">进水口</th><th colspan="3">基本尺寸（mm）</th></tr>
<tr><th>管螺纹规格</th><th>螺纹深度（mm）</th><th>关闭后高度≤</th><th>出水口中心高度</th><th>阀杆中心距接口外沿距离≤</th></tr>
<tr><td>25</td><td>SN25</td><td>R_P1</td><td>18</td><td>135</td><td>48</td><td>82</td></tr>
<tr><td rowspan="4">50</td><td>SN50</td><td rowspan="2">R_P2</td><td rowspan="2">22</td><td>185</td><td>65</td><td rowspan="2">110</td></tr>
<tr><td>SNZ50</td><td>205</td><td>65～71</td></tr>
<tr><td>SNS50</td><td rowspan="2">$R_P2\frac{1}{2}$</td><td rowspan="2">25</td><td>205</td><td>71</td><td>120</td></tr>
<tr><td>SNSS50</td><td>230</td><td>100</td><td>112</td></tr>
<tr><td rowspan="8">65</td><td>SN65</td><td rowspan="5">$R_P2\frac{1}{2}$</td><td rowspan="8">25</td><td>205</td><td>71</td><td rowspan="2">120</td></tr>
<tr><td>SNZ65</td><td rowspan="6">225</td><td rowspan="5">71～100</td></tr>
<tr><td>SNZJ65</td><td rowspan="6">126</td></tr>
<tr><td>SNZW65</td></tr>
<tr><td>SNJ65</td></tr>
<tr><td>SNJW65</td><td></td></tr>
<tr><td>SNS65</td><td rowspan="2">R_P3</td><td>75</td></tr>
<tr><td>SNSS65</td><td>270</td><td>110</td></tr>
<tr><td>80</td><td>SN80</td><td>R_P3</td><td>25</td><td>225</td><td>80</td><td>126</td></tr>
</table>

6. 室外消火栓（GB/T 4452—2011）

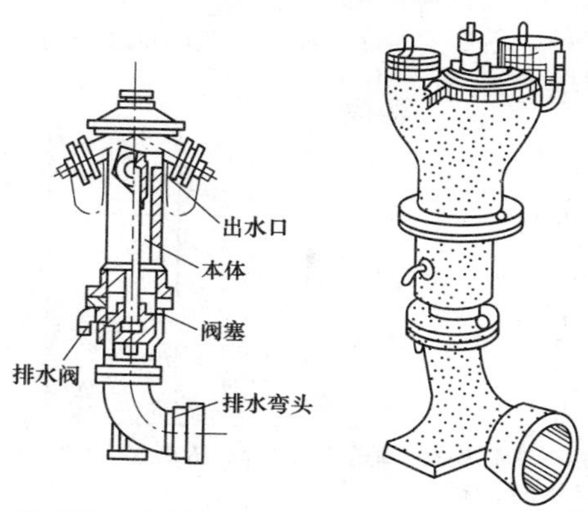

SS型室外地上式　　SA型室外地下式

品种		型号规格	进水口			出水口		公称压力(MPa)	外形尺寸(mm)			用途
			接口形式	口径(mm)	口径(in)	接口形式	口径(mm)		长	宽	高	
室外消火栓	地上	SS100	法兰式，承插式	100	—	内扣式	100	1.6	400	340	1515	室外的消火栓装在工矿企业、仓库的露天通道边和城市街道两旁的供水管路上。其中地上式露出地面；地下式埋于地下，平时加上井盖
							65/65					
		SS150		150	—		150	1.0	450	335	1590	
							80/80					
	地下	SA100		100	—		100/65	1.6	476	285	1050	
							65/65	1.0	472	285	1040	

7. 消防水带

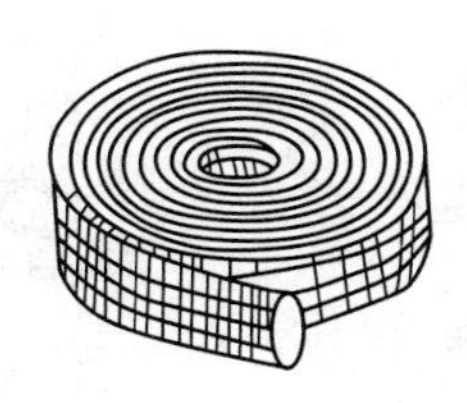

品种	(1) 无衬里消防水带 (GB 4580—1984)：棉消防水带；麻(亚麻、苎麻)消防水带 (2) 有衬里消防水带 (GB/T 6246—2011)					
公称口径 (mm)	25	40	50	65	80	90	100
基本尺寸 (mm)	25	38	51	63.5	76	89	102
折幅 (mm)	42	64	84	103	124	144	164
用途	主要用于输水灭火或输送其他液体灭火剂灭火；也可用于输水或输送腐蚀性不大的液体						

注 表中仅列有衬里消防水带的规格。

8. 消防湿水带 (GA 34—1992)

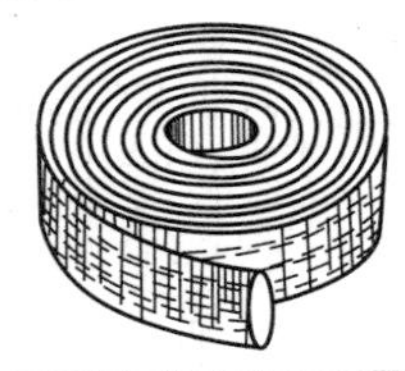

公称内径 (mm)	基本长度 (m)	单位质量 (g/m)	渗水量 [mL/(m·min)]	工作压力 (MPa)	最小爆破压力 (MPa)
40	15	280	100	0.8	2.4
50	20	380	150	1.0	3.0
65	25	480	200	1.3	3.9
80	30	600	250		
用途	供灭火时输水用。水带两端需装上接口，以便连接				

9. 消防杆钩

尖型杆钩(单钩)

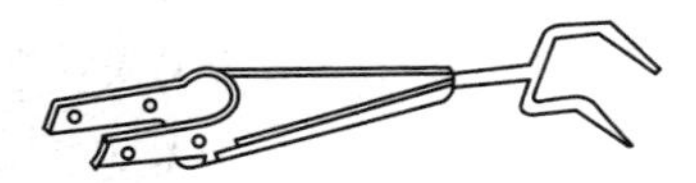

爪型杆钩(双钩)

型号	品　种	外形尺寸 （连柄，mm×mm×mm）	质量 kg
GG378	尖型杆钩 爪型杆钩	3780×217×60 3630×160×90	4.5 5.5
用途	供扑灭火灾时穿洞、通气、拆除危险建筑物用		

10. 消防安全带（GA 494—2004）

规格		RD110	RD115	RD120	RD125	RD130	RD135	RD140
外形尺寸（mm）	长	1100	1150	1200	1250	1300	1350	1400
	宽	8.0						
	厚	2.8						
质量（kg）		≤0.65				≤0.75		
用途		与安全钩、安全绳配合使用，围于消防人员腰部，带上有两个半圆环可以挂一个或两个安全钩；是消防人员登高作业时的可靠安全保护装备						

11. 消防斧

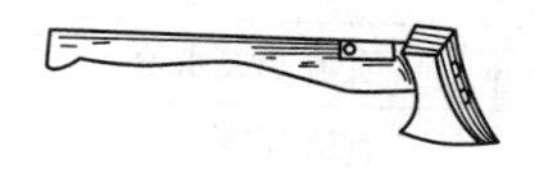

平斧

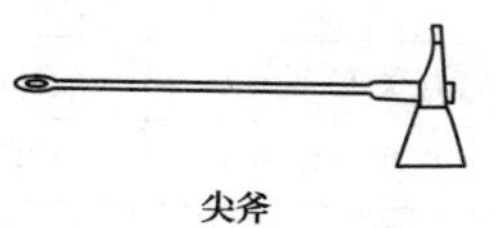

尖斧

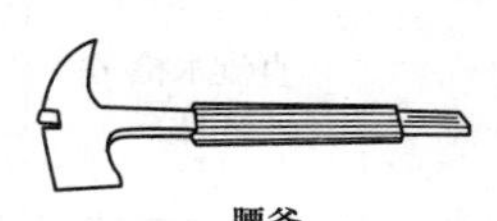

腰斧

品种	规格	斧全长（mm）	斧头长（mm）	斧顶厚（mm）	质量（kg）	用途
消防平斧（GA 138—2010）	610	610	164	24	≤1.8	灭火时用来破除障碍物。平斧破拆木制门窗，尖斧可破墙、凿洞，腰斧轻便供携带登高进行破拆作业
	710	710	172	25	≤1.8	
	810	810	180	26	≤3.5	
	910	910	188	27	≤3.5	

续表

品种	规格	斧全长（mm）	斧头长（mm）	斧顶厚（mm）	质量（kg）	用途
消防尖斧（GA 138—2010）	715	715	300	44	≤2.0	灭火时用来破除障碍物。平斧破拆木制门窗，尖斧可破墙、凿洞，腰斧轻便供携带登高进行破拆作业
	815	815	330	53	≤3.5	
消防腰斧（GA 630—2006）	265	265	150	10	≤1.0	
	285	285	160	10	≤1.0	
	305	305	165	10	≤1.0	
	325	325	175	10	≤1.0	

12. 消防水枪（GB 8181—2005）

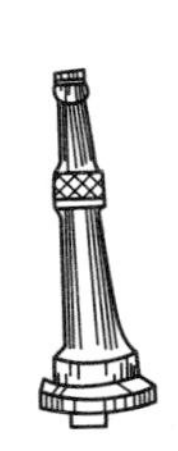
直流水枪

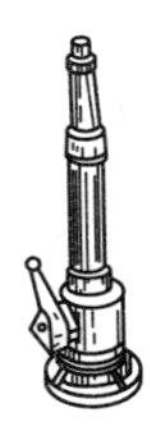
开关水枪

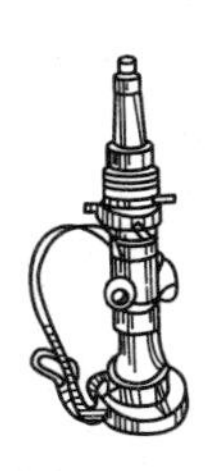
开花水枪

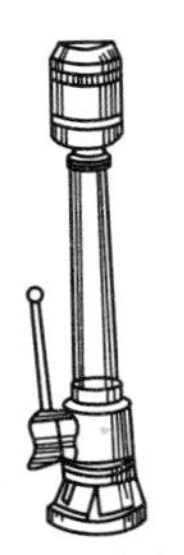
喷雾水枪

（1）常用水枪的代号。

类	组	特征	水枪代号	代号含义
枪 Q	直流水枪 Z（直）	—	QZ	直流水枪
		开关 G（关）	QZG	直流开关水枪
		开花（K 开）	QZK	直流开花水枪
	喷雾水枪 W（雾）	撞击式 J（击）	QWJ	撞击式喷雾水枪
		离心式 L（离）	QWL	离心式喷雾水枪
		簧片式 P（片）	QWP	簧片式喷雾水枪
	直流喷雾水枪 L（直流喷雾）	球阀转换式 H（换）	QLH	球阀转换式直流喷雾水枪
		导流式 D（导）	QLD	导流式直流喷雾水枪
	多用水枪 D（多）	球阀转换式 H（换）	QDH	球阀转换式多用水枪

（2）直流水枪的额定流量和射程。

接口公称通径（mm）	当量喷嘴直径（mm）	额定喷射压力（N/mm²）	额定流量（L/s）	流量允差	射程（m）
50	13	0.35	3.5	±8%	≥22
	16		5		≥25
65	19		7.5		≥28
	22	0.20	7.5		≥20

（3）喷雾水枪的额定流量和喷雾射程。

接口公称通径（mm）	额定喷射压力（N/mm²）	额定流量（L/s）	流量允差	射程（m）
50	0.60	2.5	±8%	≥10.5
		4		≥12.5
		5		≥13.5
65		6.5		≥15.0
		8		≥16.0
		10		≥17.0
		13		≥18.5

（4）多用水枪的额定流量和射程。

接口公称通径（mm）	额定喷射压力（N/mm²）	额定流量（L/s）	流量允差	射程（m）
50	0.60	2.5	±8%	≥21
		4		≥25
		5		≥27
65		6.5		≥30
		8		≥32
		10		≥34
		13		≥37

（5）中压水枪的额定直流流量和直流射程。

进口连接（两者取一）		额定喷射压力（N/mm²）	额定流量（L/s）	流量允差	射程（m）
接口公称通径（mm）	进口外螺纹规格尺寸（mm）				
40	M39×2	2.0	3	±8%	≥17

（6）高压水枪的额定直流流量和直流射程。

进口外螺纹规格尺寸（mm）	额定喷射压力（N/mm²）	额定流量（L/s）	流量允差	射程（m）
M39×2	2.0	3	±8%	≥17

（7）用途：装在水带出水口处，起射水作用。直流水枪射出水流为实心水柱。开关水枪可控制水流大小。开花水枪可射出实心水柱或伞状开花水帘。喷雾水枪可射出实心水柱或雾状水流。

13. 轻便消防水龙（GA 180—1998）

LQ10型规格	接口公称通径（mm）	水带		额定工作压力	流量（L/min）		射程（m）		喷雾角
		内径公称尺寸（mm）	长度（m）		直流	喷雾	直流	喷雾	
	15.0	25	10	0.25	≥15.0	≥17.50	≥15.50	≥3.50	0°～90°
用途	由专用消防接口、水带及水枪组成，在自来水供水管路上作小型简便的喷水灭火设备用								

14. 内扣式消防接口（GB 12514.2—2006）

（1）接口的型式和规格。

接口型式		规格		适用介质
名称	代号	公称通径（mm）	公称压力（MPa）	
水带接口	KD	25、40、50、65、80、100、125、135、150	1.6 2.5	水、泡沫混合液
	KDN			
管牙接口	KY			
闷盖	KM			
内螺纹固定接口	KN			
外螺纹固定接口	KWS			
	KWA			
异径接口	KJ	两端通径可在通径系列内组合		

注 KD—外箍式连接的水带接口；KDN—内扩张式连接的水带接口；KWS—地上消火栓用外螺纹固定接口；KWA—地下消火栓用外螺纹固定接口。

（2）内扣式消防接口的规格尺寸。

		公称通径	25	40	50	65	80
规格	d	KD，KDN	$25_{-0.52}^{0}$	$38_{-0.62}^{0}$	$51_{-0.74}^{0}$	$63.5_{-0.74}^{0}$	$76_{-0.74}^{0}$
		KY，KN	G1″	G1 $\frac{1}{2}$″	G2″	G2 $\frac{1}{2}$″	G3″
		KWS，KWA	G1″	G1 $\frac{1}{2}$″	G2″	G2 $\frac{1}{2}$″	G3″
	D		$55_{-1.2}^{0}$	$83_{-1.4}^{0}$	$98_{-1.4}^{0}$	$111_{-1.4}^{0}$	$126_{-1.6}^{0}$
	D_1		$45.2_{-0.62}^{0}$	$72_{-0.74}^{0}$	$85_{-0.87}^{0}$	$98_{-0.87}^{0}$	$111_{-0.87}^{0}$
	D_2		$39_{0.62}^{0}$	$65_{-0.74}^{0}$	$78_{-0.74}^{0}$	$90_{-0.87}^{0}$	$103_{-0.87}^{0}$
	D_3		$31_{0}^{+0.62}$	$53_{0}^{+0.74}$	$66_{0}^{+0.74}$	$76_{0}^{+0.74}$	$89_{0}^{+0.87}$
	m		$8.7_{-0.58}^{0}$	$12_{-0.70}^{0}$	$12_{-0.70}^{0}$	$12_{-0.70}^{0}$	$12_{-0.70}^{0}$
	n		4.5±0.09	5±0.09	5±0.09	5.5±0.09	5.5±0.09
	L	KD，KDN	≥59	≥67.5	≥67.5	≥82.5	≥82.5
		KY，KN	≥39	≥50	≥52	≥52	≥55
		KM	$37_{-2.5}^{0}$	$54_{-3.0}^{0}$	$54_{-3.0}^{0}$	$55_{-3.0}^{0}$	$55_{-3.0}^{0}$
		KWS	≥62	≥71	≥78	≥80	≥89
		KWA	≥82	≥92	≥99	≥101	≥101

续表

规格	公称通径		25	40	50	65	80
	L_1	KD，KDN	$36.7_{-2.5}^{0}$	$54_{-3.0}^{0}$	$54_{-3.0}^{0}$	$55_{-3.0}^{0}$	$55_{-3.0}^{0}$
		KWS，KWA	$35.7_{-1.0}^{0}$	$50_{-1.0}^{0}$	$50_{-1.0}^{0}$	$52_{-1.2}^{0}$	$52_{-1.2}^{0}$
	l	KY，KN	$14_{-0.70}^{0}$	$20_{-0.84}^{0}$	$20_{-0.84}^{0}$	$22_{-0.84}^{0}$	$22_{-0.84}^{0}$
		KWS，KWA	$14_{-0.70}^{0}$	$20_{-0.84}^{0}$	$20_{-0.84}^{0}$	$22_{-0.84}^{0}$	$22_{-0.84}^{0}$
	S	KWS	$24_{-0.84}^{0}$	$36_{-1.0}^{0}$	$36_{-1.0}^{0}$	$55_{-1.2}^{0}$	$55_{-1.2}^{0}$
		KWA	$20_{-0.84}^{0}$	$30_{-0.84}^{0}$	$30_{-0.84}^{0}$	$30_{-0.84}^{0}$	$30_{-0.84}^{0}$
	S_1	KWS	≥10	≥10	≥10	≥10	≥10
		KWA	$17_{-0.70}^{0}$	$27_{-0.84}^{0}$	$27_{-0.84}^{0}$	$27_{-0.84}^{0}$	$27_{-0.84}^{0}$

规格	公称通径		100	125	135	150
	d	KD，KDN	$110_{-0.87}^{0}$	$122.5_{-1.0}^{0}$	$137_{-1.0}^{0}$	$150_{-1.0}^{0}$
		KY，KN	G4″	G5″	G5 $\frac{1}{2}$″	G6″
	D		$182_{-1.85}^{0}$	$196_{-1.85}^{0}$	$207_{-1.85}^{0}$	$240_{-1.85}^{0}$
	D_1		$161_{-1.0}^{0}$	$176_{-1.0}^{0}$	$187_{-1.15}^{0}$	$240_{-1.15}^{0}$
	D_2		$153_{-1.0}^{0}$	$165_{-1.0}^{0}$	$176_{-1.0}^{0}$	$220_{-1.15}^{0}$
	D_3		$133_{0}^{+1.0}$	$148_{0}^{+1.0}$	$159_{0}^{+1.0}$	$188_{0}^{+1.0}$
	m		$15.3_{-0.70}^{0}$	$15.3_{-0.70}^{0}$	$15.3_{-0.7}^{0}$	$16.3_{-0.70}^{0}$
	n		7±0.11	7.5±0.11	7.5±0.11	8±0.11
	L	KD，KDM	≥170	≥205	≥245	≥270
		KY，KN	≥63	≥67	≥67	≥80
		KM	$63_{-3.0}^{0}$	$70_{-3.0}^{0}$	$70_{-3.0}^{0}$	$80_{-3.0}^{0}$
	L_1	KD，KDN	$63_{-3.0}^{0}$	$69_{-3.0}^{0}$	$69_{-3.0}^{0}$	$80_{-3.0}^{0}$
	l	KY，KN	$26_{-0.84}^{0}$	$26_{-0.84}^{0}$	$26_{-0.84}^{0}$	$34_{-1.0}^{0}$
用途	适用于消防供水系统中的内扣式消防水带接口、吸水管接口、管牙接口、闷盖、内螺纹固定接口、外螺纹固定接口、异径接口，不适用于钢带冲帛的接口					

15．卡式消防接口（GB 12514.3—2006）

（1）接口的型式和规格。

接口型式		规格		适用介质
名称	代号	公称通径（mm）	公称压力（MPa）	
水带接口	KDK	40、50、65、80	1.6 2.5	水、水和泡沫混合液
闷盖	KMK			
管牙雌接口	KYK			
管牙雄接口	KYKA			
异径接口	KJK	两端通径可在通径系列内组合		

（2）卡式消防接口的规格尺寸。

	公称通径		40	50	65	80
规格	d	KDK	$38_{-0.62}^{0}$	$51_{-0.74}^{0}$	$63.5_{-0.74}^{0}$	$76_{-0.74}^{0}$
		KYK（KYKA）	G1 $\frac{1}{2}$″	G2″	G2 $\frac{1}{2}$″	G3″
	D		$70_{-1.2}^{0}$	$94_{-1.4}^{0}$	$114_{-1.4}^{0}$	$129_{-1.6}^{0}$
	D_1		$39_{-0.2}^{0}$	$51_{-0.2}^{0}$	$63.5_{-0.2}^{0}$	$76.2_{-0.2}^{0}$
	D_2		$43.6_{-0.2}^{0}$	$55.6_{-0.2}^{0}$	$68.5_{-0.2}^{0}$	$81.5_{-0.2}^{0}$
	m		$12.2_{0}^{+0.2}$	$15_{0}^{+0.2}$	$16_{0}^{+0.2}$	$19_{0}^{+0.2}$
	n		$11.7_{-0.2}^{0}$	$14.5_{-0.2}^{0}$	$15.5_{-0.2}^{0}$	$18_{-0.2}^{0}$
	L	KDK	≥126	≥160	≥196	≥227
		KYK	$37_{-1.0}^{0}$	$41_{-1.0}^{0}$	$64_{-1.2}^{0}$	$71_{-1.2}^{0}$
		KYKA	$74_{-1.2}^{0}$	$81_{-1.2}^{0}$	$95_{-1.4}^{0}$	$102_{-1.4}^{0}$
		KMK	$55_{-1.4}^{0}$	$65_{-1.4}^{0}$	$73.5_{-1.4}^{0}$	$83_{-1.4}^{0}$
	l	KYK（KYKA）	$20_{-0.84}^{0}$	$20_{-0.84}^{0}$	$22_{-0.84}^{0}$	$22_{-0.84}^{0}$
用途	适用于消防供水系统中的内扣式消防水带接口、管牙接口、闷盖、异径接口					

16. 螺纹式消防接口（GB 12514.4—2006）

（1）接口的型式和规格。

接口型式		规格		适用介质
名称	代号	公称通径（mm）	公称压力（MPa）	
吸水管接口	KG	90、100、125、150	1.6 2.5	水
闷盖	KMK			
同型接口	KT			

（2）螺纹式消防接口的规格尺寸。

mm

规格	公称通径		90	100	125	150
	d	KG	103	113	122.5	163
	d_1	KA KG KT	M125×6		M150×6	M170×6
	L	KG	≥310	≥315	≥320	≥360
		KA	≥59	≥59	≥59	≥59
		KT	≥113	≥113	≥113	≥113
	l_1	KA KG KT	24			
	l_0		140×140		166×166	190×190
用途	适用于消防供水系统中的螺纹式消防吸水管接口、闷盖和同型接口					

17. 消火栓扳手

	名称	长度（mm）	开口间距（mm）
规格	地上消火栓扳手	400	55
	地下消火栓扳手	1000	29×29 或 32×32
用途	与地上或地下消火栓配套使用的拆卸或紧固工具		

18. 水带包布

<table>
<tr><td rowspan="2">规格</td><td>型号</td><td>外形尺寸（mm×mm×mm）</td><td>质量（kg）</td></tr>
<tr><td>FP470</td><td>470×112×40</td><td>0.7</td></tr>
<tr><td>用途</td><td colspan="3">用于包扎水带破裂漏水的部位</td></tr>
</table>

第十五章　起重工具和器具

一、钢丝绳

1. 一般用途钢丝绳（GB/T 20118—2006）

级别	类别	分类原则	典型结构		直径范围（mm）
			钢丝绳	股绳	
1	单股钢丝绳	1个圆股，每股外层丝18根，中心丝外捻制1～3层钢丝	1×7 1×19 1×37	1+6 1+6+12 1+6+12+18	0.6～12 1～16 1.4～22.5
2	6×7	6个圆股，每股外层丝7根，中心丝（或无）外捻制1～2层钢丝，钢丝等捻距	6×7 6×9W	1+6 3+3/3	1.8～36 14～36
3	6×19（a）	6个圆股，每股外层丝8～12根，中心丝外捻制2～3层钢丝，钢丝等捻距	6×19S 6×19W 6×25Fi 6×26WS 6×31WS	1+9+9 1+6+6/6 1+6+6F+12 1+5+5/5+10 1+6+6/6+12	6～36 6～40 8～44 13～40 12～46
3	6×19（b）	6个圆股，每股外层丝12根，中心丝外捻制2层钢丝，钢丝等捻距	6×19	1+6+12	3～46
4	6×37（a）	6个圆股，每股外层丝可到14～18根，中心丝外捻制3～4层钢丝，钢丝等捻距	6×29Fi 6×36WS 6×37S（点/线接触） 6×41WS 6×49SWS 6×55SWS	1+7+7F+14 1+7+7/7+14 1+6+15+15 1+8+8/8+16 1+8+8+8/8+16 1+9+9+9/9+18	10～44 12～60 10～60 32～60 36～60 36～60
4	6×37（b）	6个圆股，每股外层丝可到18根，中心丝外捻制3层钢丝	6×37	1+6+12+18	5～60

续表

级别	类别	分类原则	典型结构		直径范围(mm)
			钢丝绳	股绳	
5	6×61	6个圆股，每股外层丝可到24根，中心丝外捻制4层钢丝，钢丝等捻距	6×61	1+6+12+18+24	40～60
6	8×19	8个圆股，每股外层丝可到8～12根，中心丝外捻制2～3层钢丝，钢丝等捻距	8×19S 8×19W 8×25Fi 8×26WS 8×31WS	1+9+9 1+6+6/6 1+6+6F+12 1+5+5/5+10 1+6+6/6+12	11～44 10～48 18～52 16～48 14～56
7	8×37	8个圆股，每股外层丝可到14～18根，中心丝外捻制3～4层钢丝，钢丝等捻距	8×36WS 8×41WS 8×49SWS 8×55SWS	1+7+7/7+14 1+8+8/8+16 1+8+8+8/8+16 1+9+9+9/9+18	14～60 40～60 44～60 44～60
8	18×7	钢丝绳中有17或18个圆股，在纤维芯或钢芯外捻制2层股，外层10～12个股，每股外层丝4～7根，中心丝外捻制一层钢丝	17×7 18×7	1+6 1+6	6～44 6～44
9	18×19	钢丝绳中有17或18个圆股，在纤维芯或钢芯外捻制2层股，每股外层丝8～12根，中心丝外捻制2～3层钢丝	18×19W 18×19S 18×19	1+6+6/6 1+9+9 1+6+12	14～44 14～44 10～44
10	34×7	钢丝绳中有34～36个圆股，在纤维芯或钢芯外捻制3层股，外层17～18个股，每股外层丝4～8根，中心丝外捻制一层钢丝	34×7 36×7	1+6 1+6	16～44 16～44
11	35W×7	钢丝绳中有20～40个圆股，在钢芯外捻制2～3层股，外层12～18个股，每股外层丝4～8根，中心丝外捻制一层钢丝	35W×7 24W×7	1+6 1+6	12～50 12～50
12	6×12	6个圆股，每股外层丝12根，股纤维芯外捻制一层钢丝	6×12	FC+12	8～32
13	6×24	6个圆股，每股外层丝12～16根，股纤维芯外捻制2层钢丝	6×24 6×24S 6×24W	FC+9+15 FC+12+12 FC+8+8/8	8～40 10～44 10～44

续表

级别	类别	分类原则	典型结构		直径范围 (mm)
			钢丝绳	股绳	
14	6×15	6 个圆股，每股外层丝 15 根，股纤维芯外捻制一层钢丝	6×15	FC+15	10～32
15	4×19	4 个圆股，每股外层丝 8～12 根，中心丝外捻制 2～3 层钢丝，钢丝等捻距	4×19S 4×25Fi 4×26WS 4×31WS	1+9+9 1+6+6F+12 1+5+5/5+10 1+6+6/6+12	8～28 12～34 12～31 12～36
16	4×37	4 个圆股，每股外层丝 14～18 根，中心丝外捻制 3～4 层钢丝，钢丝等捻距	4×36WS 4×41WS	1+7+7/7+14 1+8+8/8+16	14～42 26～46

注 1. 3 组和 4 组内推荐用（a）类钢丝绳。

2. 12 组 14 组仅为纤维芯，其余级别的钢丝绳可由需方指定纤维芯或钢芯。

3.（a）为线接触，（b）为点接触。

2. 重要用途钢丝绳（GB 8918—2006）

级别	类别		分类原则	典型结构		直径范围 (mm)
				钢丝绳	股绳	
1	圆股钢丝绳	6×7	6 个圆股，每股外层丝可到 7 根，中心丝（或无）外捻制 1～2 层钢丝，钢丝等捻距	6×7 6×9W	1+6 3+3/3	8～36 14～36
2	圆股钢丝绳	6×19	6 个圆股，每股外层丝可到 8～12 根，外捻制 2～3 层钢丝，钢丝等捻距	6×19S 6×19W 6×25Fi 6×26WS 6×31WS	1+9+9 1+6+6/6 1+6+6F+12 1+5+5/5+10 1+6+6/6+12	12～36 12～40 12～44 20～40 22～46
3	圆股钢丝绳	6×37	6 个圆股，每股外层丝可到 14～18 根，中心丝外捻制 3～4 层钢丝，钢丝等捻距	6×29Fi 6×36WS 6×37S （点线接触） 6×41WS 6×49SWS 6×55SWS	1+7+7F+14 1+7+7/7+14 1+6+15+15 1+8+8/8+16 1+8+8+8/8+16 1+9+9+9/9+18	14～44 18～60 20～60 32～56 36～60 36～64

续表

级别	类别		分类原则	典型结构		直径范围（mm）
				钢丝绳	股绳	
4	圆股钢丝绳	8×19	8 个圆股，每股外层丝可到 8～12 根，中心丝外捻制 2～3 层钢丝，钢丝等捻距	8×19S 8×19W 8×25Fi 8×26WS 8×31WS	1+9+9 1+6+6/6 1+6+6F+12 1+5+5/5+10 1+6+6/6+12	20～44 18～48 16～52 24～48 26～56
5		8×37	8 个圆股，每股外层丝可到 14～18 根，中心丝外捻制 3～4 层钢丝，钢丝等捻距	8×36WS 8×41WS 8×49SWS 8×55SWS	1+7+7/7+14 1+8+8/8+16 1+8+8+8/8+16 1+9+9+9/9+18	22～60 40～56 44～64 44～64
6		18×7	绳中有 17 或 18 个圆股，每股外层丝 8～12 根，钢丝等捻距，在纤维芯或钢芯外捻制 2 层股	17×7 18×7	1+6 1+6	12～60 12～60
7		18×19	钢丝绳中有 17 或 18 个圆股，每股外层丝 8～12 根，钢丝等捻距，在纤维芯或钢芯外捻制 2 层股	18×19W 18×19S	1+6+6/6 1+9+9	24～60 28～60
8		34×7	钢丝绳中有 34～36 个圆股，每股外层丝 7 根，在纤维芯或钢芯外捻制 3 层股	34×7 36×7	1+6 1+6	16～60 20～60
9		35W×7	钢丝绳中有 24～40 个圆股，每股外层丝 4～8 根，在纤维芯或钢芯外捻制 3 层股	35W×7 24W×7	1+6	16～60

续表

级别	类别		分类原则	典型结构		直径范围 (mm)
				钢丝绳	股绳	
10	异形股钢丝绳	6V×7	6个三角形股，每股外层丝7～9根，三角形股芯外捻制1层钢丝	6V×18 6V×19	/3×2+3/9 /1×7+3/+9	20～36 20～36
11		6V×19	6个三角形股，每股外层丝11～14根，三角形股芯或纤维芯外捻制2层钢丝	6V×21 6V×24 6V×30 6V×34	FC+9+12 FC+12+12 6+12+12 /1×7+3/+12+12	18～36 18～36 20～38 28～44
12		6V×37	6个三角形股，每股外层丝15～18根，三角形股芯外捻制2层钢丝	6V×36 6V×37S 6V×43	/1×7+3/+12+15 /1×7+3/+12+15 /1×7+3/+12+18	32～52 32～52 38～58
13		4V×39	4个扇形股，每股外层丝15～18根，纤维股芯外捻制3层钢丝	4V×39S 4V×48S	FC+9+15+15 FC+12+18+18	16～36 20～40
14		6Q×19+6V×21	钢丝绳中有12～14个股，在6个三角形股外捻制6～8个椭圆股	6Q×19+6V×21	外股5+4 内股FC+9+12	40～52
				6Q×33+6V×21	外股5+13+15 内股FC+9+12	40～60

注 1. 13组及11组异形股钢线绳中6V×21、6V×24结构仅为纤维绳芯，其余级别的钢丝绳或由需方指定纤维芯或钢芯。

2. 三角形股芯的结构可以相互代替，或改用其他结构的三角形股芯，但应在订货合同中注明。

二、千斤顶和滑车

1. 液压千斤顶（JB/T 2104—2002）

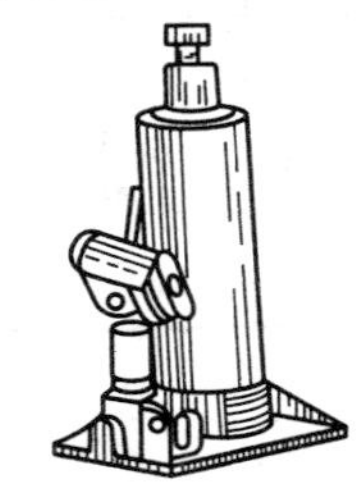

型号	额定起重量（t）	最低高度	起升高度≥	调整高度≥	起升程进≥	净重≈（kg）	用途
		（mm）					
QYL1.6	1.6	158	90	60	50	2.2	利用液体（如油等）的静压力来顶举重物，是汽车修理和机械安装等常用起重工具
QYL3.2	3.2	195	125		32	3.5	
QYL5G	5	232	160	80	22	5.0	
QYL5D		200	125		22	4.6	
QYL8	8	236	160		16	6.9	
QYL10	10	240			14	7.3	
QYL12.5	12.5	245			11	9.3	
QYL16	16	250			9	11.0	
QYL20	20	280	180		9.5	15.0	
QYL32	32	285			6	23.0	
QYL50	50	300			4	33.5	
QYL71	71	320			3（快进 10）	66.0	
QW100	100	360	200		4.5	120	
QW200	200	400			2.5	250	
QW320	320	450			1.6	435	

注　起升进程为液压泵工作 10 次的活塞上升量。

2. 螺旋千斤顶（JB/T 2592—2008）

普通型

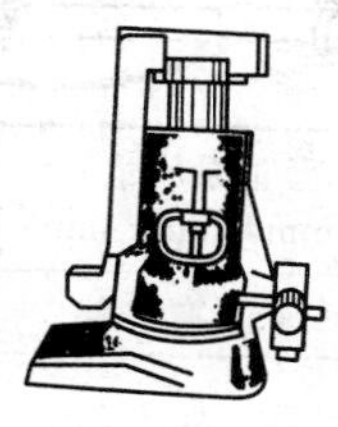
钩式

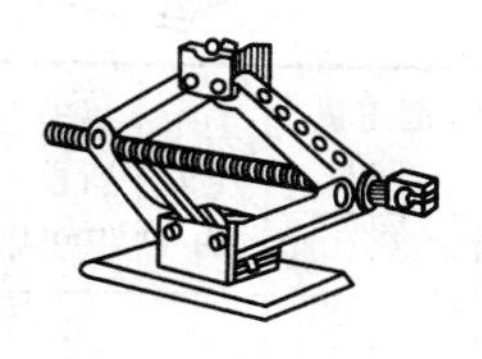
剪式

型号	起重量(t)	高度(mm)		质量(kg)	型号	起重量(t)	高度(mm)		质量(kg)	用途
		最低	起升				最低	起升		
QLJ0.5	0.5	110	180	2.5	QL16	16	320	180	17	利用螺旋传动来顶举重物，是汽车修理和机械安装等行业的起重工具。钩式螺旋千斤顶可用于钩脚起重位置较低的重物。剪式螺旋千斤顶主要用于小吨位汽车的起顶，如轿车等
QLJ1	1	110	180	3	QLD16	16	225	90	15	
QLJ1.6	1.6	110	180	4.8	QLG16	16	445	200	19	
QL2	2	170	180	5	QLg16	16	370	180	20	
QL3.2	3.2	200	110	6	QL20	20	325	180	18	
QLD3.2	3.2	160	50	5	QLG20	20	445	300	20	
QL5	5	250	130	7.5	QL32	32	395	200	27	
QLD5	5	180	65	7	QLD32	32	320	180	24	
QLg5	5	270	130	11						
QL8	8	260	140	10	QL50	50	452	250	56	
QL10	10	280	150	11	QLD50	50	330	150	52	
QLD10	10	200	75	10						
QLg10	10	310	130	15	QL100	100	455	200	86	

3. 分离式油压千斤顶

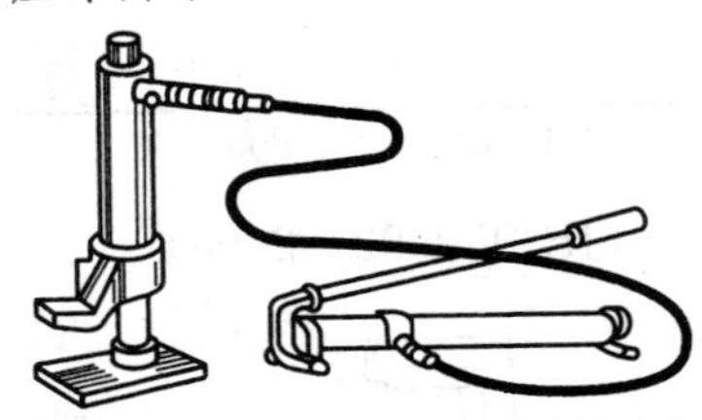

型号	起重量(t)		工作压力(MPa)	最大行程(mm)	油泵尺寸(mm×mm×mm)	起顶机尺寸(mm×mm×mm)	总质量(kg)
	顶举	钩脚			长×宽×高	长×宽×高	
LQD-5	5	2.5	40	100	583×110×118	180×120×225	16
LQD-10	10	5	63	125		180×120×310	20
LQD-30	30	—		150	714×140×145	95×95×287	19
用途	广泛用于机械设备、车辆等的维修和建筑安装等						

4. 车库用液压千斤顶（1）（JB/T 5315—2008）

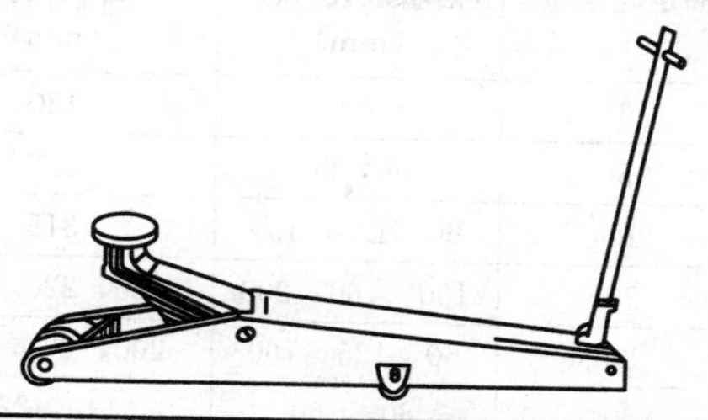

额定起重量（t）	最低高度（mm）	起升高度（mm）	额定起重量（t）	最低高度（mm）	起升高度（mm）
1	140	200	5	160	400
1.25		250	6.3	170	400
1.6		220，260	8		400
2		275，350	10		400，450
2.5		285，350	12.5	210	400
3.2	160	350，400	16		430
4		400	20		430
用途	用于汽车、拖拉机等车辆的维修或各种机械设备制造、安装时作为起重或顶升工具				

5. 车库用液压千斤顶（2）

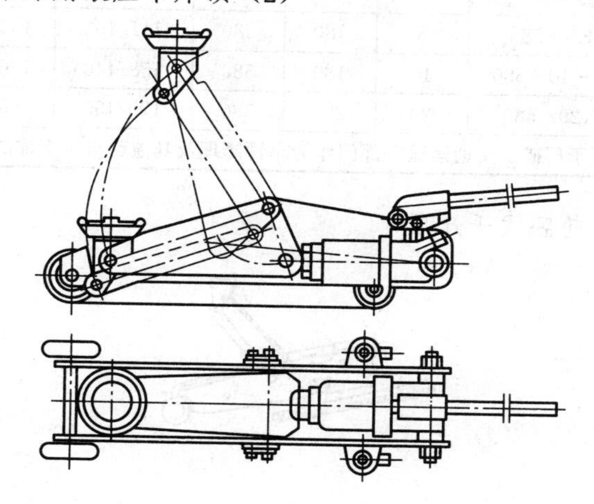

起顶机型号	额定起重量(t)	活塞最大行程(mm)	最低高度(mm)	质量(kg)
LQD3	3	60	120	5
LQD5	5	50，60	290	12
LQD10	10	60，125，150	315	22
LQD20	20	100，160，200	160，220，260	30
LQD30	30	60，125，160	200，265，287	23
LQD50	50	80，160	140，220	35
用途	除用于一般起重外，配以附件，还可进行侧顶、横顶等。广泛用于机械设备、车辆、建筑等的维修和安装			

6. 卧式液压千斤顶

	型号	承载(t)	最低高度(mm)	最高高度(mm)	毛重/净重(kg)	包装尺寸(cm×cm×cm)
规格	QK2－320	2	135	350	8.8/7.5	45×21×15
	QK3－500－1	3	135	500	30.5/28.5	71×41×21
	QK3.5－500－1	3.5	135	500	36/34	71×41×21
	QK4－500	4	135	500	40/38	73×41×21
	QK5－560	5	140	560	65/60	81×39×25
	QK5－580（重型）	5	160	580	107/95	154×42×27
	QK8－580	8	180	580	117/105	154×42×27
	QK－10－580	10	180	580	158/140	166×52×32
	QK20－580	20	200	580	170/150	166×52×32
用途	用于厂矿、交通运输等部门作为车辆修理及其他起重、支撑的工具					

7. 滚轮卧式千斤顶

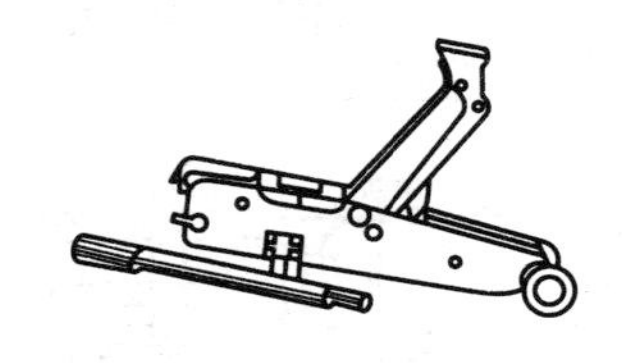

	型号	起重量（t）	最低高度（mm）	最高高度（mm）	质量（kg）	外形尺寸（cm×cm×cm）
规格	QLZ2－A	2.25	145	480	29	643×335×170
	QLZ2－B	2.25	130	510	35	682×432×165
	QLZ2－C	2.25	130	490	40	725×350×160
	QLQ－2	2	130	390	19	660×250×150
	QL1.8	1.8	135	365	11	470×225×140
	LYQ2	2	144	385	13.8	535×225×160
	LZD3	3	140	540	48	697×350×280
	LZ5	5	160	560	105	1418×379×307
	LZ10	10	170	570	155	1559×471×371
用途	滚轮卧式千斤顶是可移动式液压起重工具，千斤顶上装有方向轮，移动方便灵活					

8．齿条千斤顶

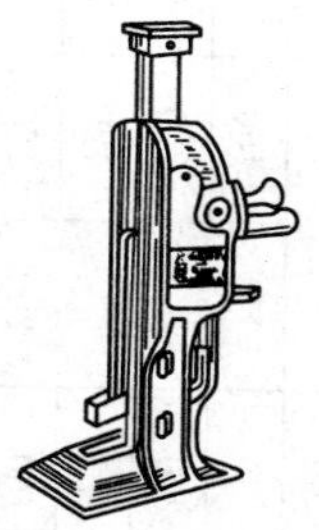

	规格	额定起重量（t）	起升高度（mm）	落下高度（mm）	质量（kg）
规格	3	3	350	700	36
	5	5	400	800	44
	8	8	375	850	57
	10	10	375	850	73
	15	15	400	900	84
	20	20	400	900	90
用途	用齿条传动顶举物体，常用于铁道、桥梁、建筑、运输及机械安装等				

9．DYG型电动液压千斤顶

	型号	同步顶型号	吨位（t）	行程	最低高度（mm）	伸展高度（mm）	液压缸外径（mm）	活塞杆直径（mm）	液压缸直径（mm）	压力（MPa）
规格	DYG50－125	TDYG50－125	50	125	250	375	127	70	100	63
	DYG50－160	TDYG50－160		160	285	445				
	DYG50－200	TDYG50－200		200	325	525				
	DYG100－125	TDYG100－125	100	125	275	400	180	100	140	63
	DYG100－160	TDYG100－160		160	310	470				
	DYG100－200	TDYG100－200		200	350	550				
	DYG150－160	TDYG150－160	150	160	320	480	219	125	180	63
	DYG150－200	TDYG150－200		200	360	560				
	DYG200－125	TDYG200－125	200	125	310	435	240	150	200	63
	DYG200－160	TDYG200－160		160	345	505				
	DYG200－200	TDYG200－200		200	385	585				
	DYG320－200	TDYG320－200	320	200	410	610	330	180	250	63
	DYG400－200	TDYG400－200	400	200	460	660	380	200	290	63
	DYG500－200	TDYG500－200	500	200	460	660	430	200	320	63
	DYG630－200	TDYG630－200	630	200	515	715	500	250	360	63
	DYG800－200	TDYG800－200	800	200	598	798	560	300	400	63
	DYG1000－200	TDYG1000－200	1000	200	630	830	600	320	450	63
用途	广泛应用于交通、铁路、桥梁、造船等，配以超高压泵站，可进行顶、推、拉、挤压等多种形式的作业									

10. 起重滑车（JB/T 9007.1—1999）

开口吊钩型

开口链环型

闭口吊环型

（1）起重滑车规格。

结构型式				型式代号 （通用滑车）	额定起重量 （t）
单轮	开口	滚针轴承	吊钩型	HQGZK1	0.32，0.5，1，2，3.2，5，8，10
			链环型	HQLZK1	
		滑动轴承	吊钩型	HQGK1	0.32，0.5，1，2，3.2，5，8，10，16，20
			链环型	HQLK1	
	闭口	滚针轴承	吊钩型	HQGZ1	0.32，0.5，1，2，3.2，5，8，10
			链环型	HQLZ1	
		滑动轴承	吊钩型	HQG1	0.32，0.5，1，2，3.2，5，8，10，16，20
			链环型	HQL1	
			吊环型	HQD1	1，2，3.2，5，8，10
双轮	双开口	滑动轴承	吊钩型	HQGK2	1，2，3.2，5，8，10
			链环型	HQLK2	
	闭口		吊钩型	HQG2	1，2，3.2，5，8，10，16，20
			链环型	HQL2	
			吊环型	LQD2	1，2，3.2，5，8，10，16，20，32
三轮	闭口	滑动轴承	吊钩型	HQG3	3.2，5，8，10，16，20
			链环型	HQL3	
			吊环型	HQD3	3.2，5，8，10，16，20，32，50

续表

结构型式				型式代号（通用滑车）	额定起重量（t）
四轮	闭口	滑动轴承	吊环型	HQD4	8，10，16，20，32，50
五轮				HQD5	20，32，50，80
六轮				HQD6	32，50，80，100
八轮				HQD8	80，100，160，200
十轮				HQD10	200，250，320

（2）起重滑车的主要参数。

滑轮直径（mm）	额定起重量（t）																		使用钢丝绳直径范围（mm）	用途
	0.32	0.5	1	2	3.2	5	8	10	16	20	32	50	80	100	160	200	250	320		
	滑轮数目																			
63	1																		6.2	使用简单、携带方便、起重能力较大，一般均与绞车配套使用，广泛用于水利工程、建筑工程、基建安装、工厂、矿山、交通运输以及林业等方面
71		1	2																6.2～7.7	
85			1	2	3														7.7～11	
112				1	2	3	4												11～14	
132					1	2	3	4											12.5～15.5	
160						1	2	3	4	5									15.5～18.5	
180								2	3	4	6								17～20	
210							1			3	5								20～23	
240								1	2		4	6							23～24.5	
280										2	3	5	6						26～28	
315									1			4	6	8					28～31	

续表

滑轮直径（mm）	额定起重量（t）																		使用钢丝绳直径范围（mm）	用途
	0.32	0.5	1	2	3.2	5	8	10	16	20	32	50	80	100	160	200	250	320		
	滑轮数目																			
355										1	2	3	5	6	8	10			31～35	
400																8	10		34～38	
455																		10	40～43	

11. 吊滑车

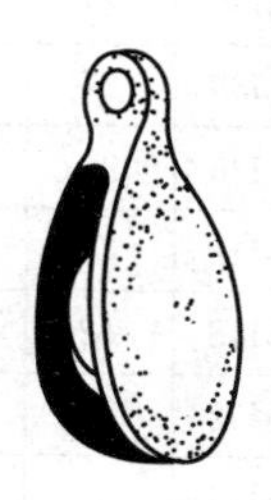

其他名称	小滑车、小葫芦
用途	用于吊放比较轻便的物件
规格	滑轮直径（mm）：19，25，38，50，63，75

三、索具及其他起重器具

1. 索具卸扣

（1）普通钢卸扣。

卸扣号码	最大钢丝绳直径（mm）	最大起重量（kg）	主要尺寸（mm）					质量（kg）
			销螺纹直径	扣体直径	间距	环孔高度	销长	
0.2	4.7	200	M8	6	12	35	35	0.039
0.3	6.5	330	M10	8	16	45	44	0.089
0.5	8.5	500	M12	10	20	50	55	0.162
0.9	9.5	930	M16	12	24	60	65	0.304
1.4	13	1450	M20	16	32	80	86	0.661
2.1	15	2100	M24	20	36	90	101	1.145
2.7	17.5	2700	M27	22	40	100	111	1.560
3.3	19.5	3300	M30	24	45	110	123	2.210
4.1	22	4100	M33	27	50	120	137	3.115
4.9	26	4900	M36	30	58	130	153	4.050
6.8	28	6800	M42	36	64	150	176	6.270
9.0	31	9000	M48	42	70	170	197	9.280
10.7	34	10700	M52	45	80	190	218	12.40
16.0	43.5	16000	M64	52	99	235	262	20.90
21.0	43.5	21000	M76	65	100	256	321	—

（2）一般起重用卸扣（JB/T 8112—1999）。

1）D形卸扣。

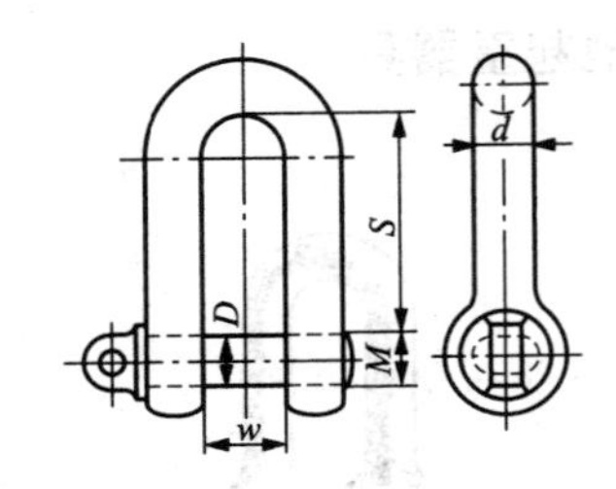

起重量（t）			主要尺寸（mm）				
M（4）	S（6）	T（8）	*d*	*D*	*s*	*w*	*M*
—	—	0.63	8.0	9.0	18.0	9.0	M8
—	0.63	0.80	9.0	10.0	20.0	10.0	M10
—	0.8	1	10.0	12.0	22.4	12.0	M12
0.63	1	1.25	11.2	12.0	25.0	12.0	M12
0.8	1.25	1.6	12.5	14.0	28.0	14.0	M14
1	1.6	2	14.0	16.0	31.5	16.0	M16
1.25	2	2.5	16.0	18.0	35.5	18.0	M18
1.6	2.5	3.2	18.0	20.0	40.0	20.0	M20
2	3.2	4	20.0	22.0	45.0	22.0	M22
2.5	4	5	22.4	24.0	50.0	24.0	M24
2.2	5	6.3	25.0	20.0	56.0	30.0	M30
4	6.3	8	28.0	33.0	63.0	33.0	M33
5	8	10	31.5	36.0	71.0	36.0	M36
6.3	10	12.5	35.5	39.0	80.0	39.0	M39
8	12.5	16	40.0	45.0	90.0	45.0	M45
10	16	20	45.0	52.0	100.0	52.0	M52
12.5	20	25	50.0	56.0	112.0	56.0	M56
16	25	32	56.0	64.0	125.0	64.0	M64
20	32	40	63.0	72.0	140.0	72.0	M72
25	40	50	71.0	80.0	160.0	80.0	M80
32	50	63	80.0	90.0	180.0	90.0	M90
40	63	—	90.0	100.0	200.0	100.0	M100
50	80	—	100.0	115.0	224.0	115.0	M115
63	100	—	112.0	125.0	250.0	125.0	M125
80	—	—	125.0	140.0	280.0	140.0	M140
100	—	—	140.0	160.0	315.0	160.0	M160

注　M（4）、S（6）、T（8）为卸扣强度级别，在标记中可用M、S、T或4、6、8表示。

2）弓形卸扣。

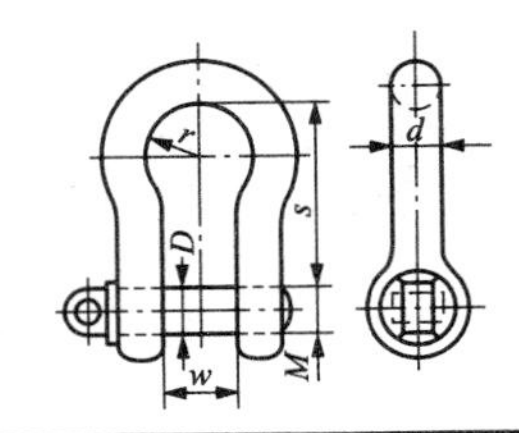

起重量（t）			主要尺寸（mm）					
M（4）	S（6）	T（8）	*d*	*D*	*s*	*w*	2*r*	*M*
—	—	0.63	9.0	10.0	22.4	10.0	16.0	M10
—	0.62	0.8	10.0	12.0	25.0	12.0	18.0	M12
—	0.8	1	11.2	12.0	28.0	12.0	20.0	M12
0.63	1	1.25	12.5	14.0	31.5	14.0	22.4	M14
0.8	1.25	1.6	14.0	16.0	35.5	16.0	25.0	M16
1	1.6	2	16.0	18.0	40.0	18.0	28.0	M18
1.25	2	2.5	18.0	20.0	45.0	20.0	31.5	M20
1.6	2.5	3.2	20.0	22.0	50.0	22.0	35.5	M22
2	3.2	4	22.4	24.0	56.0	24.0	40.0	M24
2.5	4	5	25.0	27.0	63.0	27.0	45.0	M27
3.2	5	6.3	28.0	33.0	71.0	33.0	50.0	M33
4	6.3	8	31.5	36.0	80.0	36.0	56.0	M36
5	8	10	35.5	39.0	90.0	39.0	63.0	M39
6.3	10	12.5	40.0	45.0	100.0	45.0	71.0	M45
8	12.5	16	45.0	52.0	112.0	52.0	80.0	M52
10	16	20	50.0	56.0	125.0	56.0	90.0	M56
12.5	20	25	56.0	64.0	140.0	64.0	100.0	M64
16	25	32	63.0	72.0	160.0	72.0	112.0	M72
20	32	40	71.0	80.0	180.0	80.0	125.0	M80
25	40	50	80.0	90.0	200.0	90.0	140.0	M90
32	50	63	90.0	100.0	224.0	100.0	160.0	M100
40	63	—	100.0	115.0	250.0	115.0	180.0	M115
50	80	—	112.0	125.0	280.0	125.0	200.0	M125
63	100	—	125.0	140.0	315.0	140.0	224.0	M140
80	—	—	140.0	160.0	355.0	160.0	250.0	M160
100	—	—	160.0	180.0	400.0	180.0	280.0	M180
用途	连接钢丝绳或链条等用。装卸方便，适用于冲击性不大的场合。弓形卸扣开裆较大，适用于连接麻绳、白棕绳等							

2. 索具套环（GB/T 5974.1～5974.2—2006）

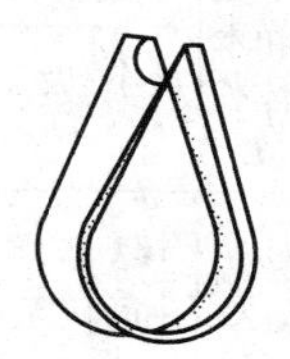

mm

公称尺寸	孔径 ϕA	厚度 C	适用钢绳直径	公称尺寸	孔径 ϕA	厚度 C	适用钢绳直径
6	15	10.5	ϕ6	26	65	15.5	ϕ26
8	20	14.0	ϕ8	28	70	49	ϕ28
10	25	17	ϕ10	32	80	56	ϕ32
12	30	21	ϕ12	36	90	63	ϕ36
14	35	24.5	ϕ14	40	100	70	ϕ40
16	40	28	ϕ16	44	110	77	ϕ44
18	45	31.5	ϕ18	48	120	84	ϕ48
20	50	35	ϕ20	52	130	91	ϕ52
22	55	38.5	ϕ22	56	140	98	ϕ56
24	60	42	ϕ24	60	150	105	ϕ60
用　途	套环是钢丝绳的固定连接附件，钢丝绳嵌在套环的凹槽内，形成环状，以保护钢丝绳使其弯曲部分受力时不易折断						

3. 索具螺旋扣（GB/T 3818—1999）

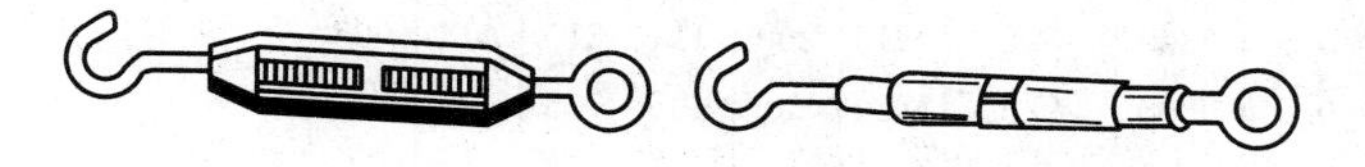

开式索具螺旋扣　　　　闭式索具螺旋扣

型式	号码	许用负荷(N)	适用钢丝绳最大直径(mm)	主要尺寸(mm)						用途
				左右螺纹直径 d	螺旋扣本体长 L	开式全长		闭式全长		
						最小 L_1	最大 L_2	最小 L_1	最大 L_2	
OO型	0.1	1000	6.5	M6	100	164	242	—	—	适用于拉紧和调节钢丝绳松紧的场合，其中：OO型适用于不经常拆卸的场合；CC型适用于经常拆卸的场合；CO型适用于一端经常拆卸，另一端不经常拆卸的场合
	0.2	2000	8	M8	125	199	291	199	291	
	0.3	3000	9.5	M10	150	246	358	246	354	
	0.4	4300	11.5	M12	200	314	456	314	456	
	0.8	8000	15	M16	250	386	582	386	572	
	1.3	13000	19	M20	300	470	690	470	680	
	1.7	17000	21.5	M22	350	540	806	540	806	
	1.9	19000	22.5	M24	400	610	922	610	914	
	2.4	24000	28	M27	450	680	1030	—	—	
	3.0	30000	31	M30	450	700	1050	—	—	
	3.8	38000	34	M33	500	770	1158	—	—	
	4.5	45000	37	M36	550	840	1270	—	—	
CC型	0.07	700	2.2	M6	100	180	258	—	—	
	0.1	1000	3.3	M8	125	225	317	225	317	
	0.2	2300	4.5	M10	150	266	378	266	374	
	0.3	3200	5.5	M12	200	334	476	334	476	
	0.6	6300	8.5	M16	250	442	638	442	628	
	0.9	9800	9.5	M20	300	520	740	520	730	
CO型	0.07	700	2.2	M6	100	172	250	—	—	
	0.1	1000	3.3	M8	125	212	304	212	304	
	0.2	2300	4.5	M10	150	256	368	256	366	
	O.3	3200	5.5	M12	200	324	466	324	466	
	0.6	6300	8.5	M16	250	414	610	414	605	
	0.9	9800	9.5	M20	300	495	715	495	710	

4. 钢丝绳夹（GB/T 5976—2006）

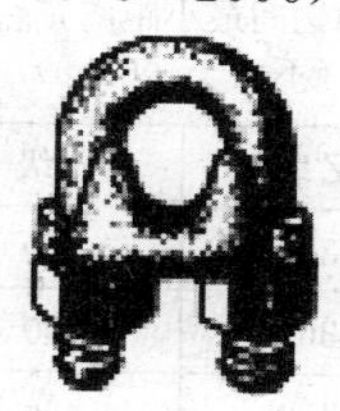

mm

公称尺寸	螺栓直径 d	螺栓中心距 A	螺栓全高 H	夹座厚度 G	公称尺寸	螺栓直径 d	螺栓中心距 A	螺栓全高 H	夹座厚度 G	用途
6	M6	13.0	31	6	26	M20	47.5	117	20	与钢丝绳用套环配合，作夹紧钢丝绳末端用
8	M8	17.0	41	8	28	M22	51.5	127	22	
10	M10	21.0	51	10	32	M22	55.5	136	22	
12	M12	25.0	62	12	36	M24	61.5	151	24	
14	M14	29.0	72	14	40	M27	69.0	168	27	
16	M14	31.0	77	14	44	M27	73.0	178	27	
18	M16	35.0	87	16	48	M30	80.0	196	30	
20	M16	37.0	92	16	52	M30	84.5	205	30	
22	M20	43.0	108	20	56	M30	88.5	214	30	
24	M20	45.5	113	20	60	M36	98.5	237	36	

注　绳夹的公称尺寸即该绳夹适用的钢丝绳直径。

5. 手拉葫芦（JB/T 7334—2007）

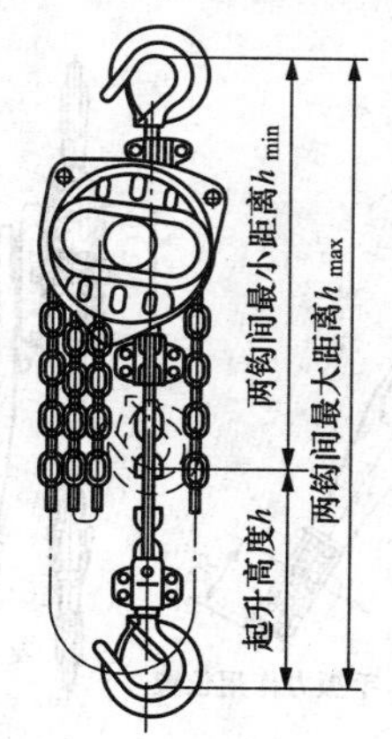

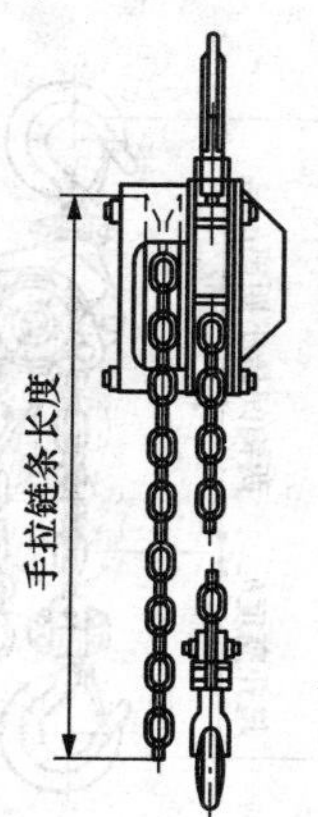

<table>
<tr><th rowspan="2">额定起重量（t）</th><th rowspan="2">工作级别</th><th rowspan="2">标准起升高度（m）</th><th colspan="2">两钩间最小距离 $h_{\min}$（不大于）（mm）</th><th rowspan="2">标准手拉链条长度（m）</th><th colspan="2">自重（不大于）（kg）</th></tr>
<tr><th>Z 级</th><th>Q 级</th><th>Z 级</th><th>Q 级</th></tr>
<tr><td>0.5</td><td rowspan="9">Z 级
Q 级</td><td rowspan="5">2.5</td><td>330</td><td>350</td><td rowspan="5">2.5</td><td>11</td><td>14</td></tr>
<tr><td>1</td><td>360</td><td>400</td><td>14</td><td>17</td></tr>
<tr><td>1.6</td><td>430</td><td>460</td><td>19</td><td>23</td></tr>
<tr><td>2</td><td>500</td><td>530</td><td>20</td><td>30</td></tr>
<tr><td>2.5</td><td>530</td><td>600</td><td>33</td><td>37</td></tr>
<tr><td>3.2</td><td rowspan="8">3</td><td>580</td><td>700</td><td rowspan="8">3</td><td>38</td><td>45</td></tr>
<tr><td>5</td><td>700</td><td>850</td><td>50</td><td>70</td></tr>
<tr><td>8</td><td>850</td><td>1000</td><td>70</td><td>90</td></tr>
<tr><td>10</td><td>950</td><td>12 000</td><td>95</td><td>130</td></tr>
<tr><td>16</td><td rowspan="4">Z 级</td><td>1200</td><td>—</td><td>150</td><td>—</td></tr>
<tr><td>20</td><td>1350</td><td>—</td><td>250</td><td>—</td></tr>
<tr><td>32</td><td>1600</td><td>—</td><td>400</td><td>—</td></tr>
<tr><td>40</td><td>2000</td><td>—</td><td>550</td><td>—</td></tr>
<tr><td>用途</td><td colspan="7">供手动提升重物用，多用于工厂、矿山、仓库、码头、建筑工地等场合</td></tr>
</table>

注 Z 级—重载，频繁使用；Q 级—轻载，不经常使用。

6. 环链手扳葫芦（JB/T 7335—2007）

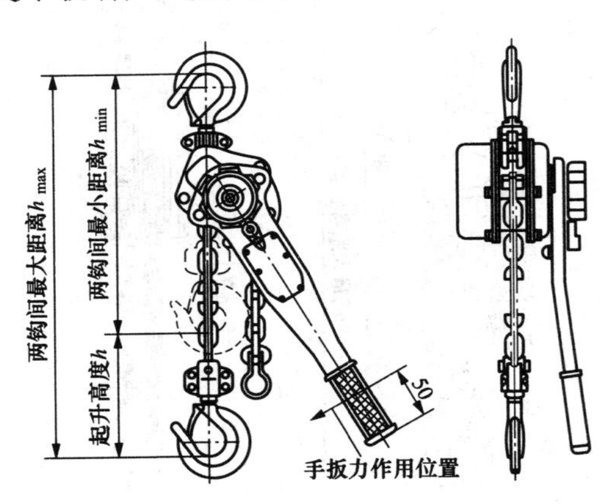

额定起重量（t）	0.25	0.5	0.8	1	1.6	2	3.2	5	6.3	9
标准起升高度（m）	1	1.5								
两钩间最小距离 h_{min}（不大于）（mm）	250	300	350	380	400	450	500	600	700	800
手扳力（N）	200～550									
自重（不大于）（kg）	3	5	8	10	12	15	21	30	32	48
用途	环链手扳葫芦简称手扳葫芦，用于提升重物、牵引重物或张紧系物绳索，适用于无电源场所及流动性作业									

注　手扳力是指提升额定起重物时，距离扳手端部 50mm 处所施加的扳力。

7. 起重用夹钳（JB/T 7333—2013）

（1）竖吊钢板起重钳。

型号	额定起重量（t）	试验载荷（kN）	开口度 A（mm）	D（mm）	δ（mm）
DSQ0.5	0.5	10	0～25	45	≤20
DSQ1	1	20	0～32	50	≤25
DSQ1.6	1.6	32	0～25	50	≤20
DSQ2	2	40	0～38	56	≤30
DSQ3.2	3.2	63	0～45	60	≤40
DSQ5	5	100	0～60	65	≤60

注　表中额定起重量是指对使用的起重钳，吊点夹角 60°（下同）。

（2）横吊钢板起重钳。

型号	额定起重量（t）	试验载荷（kN）	开口度 A（mm）	D（mm）	δ（mm）
DHQ0.5	0.5	10	0～25	16	≤20
DHQ1	1	20	0～25	16	≤20
DHQ1.6	1.6	32	0～25	20	≤20
DHQ2	2	40	0～30	22	≤25
DHQ3.2	3.2	63	0～30	25	≤25
DHQ5	5	100	0～45	30	≤40

（3）简易横吊钢板起重钳。

型号	额定起重量（t）	试验载荷（kN）	开口度 A（mm）	D（mm）	δ（mm）
DHQ1	1	20	0～47	20	≤42
DHQ2	2	40	0～47	22	≤42
DHQ3.2	3.2	63	0～56	25	≤50
DHQ5	5	100	0～68	30	≤60
DHQ8	8	160	0～84	38	10～75

（4）圆钢起重钳。

型号	额定起重量（t）	试验载荷（kN）	D（mm）	δ（mm）
DYQ0.16	0.16	3.2	16	ϕ30～ϕ60
DYQ0.25	0.25	5	16	ϕ60～ϕ80
DYQ0.4	0.4	8	16	ϕ80～ϕ100
DYQ0.63	0.63	12.6	18	ϕ100～ϕ130

（5）钢轨起重钳。

型号	额定起重量（t）	试验载荷（kN）	D（mm）	钢轨型号（kg/m）
DZQ0.1	0.1	2	22.4	9～12
DZQ0.25	0.25	5	22.4	15～22
DZQ0.5	0.5	10	25	30～50

（6）工字钢起重钳。

型号	额定起重量（t）	试验载荷（kN）	开口度 A（mm）	D（mm）	工字钢型号
DZQ0.5	0.5	10	22	18	10～16
DZQ1	1	20	27	20	18～22
DSQ1.6	1.6	32	28	22	25～32
DZQ2	2	40	32	24	36～45
DZQ3.2	3.2	63	40	25	50～63

第十六章　润　滑　工　具

1. 油枪

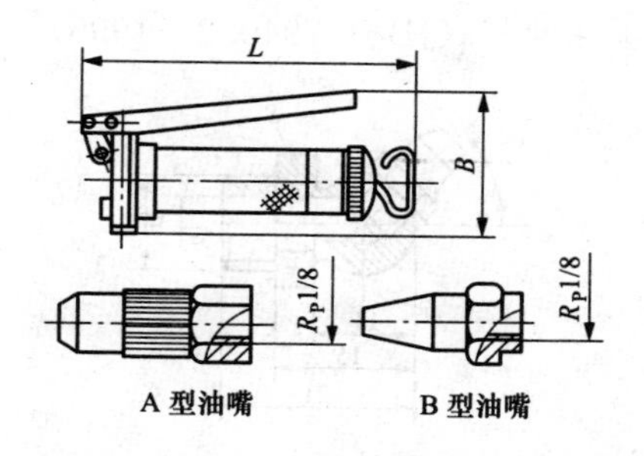

型式	储油量 (cm^3)	公称压力 (MPa)	出油量 (cm^3)	高度 B 或外径 D (mm)	全长 L (mm)
压杆式油枪 (JB/T 7942.1—1995)	100	16	0.6	B=90	255
	200	16	0.7	B=96	310
	400	16	0.8	B=125	385
手推式油枪 (JB/T 7942.1—1995)	50	6.3	0.3	D=33	330
	100	6.3	0.5	D=33	330

2. 直通式压注油杯（JB/T 7940.1—1995）

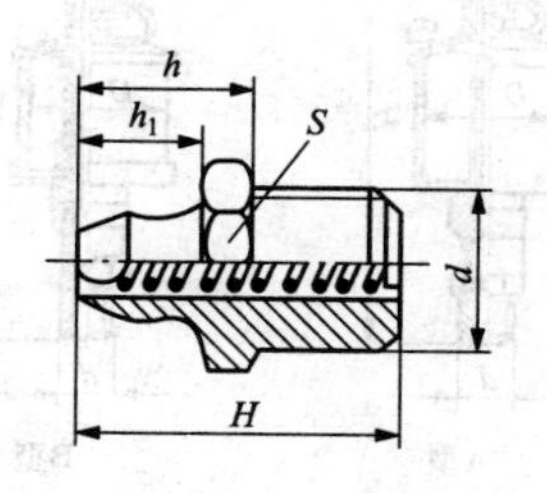

mm

连接螺纹	油杯全高	板体尺寸	钢球直径	S
M6	13	8	6	8
M8×1	16	9	6.5	10
M10×1	18	10	7	11

注　S 为六方对边长度。

3. 接头式压注油杯（JB/T 7940.2—1995）

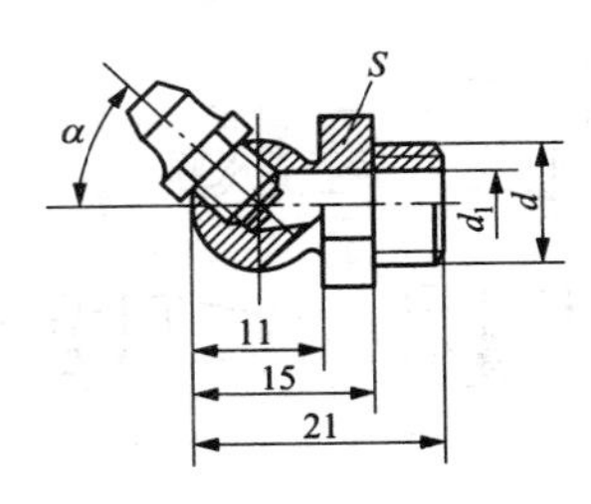

d	d_1	α	S
M6	3	45°，90°	11
M8×1	4		
M10×1	5		

注　S 为六方对边长度。

4. 针阀式油杯（JB/T 7940.6—1995）

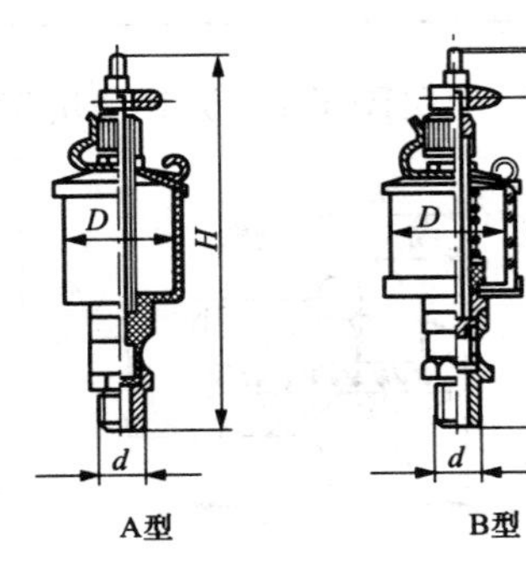

A型　　B型

最小容量（cm³）	16	25	50	100	200	400
接头螺纹 d（mm）	M10×1	M14×1.5			M16×1.5	
杯套直径 D（mm）⩽	32	36	45	55	70	85
油杯高度 H（mm）⩽	105	115	130	140	170	190
板体尺寸（mm）	13	18			21	
用途	利用油的自重滴落到待润滑机件上调节针阀，可控制滴油速度					

5. 旋套式注油油杯（GB/T 1156—2011）

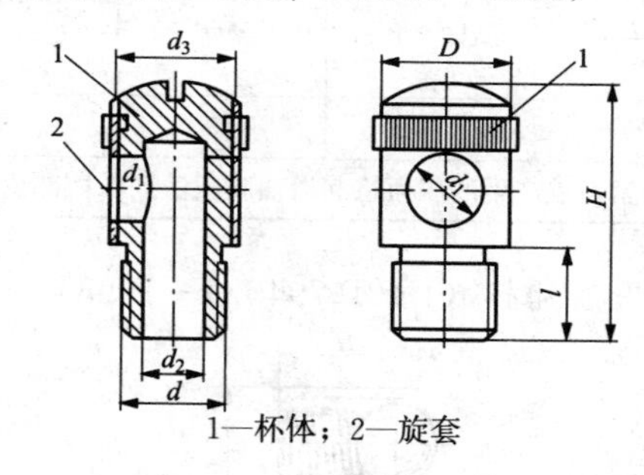

1—杯体；2—旋套

mm

d	H	D	l	d_1	d_2	d_3
M8×1	20	12	6	5	3	10
M10×1	25	14	8	6	4	12
M12×1.5	30	16	10	8	6	14
M16×1.5	40	20	15	12	10	18
用途	适用于与螺纹规格为 M8×1、M10×1、M12×1.5、M16×1.5 的油口连接使用					

6. 旋盖式油杯（JB/T 7940.3—1995）

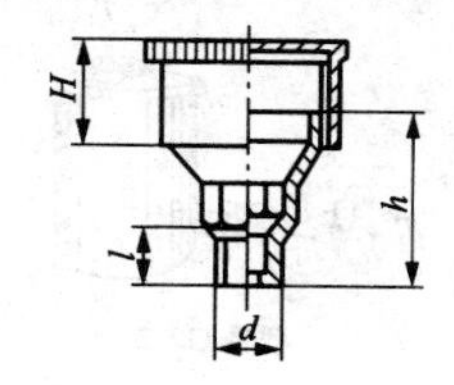

mm

	最小容量（cm³）	d	l	H	h
规格	1.5	M8×1	8	14	22
	3	M10×1		15	23
	6			17	26
	12	M14×1.5	12	20	30
	18			22	32
	25			24	34
	50	M16×1.5		30	44
	100			38	52
	200	M24×1.5	16	48	64
用途	依靠旋紧杯盖产生的压力将润滑油脂压注到摩擦部位				

7. 压配式压注油杯（JB/T 7940.4—1995）

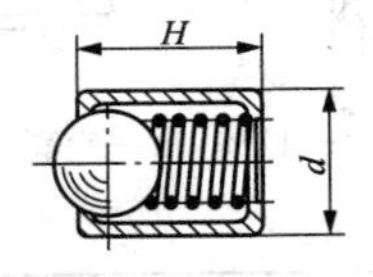

mm

	d	H	d	H
规格	$6^{+0.040}_{+0.028}$	6	$16^{+0.063}_{+0.045}$	20
	$8^{+0.049}_{+0.034}$	10	$25^{+0.085}_{+0.064}$	30
	$10^{+0.058}_{+0.040}$	12		
用途	压配在机壳的油孔处，用油壶压下钢球来加油。用于轻负荷、低速、间歇工作的摩擦部位			

8. 气动高压注油器

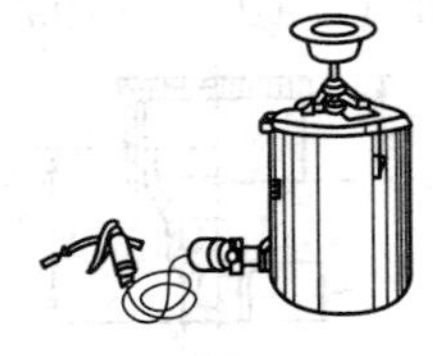

型号:GZ-2

	项目	参数	项目	参数
规格	输油量（L/min）	0～0.9	排油方式	双向作用
	气缸直径（mm）	70	往复次数（次/min）	0～190
	工作气压（MPa）	0.63	行程（mm）	32
	输出压力（MPa）	30	外形尺寸（mm×mm×mm）	250×150×880
	压力比（不计损耗）	50∶1	质量（kg）	10.5
用途	以压缩空气为动力，用于对汽车、拖拉机、石油钻井以及各种机床、动力机械加注锂基脂、钠基脂、钙基脂等黏度大的润滑脂			

9. 旋入式圆形油标（JB/T 7941.2—1995）

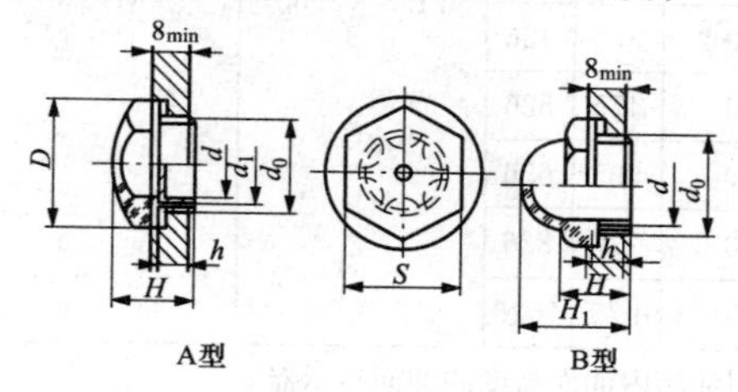

mm

	d	d_0	D	d_1	S	H	H_1	h
规格	10	M16×1.5	22	12	21	15	22	8
	20	M27×1.5	36	22	32	18	30	10
	32	M42×1.5	52	35	46	22	40	12
	50	M60×2	72	55	65	26	53	14
用途	旋入式圆形油标用于观察机械设备内润滑系统中润滑油贮存量多少的油面指示器							

10. 管状油标

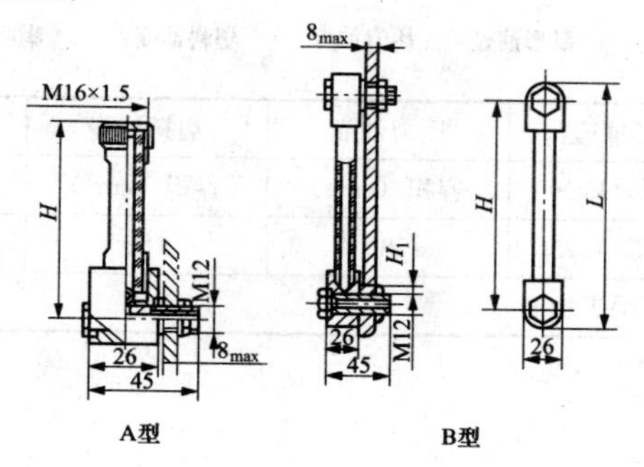

mm

	类型	H	H_1	L	O形密封圈 GB/T 3452.1—2005	六角螺母 GB/T 6172.1～6172.2—2000	弹性垫圈 GB/T 861.1～861.2—1987
规格	A型	80、100、125、160、200			11.8×2.65	M12	12
	B型	200	175	226			
		250	225	276			
		320	295	346			
		400	375	426			
		500	475	526			
		630	605	656			
		800	775	826			
		1000	975	1026			
用途	用于标明油箱内油面高度的油面指示器						

11. 油壶

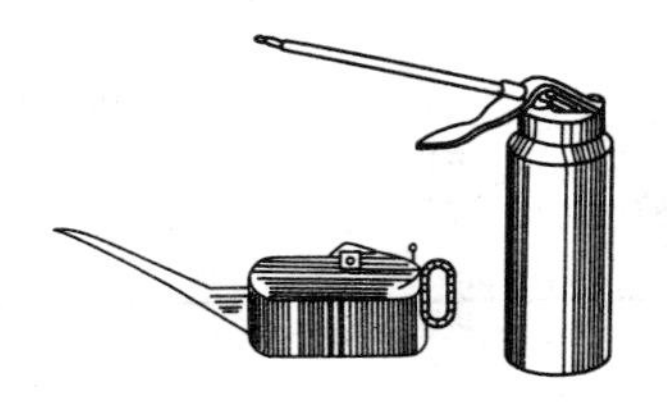

鼠形油壶　压力油壶　塑料油壶　喇叭油壶

品种	鼠形油壶	压力油壶	塑料油壶	喇叭油壶
规格	容量（kg）	容积（cm^3）	容积（cm^3）	全高（mm）
	0.25，0.5，0.75，1	180	180	100，200
用途	用于手工加油			

第十七章　园　艺　工　具

1. 剪枝剪（QB/T 2289.4—2001）

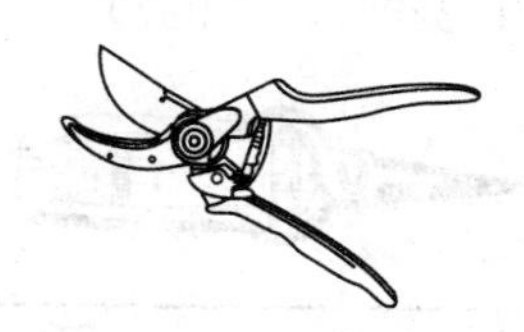

规格	全长（mm）	150	180	200	230	250
	头长（mm）	45	60	68	72	75
	头厚（mm）	8	8	12	12	13
用途	用于修剪各种果树及街道树枝、林木、园艺、花卉等					

2. 高枝剪（QB/T 2289.3—1997）

型号	GE290	GE295	GE280	270	530	357
全长×全宽（mm×mm）剪头长（mm）	290×205 60	295×124	280×165	270×110	530×143	357×681 295
用途	用于修剪离地较高的各种果树及街道树枝等					

3. 整篱剪（QB/T 2289.5—2001）

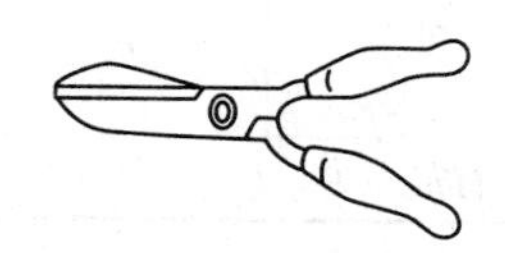

规格尺寸（mm）	头长（mm）	剪口长（mm）	头厚（mm）		用途
			钢板制	锻制	
230	235	170	8	10	用于修剪各种灌木、墙篱树及园艺花卉等
250	255	190	8	11	
300	310	240	10	13	

4. 稀果剪（QB/T 2289.1—1997）

规格（mm）	全长：190 头长：65 头厚：4
用途	用于各种果树稀果修剪、葡萄采摘、棉花整枝等

5. 芽接刀

规格（mm）	全长	138	147
	头长	47	53.5
	头宽	15	
用途	用于各种果树的芽接、切接及贴皮等		

6. 起苗器

规格	型号	G516－2	G504－1
	全长×全宽×高（mm×mm×mm）	320×46×45	
用途	用于花卉及林木育苗		

7. 移苗器

规格	型号	5Y
	全长×全宽×头长 (mm×mm×mm)	348×22×206
用途	用于移苗	

8. 手锯（QB/T 2289.6—2001）

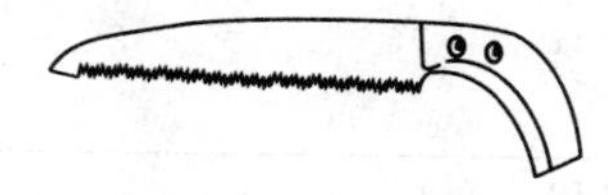

全长 (mm)	锯身长×宽×厚 (mm×mm×mm)	齿距	用途
340	215×34×0.8	3.5	用于截锯各种树枝、绿化乔木等
400	260×38×0.9		

9. 园艺锄

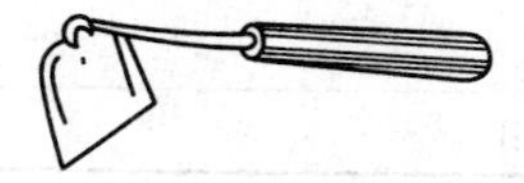

规格	型号	P275	C702-2
	长×宽×高/头长 (mm×mm×mm)	275×95×105/133	415×95×105/133
用途	用于花卉、林木育苗及松土		

10. 挠

规格	型号	全长×全宽×头长（mm×mm×mm）
	N275	275×74×133
	电泳挠	295×79×175
用途	用于松土	

11. 刮树挠

规格（mm）	全长：190 全宽：60 头长：82
用途	刮各种果树皮用

12. 桑剪（QB/T 2289.2—2012）

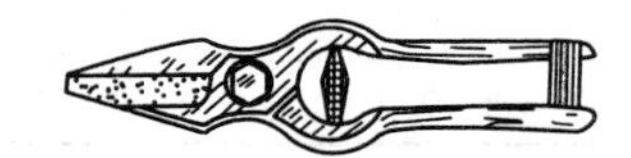

规格（mm）	全长：203 头长：72 头厚：4
用途	刮各种果树皮用

13. 采橘剪

规格（mm）	全长：140 全宽：54 头长：32
用途	用于采摘橘子、橙子等

14. 园艺钢叉

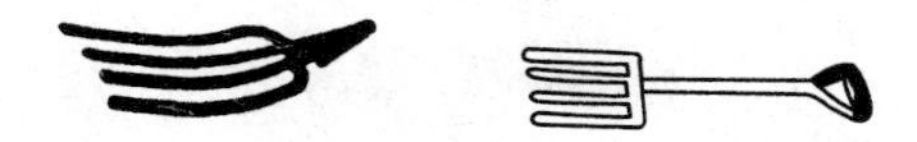

规格	型号	F101	F102	F103	F106H，F106BH，F107H，F107BH
用途	用于翻土、叉草、叉修剪下的或枯落的果木枝等				

15. 园艺弯叉

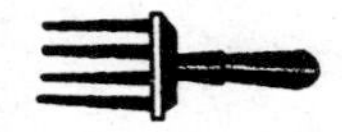

规格	型号：G516-4 全长×全宽（mm×mm）：297×73
用途	与园艺钢叉相同